Richard Schardt

Verallgemeinerte Technische Biegetheorie

Lineare Probleme

Unter Mitarbeit von Christof Schardt

Mit 173 Abbildungen

Springer-Verlag Berlin Heidelberg New York
London Paris Tokyo Hong Kong 1989

Richard Schardt
Institut für Statik/FB 14
TH Darmstadt
Alexanderstraße 7
6100 Darmstadt

ISBN 978-3-642-52331-1   ISBN 978-3-642-52330-4 (eBook)
DOI 10.1007/978-3-642-52330-4

CIP-Kurztitelaufnahme der Deutschen Bibliothek

Schardt, Richard:
Verallgemeinerte technische Biegetheorie:
lineare Probleme / Richard Schardt. Unter Mitarb. von Christof Schardt. –
Berlin; Heidelberg; New York; London; Paris; Tokyo; Hong Kong: Springer, 1989

2160/3020-543210 Gedruckt auf säurefreiem Papier

Dem Andenken meiner Eltern

Vorwort

Die ersten Überlegungen zur Verallgemeinerten Technischen Biegetheorie (VTB) sind jetzt knapp drei Jahrzehnte alt. Sie entwickelten sich aus der Frage, auf welche Weise die Theorie dünnwandiger Stäbe und die klassische Faltwerkstheorie in ein gemeinsames Schema gebracht werden können. Das größte Hindernis bilden dabei Definitionen und Interpretationen, die für einen eng begrenzten Bereich gerade ausreichen und dort auch anschaulich sind, aber den Blick für gemeinsame Eigenschaften im größeren Zusammenhang verdecken. Die durchgehende Gründung auf die Verwölbung, auch für Längung und Biegung brachte einen wichtigen Fortschritt, die Entwicklung von solchen Wölbfunktionen, denen nicht nur orthogonale Wölbwiderstände sondern auch orthogonale Querbiegewiderstände zugeordnet sind, den eigentlichen Durchbruch.

Auf diese Weise entstand eine allgemeine Theorie der prismatischen Flächentragwerke, die sich durch zwei Merkmale auszeichnet: Zum einen gelingt es, die bislang ohne Zusammenhang betrachteten Teilgebiete unter einem gemeinsamen Dach zu vereinigen und dabei Ordnung und Durchsichtigkeit in die Vielfalt der Begriffe zu bringen. Zum anderen bietet sie eine Formulierung, die sich für eine direkte Umsetzung in Rechenprogramme eignet.

In der Theorie II. Ordnung und in den Schwingungsvorgängen konnte eine in der klassischen Bezeichnungs- und Betrachtungsweise nicht mögliche Durchsichtigkeit in den verkoppelten Biege-, Drill- und Beulvorgängen erreicht werden.

Ein bevorzugtes Anwendungsgebiet wurde das überkritische Verhalten von dünnwandigen Querschnitten. Die Kreiszylinderschale wurde in die VTB mit einbezogen, sowie ein zweistufiges Differenzenverfahren zur Lösung der Differentialgleichungen 4. Ordnung entwickelt.

Seitdem haben viele Mitarbeiter wertvolle Beiträge zur Weiterentwicklung und Anwendung der VTB geleistet, die im Verzeichnis des Schrifttums zu finden sind. Die Deutsche Forschungsgemeinschaft hat in dankenswerter Weise die Entwicklung durch mehrere Sachbeihilfen gefördert.

Bei allem Interesse, auf das die VTB bei ihrer Vorstellung jeweils gestoßen ist, hat sie sich aber bisher noch nicht breit durchsetzen können. Zwei Gründe sind sicher mitverantwortlich dafür:

1. Der Einstieg ist ungewohnt und nicht ganz einfach. Er verlangt ein gewisses Maß an Durchhaltevermögen, bis Struktur und Leistungsfähigkeit der Theorie erkennbar werden. Dann aber wird, wie nach einer Bergwanderung, der Blick frei in ein weites wohlgeordnetes Land, in dem man vorher nur von Hügel zu Hügel sehen konnte.

2. Die bisherigen Veröffentlichungen auf dem Gebiet der VTB nutzten sie im Rahmen von Forschungsarbeiten oder mit dem Ziel einer Weiterentwicklung zur Behandlung spezieller Fragestellungen und weniger mit der Blickrichtung auf die Grundlagen. Diese Art der Darstellung ist für einen Einstieg nicht geeignet. Eine geschlossene Abhandlung der Theorie hat bisher gefehlt.

Mit dem vorliegenden Buch soll dieser Mangel zunächst für den Bereich der Theorie I. Ordnung behoben werden. Der nichtlineare Bereich wird in einer weiteren Darstellung folgen. Die Ausdehnung der Voraussetzungen auf die vollständigen Verzerrungsansätze der Schalentheorie ist soweit fortgeschritten, daß sie als dritter Teil vorgesehen ist.

Wegen der Neuartigkeit des Stoffes werden dem Leser verschiedene Möglichkeiten des Zugangs geboten. Kap. 1 dient der Vorstellung der Grundidee und sollte auf jeden Fall am Anfang der Lektüre stehen. Ausgehend von den bekannten Begriffen der Technischen Biegetheorie wird durch deren konsequente Weiterführung eine Vorstellung von der allgemeineren Betrachtungsweise entwickelt. Ein Zahlenbeispiel soll mit den neuen Begriffen vertraut machen.

Kap. 2 enthält eine anschauliche, an der Struktur des Rechenprogramms orientierte Herleitung der Grundgleichungen, die dann im folgenden Kapitel unter verschiedenen Aspekten erweitert werden.

Für denjenigen, der mit der Herleitung von Differentialgleichungen aus Energieprinzipien vertraut ist, bietet das 4. Kapitel eine kompakte, mathematisch formale Herleitung. Bei dieser Art der Formulierung werden nicht alle Zwischenergebnisse explizit benötigt, so daß teilweise auf Formeln aus Kap. 2 verwiesen werden kann. Dadurch ist eine gestraffte Darstellung möglich, die den Überblick erleichtern kann. Für die Programmierung ist sie jedoch weniger geeignet.

Ein weiterer Einstieg, der dem in der Schalentheorie bewanderten Leser entgegenkommt, wird mit Kap. 6 geboten. Dort werden analog zum Vorgehen in Kap. 4 die Gleichungen der Kreiszylinderschale hergeleitet. Sie haben die gleiche Struktur wie Gleichungen der Faltwerke, jedoch geht ihre Formulierung einfacher von statten, da hier wegen der andersartigen Geometrie auf die umständliche Matrizenschreibweise verzichtet werden kann.

Einige Zahlenbeispiele zeigen die Vielfalt der Anwendungsgebiete, die Einsicht in das Tragverhalten, den sparsamen Rechenaufwand und die Genauigkeit der Methode.

Bei der Abfassung des Buches habe ich wertvolle Hilfe erfahren durch die Herren D. Heinz, J. Mark und U. Staack, die die Ausarbeitung von Beispielen und redaktionelle Arbeiten übernahmen. Herr Staack hat außerdem die verantwortungsvolle Aufgabe des Korrekturlesens übernommen und dabei zahlreiche Verbesserungen eingebracht. Frau H. Borchert danke ich für die sorgfältige Herstellung der Bildvorlagen.

Ganz besonderen Dank schulde ich aber meinem Sohn Christof. Er hat zunächst die fast unbegrenzten Möglichkeiten des Satzsystems TₑX erschlossen, wodurch eine druckfertige Vorlage beim Verlag möglich wurde. Darüber hinaus hat er sich so intensiv mit dem Inhalt beschäftigt, daß er die Kapitel 4 und 6 selbständig bearbeiten konnte und zu den übrigen wesentliche Beiträge lieferte.

Darmstadt, Mai 1989   R. Schardt

Inhalt

1 Einführung

1.1 Historische Entwicklung

Die Entwicklung der Technischen Biegetheorie beginnt erst im 18. Jahrhundert.
Sie verwendet zunächst nur die sinnlich erfahrbaren physikalischen Größen zur
Beschreibung des Biegevorganges. So konnte Euler [1] allein mit den Lasten,
Hebelarmen und Krümmungen unter Verwendung eines pauschalen Elastizitätsgesetzes für die Beziehung zwischen Biegemoment und Krümmung seine
komplizierten, statisch und geometrisch nichtlinearen elastischen Kurven bei
beliebig großer Verformung beschreiben. Eine einigermaßen zutreffende Kenntnis der Spannungsverteilung im Querschnitt gab es nicht, und daher war die
Aufspaltung der Biegesteifigkeit in einen Material- und Querschnittsformanteil
ebensowenig möglich wie eine Trennung zwischen Biegemoment und Normalkraft. Die Schnittgrößen wurden nur aus der Lastwirkung, also äußerlich,
und nicht auch als Spannungsresultanten verstanden.

Die erste zutreffende Darstellung einer stetigen Spannungsverteilung über die
Querschnittshöhe und die Trennung von Normalkraft und Biegemoment auch
im Spannungsbild, d.h. die erste Orthogonalisierung, verdanken wir Coulomb
[2]. Es brauchte aber mehrere Jahrzehnte, bis seine 1776 veröffentlichten
Erkenntnisse in der Fachwelt angenommen wurden. Wer sich ein Bild von
den Schwierigkeiten der Anfangsphase machen will, in der noch fast alle uns
vertrauten Begriffe fehlten, der findet in [3] eine interessante Zusammenstellung
und Bewertung.

In der zweiten Hälfte des 19. Jahrhunderts wurde die Theorie der Biegung
mit den Begriffen der Hauptachsen und der Trägheitsellipse vollendet. Die Zeit

dafür war offensichtlich überreif, denn eine ganze Reihe von Wissenschaftlern hat fast gleichzeitig Beiträge hierzu geliefert, so daß das Verdienst der zweiten Orthogonalisierung schwer einem einzigen Namen zuzuordnen ist. Die mathematischen Beziehungen fanden in der grafischen Darstellung von Land [] und Mohr [4] als Trägheitskreis ihre konzentrierteste Fassung.

Unabhängig davon entwickelte St. Venant seine nach ihm benannte Torsionstheorie, die den zur 1. Ableitung der Verdrehung gehörenden Spannungsanteil erfaßte. Analogien aus der Strömungs– und Membrantheorie (Stromlinien– und Seifenhautgleichnis) unterstützten die Anschaulichkeit. Erst 1909 ist C. v. Bach [5] durch die Ergebnisse von Biegeversuchen an U–Profilen auf Beziehungen gestoßen, die zwischen dem Biege- und Torsionsvorgang bestehen müssen. Vor allem C. Weber ist neben A. Eggenschwyler und R. Maillart die theoretische Durchdringung dieser Beziehungen und die Bedeutung des Schubmittelpunktes als Drillruhepunkt bei reiner Torsion und als Querkraftmittelpunkt bei reiner Biegung zu verdanken. Damit war auch die dritte Orthogonalisierung vollzogen.

Alle Bestrebungen waren aber stärker darauf gerichtet, die einzelnen Vorgänge zu trennen, als gemeinsame Eigenschaften aufzudecken und in einem System zu ordnen. Letzteres begann Bornscheuer in seiner "Systematischen Darstellung des Biege- und Verdrehvorgangs"[6]. Er führte einheitliche Bezeichnungen F für Flächenintegrale ein und kennzeichnete sie mit den Indizes des Integranden. So entstehen Flächenintegrale nullter (F), erster (F_y, F_z und F_w) und zweiter Ordnung (F_{yy}, F_{zz}, F_{ww}, F_{yz}, F_{yw} und F_{zw}). Die Dimensionsunterschiede zwischen den entsprechenden Widerständen der Biegung und der Verdrehung bleiben erhalten. Die Differentialgleichung zur Beschreibung der Beziehung zwischen Verformung und Belastung ist im Falle der Längung von 2. Ordnung, in den übrigen Vorgängen von 4. Ordnung.

Im Gebiet der Flächentragwerke entstand ebenfalls eine ganz unabhängige Theorie für prismatische Faltwerke. Die ebenen Teile des Querschnitts werden als Balken behandelt, die an den Kanten Übergangsbedingungen erfüllen müssen. Die erste Stufe, die Gelenkfaltwerkstheorie, fordert die Gleichheit der Totalverschiebung für die angrenzenden Scheiben an jedem Kantenpunkt. Mit den Kantenschubflüssen als Unbekannten kann diese Bedingung erfüllt werden. Die Entwicklung der Last in Reihen ist nicht notwendig, da sich der Querkraftverlauf aus einer Kantenlast affin in die anderen Scheiben überträgt. Diese Stufe wurde 1930 von Ehlers [8] und Craemer [9] vorgestellt. Der Geltungsbereich ist sehr klein und beschränkt sich auf mittellange dünnwandige Faltwerke.

1932 nahmen Grüning [10] und Gruber [11] eine Erweiterung vor, die mit Hilfe der Kantenbiegemomente auch die gegenseitigen Tangentenverdrehungen an den Kanten zu Null machten. Wegen der nichtaffinen Wirkung der Schubflüsse und Querbiegemomente war aber nun eine Reihenentwicklung der Lasten nötig. Das schränkte die Anwendungsmöglichkeiten auf andere Weise ein. Plattendrill– und –längsbiegesteifigkeit sowie die Membranschubverzerrungen und –umfangsdehnungen blieben unberücksichtigt. Die klassische Faltwerkstheorie fand eine moderne Fassung in der "Finite Strip Method" z.B. in [12]. Hierin kann auch die Drillsteifigkeit und die Längsbiegesteifigkeit berücksichtigt werden. Auch Theorie II. Ordnung ist möglich. In allen drei Stufen tritt aber die Balkenwirkung des Gesamtquerschnitts nicht in Erscheinung.

Lundgren [13] suchte den Zugang für offene prismatische Schalen von der Balkenlösung her. Das Ungleichgewicht zwischen dem Schubfluß des Balkens und der Belastung wird als Zusatzlast auf den als Bogen behandelten Querschnitt gebracht und so werden die Querbiegemomente und die Profilverformung iterativ gefunden. Das Verfahren eignet sich für die Schalenbereiche, in denen die Profilverformung sich in Längsrichtung nicht wesentlich ändert, also nicht für die Auflagerbereiche und konzentrierte Lasten.

In einer Vielzahl von Arbeiten wird die Profilverformung von Kastenträgern als eine weitere Verformungsmöglichkeit untersucht. Eine umfangreiche Schrifttumsauswertung hierzu findet sich in [16].

Die stärkste Annäherung an die Verallgemeinerte Technische Biegetheorie (VTB) finden wir bei Wlassow [14]. Er ersetzte die Kraftgrößen an den Kanten durch die Wölbordinaten als Unbekannte und erhielt ein verkoppeltes Differentialgleichungssystem. Die Vereinigung mit der Technischen Biegetheorie wäre sicher nur eine Frage der Zeit gewesen, hätte ihn nicht der Tod allzufrüh aus seiner Arbeit gerissen.

Die vorausgegangenen Betrachtungen zeigen, daß sich die verschiedenen Teilgebiete innerhalb der prismatischen Tragwerke aus unabhängigen Wurzeln ganz unterschiedlich entwickelt haben. Die Tabelle 1.1 faßt dies schematisch zusammen. Das wissenschaftliche Interesse lag verständlicherweise mehr dort, wo höherstehende mathematische Beschreibungen zu erreichen waren, wodurch die durch Unstetigkeiten in der Querschnittsgeometrie benachteiligten Faltwerke stark zurückblieben. Der aufgrund der verbindenden Eigenschaft prismatischer Gestalt vorhandene Kern gemeinsamen mechanischen Verhaltens wurde bis auf Bemühungen im Teilgebiet der Stäbe und Balken in der Vergangenheit nicht in die Beschreibung aufgenommen.

Die Entwicklung der Technischen Biegetheorie und ihre Darstellung in den vier orthogonalen Vorgängen zeigt die Tabelle 1.2. Die Orthogonalisierungsbedingungen durch die Querschnittseigenschaften Schwerpunkt, Hauptachsen und Schubmittelpunkt werfen die Frage nach weiteren Orthogonalisierungsmöglichkeiten auf, welche zusätzliche Vorgänge mit neuen Steifigkeiten und Schnittgrößen ermöglichen. Wie der folgende Abschnitt zeigen wird, sind auch mehr gemeinsame Eigenschaften in den vier bekannten Vorgängen vorhanden, als in den Symbolen und Namen der Querschnittswerte zum Ausdruck kommen.

Tabelle 1.1 Das Gebiet der prismatischen Tragwerke.

Tragwerk	Vorgang	Beschreibung	Verfahren
Stäbe Balken	Längung Biegung Drillung	gew. DGL 2.Ord. gew. DGL 4.Ord.	alle Verfahren der Stabstatik
Scheiben Platten	— Biegung	Airy Kirchhoff part. DGL 4.Ord.	z.B. Energie-, Differenzen- verfahren, FEM
prismatische Schalen	Membran- Biegetheorie	Systeme part. DGLn	z.B. Energie- Differenzen- verfahren, FEM
prismatische Faltwerke		Wlassow Grundverwölbungen Kantenschübe	lineare Gleichungssysteme

Tabelle 1.2 Die vier Vorgänge der Technischen Biegetheorie und ihre historische Entwicklung.

Vorgang	Orthogona- lisierung	Steifig- keit	Schnitt- grösse	Verschie- bung	Zeit
Längung		EA	N	u	
	Schwer- punkt				Ende 18.Jhd.
Biegung 1		EI_1	M_1	v	
	Haupt- achsen				Mitte 19.Jhd.
Biegung 2		EI_2	M_2	w	
	Schubmit- telpunkt				Anfang 20.Jhd.
Torsion		EC_M	W	ϑ	
	?				
?		?	?	?	

1.2 Das System der Technischen Biegetheorie

Gegenstand der Technischen Biegetheorie ist die Berechnung der Spannungen und Verformungen von Körpern, die sich als eindimensionale Strukturen idealisieren lassen. Darunter sind die Vorgänge zusammengefaßt, welche eine Längenänderung, eine Biegung sowie Verdrillung des Körpers beschreiben.

Ihr Gültigkeitsbereich wird durch die Geometrie des Körpers aber auch durch Lagerung, Belastung und Aufgabenstellung abgegrenzt.

Das Attribut "Technisch" bezeichnet die Tatsache, daß die Theorie zugunsten einer einfachen rechnerischen Behandlung auf die wesentlichen Fälle beschränkt wird, die jedoch für die Mehrzahl der Anwendungen ausreichen. Konkret sind damit folgende beiden Einschränkungen gemeint: Es werden keine Schubverzerrungen betrachtet und die Querschnittsform ändert sich über die Länge nicht. Die erstgenannte Einschränkung wird auch mit der Bezeichnung "Bernoulli–Balken" identifiziert. Die letztgenannte geometrische Eigenschaft des Körpers bezeichnen wir auch mit "prismatisch". Sie ist keine starke Einschränkung, da ein Körper meistens in Teilabschnitte mit der geforderten Eigenschaft zerlegt werden kann und viele Herstellungsverfahren prismatische Strukturen erzeugen.

Den Teilgebieten der Technischen Biegetheorie liegen folgende gemeinsame Annahmen zugrunde: Der Körper verhält sich so, als sei er aus einzelnen, in Längsrichtung verlaufenden Fasern zusammengesetzt, für die jeweils das Elastizitätsgesetz des einachsigen Spannungszustands gilt und die in starrem Schubverbund stehen. Spannungen und Verformungen quer zur Stabachse werden nicht betrachtet. Die Querschnittsform wird durch den Verformungsvorgang nicht verändert.

Die Benennung der Teilgebiete in der Literatur ist nicht eindeutig. Bisweilen wird mit den Bezeichnungen "Stabtheorie" und "Balkentheorie" die Unterscheidung von Normalkraft- und Biegeverformung kenntlich gemacht, während der Verdrehvorgang auch unter "Theorie des Torsionsstabes" geführt wird.

Wie der vorangegangene Abschnitt deutlich gemacht hat, haben sich die Teilgebiete der Technischen Biegetheorie weitgehend unabhängig voneinander entwickelt, was zur Folge hatte, daß Begriffe und Beziehungen auf das jeweilige Gebiet zugeschnitten sind und sich das Gemeinsame der verschiedenen Vorgänge nicht in ihnen wiederspiegelt. Dieses besteht zunächst nur in der Reduzierung des Problems auf eine Dimension: Durch vereinfachende Annahmen bezüglich des Spannungs- und Verformungsverlaufes über den Querschnitt ist es möglich, pauschale Größen (Querschnittswerte, resultierende Schnittgrößen) einzuführen welche über einfache Gleichungen miteinander in Beziehung gesetzt werden können.

Bei der Definition von Querschnittswerten und resultierenden Schnittgrößen sowie bei der Interpretation der Gleichgewichtsbedingungen und Elastizitätsgesetze läßt sich in der herkömmlichen Formulierung jedoch außer formalen Analogien keine gemeinsame Grundlage mehr erkennen. Daß diese dennoch vorhanden ist, daß also die vier Vorgänge der Technischen Biegetheorie als ein einziges System begriffen werden können, dieses soll im folgenden Abschnitt gezeigt werden.

Dazu ist es notwendig, die wohlbekannten Begriffe auf neuartige, zunächst etwas ungewohnte Weise zu deuten. Der Blick wird darauf gerichtet sein, sie auf eine so allgemeine Art zu interpretieren, daß die gemeinsame Wurzel erkennbar wird. Es wird sich dabei erweisen, daß die neu gewonnene Betrachtungsweise nicht nur zu einer systematischen Sicht der Technischen Biegetheorie führt, sondern auch — und das ist ja das eigentliche Ziel — die Möglichkeit der Verallgemeinerung in sich trägt. Bestimmte Begriffe müssen dabei eine ganz neue Bewertung erhalten, so z.B. der Begriff der "Wölbfunktion", welcher sich als grundlegende Beschreibungsmöglichkeit sämtlicher Verformungsvorgänge herausstellen wird.

Gleichzeitig erfolgt dabei auch eine Einführung in die Begriffe, Struktur und neuartige Bezeichnungsweise der Verallgemeinerten Technischen Biegetheorie (VTB). Damit sind dann die Vorbereitungen getroffen, um im darauf folgenden Abschnitt den ersten Schritt über die Grenzen der Technischen Biegetheorie zu wagen. Zuvor soll jedoch eine Definition der wichtigsten Begriffe gegeben werden.

1.2.1   Allgemeine Definitionen

1. Die **Eigenschaften** der Tragwerke werden durch **Systemgrößen** beschrieben.

    — geometrische: Form und Abmessung der Stabachsen
                               und der Stabquerschnitte, Zuordnung
                               von Stäben und Knoten
    — statische: Anordnung und Wirkungsweise von
                               Mechanismen und Lagerbedingungen
    — werkstoffliche: Elastizitätsmodul und Schubmodul (oder
                               Querdehnungszahl) der verwendeten Werkstoffe

2. Der **Zustand** der Tragwerke wird durch **Zustandsgrößen** beschrieben.

    — **Weggrößen** (Verformungsgrößen)
        — Äußere Weggrößen: Lageänderungen der Stabelemente
        — Innere Weggrößen: Formänderungen der Stabelemente
    — **Kraftgrößen**
        — Äußere Kraftgrößen (Lasten)
        — Innere Kraftgrößen (Schnittgrößen)

Die äußeren und die inneren Zustandsgrößen sind jeweils zugehörige **Arbeitskomplemente**.

3. Das **Verhalten** der Tragwerke wird durch **Beziehungen** beschrieben.

   — geometrische: **Differentialbeziehungen** zwischen den äußeren und inneren Weggrößen (Verträglichkeit, Kompatibilität)

   — statische: **Gleichgewichtsbeziehungen** zwischen den äußeren und inneren Kraftgrößen

   — werkstoffliche: **Elastizitätsbeziehungen** zwischen den inneren Kraft– und Weggrößen

4. Durch die Verwendung **orthogonaler** Zustandsgrößen kann das Verhalten in einzelnen **Vorgängen** getrennt und unabhängig behandelt werden.

   — Längung (Normalkraft und Längenänderung)
   — Biegung 1 (um die eine Hauptachse)
   — Biegung 2 (um die andere Hauptachse)
   — Drillung (Torsion, Wölbkrafttorsion)

5. Die Ursache für die Zustandsänderungen der Tragwerke sind die **Einwirkungen**. Jede der unter 2. genannten Zustandsgrößen kann Einwirkung sein. In der Regel sind es äußere Kraftgrößen — **Lasten** — und äußere Weggrößen — **Lagerverschiebungen** und **–verdrehungen**. Auch innere Weggrößen — **Temperaturänderungen, singuläre Verformungen** — können Einwirkungen sein. Die restlichen Zustandsgrößen sind dann jeweils die **Antwort** der Tragwerke auf die Einwirkung.

6. Mathematisch gleichartige Beziehungen mit mechanisch unterschiedlichem Inhalt können als **Analogien** genutzt werden.

   — Mohr'sche Analogie: Geometrische Differentialbeziehungen werden als statische Gleichgewichtsbedingungen behandelt.
   — Analogie zwischen Wölbkrafttorsion und querbelastetem Zugstab.

1.2.2   Die einheitliche Darstellung der Technischen Biegetheorie

Vorgänge

Wir wollen an den vierten Punkt des vorangegangenen Abschnitts anknüpfend bereits die erste neue Bezeichnungsweise einführen:

Die Zustandsänderungen eines Tragwerks, welche durch die Technische Biegetheorie beschrieben werden, bezeichnen wir als "Vorgänge" und numerieren sie von 1 bis 4 durch. Somit ist Vorgang 1 die Längung, Vorgang

*2 und 3 sind die beiden Biegungen um die Hauptachsen und Vorgang 4 ist
die Torsion.*

Die vier Vorgänge stellen jeweils ein eindimensionales Modell des Körpers dar.
In Bild 1.1 ist die dreidimensionale Betrachtungsweise den vier eindimensionalen Vorgängen der Technischen Biegetheorie gegenübergestellt.

Produktdarstellung

Die Punkte des dreidimensionalen Körpers sind durch ihre Koordinaten (x, y, z)
gegeben. Der Verformungszustand ist festgelegt durch die drei Verschiebungen
u, v und w in jedem der Punkte. Der Spannungszustand wird durch die im
Querschnitt wirkenden Normalspannungen σ_x und Schubspannungen τ_{xy} und
τ_{xz} beschrieben. Das Materialverhalten ist im Elastizitätsgesetz des einachsigen
Spannungszustands für die einzelnen Fasern ausgedrückt.

Dagegen ist der Körper in seiner Idealisierung durch die Technische Biegetheorie durch eine einzige Koordinate bestimmt, nämlich die x–Achse. Das
Verformungsverhalten wird durch vereinfachende Annahmen auf vier Freiheitsgrade reduziert, nämlich die vier möglichen unabhängigen Starrkörperbewegungen des Querschnitts. Sie werden beschrieben durch die drei Verschiebungen u, v und w der Stabachse sowie die Verdrehung ϑ (die Verdrehungen
v' und w' sind ja wegen der Bernoulli–Hypothese keine unabhängigen Größen).
Die Spannungen werden in resultierenden Schnittgrößen zusammengefaßt,
welche durch ein pauschales Elastizitätsgesetz mit den Verformungsgrößen in
Beziehung gesetzt werden.

Wir wollen uns nun mit dem Zusammenhang beschäftigen, der zwischen
den Größen des dreidimensionalen Modells und den der vier eindimensionalen
Vorgänge besteht. Während die eine Richtung — nämlich die Reduzierung auf
eine Dimension durch die Einführung von Schnittgrößen, Berechnung von Querschnittswerten usw. — i. allg. ausführlich behandelt wird, kommt der anderen
Richtung — nämlich der Rückrechnung von Verschiebungen und Spannungen
für den ganzen Körper — nicht dieselbe Aufmerksamkeit zu.

Allgemein läßt sich dazu folgendes feststellen: Mit der Lösung der Differentialgleichung eines Vorgangs, d.h. mit der Ermittlung der betreffenden Verformungsfunktion, ist der Spannungs– und Verformungszustand des gesamten
Körpers bestimmt. So können z.B. bei der Biegung 2 aus der Kenntnis der
Lösungsfunktion $w(x)$ und ihren Ableitungen die Spannungen, Verzerrungen
und Verschiebungen in jedem Punkt (x, y, z) ermittelt werden. Dies aber bedeutet, daß es möglich sein muß, für alle diese Größen eine Produktdarstellung
mit den folgenden Eigenschaften zu formulieren: Die Abhängigkeit von der Koordinate x ist durch die Funktion $w(x)$ oder eine ihrer Ableitungen gegeben.
Die Abhängigkeit von y und z wird durch eine andere Funktion beschrieben, die

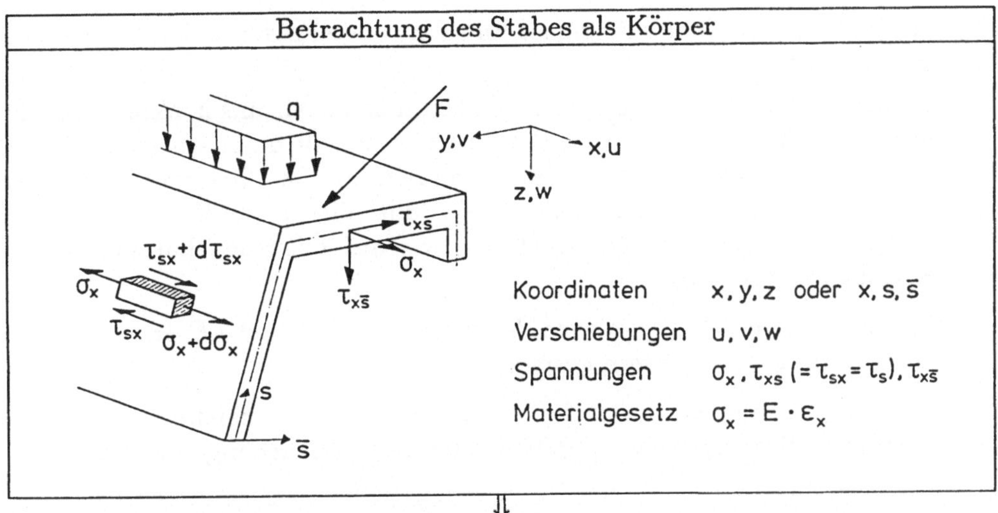

Ermittlung von Schwerpunkt, Hauptachsen, Schubmittelpunkt, Querschnittswerten, Zerlegen der Last in Komponenten etc.

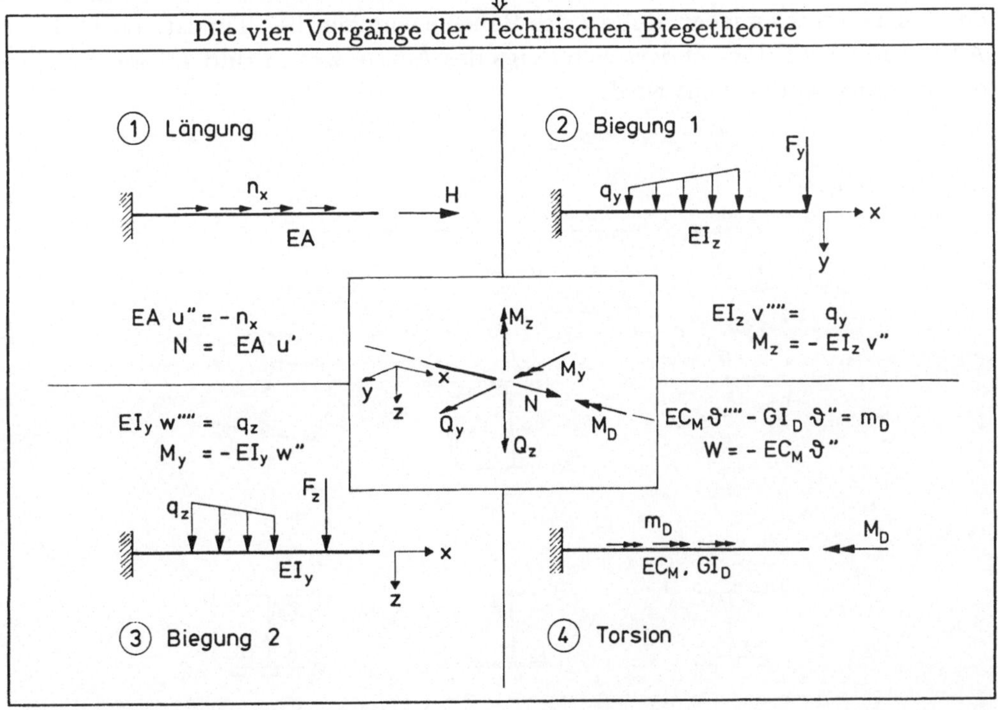

Bild 1.1 Der Stab in seiner Betrachtung als dreidimensionales Modell gegenüber der eindimensionalen Betrachtung in den vier Vorgängen der Technischen Biegetheorie

von der Lösung $w(x)$ unabhängig ist und somit bereits durch den Querschnitt festgelegt sein muß.

Um diese Produktdarstellungen zu finden, müssen wir uns konkret einer der beteiligten Größen zuwenden. Die Frage ist nun, welche dafür am geeignetesten erscheint. Es muß sich um eine Größe handeln, die bei allen vier Vorgängen gleichermaßen eine wichtige Rolle spielt, d.h. direkt in die Beschreibung der Tragwirkung eingeht. Dabei stoßen wir auf folgende charakteristische Eigenschaft der Vorgänge:

In jedem der vier Vorgänge wird die wesentliche elastische Energie in den Längsdehnungen der Fasern gespeichert.

Da die Längsdehnungen durch die Ableitung der u–Verschiebungen gegeben sind, scheinen diese als Ansatzpunkt für unsere Untersuchungen geeignet.

Verwölbungen

Betrachten wir die bei einem der vier Vorgänge entstehenden u–Verschiebungen an verschiedenen Stellen des Tragwerks, so stellen wir fest, daß ihr Verlauf über den Querschnitt an jeder Stelle x des Balkens vom gleichen Typ ist, lediglich die Amplitude des Bildes ändert sich längs der Achse, was in Bild 1.2 am Beispiel der Biegung verdeutlicht wird.

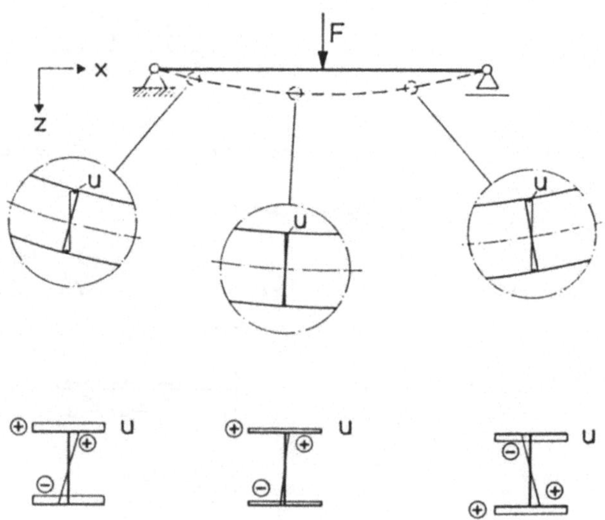

Bild 1.2 u–Verschiebungen aufgrund einer Durchbiegung $w(x)$.

Man kann somit die u–Verschiebungen als Vielfache eines Einheitsverschiebungsbildes auffassen. Wählen wir als Einheit diejenigen u–Verschiebungen, welche sich aus $w'(x) = 1$, d.h. einer Drehung des Querschnitts um den Winkel 1 ergeben, so ist die betreffende Funktion gerade die wohlbekannte "z–Linie" $z(s)$, welche normalerweise nur bei der Berechnung des Einheitsschubflusses oder des Trägheitsmomentes in Erscheinung tritt. Der Zusammenhang zwischen der Verformungsgröße $w(x)$ und den u-Verschiebungen lautet

$$u(x, y, z) = -z \cdot w'(x) \qquad (1.1)$$

$$\text{bzw.} \qquad u(x, y, z) = -y \cdot v'(x) \ . \qquad (1.2)$$

Diese Beziehung ist nicht neu, während jedoch $y(s)$ und $z(s)$ üblicherweise als "Abstand von der neutralen Faser" verstanden werden, kommt ihnen nun die Bedeutung einer Einheitsfunktion zu.

In der Torsion entstehen i. allg. kompliziertere u-Verschiebungsbilder, was in der Definition der Einheitsverwölbung $\omega(s)$ seinen Niederschlag gefunden hat. Mit ihr läßt sich folgende Produktdarstellung der Verwölbungen angeben:

$$u(x, y, z) = \omega(y, z) \cdot \vartheta'(x) \ . \qquad (1.3)$$

Um eine gemeinsame Beschreibung der Beziehungen (1.1) bis (1.3) zu ermöglichen, wollen wir die Bezeichnung "Verwölbung" in einer erweiterten Form einführen:

Sämtliche u–Verschiebungen eines Querschnitts werden als Verwölbungen bzw. Wölbfunktionen bezeichnet, unabhängig davon, ob der Querschnitt eben bleibt oder nicht.

Als Gemeinsamkeit zwischen (1.1), (1.2) und (1.3) fällt ins Auge, daß jede der Wölbfunktionen proportional zur Ableitung der zugehörigen Verformung ist:

Bei Biegung und Torsion werden Verwölbungen nur durch Änderungen der Verformungsfunktion erzeugt.

Wir können die Funktionen $y(s)$ und $z(s)$ auch als Einheitsverwölbungen bezeichnen. Die gemeinsame Benennung soll sich nun in einem einheitlichen Symbol ausdrücken:

Die Einheitsverwölbungen werden mit ${}^{k}\tilde{u}(s)$ bezeichnet. Dabei steht der Index k für die Nummer des betreffenden Vorgangs. Die Tilde $\sim$ kennzeichnet den Charakter der "Einheitsfunktion".

Die ungewohnte Stellung der Indizes ist nicht nur aus paktischen Erwägungen gewählt worden[1], sondern auch zur Verdeutlichung der neuartigen Systematik. Mit der neuen Bezeichnungsweise können wir nun zusammenfassend sagen:

---

[1] So bleibt der Platz unten rechts für Knoten– oder Scheibenindizes bzw. Koordinaten reserviert.

Die Einheitsverwölbungen der Biegung sind die linearen Funktionen $^2\widetilde{u} =$
$-y$ und $^3\widetilde{u} = -z$, die Einheitsverwölbung der Torsion erhält die neue
Schreibweise $^4\widetilde{u} = \omega$. Beim Vorgang 1 sind die u–Verschiebungen über
den Querschnitt konstant, ihm läßt sich somit die Einheitsverwölbung 1
zuordnen.

Aus Gründen, auf die hier noch nicht näher eingegangen werden soll, wird die
Einheitsverwölbung des ersten Vorgangs mit negativem Vorzeichen definiert.
Wir erhalten also

$$^1\widetilde{u}(y,z) = -1$$
$$^2\widetilde{u}(y,z) = -y$$
$$^3\widetilde{u}(y,z) = -z$$
$$^4\widetilde{u}(y,z) = \omega \ .$$

$$(1.4)$$

Abschließend sei noch daran erinnert, daß die Koordinaten y und z auf das
Hauptachsensystem bezogen sind und demzufolge die Einheitsverwölbungen
$^2\widetilde{u}(y,z)$ und $^3\widetilde{u}(y,z)$ genau wie $\omega(y,z) = {}^4\widetilde{u}(y,z)$ querschnittsabhängige
Funktionen sind.

Querschnittsverschiebungen

Als nächstes wenden wir uns den Verschiebungen in der Querschnittsebene zu.
Hier läßt sich dieselbe Beobachtung wie bei den Verwölbungen machen:

Die v– und w–Verschiebungen eines Vorganges sind an jeder Stelle x
vom selben Typ und können als Vielfache eines Einheitsverformungsbildes
aufgefaßt werden.

Für den Vorgang 1 ist das trivial, da hier keine Querschnittsverschiebungen
auftreten. Für die Vorgänge 2 und 3 ist das in Bild 1.3 veranschaulicht.
Während wir die Verwölbungen als Funktion über den Querschnitt aufgetragen
haben, wählen wir für die Darstellung der v– und w–Verschiebungen das entste-
hende Verformungsbild, damit beide Komponenten in einem Bild erkennbar
sind.

Wollen wir nun die Produktdarstellung für die Querschnittsverschiebungen
formulieren, so müssen wir analog zu den Einheitsverwölbungen die Einheitsverschiebungen $^k\widetilde{v}$ und $^k\widetilde{w}$ einführen. Ihre Normierung ist beliebig, wir wählen
als Einheit das Verformungsbild, welches sich aus der Verformungsgröße 1
($w(x) = 1$, $\vartheta(x) = 1$ etc.) ergibt. Damit schreiben sich die Produktdarstellungen der Querschnittsverschiebungen folgendermaßen:

$$
\text{Vorgang 2:} \quad
\begin{aligned}
v(x,y,z) &= {}^2\widetilde{v}(y,z) \cdot v(x) \\
w(x,y,z) &= {}^2\widetilde{w}(y,z) \cdot v(x)
\end{aligned}
\quad \text{mit} \quad
\begin{aligned}
{}^2\widetilde{v}(y,z) &= 1 \ , \\
{}^2\widetilde{w}(y,z) &= 0 \ .
\end{aligned}
\qquad (1.5)
$$

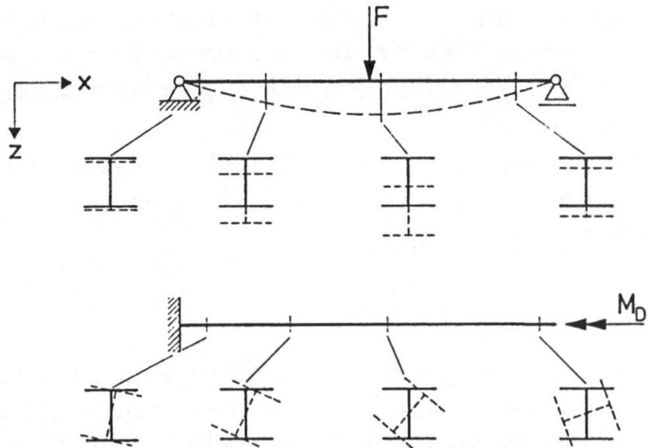

Bild 1.3   Querschnittsverschiebungen bei Biegung und Torsion

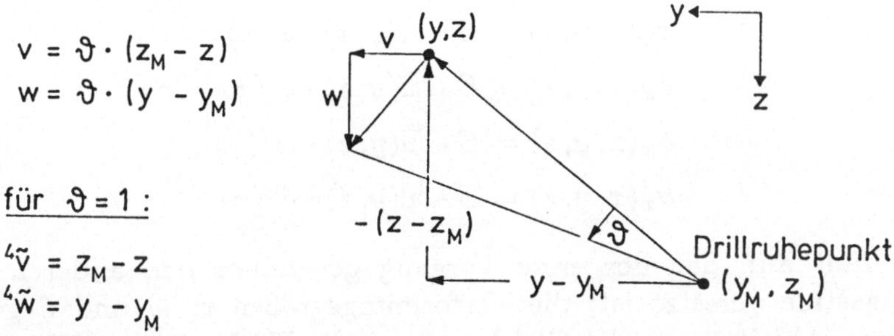

$$v = \vartheta \cdot (z_M - z)$$
$$w = \vartheta \cdot (y - y_M)$$

für $\vartheta = 1$:

$${}^{4}\tilde{v} = z_M - z$$
$${}^{4}\tilde{w} = y - y_M$$

Bild 1.4   Querschnittsverschiebungen eines Punktes (y, z) aufgrund einer Verdrehung ϑ. Für $\vartheta = 1$ ergeben sich die Einheitsverschiebungen ${}^{4}\tilde{v} = -(z - z_M)$ und ${}^{4}\tilde{w} = y - y_M$.

$$\text{Vorgang 3:} \quad \begin{aligned} v(x,y,z) &= {}^{3}\tilde{v}(y,z) \cdot w(x) \\ w(x,y,z) &= {}^{3}\tilde{w}(y,z) \cdot w(x) \end{aligned} \quad \text{mit} \quad \begin{aligned} {}^{3}\tilde{v}(y,z) &= 0 \,, \\ {}^{3}\tilde{w}(y,z) &= 1 \,. \end{aligned} \quad (1.6)$$

Nur bei der Torsion treten beide Komponenten auf (Bild 1.4).

$$\text{Vorgang 4:} \quad \begin{aligned} v(x,y,z) &= {}^{4}\tilde{v}(y,z) \cdot \vartheta(x) \\ w(x,y,z) &= {}^{4}\tilde{w}(y,z) \cdot \vartheta(x) \end{aligned} \quad \text{mit} \quad \begin{aligned} {}^{4}\tilde{v}(y,z) &= z_M - z \,, \\ {}^{4}\tilde{w}(y,z) &= y - y_M \,. \end{aligned} \quad (1.7)$$

Für den Vorgang 1 gilt $^{1}\widetilde{v} \equiv {}^{1}\widetilde{w} \equiv 0$. Den Produktdarstellungen (1.5) bis (1.7) ist gemeinsam, daß sie die Verformungsfunktion selbst enthalten (im Gegensatz zu den Verwölbungen, welche proportional zur Ableitung der Verformungsfunktion sind).

Um die Gewöhnung an die neuen Begriffe Einheitsverwölbung und Einheitsverschiebung zu erleichtern, sind diese in Bild 1.5 für einige einfache Profile qualitativ aufgetragen.

Spannungen

Für die Längsspannungen gilt das Elastizitätsgesetz des einachsigen Spannungszustands $\sigma_x = Eu'$. Setzen wir für u die Produktansätze der einzelnen Vorgänge ein, so können wir folgendes feststellen: Die Differentiation nach x wirkt sich lediglich auf die beteiligte Verformungsfunktion aus, während die Verteilung über den Querschnitt davon unberührt bleibt. Daraus ergibt sich, daß der Verlauf der Längsspannungen über den Querschnitt durch die Einheitsverwölbungen beschrieben werden kann. Die Produktdarstellungen der Spannungen in den Vorgängen 1 bis 4 lauten

$$\sigma_x(x, y, z) = E \cdot {}^{1}\widetilde{u}(y, z) \cdot u'(x) \,,$$

$$\sigma_x(x, y, z) = E \cdot {}^{2}\widetilde{u}(y, z) \cdot v''(x) \,,$$

$$\sigma_x(x, y, z) = E \cdot {}^{3}\widetilde{u}(y, z) \cdot w''(x) \,, \qquad (1.8)$$

$$\sigma_x(x, y, z) = E \cdot {}^{4}\widetilde{u}(y, z) \cdot \vartheta''(x) \,.$$

In (1.8) fällt auf, daß der erste Vorgang gegenüber den anderen um eine Ableitungsstufe versetzt ist; die Verformungsgrößen v, w und ϑ gehen mit der zweiten Ableitung in die Gleichung ein, die Verformungsgröße u dagegen mit der ersten Ableitung. Der Grund dafür wird im weiteren klar werden. Eine Behebung dieses Mangels zu diesem Zeitpunkt ist nicht sinnvoll. Wir werden so vorgehen, daß wir den ersten Vorgang, soweit es geht, in die einheitliche Darstellung einbeziehen und an den Stellen, wo das nicht möglich ist, ihn stillschweigend übergehen. Die dadurch entstehenden Lücken bzw. Unverträglichkeiten müssen zunächst hingenommen werden. Eine Aufarbeitung dieser Rückstände erfolgt in Abschn. 2.9.

Neben den Längsspannungen ist auch der Schubfluß $\tau_s \cdot t$ von Bedeutung. Er hängt über das Gleichgewicht mit der Ableitung der Längsspannungen zusammen, was sich in der sogenannten "Dübelformel" (s. auch Bild 1.1)

$$\tau_s \cdot t = -\int_0^s t \cdot \sigma_x' \, ds \,. \qquad (1.9)$$

ausdrückt. Nach der Herleitung der Produktdarstellung für σ_x ist es offensichtlich, daß eine solche Darstellung auch für den Schubfluß möglich ist. Durch

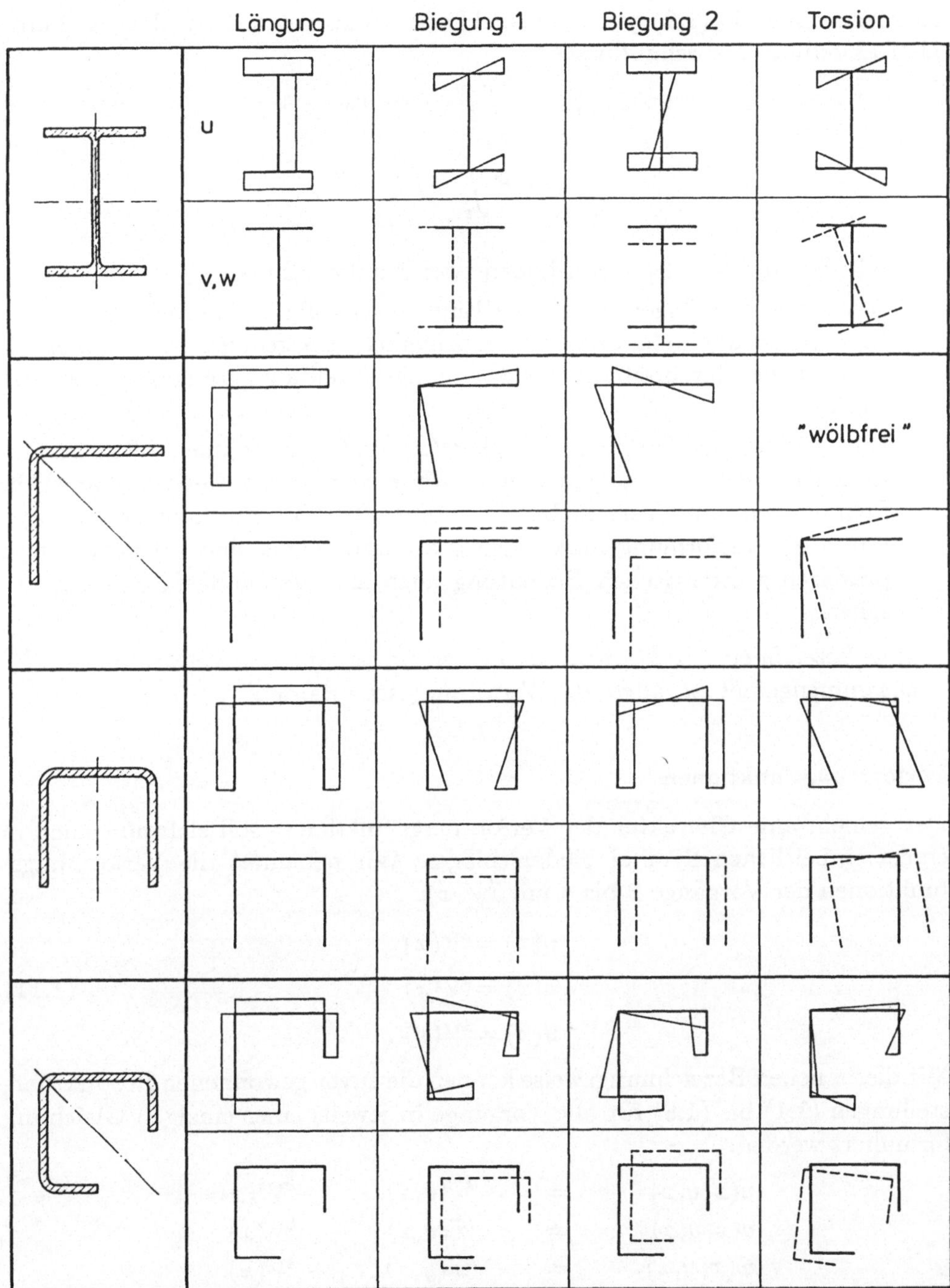

Bild 1.5 Einheitsverwölbungen und Einheitsverschiebungen für einige einfache Profile (Die Einheitsverwölbungen sind als Funktionen am Querschnitt aufgetragen, die Einheitsverschiebungen als Bild)

Ersetzen von σ_x in (1.9) gemäß Formel (1.8) erhält man z.B. für den Vorgang 2 als Darstellung des Schubflusses

$$\begin{aligned}
\tau_s \cdot t &= -\int_s t \cdot (E\,^2\widetilde{u}\,v'')'\,\mathrm{d}s \\
&= -E\int_s {}^2\widetilde{u}\,t\,\mathrm{d}s \cdot v''' \ .
\end{aligned} \qquad (1.10)$$

Die bisherigen Überlegungen haben zwei Hauptergebnisse :

— Allen vier Vorgängen kann eine Einheitsverwölbung zugeordnet werden. Ihre Bedeutung geht über die ursprünglich rein geometrische hinaus, da sie auch zur Beschreibung der Spannungsverteilung herangezogen werden kann.

— Die Verformungsfunktionen $v(x)$, $w(x)$ und $\vartheta(x)$ können offensichtlich in einer wesentlich allgemeineren Weise verstanden werden: Sämtliche Spannungen und Verschiebungen sind über die Produktdarstellungen durch die Verformungsfunktionen bestimmt. Somit sind sie neben ihrer primären geometrischen Bedeutung auch als "Betonungsfunktionen" zu sehen.

Wir bezeichnen Funktionen, in denen ein komplexes Verformungsbild zusammengefaßt ist, auch als "Verformungsresultanten".

Verformungsfunktionen

Der gemeinsame Charakter der Verformungsfunktionen soll sich nun auch in einem einheitlichen Symbol niederschlagen: Wir benennen die Verformungsfunktionen der Vorgänge 2 bis 4 mit $^kV(x)$:

$$\begin{aligned}
v(x) &= {}^2V(x) \\
w(x) &= {}^3V(x) \\
\vartheta(x) &= {}^4V(x) \ .
\end{aligned} \qquad (1.11)$$

Mit dieser neuen Bezeichnungsweise können die zuvor gewonnenen Produktdarstellungen (1.1) bis (1.8) für alle Vorgänge in jeweils einer einzigen Gleichung formuliert werden:

$$\begin{aligned}
u(x,y,z) &= & {}^k\widetilde{u}(y,z) & & \cdot\,{}^kV'(x) \\
v(x,y,z) &= & {}^k\widetilde{v}(y,z) & & \cdot\,{}^kV(x) \\
w(x,y,z) &= & {}^k\widetilde{w}(y,z) & & \cdot\,{}^kV(x) \\
\sigma_x(x,y,z) &= & E\cdot{}^k\widetilde{u}(y,z) & & \cdot\,{}^kV''(x) \\
\tau_s(x,y,z)\cdot t(s) &= & -E\int_s {}^k\widetilde{u}(y,z)t\,\mathrm{d}s & & \cdot\,{}^kV'''(x)
\end{aligned} \qquad (1.12\text{a-e})$$

$$\text{für } k = 1,2,3,4 \ .$$

Hierbei ist zu beachten, daß (1.12) die Verschiebungen und Spannungen jeweils nur für einen Vorgang angibt. Hat man einen Lastfall, bei dem mehrere Verformungsvorgänge beteiligt sind, so sind die Ergebnisse der einzelnen Vorgänge zu überlagern, es ist also auf den rechten Seiten von (1.12) die Summe über k zu bilden.

Neben der Möglichkeit einer systematischen Darstellung hat die neue Bezeichnung ${}^k V(x)$ und das neue Verständnis als "Betonungsfunktion" einen weiteren Vorteil, mit ihr ist nämlich die Möglichkeit einer Erweiterung eröffnet: Mit den Bezeichnungen $u(x)$, $v(x)$ etc. und den ihnen anhängenden Vorstellungen sind die Freiheitsgrade des Querschnitts vollständig ausgeschöpft. Dagegen ist eine weitere Verformungsresultante ${}^5 V(x)$, die zu einem noch zu definierenden Einheitsverformungszustand gehört, durchaus denkbar.

Schnittgrößen

Mit der neu gewonnen Vorstellung von der Einheitsverwölbung ist es nicht schwer, auch die übrigen Begriffe auf einheitlichen Definitionen aufzubauen. Beginnen wir mit den Schnittgrößen aus den Längsspannungen. Für den Vorgang 4 ist das Wölbmoment $W(x)$ definiert durch

$$W = -\int_A \sigma_x \cdot \omega \, \mathrm{d}A \; . \qquad (1.13\mathrm{a})$$

Während diese Definition als Arbeitsausdruck gesehen werden kann, ist eine derartige Sicht bei den Schnittgrößen der anderen drei Vorgänge nicht üblich. Bei den Festlegungen

$$N = \int_A \sigma_x \, \mathrm{d}A \; ,$$

$$M_y = \int_A \sigma_x z \, \mathrm{d}A \; , \qquad (1.13\mathrm{b\text{-}d})$$

$$M_z = \int_A \sigma_x y \, \mathrm{d}A$$

werden nämlich die Integranden als Kraftwirkung der Längsspannungen bezüglich der beteiligten Verformung verstanden (z.B. "Spannung mal Hebelarm"). Mit den oben eingeführten Einheitsverwölbungen läßt sich nun für alle vier Schnittgrößen eine einheitliche Definition angeben. Um diese auch in einer einzigen Gleichung anschreiben zu können, ist es erforderlich, analog zur Einführung der Verformungsresultanten ein einheitliches Symbol für die Schnittgrößen festzulegen. Dazu übernehmen wir den Namen vom Wölbmoment und schreiben:

$$N \to {}^1W(x), \qquad M_z \to {}^2W(x), \qquad M_y \to {}^3W(x), \qquad W \to {}^4W(x) \; .$$
$$\qquad (1.14)$$

Jetzt kann eine einzige Definitionsgleichung für alle Schnittgrößen angeben werden

$$^{k}W = - \int_{A} \sigma_{x}\,{}^{k}\widetilde{u}\,\mathrm{d}A \,, \tag{1.15}$$

welche sich in folgende Worte fassen läßt

Die Schnittgröße ^{k}W ist die Arbeit der Längsspannungen an der Einheitsverwölbung $^{k}\widetilde{u}$.

Die Richtigkeit der Definition kann durch Einsetzen der Einheitsverwölbungen (1.4) und Vergleich mit (1.13a-d) sofort bestätigt werden.

Auch die Schubflüsse werden zu Resultierenden zusammengefaßt, nämlich den Querkräften bzw. dem Torsionsmoment. Die Herleitung einer einheitlichen Definition sei dem Leser überlassen. Ein neues Symbol braucht nicht eingeführt zu werden, da sie die Ableitungen der Schnittgröße $^{k}W(x)$ sind:

$$Q_{y} \to {}^{2}W', \qquad Q_{z} \to {}^{3}W', \qquad M_{D} \to {}^{4}W' \,. \tag{1.16}$$

Die Schnittgrößen ^{k}W stehen über pauschale Elastizitätsgesetze mit den Verformungsgrößen ^{k}V in Zusammenhang. Bevor wir diesen in einheitlicher Form angeben können, müssen zunächst die Querschnittswerte ein gemeinsames Symbol erhalten.

Wölbwiderstände

Beginnen wir dafür bei der Torsion: Die Wölbsteifigkeit des Vorgangs 4 setzt sich zusammen aus dem Materialanteil E und dem als "Wölbwiderstand" bezeichneten Querschnittsformanteil

$$C_{M} = \int_{A} \omega^{2}\,\mathrm{d}A \,. \tag{1.17}$$

Formal ist der Wölbwiderstand das Integral über die quadrierte Einheitsverwölbung. Im Elastizitätsgesetz

$$W = -EC_{M}\vartheta'' \tag{1.18}$$

stellt er die Beziehung zwischen Verformung und Schnittgröße her.

Da wir auch den übrigen Vorgängen eine Einheitsverwölbung zuordnen, liegt es nahe, zu untersuchen, ob deren Querschnittswerte sich in gleicher Weise definieren lassen. Dies ist der Fall, wie sich leicht bestätigen läßt. Als einheitliche Bezeichnung für die Querschnittswerte übernehmen wir wieder das Symbol vom Vorgang 4:

$$A \to {}^{1}C, \qquad I_{z} \to {}^{2}C, \qquad I_{y} \to {}^{3}C, \qquad C_{M} \to {}^{4}C \tag{1.19}$$

und können damit die folgende allgemeine Definition anschreiben

$$^kC = \int_A {}^k\widetilde{u}^2 \, \mathrm{d}A \; . \tag{1.20}$$

Damit erfährt die Dehnsteifigkeit EA eine Deutung als Wölbsteifigkeit bezüglich der konstanten Verwölbung und die Biegesteifigkeit EI als Wölbsteifigkeit bezüglich der linearen Verwölbung.

Durch Einsetzen von (1.12d) in (1.15) ergibt sich

$$^kW(x) = -E \int_A {}^k\widetilde{u}^2(y,z) \, \mathrm{d}A \cdot {}^kV''(x) \tag{1.21}$$

und mit (1.20) läßt sich nun das für alle Vorgänge gültige Elastizitätsgesetz

$$^kW(x) = -E\,{}^kC\,{}^kV''(x) \qquad \text{bzw.} \qquad {}^kV''(x) = -\frac{{}^kW(x)}{E\,{}^kC} \tag{1.22}$$

anschreiben. Dieses kann z.B. dazu verwendet werden, um die Längsspannungen direkt durch die Schnittgröße auszudrücken. Durch Einsetzen in (1.12d) erhalten wir

$$^k\sigma_x(x,y,z) = -\frac{{}^kW(x)\,{}^k\widetilde{u}(y,z)}{{}^kC} \; . \tag{1.23}$$

Ein entsprechendes Gesetz läßt sich für die Schubspannungen τ_s angeben. Aus (1.22) erhalten wir $-E\,{}^kV''' = {}^kW'/{}^kC$, womit sich die Beziehung (1.12e) umformen läßt zu

$$^k\tau_s \cdot t = \frac{{}^kW'(x)}{{}^kC} \int_s {}^k\widetilde{u}(y,z)t \, \mathrm{d}s \; . \tag{1.24}$$

Differentialgleichungen

Als nächstes wollen wir für die Differentialgleichungen der Technischen Biegetheorie eine gemeinsame Deutung finden. Die einfachste Anschauung ist die als Kräfte– bzw. Momentengleichgewicht in Richtung der Koordinaten. So beschreibt die Differentialgleichung $EAu''(x) = -n(x)$ das Kräftegleichgewicht in Richtung der Stabachse, $EI_y w'''' = q_z$ das Gleichgewicht in Richtung der z–Achse usw.

Mit dieser Anschauung ist das System abgeschlossen, denn es gibt keine weiteren Richtungen, für die eine unabhängige Gleichgewichtsbedingungen gebildet werden könnte. Um eine erweiterbare Interpretation zu bekommen, müssen wir den Begriff der "virtuellen Arbeit" verwenden, was am Beispiel der Biegedifferentialgleichung vorgeführt werden soll.

Unser Ziel ist es also, die Differentialgleichung

$$EI_y w'''' = q_z \tag{1.25}$$

unter Verwendung der bisher entwickelten gemeinsamen Begriffe so allgemein zu deuten, daß diese Interpretation gleichermaßen für die andern Vorgänge gilt. Genau genommen stecken in der Gleichung (1.25) zwei Gleichgewichtsaussagen:

Zunächst wird das Gleichgewicht der in z–Richtung wirkenden Kräfte gebildet (Bild 1.6):

$$q \cdot \mathrm{d}x + Q' \cdot \mathrm{d}x = 0 \ . \tag{1.26}$$

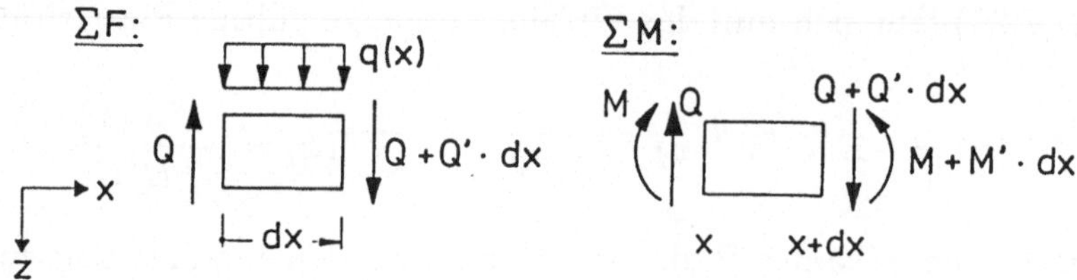

Bild 1.6   Kräfte– und Momentengleichgewicht am Element $\mathrm{d}x$

Über das Momentengleichgewicht wird eine Beziehung zwischen Querkraft und Biegemoment hergestellt:

$$Q \cdot \mathrm{d}x - M' \cdot \mathrm{d}x = 0 \ . \tag{1.27}$$

Einsetzen von (1.27) in (1.26) und Einführen der Verformungsgröße $w(x)$ mittels des Elastizitätsgesetzes $M = -EIw''$ führt schließlich auf die Differentialgleichung in der Form (1.25).

Gleichgewichtsaussagen der beschriebenen Art können in Arbeitsaussagen umgewandelt werden, indem sie mit dem zugehörigen Arbeitskomplement der virtuellen Größe $\bar{1}$ multipliziert werden. An den Zahlen ändert sich dabei nichts, jedoch erhalten sie die Dimension von virtuellen Arbeiten. Beim Kräftegleichgewicht bedeutet das, daß mit einer virtuellen Verschiebung $\bar{1}$ multipliziert werden muß, beim Momentengleichgewicht mit einer virtuellen Verdrehung um den Winkel $\bar{1}$. Die zugehörigen virtuellen Verrückungszustände des Elementes $\mathrm{d}x$ sind in Bild 1.7 dargestellt.

Der Sinn dieser umständlich anmutenden Überlegungen wird klar, wenn wir uns an die eingangs definierten Einheitsverwölbungen (1.4) und –verschiebungen (1.5-7) erinnern.

Bild 1.7   Virtuelle Verrückungen

Die erste virtuelle Verrückung $w = \bar{1}$ ist nämlich gerade die Einheitsverschiebung des Vorgangs 3, die wir durch $^3V(x) = \bar{1}$ beschreiben können, während beim zweiten Verrückungszustand $w' = \bar{1}$ dem Element genau die Einheitsverwölbung — entstanden durch $^3V'(x) = \bar{1}$ — aufgeprägt wird.

Man kann für die anderen Vorgänge in gleicher Weise zeigen, daß die Differentialgleichung aus der Arbeit an den Einheitsverformungszuständen $^kV = \bar{1}$ und $^kV' = \bar{1}$ abgeleitet werden kann. Damit sind wir bereits in der Lage, eine einheitliche Beschreibung des Aufbaus und Inhalts der Differentialgleichungen der Technischen Biegetheorie anzugeben:

Die Differentialgleichungen der Technischen Biegetheorie drücken die Forderung aus, daß die Summe der virtuellen Arbeiten am Element dx, welches einer Einheitsverschiebung $^kV(x) = \bar{1}$ unterworfen wird, verschwindet. Da in diesen Ausdruck die Schubspannungen eingehen, welche ja kein Elastizitätsgesetz haben und somit nicht durch die Verformungen ersetzt werden können, werden sie zunächst durch die Normalspannungen ausgedrückt. Der betreffende Zusammenhang wird durch einen zweiten virtuellen Verrückungszustand hergestellt, bei welchem dem Element durch $^kV'(x) = \bar{1}$ die Einheitsverwölbung des Vorgangs aufgeprägt wird.

Lasten

Die rechte Seite der Differentialgleichung, das "Lastglied", hatte bisher die Bedeutung einer Kraftkomponente bzw. Momentenwirkung. Mit dem Übergang auf virtuelle Arbeiten läßt sich auch hierfür eine gemeinsame Definition angeben:

Das Lastglied ^kq ist die Summe der Arbeiten der äußeren Lasten q an den Einheitsverschiebungen $^k\tilde{v}$ und $^k\tilde{w}$ des Vorgangs k.

So ist z.B. für den Vorgang 2 (Biegung um die z–Achse) das Lastglied ^2q die Summe aller Arbeiten der äußeren Lasten an den Einheitsverschiebungen $^2\tilde{v} = 1$ und $^2\tilde{w} = 0$ eines Stabelementes dx, d.h. in diesem Fall ist $^2q = \sum(q_y \cdot 1 + q_z \cdot 0) = \sum q_y$.

Die Differentialgleichungen der Technischen Biegetheorie lauten damit in der neuen Schreibweise

$$E\,{}^{k}C\,{}^{k}V'''' = {}^{k}q \; .$$

(1.28)

Orthogonalitätsbedingungen

Als letztes wenden wir uns dem Begriff "orthogonal" zu. Die Orthogonalität der vier Vorgänge ist die Voraussetzung dafür, daß wir sie in getrennten Differentialgleichungen behandeln können. Im eingeengten Sinn kann das so interpretiert werden, daß alle Größen in ihre Komponenten bezüglich der Stabachse, der beiden Hauptachsen und des Schubmittelpunktes zerlegt sind. Die Orthogonalisierung erfolgte historisch in drei Stufen:

1. Trennung von Längung und Biegung durch Auffinden des Schwerpunktes. Die Bedingungen dazu lauten

$$\int_A y\,\mathrm{d}A = 0 \quad \text{und} \quad \int_A z\,\mathrm{d}A = 0 \; .$$

(1.29)

(Verschwinden der statischen Momente).

2. Einführung der Hauptachsen. Die Biegeebenen werden orthogonal zueinander. Die zugehörige Bedingung ist das Verschwinden des Deviationsmomentes

$$\int_A yz\,\mathrm{d}A = 0$$

(1.30)

bei gleichzeitiger Erfüllung von Extremaleigenschaften durch die Trägheitsmomente.

3. Entdeckung des Schubmittelpunktes. Damit wurde der Torsionsanteil abgetrennt. Werden die Koordinaten des Schubmittelpunktes nach der Wölbkraftmethode ermittelt, so sind sie durch die drei Bedingungen

$$\int_A \omega\,\mathrm{d}A = 0 \; , \quad \int_A \omega y\,\mathrm{d}A = 0 \quad \text{und} \quad \int_A \omega z\,\mathrm{d}A = 0$$

(1.31a-c)

festgelegt.

Rein formal können wir jetzt schon eine einheitliche Darstellung der Orthogonalitätsbedingungen angeben. Ergänzen wir nämlich in (1.29) und (1.31a) jeweils einen Faktor 1, so können alle Integranden als gemischte Produkte der Einheitsverwölbungen (1.4) geschrieben werden und wir erhalten statt (1.29) bis (1.31) die eine Gleichung

$$\int_A {}^{i}\widetilde{u}\,{}^{k}\widetilde{u}\,\mathrm{d}A = 0 \qquad \text{für } i \neq k \; .$$

(1.32)

Diese Art der Herleitung einer einheitlichen Orthogonalitätsbedingung ist insofern nicht ganz befriedigend, da sie von formaler Natur ist und deshalb keine einheitliche Anschauung liefert. Deshalb wollen wir noch einen Weg skizzieren, bei dem auch der mechanische Inhalt deutlich wird.

Die Gleichgewichtsbedingungen haben wir oben als Arbeitsausdrücke verstanden. Dabei wurde das Element dx freigeschnitten und die Arbeit der Lasten und Schnittgrößen an den Wegen der virtuellen Verrückungen bestimmt, es wurden also die "äußeren Arbeiten" aufgestellt. Ein anderer möglicher Weg zur Herleitung ist der über die innere Arbeit der Spannungen an den Verzerrungen, welcher auf ein Integral der Form $\int_A \sigma_x \varepsilon_x \, dA$ führt. Sollen nach dieser Methode die Vorgänge orthogonal werden, so ist das gleichbedeutend mit der Forderung, daß die Längsspannungen, welche aus einem der Vorgänge resultieren, an den Verzerrungen aus den anderen drei Vorgängen, über den Querschnitt integriert, keine Arbeit leisten. Formal heißt das, daß die gemischten Integrale $\int_A {}^i\sigma_x \cdot {}^k\varepsilon_x \, dA$ verschwinden müssen. Da sowohl die Spannungen als auch die Verzerrungen proportional zu den Einheitsverwölbungen ${}^i\widetilde{u}$ bzw. ${}^k\widetilde{u}$ sind, führt diese Bedingung direkt auf die Gleichung (1.32). Die genaue Durchführung der skizzierten Gedanken sei dem Leser überlassen. Auch hier schließen wir wieder mit dem Hinweis auf die Erweiterbarkeit: Die Bedingungen (1.29) bis (1.31) bilden ein abgeschlossenes System, dagegen bietet es sich bei der Formulierung (1.32) an, nach weiteren Einheitsverwölbungen zu suchen, die zu den ersten vier in diesem Sinn orthogonal sind.

Alle besprochenen Größen und Beziehungen sind in ihrer speziellen sowie der verallgemeinerten Formulierung noch einmal in Tabelle 1.3 zusammengestellt.

Tabelle 1.4 enthält eine spaltenweise nach Ableitungen geordnete Darstellung der Kraft- und Weggrößen. Hier wird noch einmal das unbefriedigende Ergebnis sichtbar, daß die Größen des ersten Vorganges gegenüber den anderen drei Vorgängen um eine Spalte nach links versetzt erscheinen. Diese Unverträglichkeit läßt sich beheben, wenn, wie in Abschn. 2.9 gezeigt wird, die Starrkörperverschiebung u als Verwölbung angesehen und in der zweiten Spalte angeordnet wird.

Die vorangegangenen Betrachtungen wirken auf den ersten Blick teilweise etwas umständlich, um nicht zu sagen überflüssig. Ihr Sinn liegt aber nicht darin, die leicht zu verstehenden Vorgänge der Technischen Biegetheorie zu verkomplizieren, sondern sie sollen ein Hinweis darauf sein, daß die von der VTB eingeführten höheren Verformungsvorgänge in ähnlich einfacher Weise zu deuten sind.

Tabelle 1.3   Die Größen der Technischen Biegetheorie und ihre Bezeichnung in der VTB

Vorgang	Längung	Biegung 1	
Verformung	u	v	
Einheitsverwölbung	1	$-y$	
Verwölbung	u	$u_1 = -yv'$	
Fläche	$A = \int_A \mathrm{d}A$	–	
Statisches Moment	–	$S_1 = \int_A y\,\mathrm{d}A$	
Stat. Wölbmoment	–	$R_1 = \int_A y\omega\,\mathrm{d}A$	
Trägheitsmoment	–	$I_1 = \int_A y^2\,\mathrm{d}A$	
Wölbwiderstand	–	–	
Schnittgröße	$N = \int_A \sigma\,\mathrm{d}A$	$M_1 = \int_A \sigma y\,\mathrm{d}A$	
Elastizitätsgesetz	$N = EAu'$	$M_1 = -EI_1 v''$	
Normalspannung	$\sigma_N = \dfrac{N}{A}$	$\sigma_1 = \dfrac{M_1 y}{I_1}$	
Schubspannung	–	$\tau_1(s) = \dfrac{Q_1 \int_0^s y\,\mathrm{d}A}{I_1 t(s)}$	
Differentialgleichung	$(EAu')' = -n$	$(EI_1 v'')'' = q_1$	

Biegung 2	Wölbkrafttorsion	VTB
w	ϑ	${}^kV$
$-z$	ω	${}^k\widetilde{u}$
$u_2 = -zw'$	$u_\vartheta = \omega\vartheta'$	${}^ku = {}^k\widetilde{u}\,{}^kV'$
$-$	$-$	
$S_2 = \int_A z\,\mathrm{d}A$	$-$	${}^{ik}C = \int_A {}^i\widetilde{u}\,{}^k\widetilde{u}\,\mathrm{d}A$
$R_2 = \int_A z\omega\,\mathrm{d}A$	$-$	
$I_2 = \int_A z^2\,\mathrm{d}A$	$-$	${}^kC = {}^{kk}C = \int_A {}^k\widetilde{u}^2\,\mathrm{d}A$
$-$	$C_M = \int_A \omega^2\,\mathrm{d}A$	
$M_2 = \int_A \sigma z\,\mathrm{d}A$	$W = -\int_A \sigma\omega\,\mathrm{d}A$	${}^kW = -\int_A \sigma\,{}^k\widetilde{u}\,\mathrm{d}A$
$M_2 = -EI_2w''$	$W = -EC_M\vartheta''$	${}^kW = -E\,{}^kC\,{}^k\widetilde{V}''$
$\sigma_2 = \dfrac{M_2 z}{I_2}$	$\sigma_\vartheta = -\dfrac{W\omega}{C_M}$	${}^k\sigma = -\dfrac{{}^kW\,{}^k\widetilde{u}}{{}^kC}$
$\tau_2(s) = \dfrac{Q_2 \int_0^s z\,\mathrm{d}A}{I_2 t(s)}$	$\tau_\vartheta(s) = \dfrac{W' \int_0^s \omega\,\mathrm{d}A}{C_M t(s)}$	${}^k\tau(s) = \dfrac{{}^kW' \int_0^s {}^k\widetilde{u}\,\mathrm{d}A}{{}^kC t(s)}$
$(EI_2w'')'' = q_2$	$(EC_M\vartheta'')'' - (GI_D\vartheta')' = m_D$	$(E\,{}^kC\,{}^kV'')'' - (G\,{}^kD\,{}^kV')' + {}^kB\,{}^kV = {}^kq$

Tabelle 1.4   Darstellung der vier Vorgänge mit den Bezeichnungen der Technischen Biegetheorie, spaltenweise nach der Ableitungsstufe angeordnet.

Äußere Weggrößen

1	u	
2	v	(v')
3	w	(w')
4	ϑ	

Lageänderung eines Stabquerschnitts. Wegen der Hypothese von Bernoulli sind v' und w' keine unabhängigen Größen.

$\Updownarrow$ Geometrische Beziehungen

Innere Weggrößen

1		u'	
2			v''
3			w''
4		(ϑ')	ϑ''

Formänderungen der Stabelemente, denen Längsspannungen zugeordnet sind

$\Updownarrow$ Elastizitätsbeziehungen

Innere Kraftgrößen

1		N		
2			M_1	(Q_1)
3			M_2	(Q_2)
4		T	W	(W')

Schnittgrößen

$\Updownarrow$ Gleichgewichtsbeziehungen

Äußere Kraftgrößen

1			n		
2				F_1	q_1
3				F_2	q_2
4				M_D	m_D

Lasten, Lagerreaktionen

1.2.3 Zusammenhang zwischen Einheitsverwölbung und Einheitsverschiebungen

Wir haben gesehen, daß sich jedem der Vorgänge eine Einheitsverwölbung und Einheitsverschiebungen zuordnen lassen. Verwölbungen und Querschnittsverschiebungen sind Verformungen unterschiedlichen Charakters, was in ihrer Abhängigkeit von der Verformungsresultante zum Ausdruck kommt: Während die Querschnittsverschiebungen von der Verformungsresultante selbst beschrieben werden, sind die Verwölbungen von ihrer Ableitung abhängig. Das heißt, daß aus einer konstanten Verformung keine Verwölbungen entstehen, oder konkret z.B. für den Biegevorgang in z–Richtung: Erfährt der Balken eine konstante Verschiebung w, so sind damit keine Verwölbungen verbunden. Sie entstehen erst aus einer Änderung von w.

Andererseits bedeutet die Abhängigkeit von einer gemeinsamen Betonungsfunktion aber, daß ein eindeutiger Zusammenhang zwischen ihnen existieren muß. Dieser Zusammenhang kann formal auf folgende Weise hergestellt werden:

Setzen wir an einer beliebigen Stelle x die Verformungsresultante $^{k}V(x) = 0$ und $^{k}V'(x) = 1$, d.h. prägen wir dort die Einheitsverwölbung $^{k}\widetilde{u}$ auf und verhindern gleichzeitig Verschiebungen in der Querschnittsebene, so ergibt sich für den Wert von ^{k}V in der Entfernung dx

$$^{k}V(x + dx) = {}^{k}V(x) + {}^{k}V'(x) \cdot dx = 0 + 1 \cdot dx = dx \ . \tag{1.33}$$

Nehmen wir nun statt dx die Entfernung 1, so erhalten wir $^{k}V(x+1) = 1$. Das bedeutet nach (1.12b,c) aber, daß an der Stelle $x + 1$ gerade die Einheitsverschiebungen $^{k}\widetilde{v}$ und $^{k}\widetilde{w}$ entstehen[2].

Wir wollen das in einem Satz zusammenfassen:

Prägt man an einer Stelle die Einheitsverwölbung eines Vorgangs auf und verhindert an dieser Stelle Querschnittsverschiebungen, so stellt sich in der Entfernung 1 das Bild der Einheitsverschiebungen desselben Vorgangs ein.

Für die Biegung ist das in Bild 1.7 zu sehen: Die Drehung des Elements um den Winkel 1 — d.h. die Aufprägung der Einheitsverwölbung $^{3}\widetilde{u}$ — erzeugt bei $x + dx$ eine Verschiebung des Querschnitts um dx nach unten. Mit einem Element der Länge 1 erhalten wir statt dx gerade die Einheitsverschiebung $w = {}^{3}\widetilde{w} = 1$. Während in diesem Beispiel der Mechanismus noch einfach durchschaubar ist, ist der Zusammenhang bei der Torsion schon schwieriger einzusehen. Deswegen wollen wir nun aus dem formal aufgestellten Zusammenhang ein Rezept gewinnen, mit dem wir uns aus der Einheitsverwölbung die zugehörigen Einheitsverschiebungen konstruieren können:

---

[2] Die Größe 1 soll hier genau wie dx als inkrementelle Größe verstanden werden.

— Wir schneiden aus dem Balken einen Abschnitt der Länge 1 heraus (Bild 1.8 a).

— Die Scheiben denken wir uns zunächst an den Kanten freigeschnitten (Bild 1.8b).

— An jeder Scheibe wird einzeln die Verwölbung aufgebracht. Wir wollen voraussetzen, daß Schubverzerrungen und Umfangsdehnungen vernachlässigbar klein sind. Deshalb muß die Verwölbung über die Scheibe linear verlaufen und ist somit durch die Wölbordinaten an den Kanten festgelegt. Am nicht festgehaltenen Ende stellt sich außerdem eine Verschiebung in Umfangsrichtung ein, die sich zu (Bild 1.8c)

$$f_s = -\frac{\partial u}{\partial s} \qquad\qquad (1.34)$$

ergibt (mit f_s wird die Verschiebung der Scheibe in lokaler s–Richtung bezeichnet und mit $\widetilde{f}_s$ die zur Einheitsverwölbung gehörende).

— Nachdem nun die Verschiebungen in Umfangsrichtung festliegen, ermitteln wir die Verschiebungen quer dazu aus der Bedingung, daß Kontinuität an den Kanten wieder hergestellt werden muß. Die Vorgehensweise dazu ist so, daß wir als Ortslinien der Kanten die Senkrechten auf die verschobenen Scheibenenden für jede Scheibe anzeichnen und die verschobene Lage der Kanten als Schnittpunkte dieser Ortslinien erhalten. Die erste und letzte Kante kann auf diese Weise nicht festgelegt werden. Sie ermitteln sich aus der Bedingung, daß die Kantenwinkel zu den angrenzenden Scheiben sich nicht ändern.

— Verbinden wir nun die verschobenen Kanten miteinander, so erhalten wir das Bild der Einheitsverschiebungen.

Zur Konstruktion der Verformungsfigur gehen wir von der perspektivischen Darstellung ab und betrachten als Beispiel den Querschnitt nach Bild 1.9a mit der eingezeichneten Wölbfunktion. Es ist die Einheitsverwölbung der Torsion. Nach dem skizzierten Vorgehen soll nun das Bild der Einheitsverschiebungen aus dieser Wölbfunktion konstruiert werden. In den Bildern 1.9b-d sind die einzelnen Schritte aufgezeichnet. Aus der Neigung der Wölbfunktion (Bild 1.9a) werden die Umfangsverschiebungen der Scheiben gemäß (1.34) berechnet. Für die erste Scheibe mit der Länge 6 ist

$$\widetilde{f}_{s,1} = -\frac{(-19,2) - 62,4}{6} = 13,6 \; . \qquad\qquad (1.35)$$

Für die zweite Scheibe folgt entsprechend $\widetilde{f}_{s,2} = -1,6$. Damit können aus Symmetriegründen auch die Umfangsverschiebungen der restlichen beiden Scheiben angegeben werden und die verschobenen Scheiben mit den Ortslinien eingezeichnet werden (Bild 1.9b). Durch Verbinden der Schnittpunkte

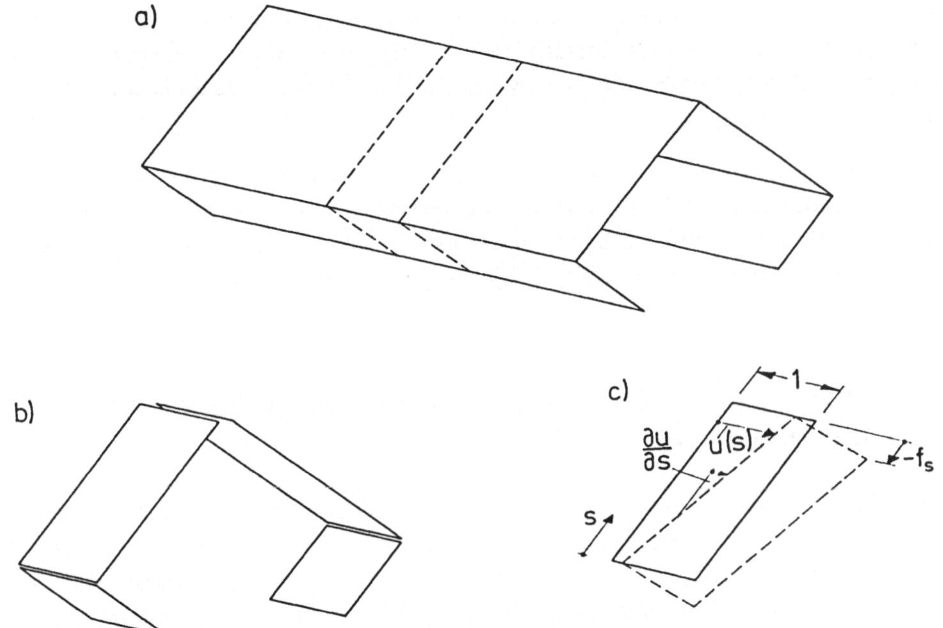

Bild 1.8   Freischneiden des Stabelements (a), der Kanten (b) und Aufbringen der Verwölbung (c) (für eine Scheibe)

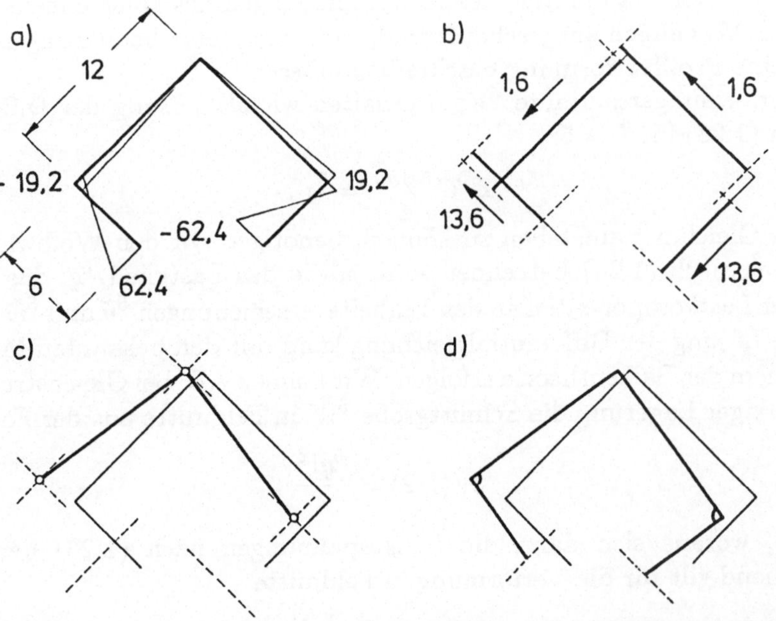

Bild 1.9   Konstruktion der Einheitsverschiebungen (d) aus der Einheitsverwölbung (a)

erhalten wir die neue Lage zunächst für die inneren Scheiben (Bild 1.9c). Die
Lage der Randscheiben ist durch ihre Kontingenzwinkel festgelegt (Bild 1.9d).
So ergibt sich aus der Einheitsverwölbung der Torsion das bekannte Bild der
Einheitsverdrehung.

Bei der Aufstellung dieses Rezeptes steht natürlich nicht die Absicht im
Vordergrund, bereits bekannte Bilder zu rekonstruieren, sondern es geht darum,
eine generelle Handhabe zu bekommen, um zu einer beliebigen Einheitsverwölbung die zugehörigen Einheitsverschiebungen ermitteln zu können.

1.3 Das System der Verallgemeinerten Technischen Biegetheorie

Wir haben nun eine Anschauung von den vier Vorgängen der Technischen Bie-
getheorie gewonnen, die diese in eine gemeinsame Reihe stellt und alle verengten
Begriffe und Definitionen durch verallgemeinerbare ersetzt. Damit wurde die
Vorbereitung getroffen, um in diesem Abschnitt den ersten Schritt über die
Grenzen der Technischen Biegetheorie zu tun. Dieser stellt nämlich lediglich
eine Fortsetzung dieser Reihe dar.

Wir setzten also $k = 5$ und suchen eine Wölbfunktion $^5\widetilde{u}$, welche zu den
anderen im Sinne der Gleichung (1.32) orthogonal ist. Zu dieser Einheitsverwölbung können nach Abschnitt 1.2.3 die Einheitsverschiebungen $^5\widetilde{v}$ und $^5\widetilde{w}$
ermittelt werden. Da die Starrkörperverschiebungen des Querschnitts mit den
ersten vier Vorgängen ausgeschöpft sind, kann man jetzt bereits sagen, daß $^5\widetilde{v}$
und $^5\widetilde{w}$ eine Profilverformung beschreiben müssen.

Die Verformungsresultante $^5V(x)$ erhalten wir als Lösung der Differentialgleichung (1.28) für $k = 5$:

$$E\,{}^5C\,{}^5V'''' = {}^5q \; . \tag{1.36}$$

Um diese Gleichung aufstellen zu können, benötigen wir den Wölbwiderstand
^5C, welcher nach (1.20) berechnet wird, sowie das Lastglied ^5q, das aus der
Arbeit der Lastkomponenten an den Einheitsverschiebungen $^5\widetilde{v}$ und $^5\widetilde{w}$ gebildet
wird. Die Lösung der Differentialgleichung kann mit den bekannten Methoden
und Formeln der Balkentheorie erfolgen. Wir können z.B. bei Gleichstreckenlast
und gelenkiger Lagerung die Schnittgröße ^5W in Feldmitte aus der Formel

$$^5W(l/2) = \frac{^5q\,l^2}{8} \tag{1.37}$$

ermitteln, woraus sich dann die Längsspannungen nach (1.23) berechnen.
Entsprechend gilt für die Verformung in Feldmitte

$$^5V(l/2) = \frac{5}{384}\frac{^5q\,l^4}{E\,{}^5C} \; . \tag{1.38}$$

Neu ist allerdings, daß die Funktion $^5V(x)$ keine direkte Aussage über die Verformungen erlaubt, sondern erst durch Einsetzen in die Produktdarstellungen (1.12a-c) zu unmittelbar anschaulichen Größen führt.

Der Schubfluß ist nach der Formel (1.9) zu erhalten. Durch Integration über s erhält man die Schubkräfte. Diese dürfen keine Resultierende besitzen und müssen demnach eine Gleichgewichtsgruppe bilden.

Für die vollständige Lösung sind die Spannungen und Verformungen aus $k = 5$ denen aus den anderen Verformungsvorgängen zu überlagern.

In gleicher Weise ist es denkbar, für $k = 6, 7, \ldots$ weitere Verformungsvorgänge zu finden und die zugehörigen Gleichungen aufzustellen.

Wir haben nun durch einfache Fortführung der Reihe eine Vorstellung von den zu erwartenden Beziehungen gewonnen, indem wir die Beziehungen des letzten Abschnittes einfach auf einen neuen Verformungsvorgang anwendeten.

Zwei Aspekte wurden dabei bis jetzt außer acht gelassen. Der eine betrifft die Frage nach den an der Tragwirkung beteiligten Verformungen. Bei den vier Vorgängen der Technischen Biegetheorie hatten wir festgestellt, daß die gesamte elastische Energie in den Verzerrungen der Längsfasern gespeichert wird. Die neu hinzukommenden Verformungszustände können nun aber keine Starrkörperbewegungen des Querschnitts mehr sein, sondern sie müssen mit Profilverformungen verbunden sein. Das bedeutet aber, daß nun auch andere Verformungsanteile einbezogen sein müssen, nämlich die aus den Biegemomenten in Umfangsrichtung und aus den Drillmomenten. Da diese Anteile sich in der Differentialgleichung durch zusätzliche Terme bemerkbar machen müssen, können wir (1.36) zunächst nur als Spezialfall einer allgemeineren Gleichung ansehen, bei dem die neuen Anteile vernachlässigt sind. Der Drillanteil ist uns bereits früher begegnet, ohne daß wir darauf näher eingegangen sind. Bei der Torsion erfahren die Querschnittsteile ja eine Verdrillung, die sich durch einen Term $GI_D\vartheta''$ in der Differentialgleichung äußert (vgl. Tabelle 1.3). Dies legt die Vermutung nahe, daß auch für alle weiteren Verformungszustände die Verdrillung über einen Term zweiter Ordnung in die Differentialgleichung eingeht. Im zweiten Kapitel wird sich das bestätigen, wir wollen hier jedoch nicht näher darauf eingehen.

Der andere bis jetzt noch nicht beachtete Aspekt ist die Frage, wieviele zusätzliche Verformungszustände es überhaupt gibt und wodurch ihre Anzahl festgelegt wird. Dieser Frage wollen wir im nächsten Abschnitt nachgehen.

1.3.1   Die Wölbfreiheitsgrade als Reihengesetz

Setzt man die Schubverzerrung in der Mittelfläche eines dünnwandigen offenen Querschnitts näherungsweise null, so muß die Wölbfunktion in den geraden Elementen (Scheiben) des Querschnitts linear verlaufen. Die Anzahl der Freiheitsgrade für eine Wölbfunktion ist demnach gleich der Anzahl der

Knoten des Querschnitts, wobei Anfangs- und Endpunkt sowie die Ecken eines polygonförmigen Querschnitts Knoten darstellen. Man kann so mit den einzelnen Vorgängen folgende Reihe bilden (wobei mit u_r die Verwölbung am r-ten Knoten bezeichnet wird):

1. Der Punkt–Querschnitt idealisiert die Querschnittsfläche im Schwerpunkt. Er hat nur eine Dehnsteifigkeit entsprechend dem einzigen Wölbfreiheitsgrad u_1 .

2. Der Ein–Scheiben–Querschnitt hat mit u_1 und u_2 zwei Freiheitsgrade und kann mit $u_1 = 1$, $u_2 = 1$ die Längung und mit $u_1 = 1$, $u_2 = -1$ einen Biegevorgang beschreiben.

3. Der Zwei–Scheiben–Querschnitt hat mit u_1, u_2 und u_3 drei Freiheitsgrade. Ein zweiter Biegevorgang kommt hinzu.

4. Der Drei–Scheiben–Querschnitt läßt auch noch die zur Verdrillung gehörende Verwölbung zu.

Man könnte die Reihe hier abbrechen, weil damit alle Starrkörperverschiebungen des Querschnitts erfaßt sind und die bei Querschnitten mit mehr als drei Scheiben zusätzlichen Wölbordinaten als von den ersten vier abhängig ansehen. Man kann aber auch die Reihe fortsetzen:

5. Der Vier–Scheiben–Querschnitt hat 5 Freiheitsgrade in den Wölbordinaten. Zusätzlich zu den vier Einheitsverwölbungen, die zu den Starrkörperverschiebungen gehören, läßt sich eine 5. Wölbfunktion angeben, die zu den vier vorausgehenden orthogonal im Sinne der Gleichung (1.32) ist und damit in der Form festliegt. Die Amplitude kann frei gewählt werden. Nach Abschnitt 1.2.3 läßt sich dazu ein Querschnittsverschiebungsbild ermitteln.

In Bild 1.10 ist diese Reihenbildung in Matrixform schematisch dargestellt. Auf der Hauptdiagonalen, von links oben nach rechts unten fortschreitend, findet man die Querschnitte mit jeweils einem zusätzlichen Freiheitsgrad für die Verwölbung und ihre konstante Wölbfunktion. Die Spalten über der Hauptdiagonalen zeigen die weiteren orthogonalen Wölbfunktionen des Querschnitts, die Zeilen vor der Hauptdiagonalen die weiteren orthogonalen Lageänderungen des Querschnitts, und zwar in den beiden benachbarten Streifen die Biegung und im dritten die Torsion. Die Anordnung der konstanten Verwölbung auf der Hauptdiagonalen entspricht dem Doppelcharakter dieser Verformung sowohl als Starrkörperverschiebung in x-Richtung als auch als Verwölbung, was sich schon in Abschn. 1.2 gezeigt hat und in Abschn. 2.9.1 geklärt wird.

Durch Fortsetzung der betrachteten Reihe erhalten wir die allgemeine Aussage: Der offene, dünnwandige n–Scheiben–Querschnitt besitzt $n + 1$ linear unabhängige Wölbfunktionen. Da jeder dieser Wölbfunktionen ein Verformungsvorgang in der zuvor beschriebenen Weise zugeordnet werden kann, stellen wir fest: Der n–Scheiben–Querschnitt besitzt neben den vier

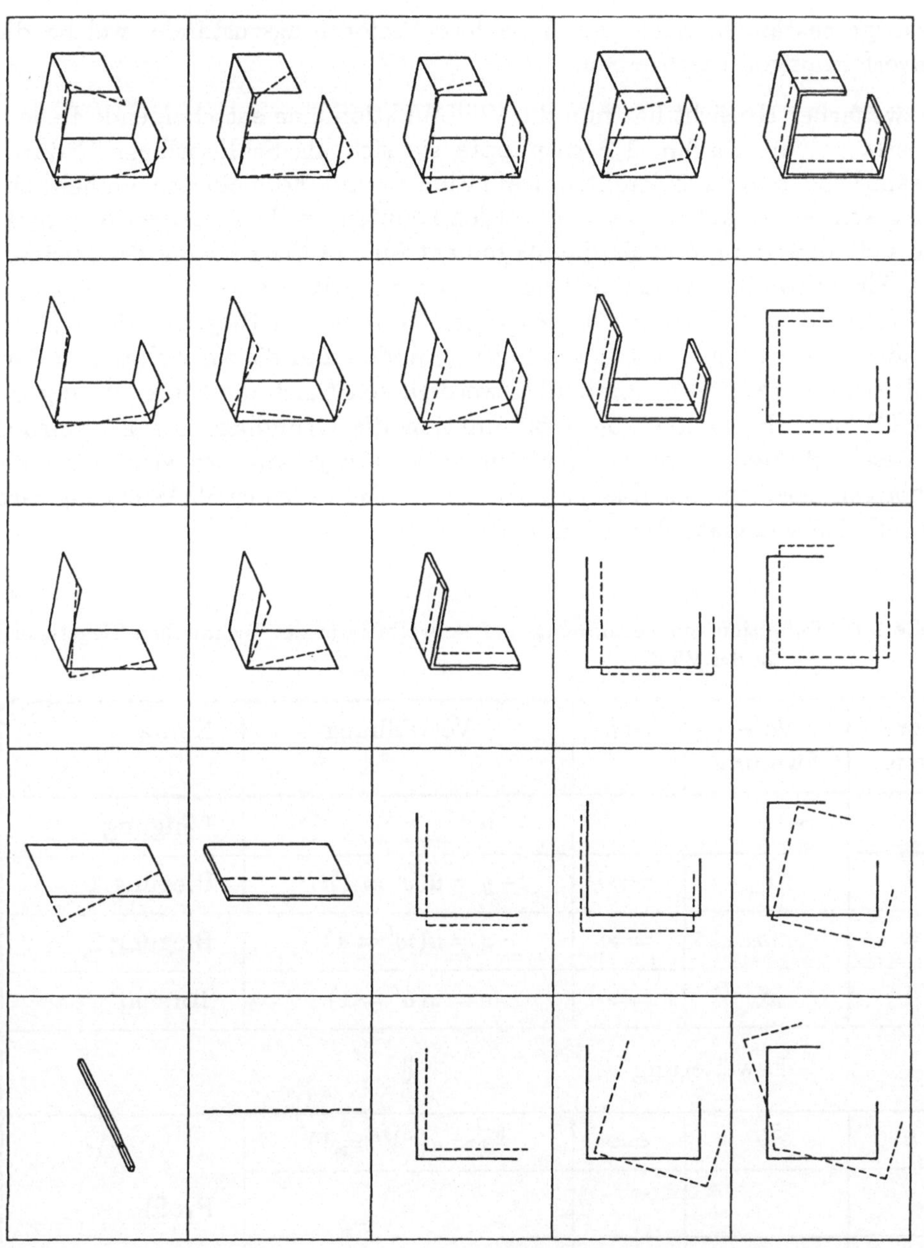

Bild 1.10   Wölbfunktionen und Verformungen von Querschnitten mit zunehmender Knotenzahl

Starrkörperzuständen noch $n - 3$ weitere Verformungszustände, welche die Profilverformungen beschreiben.

In zweifacher Hinsicht hat nun die Wölbfunktion eine entscheidende Bedeutung erlangt. In Abschn. 1.2 entpuppte sie sich als Schlüsselbegriff, durch den sämtliche bereits bekannten Definitionen und Formeln auf einheitliche Weise geschrieben und verstanden werden konnten. In dem jetzigen Abschnitt zeigte sich außerdem, daß sie das Argument für die Erweiterung des Systems liefert. Sie ist somit aus der Sicht der VTB zur konstituierenden Größe geworden. Während sich die vier Vorgänge der Technischen Biegetheorie auf den Starrkörperbewegungen des Querschnitts gründen und die Verwölbungen dort nur als sekundäre Effekte verstanden werden, kehrt sich die Blickrichtung bei der VTB um. Hier bildet die Wölbfunktion die Grundlage zur Einführung und Beschreibung der neuen Verformungsvorgänge, aus der sich dann die zugehörigen Verformungsbilder ergeben. Die Umkehrung der Blickrichtung wird in Tabelle 1.5 schematisch verdeutlicht.

Tabelle 1.5 Definition von Verformung und Verwölbung in der Technischen Biegetheorie und in der VTB

Vor–gang	Ver–formung	Def.	Verwölbung	Name
1			u	Längung
2	v	$\Longrightarrow$	$-y = u(v' = 1)$	Biegung 1
3	w	$\Longrightarrow$	$-z = u(w' = 1)$	Biegung 2
4	ϑ	$\Longrightarrow$	$\omega = u(\vartheta' = 1)$	Torsion
Erweiterung			$\Downarrow$	
5	^5V	$\Longleftarrow$	$^5\tilde{u} = u(\,^5V' = 1)$	Profil–
$\vdots$				
k	^kV	$\Longleftarrow$	$^k\tilde{u} = u(\,^kV' = 1)$	
$\vdots$				verformungen
$n+1$	^{n+1}V	$\Longleftarrow$	$^{n+1}\tilde{u} = u(\,^{n+1}V' = 1)$	

1.3.2 Einführendes Beispiel mit fünf Wölbfreiheitsgraden

Die bisher gewonnenen Vorstellungen und die neue Bezeichnungsweise sollen
an einem einfachen Rechenbeispiel gefestigt werden. Wir betrachten den Vier–
Scheiben–Querschnitt mit konstanter Dicke t nach Bild 1.11a. Die vier orthogonalen Wölbfunktionen der Technischen Biegetheorie sind in Bild 1.11b bis
1.11e aufgezeichnet.

Die Erweiterung beginnt mit der Ermittlung der Einheitsverwölbung $^5\widetilde{u}$,
die zu den anderen Einheitsverwölbungen orthogonal sein muß. Durch einige
Vorüberlegungen kann die Aufgabe vereinfacht werden. Wegen der Symmetrie des Querschnitts sind die Wölbfunktionen entweder symmetrisch oder antimetrisch. Für die antimetrischen Wölbfunktionen verschwindet die Ordinate
$\widetilde{u}_3$ auf der Symmetrieachse. Daher sind nur zwei unabhängige antimetrische
Wölbfunktionen möglich, die zur Biegung um die vertikale z–Achse ($^2\widetilde{u}$) und
die zur Wölbkrafttorsion ($^4\widetilde{u}$) gehörenden. Die gesuchte neue Wölbfunktion $^5\widetilde{u}$
muß also symmetrisch sein. Sie hat damit schon vorweg die Orthogonalitätseigenschaften

$$\int_A {}^2\widetilde{u}\,{}^5\widetilde{u}\ \mathrm{d}A = 0 \tag{1.39}$$

$$\text{und} \int_A {}^4\widetilde{u}\,{}^5\widetilde{u}\ \mathrm{d}A = 0\ . \tag{1.40}$$

Aus den verbleibenden Bedingungen

$$\int_A {}^1\widetilde{u}\,{}^5\widetilde{u}\ \mathrm{d}A = 0 \tag{1.41}$$

$$\text{und} \quad \int_A {}^3\widetilde{u}\,{}^5\widetilde{u}\ \mathrm{d}A = 0 \tag{1.42}$$

können die Verhältnisse $^5\widetilde{u}_2/{}^5\widetilde{u}_1$ und $^5\widetilde{u}_3/{}^5\widetilde{u}_1$ und damit die Form der
Einheitsverwölbung $^5\widetilde{u}$ bestimmt werden. Um auf Absolutwerte zu kommen,
kann eine Wölbordinate beliebig vorgegeben werden. Dieser Normierungsfaktor
ist wegen des Produktansatzes frei wählbar. Hier erfolgt die Normierung so, daß
die betragsgrößte Ordinate gleich eins gesetzt wird.

Die beiden Integrale (1.41) und (1.42) ergeben:

$$(-1)\frac{{}^5\widetilde{u}_1 + {}^5\widetilde{u}_2}{2}\cdot 0,3\cdot 6 + (-1)\frac{{}^5\widetilde{u}_2 + {}^5\widetilde{u}_3}{2}\cdot 0,3\cdot 12 = 0\ ,$$

$$\frac{1}{6}\left(2\big((-6,364)\,{}^5\widetilde{u}_1 + (-2,121)\,{}^5\widetilde{u}_2\big) + (-2,121)\,{}^5\widetilde{u}_1 + (-6,364)\,{}^5\widetilde{u}_2\right)0,3\cdot 6$$

$$+\frac{1}{6}\left(2\big((-2,121)\,{}^5\widetilde{u}_2 + 6,364\,{}^5\widetilde{u}_3\big) + 6,364\,{}^5\widetilde{u}_2 + (-2,121)\,{}^5\widetilde{u}_3\right)0,3\cdot 12 = 0\ .$$

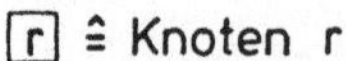

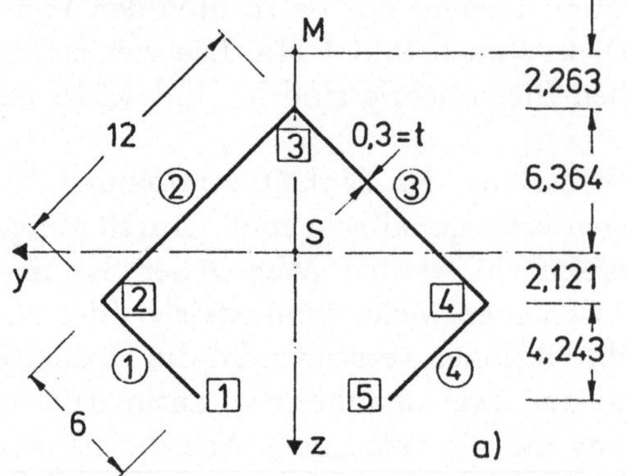

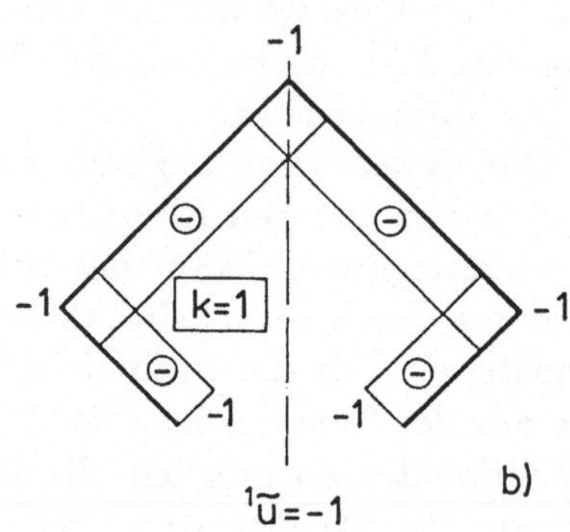

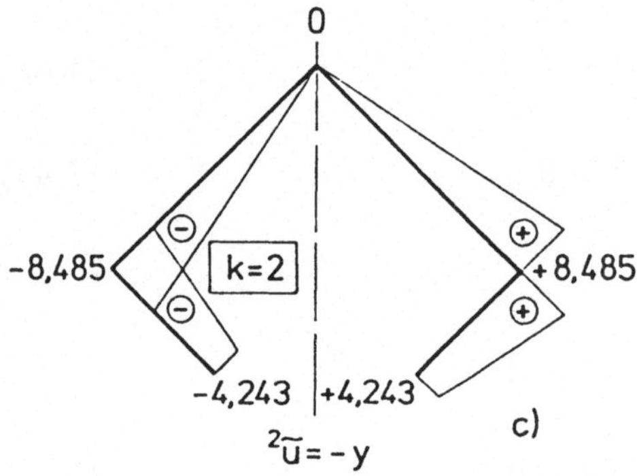

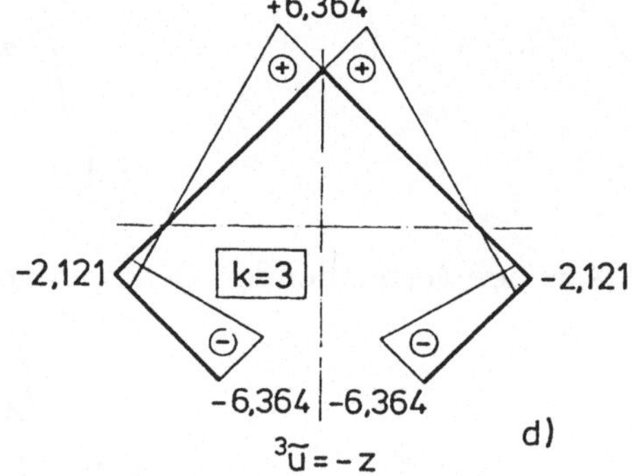

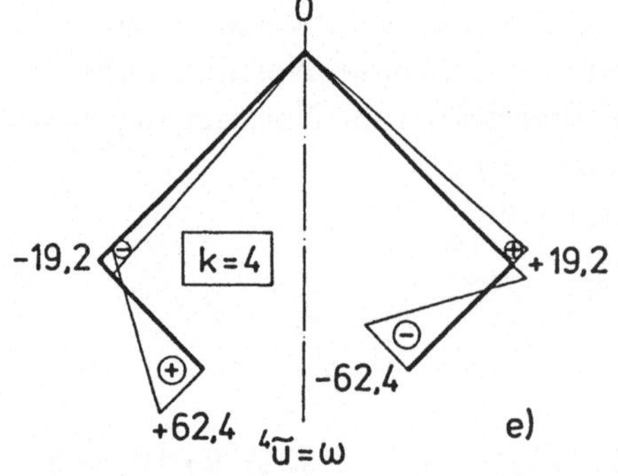

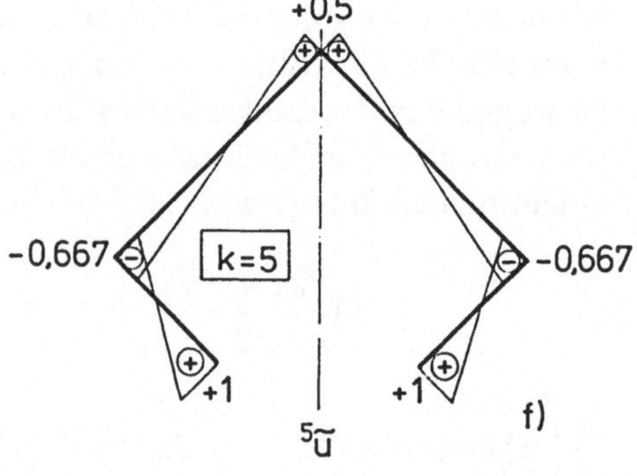

Bild 1.11   Vier–Scheiben–Querschnitt (a) mit orthogonalen Wölbfunktionen $^{k}\widetilde{u}$ in den Bildern (b) – (f). Querschnittsabmessungen und Wölbordinaten in cm.

Daraus erhält man $^5\widetilde{u}_2$ und $^5\widetilde{u}_3$ in Abhängigkeit von $^5\widetilde{u}_1$:

$$2,700 \cdot {}^5\widetilde{u}_2 + 1,800 \cdot {}^5\widetilde{u}_3 = -0,900 \cdot {}^5\widetilde{u}_1 \ ,$$
$$1,909 \cdot {}^5\widetilde{u}_2 - 6,364 \cdot {}^5\widetilde{u}_3 = -4,455 \cdot {}^5\widetilde{u}_1 \ . \tag{1.43}$$

Nach Lösung der beiden linearen Gleichungen (1.43) und Normierung auf $^5\widetilde{u}_1 = 1$ (betragsgrößte Ordinate) erhält man die in Bild 1.11f angegebene Wölbfunktion mit den Ordinaten

$$
\begin{aligned}
{}^5\widetilde{u}_1 &= 1,000 \,\text{cm} \ , \\
{}^5\widetilde{u}_2 &= -0,667 \,\text{cm} \ , \\
{}^5\widetilde{u}_3 &= 0,500 \,\text{cm} \ , \\
{}^5\widetilde{u}_4 &= -0,667 \,\text{cm} \ , \\
{}^5\widetilde{u}_5 &= 1,000 \,\text{cm} \ .
\end{aligned}
\tag{1.44}
$$

Diese neue Einheitsverwölbung können wir nun in die verallgemeinerten Definitionen und Formeln einsetzen und erhalten auf diese Weise alle zum Vorgang 5 gehörenden Größen.

Zuerst berechnen wir mit (1.20) den Wölbwiderstand

$$
\begin{aligned}
{}^5C &= \int_A {}^5\widetilde{u}^2 \cdot \mathrm{d}A \\
&= \frac{2}{3} \left(1^2 + (-0,667)^2 + 1(-0,667) \right) 6 \cdot 0,3 \\
&\quad + \frac{2}{3} \left((-0,667)^2 + 0,5^2 + 0,5(-0,667) \right) 12 \cdot 0,3 \\
&= 1,800 \,\text{cm}^4 \ .
\end{aligned}
\tag{1.45}
$$

Bei entsprechender Berechnung erhalten wir für die ersten 4 Vorgänge

$$
\begin{aligned}
{}^1C &= 10,80 \,\text{cm}^4 \ , \\
{}^2C &= 324,00 \,\text{cm}^4 \ , \\
{}^3C &= 145,80 \,\text{cm}^4 \ , \\
{}^4C &= 4561,92 \,\text{cm}^4 \ .
\end{aligned}
\tag{1.46}
$$

Das sind gemäß (1.19) die Fläche, die zwei Hauptträgheitsmomente und der Wölbwiderstand des Querschnitts. Auffallend ist, daß nicht nur die Bezeichnungsweise mit ^kC vereinheitlicht ist, sondern daß auch alle Wölbwiderstände dieselbe Dimension haben. An dieser Stelle sei nur auf die zunächst ungewohnte Dimensionsgebung hingewiesen. In Abschn. 2.9.4 wird sie begründet und ist

dann, wenn der Leser mit der VTB schon etwas vertrauter ist, leichter zu
verstehen. Wesentlich ist, daß alle Einheitswölbfunktionen $^k\widetilde{u}$ die einheitliche
Dimension "Länge" haben.

Als nächstes berechnen wir mit (1.24) die Einheitsschubflüsse

$$^k\tau_s(s)\cdot t(s) = \frac{1}{^kC}\int_0^s {}^k\widetilde{u}(s)\cdot t(s)\,\mathrm{d}s \quad \text{für} \quad {}^kW' = 1 \tag{1.47}$$

und daraus durch Integration vom Knoten r zum Knoten $r+1$ die Einheitsschubkräfte S_r aller Scheiben r:

$$^kS_r = \int_r^{r+1} {}^k\tau_s(s)\cdot t(s)\,\mathrm{d}s \quad \text{für} \quad {}^kW' = 1\,. \tag{1.48}$$

Die Ergebnisse der Berechnung sind in Bild 1.12 dargestellt.

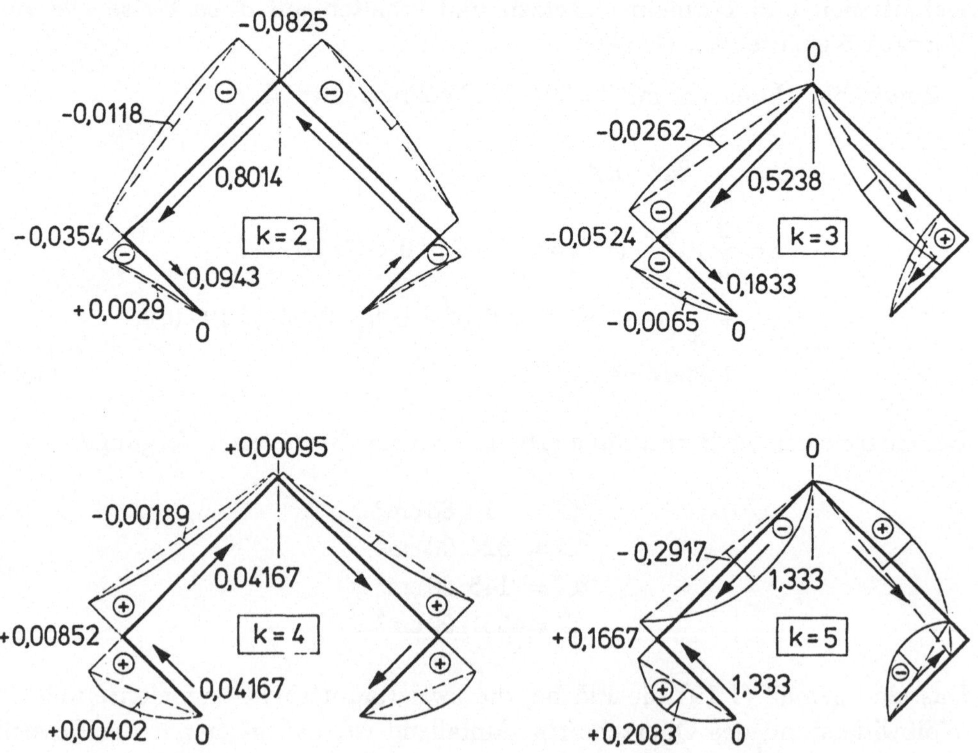

Bild 1.12 Einheitsschubflüsse $^k\tau_s\cdot t$ (in 1/cm) und Einheitsschubkräfte ^kS_r (dimensionslos) des Vier–Scheiben–Querschnitts

Beispielsweise berechnet sich der Einheitsschubfluß im Vorgang 5 am zweiten Knoten mit (1.47) zu

$$^5\tau_s(s = 6\,\text{cm}) \cdot t = \frac{1}{1,8} \cdot \frac{1 - 0,667}{2} \cdot 0,3 \cdot 6 = 0,1667/\text{cm} \; ,$$

und der Parabelstich des quadratischen Anteils in Scheibenmitte beträgt:

$$^5\tau_s(s = 3\,\text{cm}) \cdot t = \frac{1}{1,8} \cdot \frac{1 - (-0,667)}{8} \cdot 0,3 \cdot 6 = 0,2083/\text{cm} \; .$$

Durch Integration über die Scheibe 1 erhalten wir mit (1.48) die zugehörige Einheitsschubkraft

$$^5S_1 = \left(\frac{1}{2} \cdot 0,1667 + \frac{2}{3} \cdot 0,2083 \right) \cdot 6 = 1,333 \; .$$

Bilden wir schließlich noch die Resultierende der Einheitsschubkräfte pro Vorgang, so werden wir feststellen, daß wir für $k = 2$ bis 4 die Größe $^kW' = 1$ erhalten und daß die Schubkräfte des 5. Vorgangs ein Gleichgewichtssystem bilden.

Die Einheitsverschiebungen $^k\tilde{v}$ und $^k\tilde{w}$ wollen wir als nächstes ermitteln. Für die vier Starrkörperzustände ist das sehr einfach. So ist zum Beispiel nach Gleichung (1.6) im Vorgang $k = 3$ für alle Knoten r

$$^3\tilde{v}_r = 0 \quad \text{und} \quad ^3\tilde{w}_r = 1 \; . \tag{1.49}$$

Das Einheitsverschiebungsbild des fünften Vorgangs kann, wie im Abschn. 1.2.3 dargestellt, aus der Einheitsverwölbung $^5\tilde{u}$ ermittelt werden. Wegen der Symmetrie reicht es für die eindeutige Angabe der entstehenden Verformungsfigur aus, die Umfangsverschiebungen $\tilde{f}_{s,r}$ der ersten und zweiten Scheibe ($r = 1$ und $r = 2$) zahlenmäßig zu ermitteln. Mit der Beziehung (1.34) erhalten wir aus der Wölbfunktion des Bildes 1.11f die dimensionslosen Umfangsverschiebungen

$$\begin{aligned}
^5\tilde{f}_{s,1} &= \frac{-(-0,667 - 1,000)}{6} = \;\; 0,2778 \; , \\
^5\tilde{f}_{s,2} &= \frac{-(0,500 + 0,667)}{12} = -0,0972 \; .
\end{aligned} \tag{1.50}$$

Aus den Schnittpunkten der Ortslinien sind die Verschiebungen der Knoten 2 bis 4 sofort bestimmbar:

$$\begin{aligned}
^5\tilde{v}_2 &= - \, ^5\tilde{v}_4 = (0,0972 + 0,2778)\frac{1}{\sqrt{2}} = \;\; 0,2652 \; , \\
^5\tilde{w}_2 &= \;\; ^5\tilde{w}_4 = (0,0972 - 0,2778)\frac{1}{\sqrt{2}} = -0,1277 \; , \\
^5\tilde{v}_3 &= 0 \; , \\
^5\tilde{w}_3 &= 0,0972 \cdot \sqrt{2} \qquad\qquad = \;\; 0,1375 \; .
\end{aligned} \tag{1.51}$$

Wenn wir den Balken zunächst als Gelenkfaltwerk ansehen wollen und dazu am
Knoten 3 ein Gelenk annehmen, dann ergibt sich die in Bild 1.13 dargestellte
Einheitsverschiebungsfigur, bei der alle Scheiben in der Querschnittsebene als
Geraden abgebildet werden und am gelenkigen Knoten 3 eine gegenseitige
Verdrehung der beiden benachbarten Scheiben 2 und 3 auftritt.

Die Verdrehung der Scheibe 2 ist

$$5\widetilde{f}_{\vartheta,2} = \frac{0,2778 + 0,0972}{12} = 0,0313/\text{cm} \ . \tag{1.52}$$

Da am Knoten 2 keine gegenseitige Verdrehung auftritt, können wir mit Hilfe
der Bedingung $5\widetilde{f}_{\vartheta,1} = 5\widetilde{f}_{\vartheta,2}$ die Verschiebung des Knotens 1 und aufgrund der
Symmetrie auch die des Knotens 5 ermitteln:

$$\begin{aligned}
5\widetilde{v}_1 &= -\,5\widetilde{v}_5 = \quad 0,2652 + 0,0313 \cdot \frac{6}{\sqrt{2}} = 0,3977 \ , \\
5\widetilde{w}_1 &= \quad 5\widetilde{w}_5 = -\,0,1277 + 0,0313 \cdot \frac{6}{\sqrt{2}} = 0,0049 \ .
\end{aligned} \tag{1.53}$$

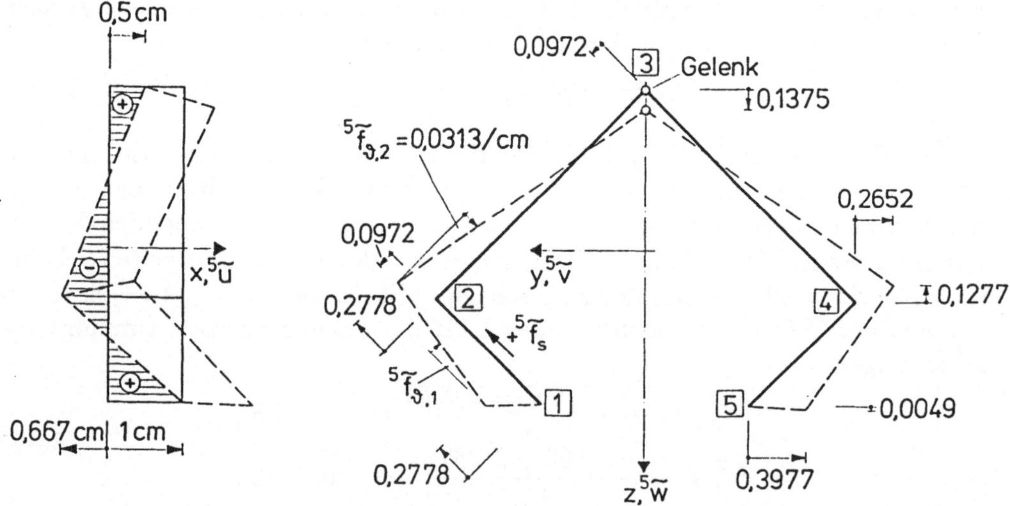

Bild 1.13   Zusammenhang zwischen der Einheitsverwölbung $5\widetilde{u}$ und der Einheitsverformung $5V = 1$ beim Gelenkfaltwerk

Es seien zunächst nur Lasten zugelassen, die in der Querschnittsebene wirken
und an den Innenknoten angreifen.

Während bei der Technischen Biegetheorie nur Größe und Wirkungslinie der Lastresultierenden interessieren, ist jetzt auch die Anordnung der einzelnen Lasten im Querschnitt von Bedeutung. Die Lastglieder $^k q$ sind die Arbeit, welche die Knotenlastkomponenten $q_{y,r}$ und $q_{z,r}$ an den Knotenverschiebungen $^k\widetilde{v}_r$ und $^k\widetilde{w}_r$ des Einheitszustandes $^k V = 1$ leisten:

$$^k q = \sum_{r=1}^{n+1} (q_{y,r}\,{}^k\widetilde{v}_r + q_{z,r}\,{}^k\widetilde{w}_r) \ . \tag{1.54}$$

Zur Durchführung einer Berechnung müssen wir einen konkreten Lastfall vorgeben: Der Balken mit dem Querschnitt aus Bild 1.11a habe die Länge $l = 120\,\mathrm{cm}$, sei gelenkig gelagert und am Knoten 3 mit einer vertikalen konstanten Streckenlast $q_{z,3} = q = 0,10\,\mathrm{kN/cm}$ belastet (Bild 1.14). Der Werkstoff sei Stahl mit einem Elastizitätsmodul $E = 21000\,\mathrm{kN/cm}^2$ und der Querdehnungszahl $\mu = 0,3$.

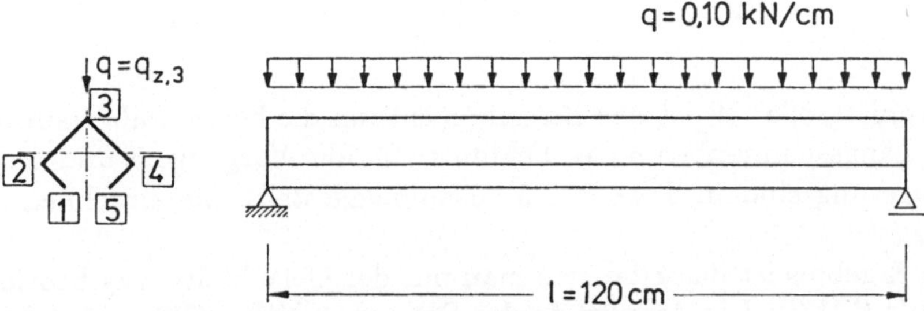

Bild 1.14   Statisches System und Belastung des Beispiels

Wegen der Symmetrie des Querschnitts und der Lastanordnung kommen nur die Vorgänge $k = 3$ und $k = 5$ in Betracht ($^1 q = {}^2 q = {}^4 q = 0$). Nach (1.54) und mit den Werten $^k\widetilde{w}_3$ aus (1.49) und (1.51) werden die Lastglieder

$$^3 q = q \cdot {}^3\widetilde{w}_3 = q \ ,$$
$$^5 q = q \cdot {}^5\widetilde{w}_3 = 0,1375\,q \ .$$

Wir sind nun in der Lage, die Differentialgleichung des fünften Vorgangs

$$E\,{}^5 C\,{}^5 V'''' = {}^5 q$$

in Zahlen aufzuschreiben. Wie in Abschn. 1.3 dargelegt, sind in dieser einfachen Form der Differentialgleichung die durch die Profilverformung entstehenden Umfangsbiegemomente nicht berücksichtigt. Wir können das durch die Annahme eines Gelenkes an der mittleren Kante rechtfertigen. Dies entspricht dem Vorgehen der Gelenkfaltwerkstheorie. Die Randbedingungen sind wie in der Technischen Biegetheorie zu behandeln. Gelenkige Lagerung z.B. bedeutet, daß die Verformung ^kV und die Schnittgröße ^kW am Lager verschwinden. Damit können die aus der Technischen Biegetheorie bekannten Lösungsmethoden und –formeln auch auf diesen Vorgang angewendet werden.

Für die Schnittgrößen in Feldmitte gilt bei gelenkiger Lagerung und Gleichstreckenlast allgemein

$$^kW(l/2) = \frac{^kq\,l^2}{8} \; .$$

Damit werden

$$^3W(l/2) = \frac{^3q\,l^2}{8} = \frac{q\,l^2}{8} = 180,0\,\text{kNcm} \; ,$$

$$^5W(l/2) = \frac{^5q\,l^2}{8} = \frac{0,1375\,q\,l^2}{8} = 24,75\,\text{kNcm} \; .$$

Die Schnittgröße ^3W ist das Biegemoment um die horizontale Hauptachse y.

Die Längsspannungen σ_x in Feldmitte für die Vorgänge 3 und 5 sowie ihre Überlagerung sind in Tabelle 1.6 zusammengestellt. Sie errechnen sich nach (1.23).

Das Ergebnis ist dasselbe, das man mit der Gelenkfaltwerkstheorie erhalten würde (z.B.[17]). Die Amplitude des Spannungsbildes (Bild 1.15) ändert sich quadratisch mit der Länge l, das Bild selbst bleibt erhalten.

Für die Verformungsresultanten ^kV gilt bei gelenkiger Lagerung und Gleichstreckenlast allgemein

$$^kV(l/2) = \frac{5}{384}\,\frac{^kq\,l^4}{E\,^kC} \; .$$

Somit werden

$$^3V(l/2) = \frac{5}{384}\,\frac{^3q\,l^4}{E\,^3C} = 0,0882\,\text{cm} \; ,$$

$$^5V(l/2) = \frac{5}{384}\,\frac{^5q\,l^4}{E\,^5C} = 0,9821\,\text{cm} \; .$$

Die nach (1.12b-c) berechneten Verschiebungen der Kanten in Feldmitte sind in den Tabellen 1.7 und 1.8 zusammengestellt.

Auch das Verformungsbild ändert sich beim Gelenkfaltwerk nicht. Seine Amplitude steigt wie bei der Biegung mit der 4. Potenz der Länge.

Tabelle 1.6 Längsspannungen des Gelenkfaltwerks in Feldmitte in kN/cm^2

Knoten $r =$	1	2	3	4	5
${}^3\sigma_{x,r}$	$7,86$	$2,62$	$-7,86$	$2,62$	$7,86$
${}^5\sigma_{x,r}$	$-13,75$	$9,17$	$-6,87$	$9,17$	$-13,75$
$\sigma_{x,r} = {}^3\sigma_{x,r} + {}^5\sigma_{x,r}$	$-5,89$	$11,79$	$-14,73$	$11,79$	$-5,89$

Tabelle 1.7 Knotenverschiebungen v des Gelenkfaltwerks in Feldmitte in cm

Knoten $r =$	1	2	3	4	5
${}^3v_r$	0	0	0	0	0
${}^5v_r$	$0,391$	$0,260$	$0,00$	$-0,260$	$-0,391$
$v_r = {}^3v_r + {}^5v_r$	$0,391$	$0,260$	$0,00$	$-0,260$	$-0,391$

Tabelle 1.8 Knotenverschiebungen w des Gelenkfaltwerks in Feldmitte in cm

Knoten $r =$	1	2	3	4	5
${}^3w_r$	$0,088$	$0,088$	$0,088$	$0,088$	$0,088$
${}^5w_r$	$0,005$	$-0,125$	$0,135$	$-0,125$	$0,005$
$w_r = {}^3w_r + {}^5w_r$	$0,093$	$-0,037$	$0,223$	$-0,037$	$0,093$

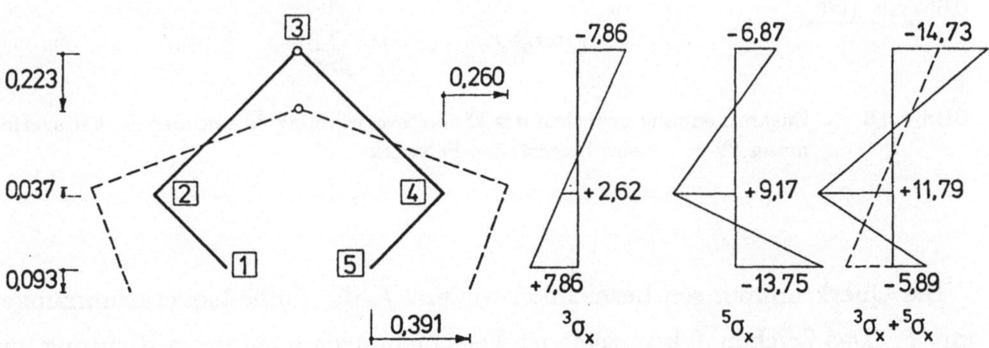

Bild 1.15 Verschiebungen (in cm) und Längsspannungen (in kN/cm^2) des Gelenkfaltwerks in Feldmitte nach den Tabellen 1.6 bis 1.8

Nun wollen wir die vereinfachende Annahme eines Gelenkes an der Kante 3 aufgeben und sie statt dessen als biegesteif betrachten. Dadurch erhalten wir einen zusätzlichen Term in der Differentialgleichung, dessen Herleitung hier kurz skizziert werden soll.

Durch das Gelenk war eine gegenseitige Tangentenverdrehung der Scheiben am Knoten 3 zugelassen, so daß das Verformungsbild $^5V = 1$ ohne Querkrümmungen der Scheiben auskam (Bild 1.13).

Da die Einheitsverwölbungen (1.44) und die zugehörigen Scheibenumfangsverschiebungen (1.50) unabhängig von der Annahme eines Gelenks oder einer biegesteifen Kante sind, ist auch die Sehnenfigur der Scheiben 2 und 3 in beiden Fällen dieselbe. Am Knoten 3 des biegesteifen Querschnitts muß jedoch der ursprüngliche rechte Winkel erhalten bleiben, so daß die Scheiben 2 und 3 in Querrichtung gekrümmt sein müssen. Es entsteht die im Bild 1.16 dargestellte Einheitsverformungsfigur.

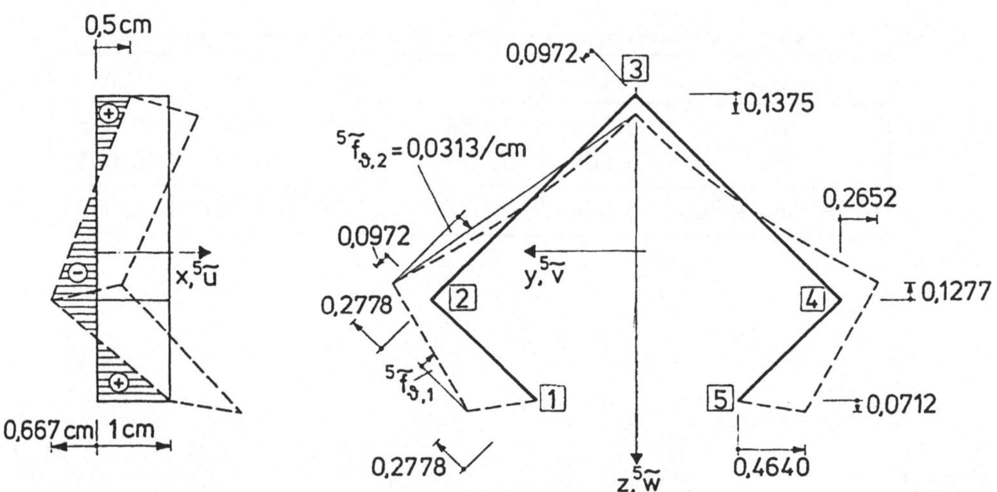

Bild 1.16   Zusammenhang zwischen der Einheitsverwölbung $^5\tilde{u}$ und der Einheitsverformung $^5V = 1$ beim biegesteifen Faltwerk

Die Querkrümmungen bezeichnen wir mit $\ddot{f}$, die Einheitsquerkrümmungen mit $\ddot{\tilde{f}}$. (Das Zeichen f kennzeichnet Verschiebungen quer zur s–Richtung, ein Punkt bedeutet Ableitung nach s.)

Zu den Querkrümmungen gehören Querbiegemomente m_s, für die das bekannte Elastizitätsgesetz

$$m_s = -\ddot{f} \cdot K \qquad\qquad (1.55)$$

gilt. Darin ist K die Plattensteifigkeit, die in unserem Beispiel den konstanten Wert

$$K = \frac{Et^3}{12(1 - \mu^2)} = 51,923\,\text{kNcm} \tag{1.56}$$

hat.

Auch für die Querbiegemomente wird ein Produktansatz gewählt:

$$^k m_s(s, x) = {}^k \widetilde{m}_s(s) \cdot {}^k V(x) \ . \tag{1.57}$$

Darin ist $^k\widetilde{m}_s$ das Einheitsquerbiegemoment im Einheitsverformungszustand $^kV = 1$.

Der Verlauf der Querbiegemomente zwischen den Knoten ist linear, so daß zur vollständigen Beschreibung der Querbiegemomentenlinie die Kantenmomente ausreichen. In unserem Beispiel tritt im Einheitszustand $^5V = 1$ nur das eine Kantenmoment $^5\widetilde{m}_{s,3}$ auf, alle anderen sind null.

Für die Berechnung dieses Kantenmoments wird der Querschnitt wie ein biegesteifer Rahmen mit der Biegesteifigkeit K nach (1.56) behandelt, auf den die gegenseitige Verdrehung der Scheiben 2 und 3 als Lastfall einwirkt. Wir lösen diese Aufgabe mit dem Kraftgrößenverfahren, wobei man die eigentliche Berechnung vorteilhaft am abgewickelten Querschnitt ausführt (Bild 1.17). Das Kantenmoment $^5\widetilde{m}_{s,3}$ wird als statisch Überzählige gewählt, und wir erhalten

$$^5\widetilde{m}_{s,3} = -\frac{\delta_{10}}{\delta_{11}} = -\frac{-{}^5\Delta\widetilde{f}_{\vartheta,3}}{\frac{1}{3}(b_2 + b_3)/K} = 0,4056\,\text{kNcm/cm}^2 \ .$$

Damit ist die gesamte Einheitsquerbiegemomentenlinie $^5\widetilde{m}_s$ bekannt (Bild 1.17).

In der Einheitsverschiebungsfigur $^5V = 1$ (Bild 1.16) müssen noch die Verschiebungen der Knoten 1 und 5 ermittelt werden. Hierzu berechnen wir (z.B. mit der Mohrschen Analogie) die Verdrehung des Knotens 2:

$$^5\dot{\widetilde{f}}(\text{Knoten } 2) = \frac{^5\widetilde{m}_{s,3} \cdot b_2}{6K} + {}^5\widetilde{f}_{\vartheta,2}$$

$$= 0,0156/\text{cm} + 0,0313/\text{cm} = 0,0469/\text{cm} \ .$$

Da dieser Knotendrehwinkel gleich dem Sehnendrehwinkel $^5\widetilde{f}_{\vartheta,1}$ der Scheibe 1 ist (s. Bild 1.16), erhalten wir die Einheitsverschiebung des Knotens 1 und aufgrund des symmetrischen Bildes auch die des Knotens 5:

$$\begin{aligned}
^5\widetilde{v}_1 &= -{}^5\widetilde{v}_5 = 0,2652 + 0,0469 \cdot \frac{6}{\sqrt{2}} = 0,4640 \ , \\
^5\widetilde{w}_1 &= {}^5\widetilde{w}_5 = -0,1277 + 0,0469 \cdot \frac{6}{\sqrt{2}} = 0,0712 \ .
\end{aligned} \tag{1.58}$$

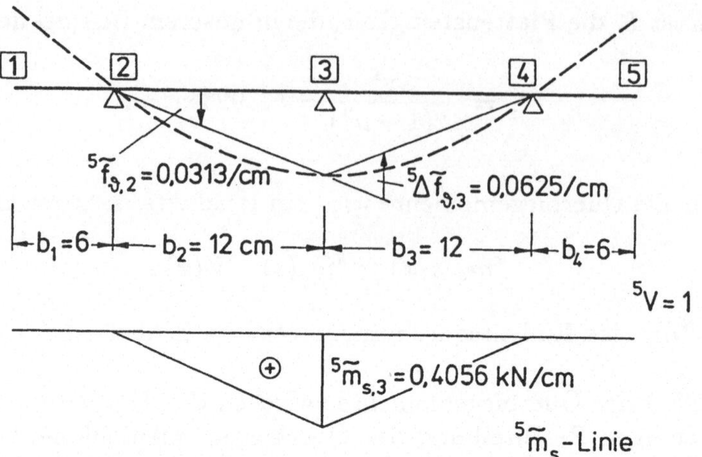

Bild 1.17   Einheitsverformung $^5V = 1$ und Einheitsquerbiegemomentenlinie $^5\widetilde{m}_s$ am abgewickelten biegesteifen Querschnitt

Es sei an dieser Stelle angemerkt, daß wir die Querbiegemomente auch mit dem Weggrößenverfahren berechnen können, was sich hier anbietet, da die Verformungsfigur die Ausgangsgröße ist. Wir haben aber trotzdem das Kraftgrößenverfahren gewählt, um diese Rechenmethode am Beispiel zu üben, da sie beim allgemeinen Querschnitt (Kap. 2) benutzt wird.

So wie wir die Wölbsteifigkeit E^kC als pauschalen Wert verstanden haben, der als Arbeit der Längsspannungen an einem bestimmten Einheitsverwölbungsbild berechnet wurde, fassen wir die Wirkung der Querbiegemomente zu einem Wert zusammen, der Querbiegesteifigkeit ^5B. Sie ist definiert als die virtuelle Arbeit der inneren Kräfte an den Krümmungen des Einheitszustandes:

$$^5B = - \int_s {}^5\widetilde{m}_s\, {}^5\ddot{f}\ \mathrm{d}s\ . \tag{1.59a}$$

Mit dem Elastizitätsgesetz (1.55) erhalten wir

$$^5B = \int_s \frac{({}^5\widetilde{m}_s)^2}{K}\ \mathrm{d}s\ . \tag{1.59b}$$

In unserem Beispiel ist

$$^5B = \frac{1}{K} \cdot \frac{1}{3}({}^5\widetilde{m}_{s,3})^2(b_2 + b_3) = 0,02535\,kN/cm^2\ .$$

Die Wirkung der Querbiegesteifigkeit ist wie die einer elastischen Bettung oder einer Gegenlast, die proportional zur Größe der Verformung wächst. Sie geht deswegen proportional mit ^5V in die Differentialgleichung ein, so daß diese erweitert wird zu

$$E\,^5C\,^5V'''' + {}^5B\,^5V = {}^5q \; . \tag{1.60}$$

Die Differentialgleichung (1.60) gleicht formal derjenigen des Balkens auf elastischer Bettung. Die Wölbsteifigkeit $E\,^5C$ ersetzt die Biegesteifigkeit EI, die Querbiegesteifigkeit ^5B die Bettung k. Wir können daher die bekannten Eigenschaften des Balkens auf elastischer Bettung auch auf unsere Differentialgleichung anwenden. Dort werden mit der Kenngröße λ

$$\lambda = \sqrt[4]{\frac{k}{4EI}} = \sqrt[4]{\frac{^5B}{4E\,^5C}} \tag{1.61}$$

Bereiche besonderen Tragverhaltens gegeneinander abgegrenzt. Bei den Lagerungsbedingungen und der Lastanordnung des Beispiels kann man für $\lambda l \leq 1$ mit guter Näherung die Bettung und für $\lambda l \geq 10$ die Biegesteifigkeit vernachlässigen. Im ersteren Fall hat man den gewöhnlichen Balken, im letzteren erzeugt die Biegesteifigkeit nur eine Randstörung im Bereich der Auflager, d.h. im mittleren Balkenbereich gibt es eine konstante Verformung $^5V = {}^5q/\,^5B$ ohne Wölbmoment.

Übertragen auf den Vorgang 5 verhält sich ein kurzer Balken unter der Belastung ^5q wie ein Gelenkfaltwerk, beim langen gibt es Längsspannungen $^5\sigma_x$ nur als Randstörungen im Bereich der Auflager. Die Profilverformung ^5V ist dann im wesentlichen konstant ($^5V = {}^5q/\,^5B$). Im Bereich mittlerer Balkenlängen muß die Differentialgleichung (1.60) gelöst werden (s. auch Kap. 8).

Dieser Fall liegt hier vor, denn mit der Formel (1.61) erhalten wir $\lambda = \sqrt[4]{1,6768 \cdot 10^{-7}} = 0,02024/\text{cm}$ und $\lambda l = 2,43$.

Für die Schnittgröße ^5W in Feldmitte ergibt sich mit Gleichung (8.9)

$$^5W(l/2) = \frac{^5q}{\lambda^2} \cdot \frac{\sin\lambda\frac{l}{2}\,\sinh\lambda\frac{l}{2}}{\cosh\lambda l + \cos\lambda l} = 9{,}743\,\text{kNcm} \; .$$

Hierin ist $^5q = 0,1375q$, denn dieser Wert ist gegenüber dem Gelenkfaltwerk unverändert.

Die Längsspannungen $^5\sigma_x$ werden damit kleiner als im Falle des Gelenks an der Kante 3 (Tabelle 1.6). Sie werden wieder nach (1.23) berechnet. Die Ergebnisse sind in Tabelle 1.9 angegeben und in Bild 1.18 zusammen mit der Verformung dargestellt.

Für die Verformungsresultante ^5V in Feldmitte erhält man

$$^5V(l/2) = \frac{^5q}{^5B}\left(1 - \frac{2\cosh\lambda\frac{l}{2}\cos\lambda\frac{l}{2}}{\cosh\lambda l + \cos\lambda l}\right) = 0{,}4024\,\text{cm} \; .$$

Tabelle 1.9   Längsspannungen des biegesteifen Querschnitts in Feldmitte in kN/cm²

Knoten $r =$	1	2	3	4	5
${}^3\sigma_{x,r}$	$7,86$	$2,62$	$-7,86$	$2,62$	$7,86$
${}^5\sigma_{x,r}$	$-5,41$	$3,61$	$-2,71$	$3,61$	$-5,41$
$\sigma_{x,r} = {}^3\sigma_{x,r} + {}^5\sigma_{x,r}$	$2,44$	$6,23$	$-10,56$	$6,23$	$2,44$

Tabelle 1.10   Knotenverschiebungen v des biegesteifen Querschnitts in Feldmitte in cm

Knoten $r =$	1	2	3	4	5
${}^3v_r$	0	0	0	0	0
${}^5v_r$	$0,187$	$0,107$	0	$-0,107$	$-0,187$
$v_r = {}^3v_r + {}^5v_r$	$0,187$	$0,107$	0	$-0,107$	$-0,187$

Tabelle 1.11   Knotenverschiebungen w des biegesteifen Querschnitts in Feldmitte in cm

Knoten $r =$	1	2	3	4	5
${}^3w_r$	$0,088$	$0,088$	$0,088$	$0,088$	$0,088$
${}^5w_r$	$0,029$	$-0,051$	$0,055$	$-0,051$	$0,029$
$w_r = {}^3w_r + {}^5w_r$	$0,117$	$0,037$	$0,143$	$0,037$	$0,117$

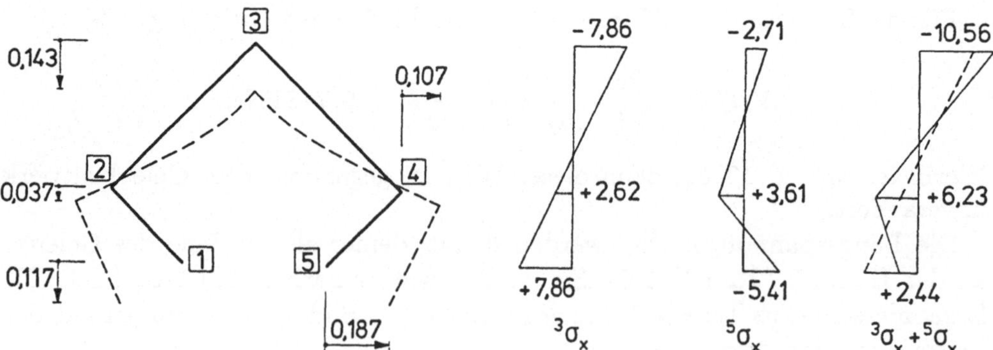

Bild 1.18   Verschiebungen (in cm) und Längsspannungen (in kN/cm²) des biegesteifen Querschnitts in Feldmitte nach den Tabellen 1.9 bis 1.11

Durch Einsetzen der Einheitsverschiebungen (1.51) und (1.58) in die Gleichungen (1.12b-c) erhalten wir die Kantenverschiebungen in Feldmitte. Sie sind in den Tabellen 1.10 und 1.11 zusammengestellt und in Bild 1.18 aufgetragen.

Das Querbiegemoment m_s folgt in x–Richtung der Funktion ^5V und beträgt nach Gleichung (1.57) in Feldmitte

$$m_{s,3}(l/2) = {}^5\widetilde{m}_{s,3} \cdot {}^5V(l/2) = 0,4056 \cdot 0,4024 = 0,163\,\text{kNcm/cm} \ .$$

Bei dem Beispiel des Vier–Scheiben–Querschnitts gibt es nur eine weitere Wölbfunktion $^5\widetilde{u}$, die durch die vier Orthogonalitätsforderungen (1.39) bis (1.42) bis auf einen frei wählbaren Normierungsfaktor eindeutig war. Für einen symmetrischen Fünf–Scheiben–Querschnitt läßt sich auf ähnliche Weise noch eine weitere antimetrische Wölbfunktion bestimmen. Für allgemeine Querschnitte mit mehr als fünf Knoten findet aber diese Vorgehensweise ihre Grenze, weil die Ermittlung der höheren Wölbfunktionen nicht mehr eindeutig ist. Während nämlich die Zahl der Orthogonalitätsbedingungen für die fünfte Wölbfunktion bei vier bleibt, liegt die Zahl der Freiheitsgrade höher als fünf, so daß eine unendliche Vielfalt von orthogonalen Lösungen möglich ist. Die Lösung wird erst dann eindeutig, wenn aus der Vielfalt der orthogonalen Wölbfunktionen diejenigen ausgesucht werden, die nicht nur die Orthogonalitätsbedingungen

$$\int_A {}^iu \, {}^ku \, \mathrm{d}A = 0 \qquad \text{für } i \neq k \tag{1.62}$$

erfüllen, sondern für die auch die innere Arbeit der Querbiegemomente ^im_s des Zustandes i an den Querkrümmungen $^k\ddot{f}$ des Zustandes k verschwindet:

$$\int_s {}^im_s \, {}^k\ddot{f} \, \mathrm{d}s = 0 \qquad \text{für } i \neq k \ , \tag{1.63}$$

damit die Differentialgleichungen nicht über den Querbiegewiderstand verkoppelt werden.

Diese beiden Forderungen werden im folgenden Kapitel zur Formulierung eines Eigenwertproblems genutzt, mit welchem eine systematische Ermittlung aller orthogonalen Wölbfunktionen möglich ist, bei der auch die Einheitsverwölbungen der vier Starrkörperzustände automatisch mit herauskommen.

Dieses systematische Vorgehen ist nicht nur notwendig, um eine programmiergerechte Handhabe für Querschnitte mit beliebig vielen Scheiben zu bekommen, sondern es bildet ein so allgemeines Verfahren, daß auch später noch hinzukommende Besonderheiten — wie z.B. Querschnittslagerungen — damit erfaßt werden können.

2 Ableitung der Differentialgleichungen für die einfache Stufe

2.1 Bezeichnungen

<u>Systemwerte:</u> Der Querschnitt ist einfach zusammenhängend. Er besteht aus n ebenen Teilen (Scheiben) der Breite b_r, die jeweils konstante Dicke t_r haben und mit der y–Achse den Winkel α_r einschließen. Sie sind an den Knoten miteinander biegesteif verbunden und bilden dort einen von Null verschiedenen Kontingenzwinkel $\Delta\alpha_r$. Der Anfangspunkt der ersten und der Endpunkt der letzten Scheibe zählen ebenfalls als Knoten. Die Anzahl der Knoten ist demnach $n + 1$. Da die bezeichneten Größen eindeutig den Scheiben oder den Knoten zugeordnet werden können, werden beide mit dem Laufindex r gekennzeichnet. In den Bildern sind Knotenindizes durch einen rechteckigen Rahmen und Scheibenindizes durch einen ovalen Rahmen gekennzeichnet.

Die Bezeichnungen der Systemwerte des Querschnitts sind in Bild 2.1 angegeben.

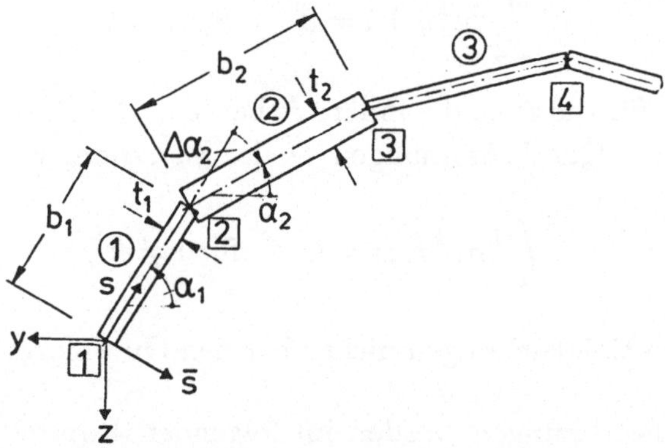

Bild 2.1   Bezeichnungen der Systemwerte und Koordinaten

<u>Koordinaten:</u> Die Richtung der Erzeugenden des prismatischen Tragwerks wird durch die x–Achse beschrieben und zweckmäßigerweise in den Knoten 1 gelegt. Die Querschnittsebene wird im rechtwinkligen Koordinatensystem y,z beschrieben, dessen Ursprung ebenfalls im Knoten 1 liegt. x, y, z bilden ein globales orthogonales rechtsdrehendes Koordinatensystem.

Der Schnitt der Mittelebene jeder Scheibe r mit einer Querschnittsebene legt die lokale Koordinate s_r fest. Die lokale Koordinate rechtwinklig zu s_r und x, d.h. in Dickenrichtung der Scheibe wird mit $\bar{s}_r$ bezeichnet. Der Index r für das lokale System kann meistens entfallen, wenn Verwechslungsgefahr nicht besteht.

Ableitungen in x–Richtung werden durch einen Strich kenntlich gemacht, Ableitungen in s–Richtung durch einen Punkt.

<u>Verformungen:</u>   Die Bezeichnungen der Verformungen können stellvertretend an der Scheibe r mit den Knoten r und $r + 1$ dargestellt werden.

Die Verschiebungen in Richtung der globalen Koordinaten x, y und z sind mit den Buchstaben u, v und w bezeichnet. Die Werte an den Knoten erhalten den Index r, also u_r, v_r und w_r. Die u-Verschiebungen werden generell mit "Verwölbungen" bezeichnet, die Werte u_r an den Knoten sind die "Wölbordinaten".

Bei den Verschiebungen in der Querschnittsebene ist neben der Darstellung bezüglich der globalen Koordinaten auch eine bezüglich der lokalen Koordinaten möglich. Hierfür ist der Buchstabe f reserviert. Mit $f(s_r)$ bezeichnen wir die Verschiebungen rechtwinklig zur Scheibenebene, also in $\bar{s}_r$–Richtung, mit $f_s(s_r)$ die Verschiebungen in s_r–Richtung. Wie sich später zeigen wird, muß $f_s(s_r)$ in jeder Scheibe konstant verlaufen. Die Abhängigkeit von der Koordinate s_r entfällt also, und es genügt, für die Scheibenumfangsverschiebung der Scheibe r den pauschalen Wert $f_{s,r}$ anzugeben.

Für die Scheibenquerverschiebung $f(s_r)$ ist eine solche Vereinfachung nicht möglich, sie hat nämlich unter den im folgenden Abschnitt getroffenen Voraussetzungen (linearer Momentenverlauf) die Form einer kubischen Parabel. Jedoch ist es bei einem Großteil der Ableitungen möglich, auf die Betrachtung des exakten Verlaufs der Querverschiebungen zu verzichten, und statt dessen mit der Sehnenfigur zu arbeiten.

Die verformte Lage der Scheibe r in der Querschnittsebene ist als Sehnenfigur durch die Schwerpunktsverschiebungen $f_{s,r}$ in Scheibenebene (s–Richtung) und $f_{\bar{s},r}$ rechtwinklig zur Scheibenebene ($\bar{s}$–Richtung) sowie die Verdrehung $f_{\vartheta,r}$ eindeutig festgelegt.

Um die Sehnenfigur des Querschnitts vollständig zu bestimmen, sind diese drei Angaben nur für eine der n Scheiben erforderlich. Bezüglich der anderen $n - 1$ Scheiben ist wegen des Zusammenhangs an den Knoten nur noch eine weitere Angabe aus $f_{\bar{s}}$ oder f_ϑ notwendig. Es genügen daher insgesamt $n + 2$ unabhängige Verformungskomponenten zur Angabe der Sehnenfigur der Verformung. Für die späteren Ableitungen ist es jedoch oft vorteilhaft, mehr Verformungskomponenten vorzusehen, als für die eindeutige Angabe der Verformungsfigur notwendig sind.

Die Querverschiebungen $f_{b,r}$ am Beginn und $f_{e,r}$ am Ende der Scheibe r sind weitere Möglichkeiten, die Sehnenverlagerung der Scheiben zu beschreiben. Sie bilden besonders für die Ergänzungen in den Abschn. 3.2 und 3.3 eine vorteilhaftere Darstellung.

Die gegenseitige Sehnenverdrehung benachbarter Scheiben an einem Knoten r wird mit $\Delta f_{\vartheta,r}$ bezeichnet. Zur Kennzeichnung von Totalverschiebungen wird das Zeichen δ benutzt.

In Bild 2.2 sind die Bezeichnungen der Verformungen zusammengestellt.

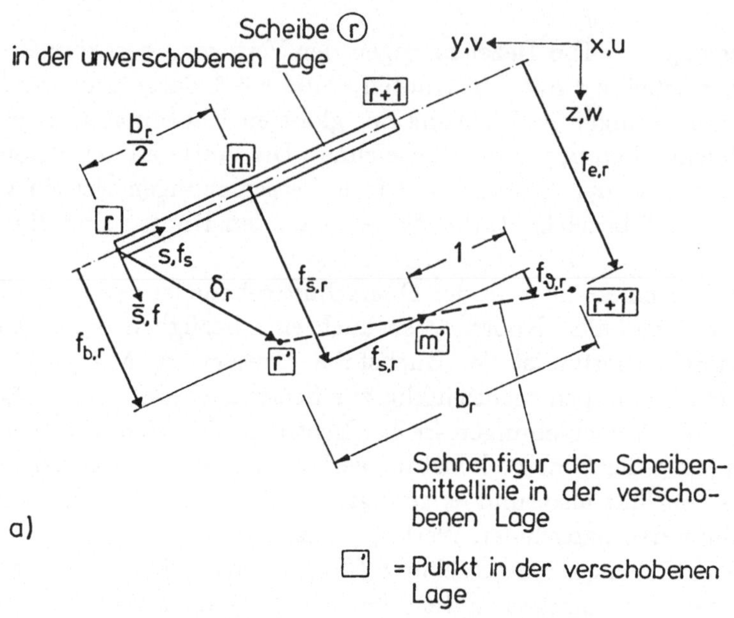

einfachere Darstellung der gegenseitigen Sehnenverdrehung
am abgewickelten Querschnitt

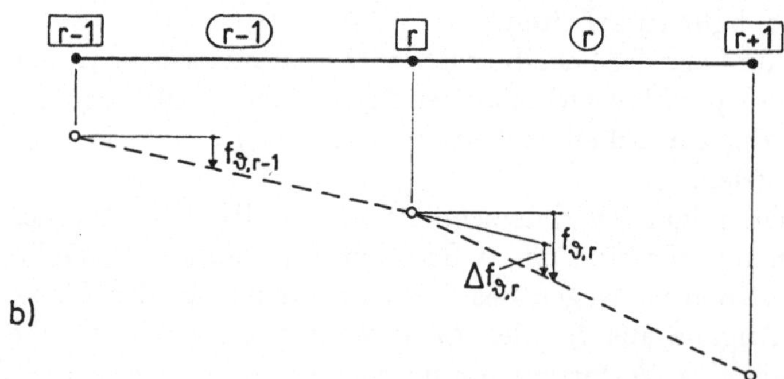

Bild 2.2   Bezeichnungen der Verschiebungen in der Querschnittsebene (a), Darstellung der gegenseitigen Sehnenverdrehung am abgewickelten Querschnitt (b).

Die Verzerrungen werden in einen konstant über die Dicke t verlaufenden Membrananteil und einen linear antimetrisch über t verlaufenden Biege- oder Plattenanteil aufgespalten, was mit den Zeichen ^{M} und ^{B} kenntlich gemacht wird. Es ist also $\varepsilon_x = \varepsilon_x^M + \varepsilon_x^B$, $\varepsilon_s = \varepsilon_s^M + \varepsilon_s^B$ und $\gamma = \gamma^M + \gamma^B$. Schubverzerrungen in der Scheibenebene sind paarweise gleich, die Indizes können weggelassen werden: $\gamma_{sx} = \gamma_{xs} = \gamma$.

<u>Spannungen und Spannungsresultanten:</u> Normalspannungen σ werden durch die Achsen bezeichnet, in deren Richtung sie wirken, z.B. σ_x, σ_s. Für Schubspannungen τ zeigt der erste Index die Normale auf die Ebene, der zweite die Richtung an, in der sie wirken, z.B. τ_{xs}, $\tau_{s\bar{s}}$. Steht τ ohne Indizes, so bezeichnet es die Schubspannungen in der Scheibenebene: $\tau_{xs} = \tau_{sx} = \tau$.

Wie bei den Verzerrungen markiert das Zeichen ^{M} den konstant über die Dicke t verlaufenden Membrananteil, das Zeichen ^{B} den linear antimetrisch über t verlaufenden Biege– oder Plattenanteil der Spannungen, z.B. ist $\sigma_x = \sigma_x^M + \sigma_x^B$.

Die Membrananteile der Spannungen werden durch Integration über die Dicke zur Längsmembrankraft n_x, der Umfangsmembrankraft n_s und dem Schubfluß $n_{xs} = n_{sx}$ zusammengefaßt. Die Biegeanteile der Spannungen werden entsprechend zum Längsbiegemoment m_x, Querbiegemoment m_s und Drillmoment $m_{xs} = m_{sx}$ zusammengefaßt.

Die Wirkung der Schubspannungen τ wird in jeder Scheibe r zu einer Scheibenkraft S_r integriert, die an $f_{s,r}$ Arbeit leistet. Die Drillmomente m_{sx} werden für jede Scheibe zum Scheibendrillmoment $m_{D,r}$ integriert, dessen Arbeitskomplement die Sehnenverdrehung $f_{\vartheta,r}$ ist.

Die Spannungsresultanten sind in Bild 2.3 dargestellt.

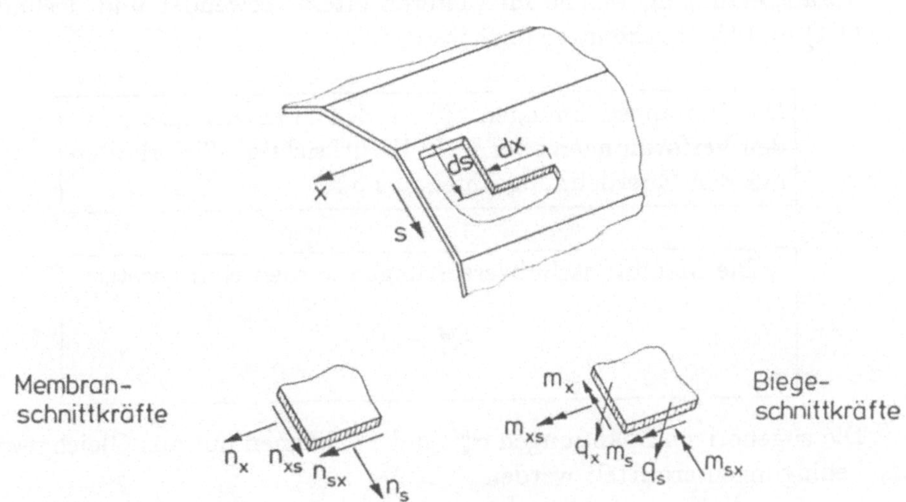

Bild 2.3   Bezeichnung der Spannungsresultanten

Die Bezeichnungen werden im Kap. 3 im Hinblick auf die dort vorgenommenen Erweiterungen ergänzt.

2.2 Voraussetzungen

Die Anwendungsgebiete der VTB sind so vielfältig, daß es nicht sinnvoll ist, für
alle die gleichen Voraussetzungen einzuhalten. Die Darstellung wird daher mit
den am stärksten einschränkenden begonnen. Es wird sich zeigen, daß damit
trotzdem schon ein großer Teil von Aufgaben aus dem Gebiet der Kaltprofile
und der Betonfaltwerke gelöst werden kann. Dann werden je nach Eigenart des
Anwendungsgebietes nach und nach die Einschränkungen fallen gelassen. Auf
diese Weise kommt das Wesentliche der Theorie zunächst besser ins Blickfeld.

— In diesem Band sollen sämtliche Probleme im Rahmen der statisch, geometrisch und physikalisch linearen Theorie behandelt werden. Das bedeutet im Einzelnen, daß die Beziehungen zwischen den Lasten und
   Schnittgrößen, den Schnittgrößen und Verzerrungen sowie den Verzerrungen und Verschiebungen unbegrenzt linear sind. Damit sind auch die
   Beziehungen zwischen den Lasten und den Verschiebungen (Differentialgleichung) linear.

— Bezüglich der Biegung der ebenen Querschnittsteile werden im wesentlichen
   die Voraussetzungen der Kirchhoffschen Plattentheorie benutzt. Die
   Schubverzerrungen in Dickenrichtung werden vernachlässigt, es werden
   also $\gamma_{x\bar{s}}$ und $\gamma_{s\bar{s}}$ Null gesetzt.

— Für die Membranverzerrungen gelten die folgenden beiden grundlegenden
   Voraussetzungen, welche im weiteren öfters verwendet und deshalb mit
   (V1) und (V2) gekennzeichnet werden.

Die Umfangsdehnungen ε_s^M werden zwar zugelassen, in
den Verformungen aber nicht berücksichtigt. Sie erhalten
nur den Querdehnungsanteil aus σ_x^M.

(V1)

Die Membranschubverzerrungen werden Null gesetzt:

$$\gamma^M = 0$$

(V2)

Die zugehörigen Spannungen σ_s^M und τ^M können nur aus Gleichgewichtsbedingungen ermittelt werden.

— Für die Membranlängsspannung σ_x^M wird der einachsige Spannungszustand betrachtet:

$$\sigma_x^M = E\varepsilon_x^M .$$

— Lasten greifen in den Innenknoten des Querschnitts an.

Die genannten Voraussetzungen gelten für den gesamten Band mit folgenden Ausnahmen:

— Abweichend von den Voraussetzungen der Kirchhoffschen Plattentheorie wird für die einfachste Stufe der VTB in Kap. 2 die Längsbiegesteifigkeit vernachlässigt, also $m_x = 0$ gesetzt. Sie wird erst in Abschn. 3.1 eingeführt.

— Bei der Behandlung des geschlossenen Querschnitts in Abschn. 3.4 werden Membranschubverzerrungen zugelassen.

2.3 Die Elastizitätsbeziehungen

Das Elastizitätsgesetz des ebenen Spannungszustands lautet allgemein

$$\sigma_x = \frac{E}{1-\mu^2}(\varepsilon_x + \mu\varepsilon_s) \, ,$$

$$\sigma_s = \frac{E}{1-\mu^2}(\varepsilon_s + \mu\varepsilon_x) \, , \qquad (2.1)$$

$$\tau = G\gamma \, .$$

Daraus sollen die Elastizitätsbeziehungen zwischen den Schnittkräften und Verschiebungen ermittelt werden.

Der Übergang von Spannungen auf Schnittkräfte geschieht durch Integration über die Dicke. Um die rechten Seiten ersetzen zu können, müssen die Verzerrungs–Verschiebungs–Beziehungen aufgestellt werden:

Durch Differenzieren der Verschiebungen erhalten wir die Verzerrungen. Im Rahmen der Kirchhoff'schen Plattentheorie gelten mit den zuvor eingeführten Bezeichnungen für die Membrananteile der Verzerrungen

$$\varepsilon_x^M = u' \, , \qquad (2.2a)$$

$$\varepsilon_s^M = \dot{f}_s \, , \qquad (2.2b)$$

$$\gamma^M = f_s' + \dot{u} \, . \qquad (2.2c)$$

Bei den Plattenanteilen ist zu beachten, daß sie den in Dickenrichtung linearen Verzerrungsanteil explizit darstellen, und nicht mit den üblicherweise verwendeten Bezeichnungen für die Krümmungen ($\kappa_x \ldots$) übereinstimmen (der Buchstabe κ ist für eine andere Verwendung reserviert). Daher müssen die zweiten Ableitungen der Verschiebungen mit der Koordinate $\bar{s}$ multipliziert werden:

$$\varepsilon_x^B = -f'' \cdot \bar{s} \, ,$$

$$\varepsilon_s^B = -\ddot{f} \cdot \bar{s} \, , \qquad (2.3a\text{-}c)$$

$$\gamma^B = -2\dot{f}' \cdot \bar{s} \, .$$

Da für Membran- und Plattenanteile unabhängig voneinander vereinfachende Voraussetzungen gemacht werden, ist nicht für alle Schnittkräfte ein Elastizitätsgesetz angebbar. Das soll in den folgenden beiden Abschnitten im Einzelnen erörtert werden.

2.3.1 Elastizitätsgesetz der Membranschnittkräfte

Von den drei Membranschnittgrößen kann nur der Längskraft $n_x = \sigma_x^M \cdot t$ ein Elastizitätsgesetz zugeordnet werden. Gemäß Voraussetzung wird σ_x^M aus dem einachsigen Spannungszustand ermittelt. So ergibt sich das Elastizitätsgesetz

$$n_x = \sigma_x^M \cdot t = E \cdot t \cdot \varepsilon_x = E \cdot t \cdot u' \ . \tag{2.4}$$

Die Umfangsdehnung ε_s wird also nicht Null gesetzt, aber ihr Anteil an den Längsspannungen und den Verschiebungen wird vernachlässigt.

Die Umfangskraft n_s erhält kein Elastizitätsgesetz, der zugehörige Dehnwiderstand wird als unendlich groß behandelt. Sie kann nur aus Gleichgewichtsbedingungen errechnet werden.

Der Schubfluß n_{xs} erhält ebenfalls kein Elastizitätsgesetz und ist deswegen auch nur aus Gleichgewichtsbedingungen bestimmbar. Der Schubwiderstand in der Scheibenmittelebene wird unendlich groß gesetzt.

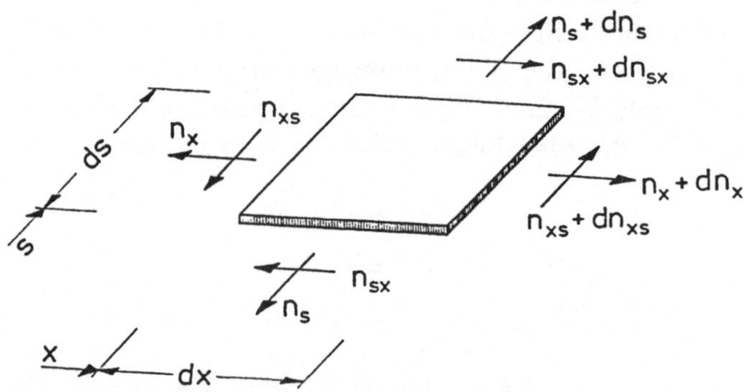

Bild 2.4   Membranspannungen n_x, n_s und n_{xs} am Element $dx \cdot ds$

Die Gleichgewichtsbedingungen zur Ermittlung von n_{xs} und n_s aus n_x lauten (vgl. Bild 2.4)

$$\begin{aligned}
n_x' + \dot{n}_{xs} &= 0 \ , \\
\dot{n}_s + n_{xs}' &= 0 \ .
\end{aligned} \tag{2.5}$$

2.3.2 Elastizitätsgesetz der Plattenschnittkräfte

Bezüglich der Biegemomente gilt das zweiachsige Elastizitätsgesetz. Jedoch
wird für die Herleitung der Gleichungen auf einfachster Stufe in diesem Kapitel
das Längsbiegemoment m_x im Gleichgewicht vernachlässigt. Der zugehörige
Biegewiderstand ist Null gesetzt. Diese Vereinfachung wird in Abschn. 3.1
aufgehoben.

Für das Querbiegemoment m_s gilt deswegen in diesem Kapitel das vereinfachte Elastizitätsgesetz

$$m_s = -K \cdot \ddot{f} \ . \tag{2.6}$$

Eine Verkopplung mit den Längskrümmungen durch die Querdehnungszahl
wird erst in Abschn. 3.1 eingeführt.

Für die Drillmomente gilt das Elastizitätsgesetz

$$m_{xs} = -\frac{Gt^3}{6} \cdot \dot{f}' \ . \tag{2.7}$$

Wenn wir zur Vereinfachung die Ableitung in s-Richtung nicht exakt
berücksichtigen, sondern für jede Scheibe durch ihren Mittelwert $f_{\vartheta,r}$ ersetzen,
können wir für die Scheiben jeweils ein pauschales Drillmoment $m_{D,r}$ angeben,
für das dann das vereinfachte Elastizitätsgesetz (das negative Vorzeichen ist
erforderlich, weil Drillmoment und Verdrehung in entgegengesetzter Drehrich-
tung definiert sind)

$$m_{D,r} = -GI_{D,r} \cdot f'_{\vartheta,r} \tag{2.8}$$

gilt, mit dem Drillwiderstand der r-ten Scheibe

$$I_{D,r} = \frac{1}{3} b_r t_r^3 \ . \tag{2.9}$$

Die Anteile aus dem nichtkonstanten Verlauf der Faserverdrehung $\dot{f}(s)$
(Verdrehungsanteile von der Sehne aus) werden in Abschn. 3.1 ergänzt.

Die in diesem Abschnitt vorgesehenen Vereinfachungen verringern sowohl den
Programmieraufwand als auch die Rechenzeit erheblich und liefern in vielen
Anwendungsfällen genügend genaue Ergebnisse.

2.4 Die geometrischen Beziehungen

Die Voraussetzungen (V1) und (V2) haben zur Folge, daß sich die Verschiebungen nicht mehr unabhängig voneinander einstellen können. Mit (V1) —
also der Annahme, daß Umfangsdehnungen bei den Verschiebungen keine Rolle

spielen — wird (2.2b) zu $\dot{f}_s = 0$, woraus unmittelbar folgt, daß die f_s-Verschiebungen in jeder Scheibe konstant sein müssen. Mit (V2) ergibt sich über (2.2c) eine Abhängigkeit zwischen Verwölbungen und f_s-Verschiebungen, aus welcher man ablesen kann, daß die Wölbfunktion zwischen den Knoten linear verlaufen muß.

Die genannten Abhängigkeiten ermöglichen es, alle Querschnittsverschiebungsfunktionen (f_s, $f_{\bar{s}}$, f_ϑ, ...) mit den Wölbordinaten u_r in Beziehung zu setzen. Da alle diese Funktionen "diskret" sind, d.h. nicht von der Koordinate s, sondern nur noch vom Knoten– oder Scheibenindex r abhängen, können sie als Vektoren geschrieben und die gesuchten Beziehungen in kompakter Matrix–Vektor–Schreibweise ausgedrückt werden.

In den beiden folgenden Abschnitten sollen die Beziehungen zwischen den Querschnittsverschiebungen und den Wölbordinaten hergeleitet werden. Dabei werden wir so vorgehen, daß wir am Querschnitt eine Verwölbung vorgeben und über elementare geometrische Betrachtungen die daraus resultierenden Querschnittsverschiebungen ermitteln.

Mit den so gewonnenen Formulierungen können dann im weiteren alle anderen Größen durch die Wölbordinaten ausgedrückt werden.

2.4.1 Wölbordinaten und Scheibenumfangsverschiebungen

Als Folge der Voraussetzung (V2) sind die Axialverschiebungen $u(x, s)$ und die Umfangsverschiebungen $f_s(x, s)$ miteinander verkoppelt. Eine Änderung in x-Richtung der Verschiebung f_s ergibt sich, wie Bild 2.5a zeigt, unmittelbar aus der Neigung der Wölbfunktion:

$$\frac{\partial f_s}{\partial x} = -\frac{\partial u}{\partial s} \, . \tag{2.10}$$

Die Abhängigkeit (2.10) erhält man auch, wenn man den Ausdruck (2.2c) für die Membranschubverzerrung Null setzt (Bild 2.5b):

$$\gamma^M = \frac{\partial f_s}{\partial x} + \frac{\partial u}{\partial s} = 0 \, . \tag{2.11}$$

Die Ableitung der Verwölbung in s-Richtung läßt sich durch die Wölbordinaten der Knoten ausdrücken. Sie ist scheibenweise konstant:

$$\frac{\partial u_r}{\partial s} = \frac{u_{r+1} - u_r}{b_r} \, . \tag{2.12}$$

Mit (2.10) und (2.12) ergibt sich

$$\frac{\partial f_{s,r}}{\partial x} = f'_{s,r} = -\frac{u_{r+1} - u_r}{b_r} \, . \tag{2.13}$$

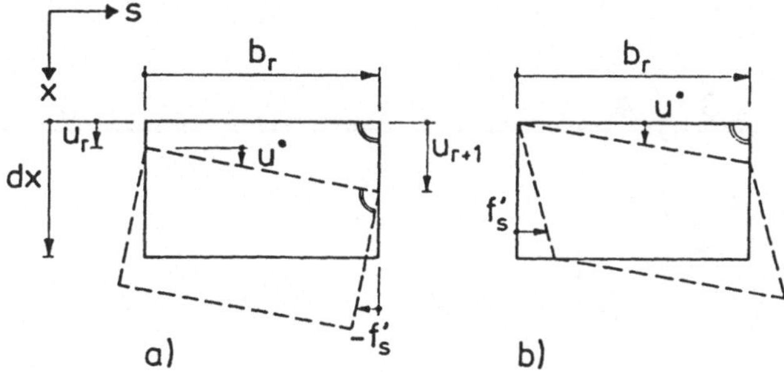

Bild 2.5   Verwölbung (a) und Membranschubverzerrung (b)

Durch Verschieben eines Knotens um u_r in x–Richtung wird die vorhergehende Scheibe $r - 1$ um

$$\mathrm{d}f_{s,r-1} = -\frac{1}{b_{r-1}}\,\mathrm{d}x \cdot u_r \qquad\qquad (2.14\text{a})$$

und die folgende r um

$$\mathrm{d}f_{s,r} = \frac{1}{b_r}\,\mathrm{d}x \cdot u_r \qquad\qquad (2.14\text{b})$$

in s-Richtung verschoben. Die Umfangsverschiebungen $f_{s,r}$ für alle Scheiben werden im Vektor f_s zusammengestellt, ebenso werden die Wölbordinaten zu einem Vektor u, dem Wölbvektor, zusammengefaßt[1]:

$$
\begin{aligned}
f_s &= \{f_{s,1}, \ldots, f_{s,n}\}\,, \\
u &= \{u_1, \ldots, u_{n+1}\}\,.
\end{aligned}
\qquad\qquad (2.15)
$$

Die Abhängigkeit der Umfangsverschiebungen $f_{s,r}$ von den Wölbordinaten u_r kann dann mit der Matrix F_s ausgedrückt werden, deren Besetzung in Tabelle 2.1 zu sehen ist:

$$f_s{}' = F_s \cdot u\,. \qquad\qquad (2.16)$$

Gleichung (2.16) zeigt, daß sich den Wölbordinaten nur die Ableitung der f_s–Verschiebungen zuordnen läßt. Der folgende Abschnitt wird zeigen, daß dies ebenfalls für die übrigen Querschnittsverschiebungen gilt. Aus einer konstanten Verwölbung über den Querschnitt resultieren demnach keine Verschiebungen im Querschnitt.

---

[1] Bei Vektoren handelt es sich immer um Spaltenvektoren. Sie werden nur aus Platzgründen als Zeilenvektoren geschrieben.

Tabelle 2.1   Besetzung der Matrix F_s

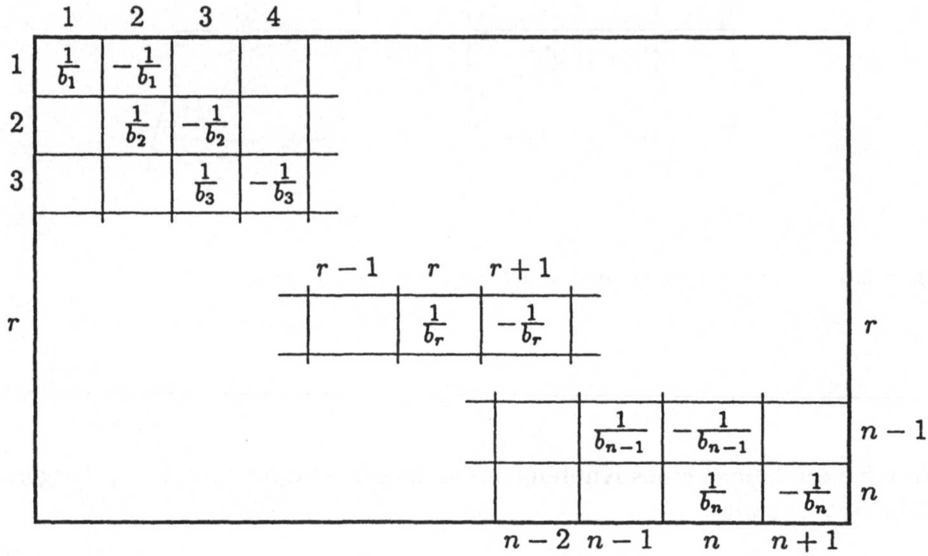

2.4.2 Wölbordinaten, Scheibenquerverschiebungen und Scheibenverdrehungen

Im vorigen Abschnitt konnte der Zusammenhang zwischen f_s–Verschiebungen und Wölbordinaten durch Betrachtung einer einzelnen Scheibe ermittelt werden (vgl. Bild 2.5). Für die Verschiebungen rechtwinklig zur Scheibenebene ist das nicht mehr möglich, da sie über Kontinuitätsbedingungen an den Knoten erhalten werden und somit die Berücksichtigung der beiden angrenzenden Scheiben notwendig ist.

In Abschn. 2.1 wurden zwei gleichwertige Darstellungen der Querverlagerung einer Scheibe angegeben: Zum einen die mittlere Verschiebung $f_{\bar s}$ und die Verdrehung f_{ϑ}. Zum anderen die Anfangs- und Endverschiebung f_b und f_e. Letztere ist zur Herleitung der gesuchten Beziehung zu den Wölbordinaten besser geeignet und wird deshalb im folgenden verwendet.

Eine Beziehung zwischen f_b bzw. f_e und u kann nicht direkt angegeben werden. Zunächst müssen wir einen Zusammenhang mit den Umfangsverschiebungen f_s finden. Dann erhalten wir unter Zuhilfenahme der Ergebnisse des vorigen Abschnitts die gewünschte Beziehung.

Wir schneiden die am Knoten r angrenzenden Scheiben $r-1$ und r an den Kanten frei und lassen zuerst nur Bewegungen in ihrer Ebene zu. Durch Vorgabe beliebiger Umfangsverschiebungen $f_{s,r-1}$ bzw. $f_{s,r}$ entsteht an der

Kante r eine Klaffung. Nun soll die Kontinuität dort wieder hergestellt werden. Eine Lageänderung der Scheibenpunkte in s–Richtung ist aber wegen der nicht zugelassenen Umfangsdehnungen und Schubverzerrungen nicht möglich. Also müssen die Scheiben in $\bar{s}$–Richtung verschoben und verdreht werden. Die verschobene Lage der Kante ist der Schnittpunkt r' der Lote auf die Scheibenmittelebenen in der Entfernung $f_{s,r}$ bzw. $f_{s,r-1}$ von der Kante r (Bild 2.6). Die Totalverschiebung der Kante selbst ist für die folgenden Ableitungen von untergeordneter Bedeutung.

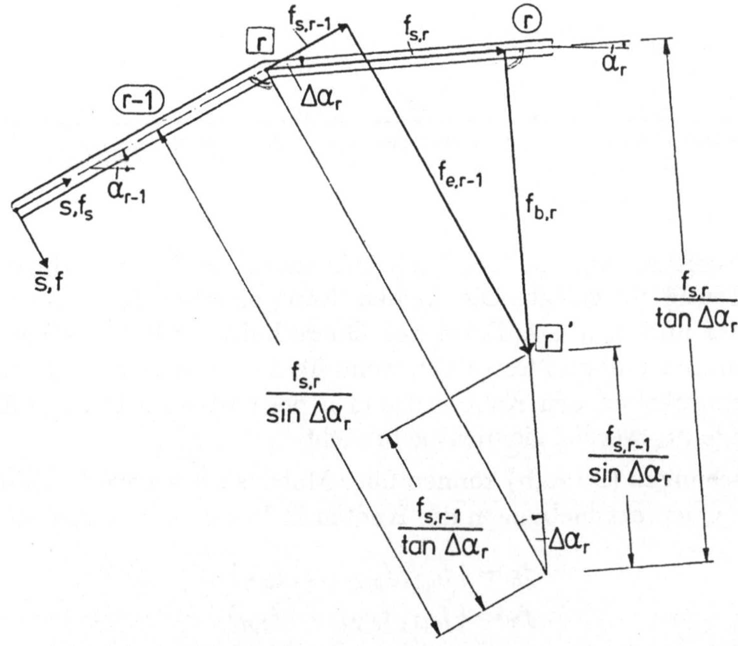

Bild 2.6   Umfangsverschiebung f_s und Querverschiebungen f_b und f_e

Mit den Umfangsverschiebungen $f_{s,r-1}$ und $f_{s,r}$ sind also die Endverschiebung der Scheibe $r-1$ und die Anfangsverschiebung der Scheibe r eindeutig festgelegt. Die mathematische Formulierung dieser Abhängigkeit kann direkt aus Bild 2.6 abgelesen werden. Aus $f_{s,r-1}$ und $f_{s,r}$ am Knoten r erhält man mit dem Kontingenzwinkel

$$\Delta\alpha_r = \alpha_{r-1} - \alpha_r \tag{2.17}$$

nach Bild 2.6 die Beziehungen

$$f_{e,r-1} = \frac{f_{s,r}}{\sin \Delta\alpha_r} - \frac{f_{s,r-1}}{\tan \Delta\alpha_r}, \tag{2.18a}$$

$$f_{b,r} = \frac{f_{s,r}}{\tan \Delta\alpha_r} - \frac{f_{s,r-1}}{\sin \Delta\alpha_r} \; . \tag{2.18b}$$

Mit den Ergebnissen des vorigen Abschnitts kann f_s auf den rechten Seiten eliminiert werden. Dazu müssen aber zunächst die Gleichungen (2.18) nach x abgeleitet werden. Man erhält somit die gesuchte Beziehung zwischen f_b', f_e' und u an der Scheibe r als

$$f_{b,r}' = -\frac{1}{b_{r-1} \sin \Delta\alpha_r} u_{r-1} + \left(\frac{1}{b_{r-1} \sin \Delta\alpha_r} + \frac{1}{b_r \tan \Delta\alpha_r} \right) u_r$$
$$- \frac{1}{b_r \tan \Delta\alpha_r} u_{r+1} \; , \tag{2.19a}$$

$$f_{e,r}' = -\frac{1}{b_r \tan \Delta\alpha_{r+1}} u_r + \left(\frac{1}{b_r \tan \Delta\alpha_{r+1}} + \frac{1}{b_{r+1} \sin \Delta\alpha_{r+1}} \right) u_{r+1}$$
$$- \frac{1}{b_{r+1} \sin \Delta\alpha_{r+1}} u_{r+2} \; . \tag{2.19b}$$

Die Totalverschiebung ist nun bei bekanntem u für die Innenknoten 2 bis n eindeutig festgelegt. Die beiden Komponenten $f_{b,1}$ am Anfang des Querschnitts und $f_{e,n}$ am Ende des Querschnitts jedoch bleiben zunächst unbestimmt. Sie sind erst festgelegt, wenn über die Querbiegemomente m_s die Knotendrehwinkel an den Kanten 2 und n bekannt sind. Für die Ermittlung der Momente m_s werden sie nicht gebraucht.

Die Beziehungen (2.19a,b) können über Matrizen ausgedrückt werden. Dazu werden die Querverschiebungen der Knoten in Vektoren zusammengefaßt

$$f_b = \{ f_{b,1}, f_{b,2}, \ldots, f_{b,n} \} \; , \tag{2.20a}$$
$$f_e = \{ f_{e,1}, f_{e,2}, \ldots, f_{e,n} \} \tag{2.20b}$$

und über die Matrizen F_b und F_e mit dem Wölbvektor u verknüpft:

$$f_b' = F_b \cdot u \; , \tag{2.21a}$$
$$f_e' = F_e \cdot u \; . \tag{2.21b}$$

Die Besetzung der Matrizen F_b und F_e zeigen die Tabellen 2.2 und 2.3. Diese Art der Beschreibung der Verschiebungen stellt sich als besonders vorteihaft heraus, wenn Nebenknoten und Querschnittslagerungen betrachtet werden (Kap. 3).

Eine äquivalente Beschreibung der Lageänderung der Scheiben in $\bar{s}$–Richtung erhält man mit der mittleren Querverschiebung $f_{\bar{s},r}$ und der Sehnenverdrehung $f_{\vartheta,r}$. Die mittlere Querverschiebung der Scheibe r ergibt sich zu

$$f_{\bar{s},r} = \frac{f_{e,r} + f_{b,r}}{2} \; . \tag{2.22}$$

Tabelle 2.2   Besetzung der Matrix F_b. Die Zeile 1 kann erst besetzt werden, wenn die Verdrehung des Knotens 2 aus den Kantenmomenten ermittelt ist.

	1	2	3	4
1				
2	$-1/(b_1 \sin \Delta\alpha_2)$	$1/(b_1 \sin \Delta\alpha_2) + 1/(b_2 \tan \Delta\alpha_2)$	$-1/(b_2 \tan \Delta\alpha_2)$	
3		$-1/(b_2 \sin \Delta\alpha_3)$	$1/(b_2 \sin \Delta\alpha_3) + 1/(b_3 \tan \Delta\alpha_3)$	$-1/(b_3 \tan \Delta\alpha_3)$

	$r-1$	r	$r+1$
r	$-1/(b_{r-1} \sin \Delta\alpha_r)$	$1/(b_{r-1} \sin \Delta\alpha_r) + 1/(b_r \tan \Delta\alpha_r)$	$-1/(b_r \tan \Delta\alpha_r)$

	$n-2$	$n-1$	n	$n+1$
$n-1$	$-1/(b_{n-2} \sin \Delta\alpha_{n-1})$	$1/(b_{n-2} \sin \Delta\alpha_{n-1}) + 1/(b_{n-1} \tan \Delta\alpha_{n-1})$	$-1/(b_{n-1} \tan \Delta\alpha_{n-1})$	
n		$-1/(b_{n-1} \sin \Delta\alpha_n)$	$1/(b_{n-1} \sin \Delta\alpha_n) + 1/(b_n \tan \Delta\alpha_n)$	$-1/(b_n \tan \Delta\alpha_n)$

Tabelle 2.3   Besetzung der Matrix F_e. Die Zeile n kann erst besetzt werden, wenn die Verdrehung des Knotens n aus den Kantenmomenten ermittelt ist.

	1	2	3	4
1	$-1/(b_1 \tan \Delta\alpha_2)$	$1/(b_1 \tan \Delta\alpha_2) + 1/(b_2 \sin \Delta\alpha_2)$	$-1/(b_2 \sin \Delta\alpha_2)$	$\cdot$
2		$-1/(b_2 \tan \Delta\alpha_3)$	$1/(b_2 \tan \Delta\alpha_3) + 1/(b_3 \sin \Delta\alpha_3)$	$-1/(b_3 \sin \Delta\alpha_3)$

	r	$r+1$	$r+2$	
r	$-1/(b_r \tan \Delta\alpha_{r+1})$	$1/(b_r \tan \Delta\alpha_{r+1}) + 1/(b_{r+1} \sin \Delta\alpha_{r+1})$	$-1/(b_{r+1} \sin \Delta\alpha_{r+1})$	r

	$n-2$	$n-1$	n	$n+1$
$n-2$	$-1/(b_{n-2} \tan \Delta\alpha_{n-1})$	$1/(b_{n-2} \tan \Delta\alpha_{n-1}) + 1/(b_{n-1} \sin \Delta\alpha_{n-1})$	$-1/(b_{n-1} \sin \Delta\alpha_{n-1})$	
$n-1$		$-1/(b_{n-1} \tan \Delta\alpha_n)$	$1/(b_{n-1} \tan \Delta\alpha_n) + 1/(b_n \sin \Delta\alpha_n)$	$-1/(b_n \sin \Delta\alpha_n)$
n				

Definiert man die Matrix $F_{\bar{s}}$ gemäß $F_{\bar{s}} = (F_e + F_b)/2$, so kann man in Matrizen-schreibweise einen Zusammenhang mit dem Wölbvektor u folgendermaßen angeben: $f_{\bar{s}}' = F_{\bar{s}} \cdot u$. Die Matrix $F_{\bar{s}}$ ist für die weiteren Überlegungen von untergeordneter Bedeutung.

Für die Sehnenverdrehung erhalten wir (s. Bild 2.2)

$$f_{\vartheta,r} = \frac{f_{e,r} - f_{b,r}}{b_r} \tag{2.23}$$

oder in Matrizenschreibweise

$$f_{\vartheta}' = F_{\vartheta} \cdot u \ . \tag{2.24}$$

Dabei entsteht die r–te Zeile von F_{ϑ} als Differenz der r–ten Zeilen von F_e und F_b geteilt durch b_r. Wegen der Unvollständigkeit von F_b und F_e bleiben in F_{ϑ} die erste und letzte Zeile zunächst unbesetzt.

Für die Berechnung der Querbiegemomente m_s aus den Wölbordinaten u werden die gegenseitigen Sehnenverdrehungen $\Delta f_{\vartheta,r} = f_{\vartheta,r} - f_{\vartheta,r-1}$ an den Knoten 3 bis $n-1$ gebraucht. Sie können mit (2.23) aus den Anfangs– und Endverschiebungen der angrenzenden Scheiben berechnet werden:

$$\Delta f_{\vartheta,r} = f_{\vartheta,r} - f_{\vartheta,r-1} = \frac{f_{e,r} - f_{b,r}}{b_r} - \frac{f_{e,r-1} - f_{b,r-1}}{b_{r-1}} \ . \tag{2.25}$$

Die lineare Beziehung zwischen $\Delta f_{\vartheta}'$ und u wird durch die Matrix ΔF_{ϑ} ausgedrückt, die mit (2.25) aus den Matrizen F_b und F_e gebildet wird:

$$\Delta f_{\vartheta}' = \Delta F_{\vartheta} \cdot u \ . \tag{2.26}$$

Die Matrix ΔF_{ϑ} soll nicht extra angegeben werden, da sie durch ein einfaches Bildungsgesetz aus der Matrix F_{ϑ} hevorgeht: Ihre r–te Zeile ist die Differenz der r–ten und $(r-1)$–ten Zeile von F_{ϑ}.

Da Δf_{ϑ} als Differenzverdrehung zweier benachbarter Scheiben definiert ist, hat diese Größe zunächst nur für die Innenknoten einen Sinn. Es würde also genügen, im Vektor Δf_{ϑ} nur $n-1$ Elemente vorzusehen bzw. in der Matrix ΔF_{ϑ} nur $n-1$ Zeilen. Im Hinblick auf spätere Erweiterungen (Einspannung der Randscheiben, Abschn. 3.3) ist es jedoch sinnvoll, die Dimension — wie bei allen anderen knotenbezogenen Größen auch — bei $n+1$ zu belassen.

2.5   Produktansatz für die Verschiebungen

Um zu einer mit der Balkentheorie verträglichen Darstellung zu kommen, werden alle Zustandsgrößen durch einen Produktansatz ausgedrückt. Über den von den Querschnittskoordinaten s und $\bar{s}$ abhängigen Verlauf wird vorab eine Festlegung für die Ansatzglieder getroffen, den Verlauf in Richtung der Achse x beschreibt eine Betonungsfunktion $V(x)$ mit ihren Ableitungen V', V'' usw.

Die vorangegangenen Abschnitte haben gezeigt, daß sich wegen der Voraussetzungen (V1) und (V2) alle Verschiebungskomponenten über geometrische Beziehungen durch den Wölbvektor u ausdrücken lassen. Die Wölbfunktionen bilden also die Grundlage der Beschreibung — nicht nur der Verformungsgrößen, sondern auch der daraus resultierenden Kraftgößen. Um zu einer möglichst übersichtlichen Darstellung zu kommen, ist es notwendig, die Wölbfunktionen auf einfachste Art festzulegen. Dieses geschieht durch Definition der "Grundwölbfunktionen" $^{r}\bar{u}(s)$ gemäß Bild 2.7. Es sind scheibenweise lineare Funktionen, die am Knoten r den Wert eins, an allen anderen den Wert null haben. Sie sind durch einen Querstrich gekennzeichnet, um sie von den später eingeführten Einheitsverwölbung en zu unterscheiden.

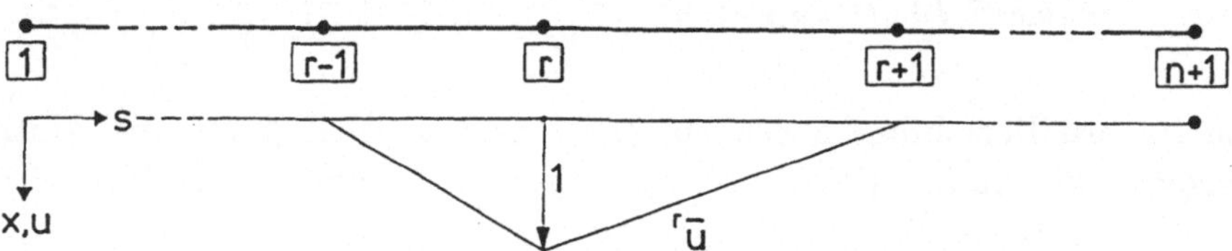

Bild 2.7   Grundverwölbungen $^{r}\bar{u}(s)$ am abgewickelten Querschnitt.

Um Mißverständnissen vorzubeugen, sei kurz auf die Bedeutung des Index r eingegangen: Der Index r kennzeichnet hier im Unterschied zu seiner bisherigen Verwendung nicht einen einzelnen Wert am Knoten r, sondern eine ganze Funktion. Dies wird auch durch seine ungewöhnliche Stellung oben links deutlich gemacht. Der Platz unten rechts bleibt weiterhin dem Verweis auf einen einzelnen Scheiben- bzw. Knotenwert vorbehalten.

Eine beliebige Wölbfunktion $u(s,x)$ wird dann durch die Linearkombination

$$u(s,x) = \sum_{r=1}^{n+1} {}^{r}\bar{u}(s) \cdot {}^{r}\bar{V}'(x) \tag{2.27}$$

beschrieben. Die Betonungsfunktionen $^r\bar{V}(x)$ zeigen durch den Querstrich an, daß sie die Grundverwölbungen $^r\bar{u}(s)$ betonen. Sie sind durch ihren Index r der jeweiligen Grundverwölbung zugeordnet. Die Einführung von $^r\bar{V}(x)$ auf der ersten Ableitungsstufe erscheint an dieser Stelle zunächst willkürlich. Sie wird sich aber im weiteren als sinnvoll erweisen (vgl. auch (1.12) und Abschn. 1.2.3).

Die zu den Grundverwölbungen gehörenden Wölbvektoren sind die Einheitsvektoren

$$^r\bar{u} = \{0,\ldots,0,\underset{\substack{\uparrow \\ r-\text{te Stelle}}}{1},0,\ldots,0\} \ . \tag{2.28}$$

Zusammengefaßt bilden sie die Spalten der "Grundwölbmatrix" $\bar{U}$. Indem wir auch die $^r\bar{V}(x)$ in einen Vektor schreiben

$$\bar{V}(x) = \{\,^1\bar{V}(x),\ldots, \,^{n+1}\bar{V}(x)\} \ , \tag{2.29}$$

kann nun nach (2.27) für einen beliebigen Wölbvektor

$$u(x) = \{u_1(x),\ldots,u_{n+1}(x)\}$$

folgende Produktdarstellung formuliert werden:

$$u(x) = \bar{U} \cdot \bar{V}'(x) \ . \tag{2.30}$$

Durch Einsetzen von (2.30) in die geometrischen Beziehungen der Abschn. 2.4.1 und 2.4.2 erhalten wir für alle anderen Verformungsgrößen ebenso eine Produktdarstellung, z.B. ergibt sich aus (2.16)

$$f_s{}'(x) = F_s \cdot u(x) = F_s \cdot \bar{U} \cdot \bar{V}'(x) = \bar{F}_s \cdot \bar{V}'(x) \ . \tag{2.31}$$

Dabei wurde die Matrix F_s mit der Grundwölbmatrix $\bar{U}$ zu $\bar{F}_s$ zusammengefaßt. Da $\bar{U}$ die Einheitsmatrix (im mathematischen Sinn) ist, sind F_s und $\bar{F}_s$ identisch.

Mit (2.31) zeigt sich der Sinn der Wahl von $^r\bar{V}'$ als erste Ableitung in (2.27): Nachdem nämlich der Wölbvektor nach (2.30) durch das Produkt von Grundwölbmatrix und abgeleitetem Vektor der Betonungsfunktionen ersetzt ist, stehen die linke und rechte Seite der Darstellung (2.31) auf derselben Ableitungsstufe. Deshalb muß man nicht mehr bei Ableitungen der Verschiebungen f_s bleiben, sondern kann sie wieder selbst benutzen, indem (2.31) nach x integriert wird. Die anderen Verformungsfunktionen konnten gleichfalls zunächst nur über ihre Ableitungen mit dem Wölbvektor u in Beziehung gesetzt werden. Für sie gilt deswegen dasselbe. Eine Integrationskonstante fällt beim Integrieren von (2.31) nicht an, da die Betonungsfunktion auf der ersten Ableitungsstufe definiert wurde und hierbei keine Konstante durch Differenzieren weggefallen ist (für $^r\bar{V}(x) = $ const sind keine Verwölbungen vorhanden).

Die maßgebenden Verformungen in der Querschnittsebene lauten somit in
Produktdarstellung:

$$
\begin{aligned}
f_s(x) &= F_s \cdot \bar{U} \cdot \bar{V}(x) = \bar{F}_s \cdot \bar{V}(x)\,, \\
f_{\bar{s}}(x) &= F_{\bar{s}} \cdot \bar{U} \cdot \bar{V}(x) = \bar{F}_{\bar{s}} \cdot \bar{V}(x)\,, \\
f_\vartheta(x) &= F_\vartheta \cdot \bar{U} \cdot \bar{V}(x) = \bar{F}_\vartheta \cdot \bar{V}(x)\,, \\
\Delta f_\vartheta(x) &= \Delta F_\vartheta \cdot \bar{U} \cdot \bar{V}(x) = \Delta \bar{F}_\vartheta \cdot \bar{V}(x)\,.
\end{aligned}
\qquad\text{(2.32a–d)}
$$

Mit (2.30) und (2.32) ist unmittelbar klar, daß für alle Schnittkräfte, welche
ein Elastizitätsgesetz haben, ebenfalls eine Produktdarstellung möglich ist.

Die Einheit von $^r\bar{V}$ ist das Verformungsbild am Ende eines Faltwerkelementes
der Länge $dx = 1$, dem die Verwölbung $^r\bar{u}(s)$ aufgeprägt wird und dessen
Anfangsquerschnitt in seiner Ebene keine Verformungen aufweist. Dieses
Verformungsbild ist in Bild 2.8 dargestellt.

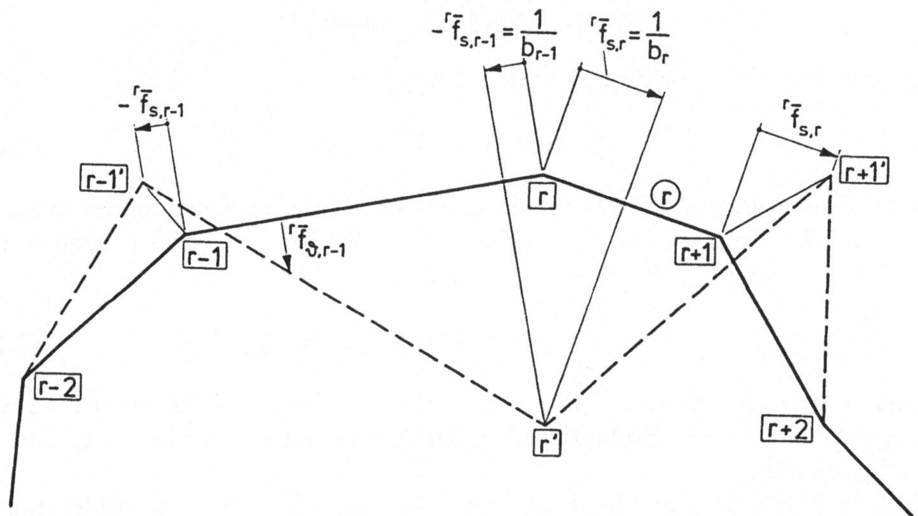

Bild 2.8   Querschnittsverformungen an der Stelle $x+1$ infolge der Grundverwölbung $^r\bar{u}$
bei x: Verformungsbild $^r\bar{V} = 1$

Bevor die Gleichgewichtsbedingungen formuliert werden, sollen die bis jetzt
erreichten Ergebnisse kurz festgehalten werden:

— Wegen (V1) und (V2) können sich die Verschiebungen des Faltwerks nicht
   unabhängig voneinander einstellen.

— Diese Abhängigkeiten werden ausgenutzt, um sämtliche Verschiebungskomponenten durch die Wölbordinaten auszudrücken.

— Für die Verwölbungen wird ein Produktansatz aufgestellt: In s–Richtung werden Grundverwölbungen $^r\bar{u}$ festgelegt, die mit jeweils einer von x abhängigen Betonungsfunktion $^r\bar{V}'$ multipliziert werden.

— Aufgrund der festgestellten Zusammenhänge kann für sämtliche Verschiebungskomponenten ein Produktansatz mit den $^r\bar{V}$ angegeben werden. Weil somit alle Verformungen von den $^r\bar{V}$ beschrieben werden, werden diese statt "Betonungsfunktionen" auch "Verformungsresultanten" genannt. Produktansätze in $^r\bar{V}$ lassen sich auch unmittelbar für diejenigen Schnittkräfte formulieren, welche durch ein Elastizitätsgesetz beschrieben werden können.

— Die Gesamtheit der Verschiebungen und Schnittkräfte, welche zu einer bestimmten Verformungsresultanten gehören, wird unter dem Begriff "Grundverformungszustand" oder kurz "Grundzustand" zusammengefaßt und durch einen Querstrich markiert.

Zum Schluß des Abschnitts sei noch auf die Lesart der F–Matrizen eingegangen: Ihre Spalten sind den Grundzuständen zugeordnet, d.h. die Verformungen des r–ten Grundzustandes sind in der r–ten Spalte der betreffenden Matrix $(\bar{F}_s,\ \bar{F}_\vartheta,\ \dots\ )$ zu finden. Ihre Zeilen sind den Knoten bzw. Scheiben zugeordnet. Da die Indizierung der Grundzustände oben links eingeführt worden ist, soll das auch bei den Matrixelementen beibehalten werden. So hat beispielsweise das Element in der i–ten Zeile und r–ten Spalte der Matrix $\bar{F}_\vartheta$ die Schreibweise $^r\bar{f}_{\vartheta,i}$ und gibt an, wie groß die Verdrehung der i–ten Scheibe im r–ten Grundzustand ist. Ebenso lassen sich die Spalten zu einem Vektorsymbol zusammenfassen, z.B. enthält der Vektor $^r\bar{f}_\vartheta$ alle Scheibenverdrehungen des r–ten Grundzustandes.

2.6 Die Gleichgewichtsbedingungen

Zur Formulierung der Gleichgewichtsbedingungen wird in diesem Abschnitt so vorgegangen, wie es beim Balken üblich ist. Wer die mehr formale Herleitung mit dem Variationsprinzip vorzieht, wird auf Kap. 4 verwiesen, wo außerdem mit erweiterten Voraussetzungen gearbeitet wird. Man wird aber dort keine programmierfertigen Ergebnisse erwarten können, wie das hier der Fall ist.

2.6.1 Die virtuellen Verrückungen

Die Differentialgleichung des Balkens ist die mathematische Formulierung der Gleichgewichtsbedingung $\sum Z = 0$, was der Arbeit der Schnittgrößen und Lasten an einer virtuellen Verrückung $w = \bar{1}$ entspricht(Bild 2.9a).

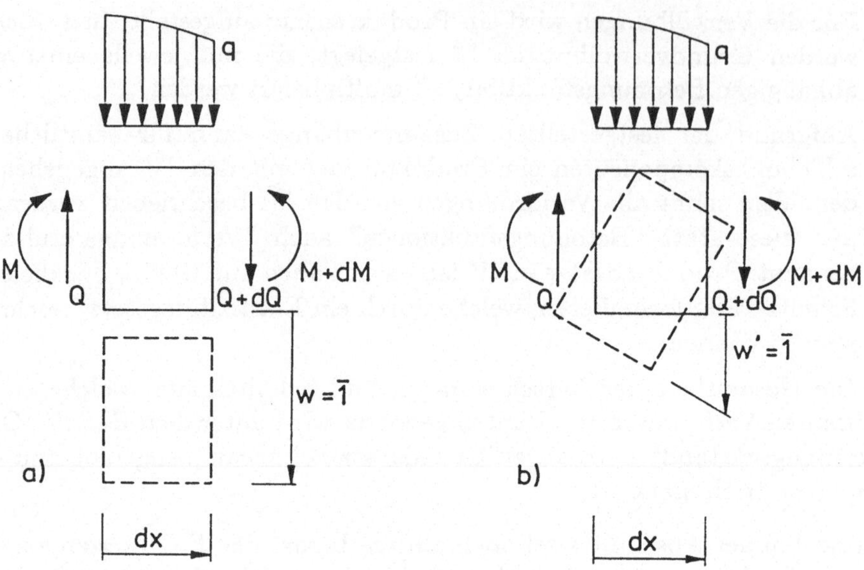

Bild 2.9   Die Arbeit der Schnittgrößen und Lasten an den virtuellen Verrückungen $w = \bar{1}$ und $w' = \bar{1}$

Da in diese Bedingung die Biegemomente nicht unmittelbar eingehen, die Querkräfte wegen des fehlenden Elastizitätsgesetzes aber nicht durch die Verformungen ersetzt werden können, wird eine weitere Gleichgewichtsbedingung $\sum M_y = 0$ (Bild 2.9b), was einer virtuellen Verrückung $w' = \bar{1}$ entspricht, zur Elimination der Querkräfte vorausgeschickt.

Dieses Vorgehen soll nun für das Faltwerk verallgemeinert werden. Beim Balken mit einfacher Biegung (ein Freiheitsgrad) ist $w(x)$ die Funktion, mit welcher alle Verformungs- und (über Ableitung und Elastizitätsgesetz bzw. Gleichgewicht) Kraftgrößen dargestellt werden können. Beim Faltwerk sind es — wie der vorausgegangene Abschnitt gezeigt hat — entsprechend der Zahl der Freiheitsgrade die $n + 1$ Betonungsfunktionen ${}^r\bar{V}(x)$, die im Vektor $\bar{V}(x)$ zusammengefaßt sind.

In Analogie zum Balken wählen wir als virtuelle Verrückungszustände ${}^r\bar{V} = \bar{1}$ (diese liefern die $n + 1$ Differentialgleichungen) und schicken diesen jeweils den virtuellen Verrückungszustand ${}^r\bar{V}' = \bar{1}$ voraus, um die Schubkräfte S_r zu eliminieren, für welche nach Voraussetzung kein Elastizitätsgesetz existiert.

Das soll für die Vektordarstellung präzisiert werden: Wir sagen kurz ”der virtuelle Verrückungszustand ${}^r\bar{V} = \bar{1}$” und meinen damit den Vektor

$$
{}^r\bar{V} = \{0,\ldots,0,\underset{\underset{\text{r–te Stelle}}{\uparrow}}{\bar{1}},0,\ldots,0\} \ . \tag{2.33}
$$

Entsprechend ist der "virtuelle Verrückungszustand $^r\bar{V}' = \bar{1}$" durch den Vektor

$$^r\bar{V}' = \{0,\ldots,0,\underset{\uparrow}{\bar{1}},0,\ldots,0\} \qquad (2.34)$$
$$\text{r-te Stelle}$$

definiert. Die virtuellen Verrückungen $^r\bar{V} = \bar{1}$ liefern die $n+1$ Gleichgewichtsbedingungen. Indem sowohl die realen Schnittkräfte als auch die virtuellen Verrückungen mit den Grundzuständen $^r\bar{V}(x)$ beschrieben werden, ergeben sich die Gleichgewichtsbedingungen in symmetrischer Form.

Der Elimination der Querkraft (Resultierende der Schubspannungen) durch das Biegemoment (Resultierende der Längsspannungen) beim Balken entspricht in der Verallgemeinerung die Elimination der Schubkräfte durch die Längsspannungen.

Die beiden Verrückungszustände ergeben komplexe Verschiebungsbilder und sollen im folgenden genauer betrachtet werden.

1. Virtueller Verrückungszustand $^r\bar{V}' = \bar{1}$:
Aus $^r\bar{V}'(x) = \bar{1}$ ergibt sich mit (2.30) sofort $u = {}^r\bar{u}$, dem Querschnitt wird also an der Stelle x die Grundverwölbung $^r\bar{u}$ aufgeprägt. Die Verrückung besteht im Schnitt x aus der Verschiebung des Knotens r um 1 in x–Richtung. Alle übrigen Wölbordinaten sind null. Verschiebungen in der Querschnittsebene finden im Schnitt x nicht statt. Die Verwölbung $^r\bar{u}(s)$ bei x erzeugt im Schnitt $x + dx$ die gleiche Wölbfunktion wie bei x aber auch Verschiebungen in der Querschnittsebene (bzw. aus der Scheibenebene heraus) wie Bild 2.10 zeigt.

Zu diesem Verrückungszustand gehört folgende kinematische Kette: An den Kanten sind Mechanismen eingeführt, durch welche die Kantenmomente ausgelöst sind (Scharniergelenke), weiterhin sind durch Nullsetzen des Drillwiderstandes die Drillmomente $m_{D,r}$ ausgelöst worden.

Die Querschnittsverschiebungen können als Formeln über die Produktdarstellungen (2.32a-d) erhalten werden: Die Festlegung, daß bei x keine Querschnittsverschiebungen auftreten sollen, bedeutet formal, daß $^r\bar{V}(x) = 0$ gesetzt wird. Mit $^r\bar{V}'(x) = \bar{1}$ ergibt sich dann an der Stelle $x + dx$:

$$^r\bar{V}(x + dx) = {}^r\bar{V}(x) + dx \cdot {}^r\bar{V}'(x) = 0 + dx \cdot \bar{1} = dx \; . \qquad (2.35)$$

Dieses liefert z.B. mit (2.32a) an der Stelle $x + dx$ die virtuellen Scheibenlängsverschiebungen $d\,{}^k\bar{f}_s = {}^k\bar{f}_s \cdot dx$, also gerade die r–te Spalte von $\bar{F}_s$ multipliziert mit dx. Entsprechendes gilt für alle anderen Verformungen.

2. Virtueller Verrückungszustand $^r\bar{V} = \bar{1}$:
Aus $^r\bar{V}(x) = \bar{1} = $ const folgt zunächst $^r\bar{V}' = 0$ und somit sind nach (2.30) keine Verwölbungen vorhanden. Die Verrückung erzeugt lediglich Verschiebungen in der Querschnittsebene, so daß die Verrückungsfigur prismatisch über das Element verläuft(Bild 2.11).

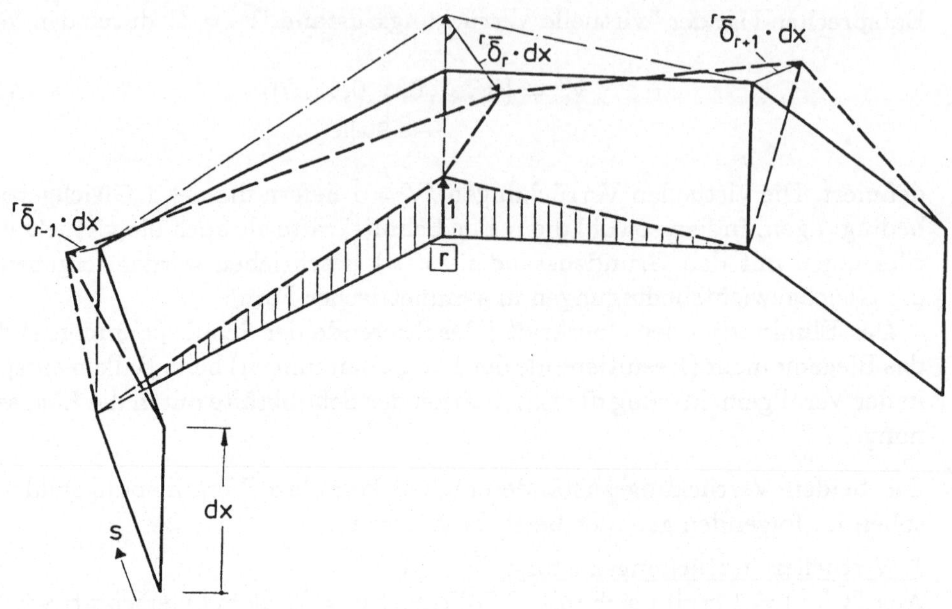

Bild 2.10   Virtuelle Verrückung ${}^r\bar{V}' = \bar{1}$. Die Anhebung des Knotens r um 1 verursacht am oberen Rand die dx–fachen Totalverschiebungen ${}^r\bar{\delta}_{r-1}$, ${}^r\bar{\delta}_r$ und ${}^r\bar{\delta}_{r+1}$.

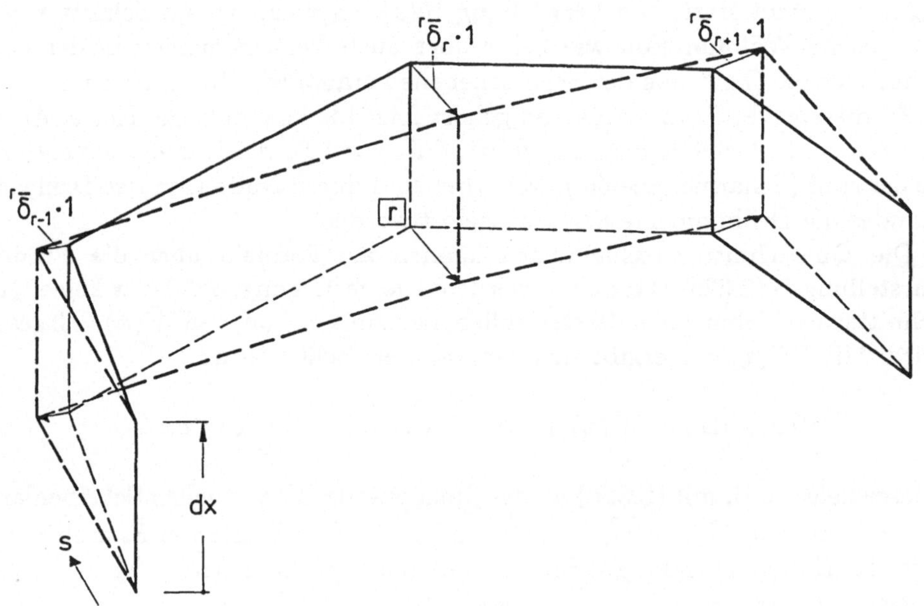

Bild 2.11   Virtuelle Verrückung ${}^r\bar{V} = \bar{1}$. Die Konstruktion der Figur erfolgt durch Aufbringen der in Bild 2.10 erhaltenen Totalverschiebungen am oberen und unteren Rand des Stabelements dx. Dadurch entsteht eine prismatische Verrückungsfigur.

Anschaulich ergibt sich ihre Form aus den Verschiebungen, die im Zustand $^r\bar{V}' = \bar{1}$ in der Entfernung 1 von der Stelle x auftreten, wenn $^r\bar{V}(x) = 0$ ist. Rechnerisch erhält man die Querschnittsverschiebungen gemäß (2.32) wie vorher als r–te Spalten der betreffenden Matrizen, jedoch diesmal ohne einen Faktor dx.

Für die kinematische Kette genügt das Auslösen der Kantenmomente, da Verdrillungen nicht auftreten.

Die Verformungen der r–ten virtuellen Verrückung betreffen jeweils nur die Scheiben bzw. Knoten in der Umgebung des Knotens r, was sich in der Bandstruktur der Verformungsmatrizen äußert. Beim Aufstellen der virtuellen Arbeiten erstrecken sich die Summen nur über die beteiligten Scheiben.

Die Herleitung soll zunächst auf das homogene Differentialgleichungssystem beschränkt werden, deswegen wird die Arbeit der Lasten in den beiden folgenden Abschnitten nicht betrachtet und erst im Abschn. 2.8.4 nachgetragen.

2.6.2 Die virtuelle Arbeit an $^r\bar{V}' = \bar{1}$

Als erste Gleichgewichtsbedingung wird die Arbeit der Spannungen am Element dx an den Wegen der virtuellen Verformungen $^r\bar{V}' = \bar{1}$ betrachtet. Hierbei ist zu beachten, daß die Verschiebungen $\bar{u}(s)$ in x–Richtung eine Größenordnung größer sind als die in der Querschnittsebene.

Die einzelnen Arbeitsanteile schreiben sich bei dem vorgegebenen Verformungsbild (Bild 2.10) folgendermaßen (Die Schreibweise $dW_\sigma\big|_{^r\bar{V}'}$ ist zu lesen als "Virtuelle Arbeit der σ–Spannungen aufgrund der virtuellen Verrückung $^r\bar{V}' = \bar{1}$):

1. <u>Virtuelle Arbeit der Längsspannungen:</u>
Gemäß Definition von $^r\bar{V}' = \bar{1}$ sind die Wölbfunktionen bei x und $x + dx$ gleich, so daß von den Längsspannungen σ_x nur ihre Veränderung $d\sigma$ Arbeit leistet.

$$dW_\sigma\Big|_{^r\bar{V}'} = \int_A d\sigma(s)\,^r\bar{u}(s)\,dA$$

$$= \frac{1}{6}\Big(d\sigma_{r-1}b_{r-1}t_{r-1} + 2\,d\sigma_r(b_{r-1}t_{r-1} + b_r t_r) + d\sigma_{r+1}b_r t_r\Big) \cdot \bar{1}\,.$$

$$(2.36)$$

Mit dem Elastizitätsgesetz (2.4) für die Längsmembranspannungen ist $d\sigma = Eu''\,dx$, so daß die Spannungen durch die Wölbordinaten ausgedrückt werden können. Damit wird

$$dW_\sigma\Big|_{^r\bar{V}'} = \frac{E}{6}\Big(b_{r-1}t_{r-1}u''_{r-1} + 2(b_{r-1}t_{r-1} + b_r t_r)u''_r + b_r t_r u''_{r+1}\Big)dx\,. \quad (2.37)$$

<u>2. Virtuelle Arbeit der Schubkräfte:</u>
Verschiebungen in der Querschnittsebene treten nur bei $x + \mathrm{d}x$ auf. Diese virtuellen Wege $\mathrm{d}^r\bar{f}_{s,r}$ finden die Schubkräfte $S_r(x + \mathrm{d}x) = S_r + \mathrm{d}S_r$ vor. Die Zuwächse $\mathrm{d}S_r$ können gegen S_r vernachlässigt werden. Mit $\mathrm{d}^r\bar{f}_{s,r}$ und $\mathrm{d}^r\bar{f}_{s,r-1}$ gemäß (2.14a,b) wird dann

$$\mathrm{d}\mathcal{W}_S\Big|_{r\bar{V}'} = S_{r-1}\,\mathrm{d}^r\bar{f}_{s,r-1} + S_r\,\mathrm{d}^r\bar{f}_{s,r} = \left(-S_{r-1}\frac{1}{b_{r-1}} + S_r\frac{1}{b_r}\right)\mathrm{d}x\ . \qquad (2.38)$$

<u>3. Virtuelle Arbeit der Querbiegemomente:</u>
Aufgrund von $^r\bar{V}' = \bar{1}$ entstehen gegenseitige Scheibenverdrehungen an den Knoten $r - 2$ bis $r + 2$, die linear über $\mathrm{d}x$ anwachsen und den Mittelwert $\Delta^r\bar{f}_{\vartheta,i} \cdot \frac{\mathrm{d}x}{2}$ besitzen. An diesen leisten die Querbiegemoment e m_s über die Länge $\mathrm{d}x$ die Arbeit

$$\mathrm{d}\mathcal{W}_m\Big|_{r\bar{V}'} = \sum_{i=r-2}^{r+2} m_{s,i}\Delta^r\bar{f}_{\vartheta,i}\frac{\mathrm{d}x}{2}\,\mathrm{d}x\ . \qquad (2.39)$$

Dieser ganze Anteil ist von 2. Ordnung klein und wird deshalb in dieser Gleichgewichtsbedingung vernachlässigt.

<u>4. Virtuelle Arbeit der Drillmomente:</u>
Nach Definition des Verrückungszustandes werden die inneren Drillmomente ausgelöst, was man sich etwa durch eine feine, lamellenartige Einteilung des Elementes vorstellen kann. An den Verdrehungen dieser Lamellen leisten die inneren Drillmomente Arbeit. Das Arbeitskomplement des äußeren Drillmoments ist die Verdrehung $\mathrm{d}^r\bar{f}_\vartheta$. Wie man zeigen kann, sind diese beiden Arbeiten orthogonal bezüglich aller anderen Arbeiten und müssen sich deswegen gegenseitig wegheben. Es gilt also

$$\mathrm{d}\mathcal{W}_D\Big|_{r\bar{V}'} = 0\ . \qquad (2.40)$$

Von den vier Arbeitsanteilen verschwindet der vierte, der dritte ist um eine Größenordnung kleiner als die ersten beiden, so daß in die Gleichgewichtsbedingung lediglich der erste und zweite Anteil eingeht. Somit erhalten wir für jede virtuelle Verrückung $^r\bar{V}' = \bar{1}$ eine Gleichgewichtsbedingung

$$\mathrm{d}\mathcal{W}_\sigma\Big|_{r\bar{V}'} + \mathrm{d}\mathcal{W}_S\Big|_{r\bar{V}'} = 0\ . \qquad (2.41)$$

Wir wollen für die weitere Verwendung die Arbeitsausdrücke (2.37) und (2.38) in Matrizenformulierung aufschreiben. Zunächst soll das für (2.37) geschehen:

Die virtuellen Arbeiten der $n + 1$ Verrückungszustände werden in einem Vektor zusammengefaßt:

$$\mathrm{d}\mathcal{W}_\sigma\big|_{\bar{V}'} = \big\{\, \mathrm{d}\mathcal{W}_\sigma\big|_{1\bar{V}'}, \ldots, \mathrm{d}\mathcal{W}_\sigma\big|_{n+1\bar{V}'} \big\} \ . \tag{2.42}$$

Die Koeffizienten von u_r werden bis auf die Faktoren E und $\mathrm{d}x$ in der Matrix $\bar{C}$ zusammengestellt. Die Elemente $^{ik}\bar{C}$ sind die Wölbwiderstände aus den Grundwölbfunktionen:

$$^{ik}\bar{C} = \int_A {}^i\bar{u}(s)\,{}^k\bar{u}(s)\,\mathrm{d}A \ . \tag{2.43}$$

Bei dem speziellen Funktionsverlauf von $^r\bar{u}$ ist die Matrix nur in einem Dreierband besetzt:

$$\begin{aligned}
^{i-1,i}\bar{C} &= \frac{1}{6} b_{i-1} t_{i-1} \ , \\
^{i,i}\bar{C} &= \frac{1}{3}\left(b_{i-1} t_{i-1} + b_i t_i \right) , \\
^{i,i+1}\bar{C} &= \frac{1}{6} b_i t_i \ .
\end{aligned} \tag{2.44}$$

Ihre Belegung zeigt die Tabelle 2.4. Damit kann statt (2.37) geschrieben werden

$$\mathrm{d}\mathcal{W}_\sigma\big|_{\bar{V}'} = E\bar{C}u'' \,\mathrm{d}x \ . \tag{2.45}$$

Der Vektor u, der affin zum Verlauf der σ_x-Spannungen ist, kann durch seine Produktdarstellung (2.30) ersetzt werden:

$$\mathrm{d}\mathcal{W}_\sigma\big|_{\bar{V}'} = E\bar{C}\bar{U}\bar{V}''' \,\mathrm{d}x = E\bar{C}\bar{V}''' \,\mathrm{d}x \ . \tag{2.46}$$

Hierbei enthält der Vektor $\bar{V}(x)$ die realen Verformungsresultanten.

Für die Umformung des Arbeitsanteils (2.38) definieren wir analog zu (2.42) den Vektor $\mathrm{d}\mathcal{W}_S\big|_{\bar{V}'}$ der virtuellen Arbeiten der Schubkräfte, die im Vektor S zusammengefaßt sind. Der Ausdruck in der Klammer der Gleichung (2.38)ist das Produkt der transponierten r-ten Spalte von $\bar{F}_s$ (s. Tabelle 2.1) mit dem Vektor S, so daß wir für (2.38) schreiben können

$$\mathrm{d}\mathcal{W}_S\big|_{\bar{V}'} = \bar{F}_s{}^T S \,\mathrm{d}x \ . \tag{2.47}$$

Mit (2.46) und (2.47) geht die Gleichgewichtsbedingung (2.41) über in

$$\bar{F}_s{}^T S + E\bar{C}\bar{V}''' = 0 \ . \tag{2.48}$$

Tabelle 2.4   Besetzung der Matrix $\bar{C}$. Alle Elemente sind mit dem Faktor 1/3 zu multiplizieren.

m	1	2	3	4	$r-1$	r	$r+1$	$n-2$	$n-1$	n	$n+1$	
1	t_1b_1	$t_1b_1/2$										
2	$t_1b_1/2$	$t_1b_1+t_2b_2$	$t_2b_2/2$									
3		$t_2b_2/2$	$t_2b_2+t_3b_3$	$t_3b_3/2$								
r					$t_{r-1}b_{r-1}/2$	$t_{r-1}b_{r-1}+t_rb_r$	$t_rb_r/2$					r
$n-1$								$t_{n-2}b_{n-2}/2$	$t_{n-2}b_{n-2}+t_{n-1}b_{n-1}$	$t_{n-1}b_{n-1}/2$		$n-1$
n									$t_{n-1}b_{n-1}/2$	$t_{n-1}b_{n-1}+t_nb_n$	$t_nb_n/2$	n
$n+1$										$t_nb_n/2$	t_nb_n	$n+1$

Diese Gleichgewichtsbedingung liefert uns somit das erwünschte Teilergebnis, daß die Arbeit der Schubkräfte durch die Arbeit der Längsspannungen ausgedrückt werden kann. Damit können in der folgenden Gleichgewichtsbedingung die Schubkräfte, für die ja kein Elastizitätsgesetz existiert, eliminiert werden.

Gleichung (2.48) kann darüber hinaus benutzt werden, um die Schubkräfte explizit darzustellen. Durch Multiplikation von links mit $(\bar{F}_s{}^T)^{-1}$ erhalten wir:

$$S = -(\bar{F}_s{}^T)^{-1} \cdot E\bar{C}\bar{V}''' \ . \tag{2.49}$$

Bei der praktischen Berechnung ist darauf zu achten, daß die spezielle Struktur der Matrizen ausgenützt wird. Bei der Invertierung der Zweibandmatrix $\bar{F}_s{}^T$ entsteht eine Dreiecksmatrix, die rekursiv berechnet werden kann. Noch einfacher ist es, direkt aus der Form (2.48) die Schubkräfte sukzessive von 1 bis n auszurechnen. Die Zeilen von (2.48) haben die Form

$$\frac{S_1}{b_1} = -\frac{E}{6}\left(2b_1 t_1 u_1'' + b_1 t_1 u_2''\right) \ ,$$

$$\frac{S_r}{b_r} - \frac{S_{r-1}}{b_{r-1}} = -\frac{E}{6}\left(b_{r-1}t_{r-1}u_{r-1}'' + 2(b_{r-1}t_{r-1} + b_r t_r)u_r'' + b_r t_r u_{r+1}''\right)$$

$$\text{für } r = 2, \ldots n-1 \ ,$$

$$\frac{S_n}{b_n} = \frac{E}{6}\left(b_n t_n u_n'' + 2b_n t_n u_{n+1}''\right) \ .$$

$$\tag{2.50}$$

Die linke Seite von (2.50) beschreibt die Arbeit der Scheibenkräfte S_r an den Umfangsverschiebungen $\bar{f}_s$ in den Grundverformungszuständen. Auch diese mechanische Deutung kann man den Elementen der Matrix $\bar{C}$ geben.

2.6.3 Die virtuelle Arbeit an $^r\bar{V} = \bar{1}$

<u>1. Virtuelle Arbeit der Schubkräfte:</u>
An der virtuellen Verrückung $^r\bar{V}$ hebt sich die Arbeit der Schubkräfte S_r gegenseitig auf. In der Bilanz bleibt nur der Anteil ihrer Änderung $dS_r = S_r'\,dx$. Die Formulierung dieses Arbeitsanteils geht analog zu (2.38), nur daß die Schubkräfte durch ihre Ableitungen ersetzt werden müssen. Dann können wir aber auch sofort den Ausdruck (2.47) übernehmen und erhalten

$$d\mathcal{W}_{S'}\big|_{\bar{V}} = \bar{F}_s{}^T S'\,dx \ . \tag{2.51}$$

Um die Schubkräfte zu ersetzen, leiten wir (2.48) nach x ab und setzen die Ableitung in (2.51) ein. Auf diese Weise erhalten wir

$$d\mathcal{W}_{S'}\big|_{\bar{V}} = -E\bar{C}\bar{V}''''\,dx \ . \tag{2.52}$$

Damit ist der eingangs erwähnte Schritt vollzogen, daß die Querkraft (hier Schubkräfte) durch das Biegemoment (Längsspannungen) ausgedrückt wird.

2. Virtuelle Arbeit der Biegemomente:
Die ausgelösten Kantenmomente $m_{s,i}$ finden im Zustand $^r\bar{V} = \bar{1}$ an den Kanten $i = r - 2$ bis $r + 2$ Winkeländerungen $\Delta^r\bar{f}_{\vartheta,i}$ vor. Über die Länge $\mathrm{d}x$ wird von ihnen die Arbeit

$$\mathrm{d}\mathcal{W}_m\Big|_{^r\bar{V}} = \sum_{i=r-2}^{r+2} m_{s,i}\Delta^r\bar{f}_{\vartheta,i}\,\mathrm{d}x \tag{2.53}$$

geleistet. Um diesen Ausdruck analog zum bisherigen Vorgehen umzuformen, muß zuerst eine Produktdarstellung für die Kantenmomente $m_{s,i}$ hergeleitet werden.

Die Kantenmomente entstehen aus der gegenseitigen Verdrehung $\Delta^r\bar{f}_{\vartheta,i}$ zweier benachbarter Scheiben (Profilverformung). Der lineare Zusammenhang zwischen dem Vektor der Momente m_s und dem Vektor der Differenzverdrehungen $\Delta\bar{f}_\vartheta$ wird durch eine Matrix dargestellt, die am einfachsten mit dem Kraft- oder Weggrößenverfahren ermittelt wird. Wir wählen hier das Kraftgrößenverfahren.

Der geometrische Winkel $\Delta\alpha_r$ an den Kanten spielt hierbei keine Rolle, so daß die Betrachtung am gestreckten Querschnitt (Durchlaufträger) vorgenommen werden kann. Im einleitenden Beispiel (Bild 1.8) wurde in gleicher Weise vorgegangen. Da sich die Randknoten $r = 1$ und $r = n + 1$ frei verschieben können (Kragarme), sind die Knoten 2 und n ohne Momente. Das statisch unbestimmte System zeigt Bild 2.12a.

Als statisch Überzählige werden die Stützmomente $m_{s,r}$ an den Knoten $r = 3$ bis $n - 1$ gewählt (Bild 2.12b). Am freien Querschnitt gibt es also $n - 3$ unbekannte Stützmomente. Die Einheitsbelastungszustände $m_{s,r} = 1$ zeigt Bild 2.12c. Es ergibt sich für die Kantenmomente $m_{s,r}$ ein dreigliedriges Gleichungssystem in der Clapeyron'schen Form mit

$$\delta_{r-1,r} = \frac{1}{6}\cdot\frac{b_{r-1}}{K_{r-1}}\,,$$

$$\delta_{r,r} \;\;= \frac{1}{3}\cdot\left(\frac{b_{r-1}}{K_{r-1}} + \frac{b_r}{K_r}\right)\,, \tag{2.54}$$

$$\delta_{r,r+1} = \frac{1}{6}\cdot\frac{b_r}{K_r}\,.$$

K_r ist die Plattensteifigkeit der jeweiligen Scheibe:

$$K_r = \frac{Et_r^3}{12(1 - \mu^2)}\,. \tag{2.55}$$

Die Matrix Δ_{ik} der δ_{ik}-Werte ist in Tabelle 2.5 zu sehen. Sie besitzt Dreibandstruktur und ist in den ersten und letzten beiden Zeilen und Spalten

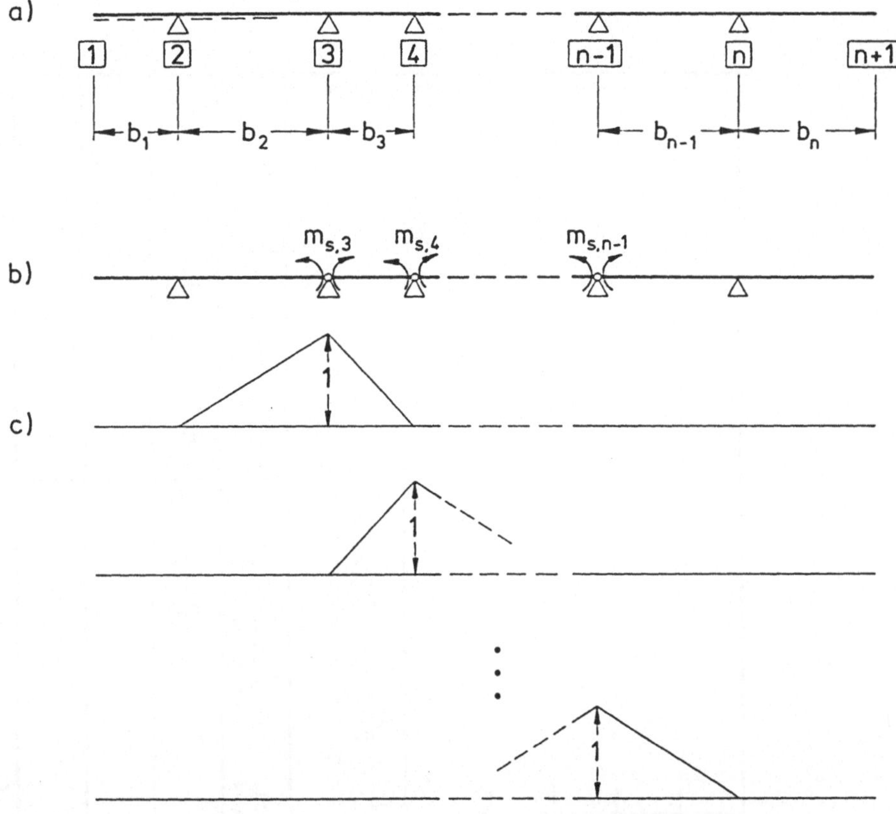

Bild 2.12   Das statisch unbestimmte System (a), die statisch Überzähligen sind die Stützmomente (b), die Einheitsbelastungszustände (c)

nicht belegt. Aus programmtechnischen Gründen wird in diesen Zeilen die Hauptdiagonale mit Einsen besetzt. Denn zur Ermittlung der Inversen, die weiter unten gebraucht wird, kann dann die gesamte Matrix invertiert werden, so daß der betreffende Algorithmus unverändert auch für die in den Randzeilen besetzte Matrix (vgl. Kap. 3) angewandt werden kann.

Belastungsglieder sind die gegenseitigen Sehnenverdrehungen an den Knoten:

$$\delta_{r0} = \Delta f_{\vartheta,r} \ . \tag{2.56}$$

Der Belastungsvektor Δf_ϑ muß noch nach (2.32d) durch die Ansatzfunktionen ausgedrückt werden. Damit lautet das Gleichungssystem für die Kantenmomente

$$\Delta_{ik} \cdot m_s = -\Delta \bar{F}_\vartheta \cdot \bar{V} \ . \tag{2.57}$$

Wir finden m_s durch Vormultiplizieren mit Δ_{ik}^{-1}

$$m_s = -\Delta_{ik}^{-1} \cdot \Delta \bar{F}_\vartheta \cdot \bar{V} = \bar{M} \cdot \bar{V} \ . \tag{2.58}$$

Tabelle 2.5   Besetzung der Matrix Δ_{ik}.

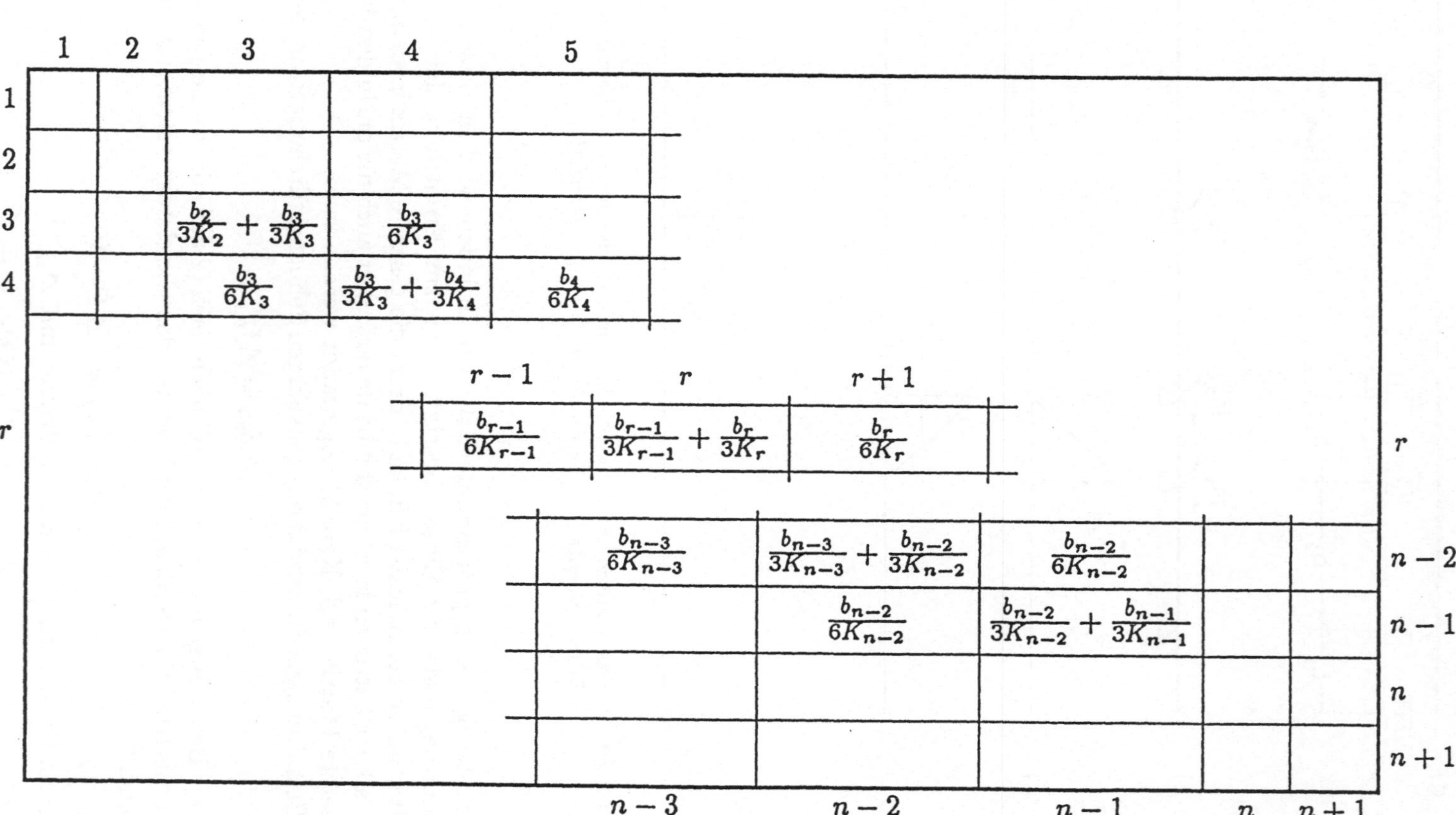

	1	2	3	4	5	…	$r-1$	r	$r+1$	…	$n-3$	$n-2$	$n-1$	n	$n+1$
1															
2															
3			$\frac{b_2}{3K_2}+\frac{b_3}{3K_3}$	$\frac{b_3}{6K_3}$											
4			$\frac{b_3}{6K_3}$	$\frac{b_3}{3K_3}+\frac{b_4}{3K_4}$	$\frac{b_4}{6K_4}$										
r							$\frac{b_{r-1}}{6K_{r-1}}$	$\frac{b_{r-1}}{3K_{r-1}}+\frac{b_r}{3K_r}$	$\frac{b_r}{6K_r}$						
$n-2$											$\frac{b_{n-3}}{6K_{n-3}}$	$\frac{b_{n-3}}{3K_{n-3}}+\frac{b_{n-2}}{3K_{n-2}}$	$\frac{b_{n-2}}{6K_{n-2}}$		
$n-1$												$\frac{b_{n-2}}{6K_{n-2}}$	$\frac{b_{n-2}}{3K_{n-2}}+\frac{b_{n-1}}{3K_{n-1}}$		
n															
$n+1$															

Damit ist die gewünschte Produktdarstellung des Momentenvektors hergeleitet. Die Matrix $\bar{M} = -\Delta_{ik}^{-1}\Delta\bar{F}_\vartheta$ enthält spaltenweise die Vektoren der Kantenmomente, die aus den Grundverwölbungen entstehen. Durch Multiplikation mit dem Vektor $\bar{V}$ der realen Verformungsresultanten entstehen die realen Kantenmomente m_s. Sie leisten in der Gleichgewichtsbedingung r virtuelle Arbeit an den Differenzverdrehungen $\Delta^r\bar{f}_{\vartheta,i}$ an den Knoten, müssen also mit der Matrix $\Delta\bar{F}_\vartheta{}^T$ vormultipliziert werden. Somit wird aus (2.53)

$$
\begin{aligned}
\mathrm{d}\mathcal{W}_m\big|_{\bar{V}} &= \Delta\bar{F}_\vartheta{}^T \cdot m_s\,\mathrm{d}x = -\Delta\bar{F}_\vartheta{}^T \cdot \Delta_{ik}{}^{-1} \cdot \Delta\bar{F}_\vartheta \cdot \bar{V}\,\mathrm{d}x \\
&= -\bar{B} \cdot \bar{V}\,\mathrm{d}x
\end{aligned}
\tag{2.59}
$$

mit

$$
\bar{B} = \Delta\bar{F}_\vartheta{}^T \cdot \Delta_{ik}{}^{-1} \cdot \Delta\bar{F}_\vartheta = -\Delta\bar{F}_\vartheta{}^T \cdot \bar{M} \; .
\tag{2.60}
$$

Die notwendigen Matrizenoperationen zur Ermittlung von $\bar{B}$ und die Zwischenergebnisse zeigt das Bild 2.13. Die rechte Seite der Gleichung (2.60) zeigt, wie die Elemente der neu eingeführten Matrix $\bar{B}$ zu verstehen sind: $^{ik}\bar{B}$ ist die negative virtuelle Arbeit der Kantenmomente des Grundzustandes i an den Winkeländerungen des Zustandes k.

3. Virtuelle Arbeit der Drillmomente:

Während sich die Arbeit der inneren und äußeren Drillmomente an der virtuellen Verrückung $^r\bar{V}' = \bar{1}$ gegenseitig weghob, finden die inneren Drillmomente bei $^r\bar{V} = \bar{1}$ keine Wege vor, so daß die Arbeit der äußeren hier ins Gleichgewicht eingeht.

Wie bei den Schubkräften heben sich die Arbeiten bei x und bei $x + \mathrm{d}x$ gegenseitig weg, und es bleibt in der Bilanz lediglich der Anteil aus dem Zuwachs $\mathrm{d}m_D = m'_D\,\mathrm{d}x$. Durch $^r\bar{V}$ erhalten die vier Scheiben $r - 2$ bis $r + 1$ eine Verdrehung. Es ergibt sich der Arbeitsausdruck

$$
\mathrm{d}\mathcal{W}_D\big|_{r\bar{V}} = -\sum_{i=r-2}^{r+1} m'_{D,i}\,{}^r\bar{f}_{\vartheta,i}\,\mathrm{d}x
\tag{2.61}
$$

(das Minuszeichen ergibt sich aus dem entgegengesetzten positiven Drehsinn von Drillmoment und Scheibenverdrehung). Wie beim bisherigen Vorgehen schreiben wir zunächst die Drillmomente in einen Vektor m_D, der durch einen Produktansatz ausgedrückt werden soll. Dazu definieren wir die Matrix I_D der Scheibendrillwiderstände. Sie ist nur auf der Diagonalen besetzt und enthält gemäß (2.9) an der r-ten Stelle den Wert $b_r t_r^3/3$. Aus dem Elastizitätsgesetz (2.8) und mit der Produktdarstellung (2.32c) erhalten wir die Beziehung

$$
m'_D = -GI_D f_\vartheta'' = -GI_D \bar{F}_\vartheta \bar{V}'' \; .
\tag{2.62}
$$

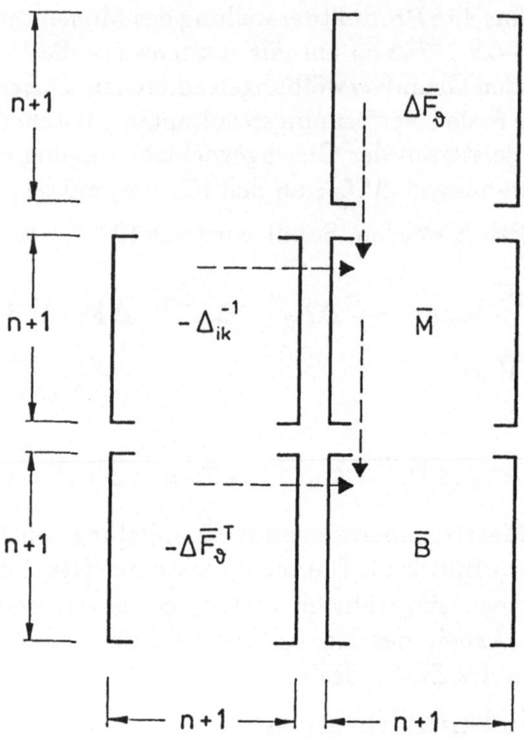

Bild 2.13   Die Matrizenoperationen zur Ermittlung von $\bar{B}$

Für die Gesamtarbeit muß dieser Vektor mit der negativen Transponierten von $\bar{F}_\vartheta$ vormultipliziert werden, und es ergibt sich

$$
\begin{aligned}
\mathrm{d}\mathcal{W}_D\Big|_{\bar{V}} &= \bar{F}_\vartheta^{\,T} G I_D \bar{F}_\vartheta \bar{V}'' \, \mathrm{d}x \\
&= G\bar{D}\bar{V}'' \, \mathrm{d}x \; ,
\end{aligned}
\tag{2.63}
$$

wobei die Matrix $\bar{D}$ der verallgemeinerten Drillwiderstände eingeführt wurde gemäß

$$
\bar{D} = \bar{F}_\vartheta^{\,T} I_D \bar{F}_\vartheta
\tag{2.64}
$$

Für die Matrix $\bar{D}$ ist eine unmittelbare Deutung möglich: Ihre Elemente stellen die virtuelle Arbeit der Drillmomente des Grundzustandes i an den Scheibenverdrehungen des Zustandes k dar.

Die vorläufige Gleichgewichtsbedingung ergibt sich aus den Ausdrücken (2.52), (2.59) und (2.63). Sie stellt sich in Form eines homogenen linearen verkoppelten Differentialgleichungssystems vierter Ordnung dar, welches nach einer Vorzeichenumkehr folgende Gestalt hat:

$$E\bar{C}\bar{V}'''' - G\bar{D}\bar{V}'' + \bar{B}\bar{V} = 0 \; . \tag{2.65}$$

Zuletzt sollen die noch fehlenden Verschiebungen und Verdrehungen der Endscheiben nachgetragen werden. Die dazu erforderlichen Querbiegemomente $^r\bar{m}_{s,i}$ der Grundzustände stehen in der Matrix $\bar{M}$. Über die Integration der Momentenlinie der zweiten Scheibe erhalten wir den Drehwinkel des Knotens 2, welcher gleich der Verdrehung der Anfangsscheibe ist (Bild 2.14). Entsprechendes gilt für den Knotendrehwinkel am Knoten n.

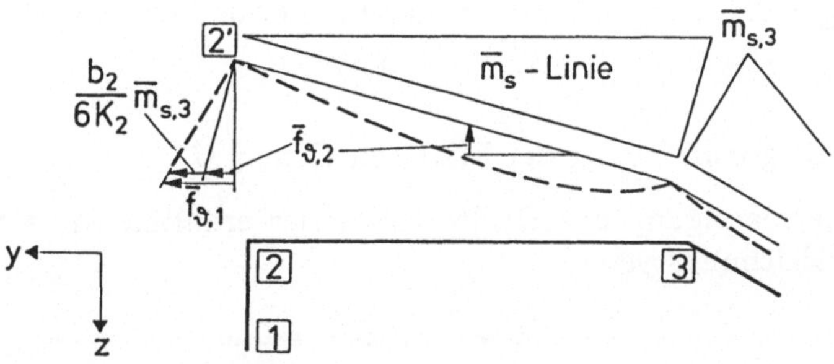

Bild 2.14 Berechnung der Verdrehung der Scheibe 1 aus Verdrehung und Momentenlinie der Scheibe 2. Analoges gilt für die Scheibe n.

Die Formeln dazu lauten

$$^r\bar{f}_{\vartheta,1} = {}^r\bar{f}_{\vartheta,2} + \frac{b_2}{6K_2}\,{}^r\bar{m}_{s,3} \; , \tag{2.66a}$$

$$^r\bar{f}_{\vartheta,n} = {}^r\bar{f}_{\vartheta,n-1} - \frac{b_{n-1}}{6K_{n-1}}\,{}^r\bar{m}_{s,n-1} \; . \tag{2.66b}$$

Indem (2.66) für jeden Grundzustand r ausgewertet wird, werden erste und n-te Zeile der Matrix $\bar{F}_\vartheta$ gefüllt. Mit Hilfe der Beziehungen (2.22) und (2.23) können dann auch $\bar{F}_b$, $\bar{F}_e$ und $\bar{F}_{\bar{s}}$ vervollständigt werden.

2.7　Die Orthogonalisierung

Das Gleichungssystem (2.65) ist für die praktische Behandlung nicht geeignet, denn erstens sind die drei Koeffizientenmatrizen i. allg. voll bzw. auf einem Diagonalband besetzt und zweitens wird keine Einsicht in die besonderen Tragwirkungen vermittelt.

Beide Nachteile lassen sich durch eine Diagonalisierung der Matrizen $\bar{C}$ und $\bar{B}$ beseitigen. Damit erreichen wir nämlich zum einen, daß die Gleichungen in den wesentlichen Anteilen entkoppelt sind und somit eine einfache rechnerische Behandlung möglich wird. Zum anderen erhalten wir eine anschauliche Gliederung des Problems, wobei die Balkenanteile explizit herauskommen und in gewohnter Weise — aber neuer, einheitlicher Formulierung — gelöst werden können.

Eine Diagonalisierung ist nur für zwei der drei Matrizen gleichzeitig möglich. Die Verkopplung in der dritten Matrix bleibt bestehen. Da bei offenen Profilen der Drillwiderstand den geringsten Anteil an der Tragwirkung hat, wählen wir für die Diagonalisierung den Wölbwiderstand $\bar{C}$ und den Querbiegewiderstand $\bar{B}$.

2.7.1　Die Diagonalisierung der Matrizen $\bar{C}$ und $\bar{B}$

Unter Vernachlässigung des Drillwiderstandes erhalten wir statt (2.65) das homogene Gleichungssystem

$$E\bar{C}\bar{V}'''' + \bar{B}\bar{V} = 0 \ . \tag{2.67}$$

Zur Entkopplung müssen durch eine Transformation die Elemente außerhalb der Hauptdiagonalen von $\bar{C}$ und $\bar{B}$ zu null gemacht werden.

Die Transformation erhalten wir indem wir die Lösung des verallgemeinerten Eigenwertproblems

$$\bar{B}u = \lambda E\bar{C}u \tag{2.68}$$

oder auch

$$(\bar{B} - \lambda E\bar{C})u = 0 \tag{2.69}$$

bestimmen. Das Problem (2.68) besitzt als Lösungen $n + 1$ Eigenwerte λ und zugehörige Eigenvektoren u. Sie werden mit einem Index k links oben gekennzeichnet. Die Eigenvektoren erhalten zur Unterscheidung von den Grundverwölbungen zusätzlich eine Tilde und werden als "Einheitsverwölbungen" bezeichnet. Es gilt mit diesen Bezeichnungen

$$(\bar{B} - {}^{k}\lambda E\bar{C}){}^{k}\tilde{u} = 0 \quad \text{für } k = 1,\dots,n+1 \ . \tag{2.70}$$

Da beide Matrizen $\bar{C}$ und $\bar{B}$ symmetrisch sind und wir an sämtlichen Eigenformen interessiert sind, empfiehlt sich das Jacobiverfahren [27] zur Lösung.

Das Jacobiverfahren macht die Elemente außerhalb der Hauptdiagonalen von $\bar{C}$ und $\bar{B}$ durch "Rotationen" iterativ zu null und liefert dabei die Modalmatrix $\widetilde{U}$, in deren Spalten die gesuchten Wölbvektoren $^{k}\widetilde{u}$ stehen. Die transformierten Matrizen und deren Elemente werden ebenfalls durch eine Tilde sowie Indizierung oben links gekennzeichnet.

$$\widetilde{C} = \begin{pmatrix} ^{11}\widetilde{C} & & 0 \\ & \ddots & \\ 0 & & ^{n+1,n+1}\widetilde{C} \end{pmatrix} \quad \text{und} \quad \widetilde{B} = \begin{pmatrix} ^{11}\widetilde{B} & & 0 \\ & \ddots & \\ 0 & & ^{n+1,n+1}\widetilde{B} \end{pmatrix} .$$

$$(2.71)$$

Die Eigenwerte $^{k}\lambda$ erhält man aus

$$^{k}\lambda = \frac{^{kk}\widetilde{B}}{E\,^{kk}\widetilde{C}} .$$

$$(2.72)$$

Die Eigenvektoren $^{k}\widetilde{u}$ besitzen zwei Orthogonalitätseigenschaften:

$$^{i}\widetilde{u}^{T}\bar{C}\,^{k}\widetilde{u} = \begin{cases} 0 & \text{für } i \neq k \\ ^{kk}\widetilde{C} & \text{für } i = k \end{cases} \tag{2.73a}$$

$$\text{und} \quad ^{i}\widetilde{u}^{T}\bar{B}\,^{k}\widetilde{u} = \begin{cases} 0 & \text{für } i \neq k \\ ^{kk}\widetilde{B} & \text{für } i = k \end{cases} . \tag{2.73b}$$

Damit ist auch klar, daß die Modalmatrix $\widetilde{U}$ die gewünschte Transformation durchführt:

$$\widetilde{C} = \widetilde{U}^{T}\bar{C}\widetilde{U} \quad \text{und} \quad \widetilde{B} = \widetilde{U}^{T}\bar{B}\widetilde{U} . \tag{2.74}$$

Um die Transformation des Systems (2.65) zu vervollständigen, muß die Matrix $\widetilde{D}$ gemäß

$$\widetilde{D} = \widetilde{U}^{T}\bar{D}\widetilde{U} \tag{2.75}$$

gebildet werden. Sie ist i. allg. auch außerhalb der Hauptdiagonalen besetzt. Das transformierte System stellt sich dann in der Form

$$E\widetilde{C}\widetilde{V}'''' - G\widetilde{D}\widetilde{V}'' + \widetilde{B}\widetilde{V} = 0 \tag{2.76}$$

dar. Die Verformungsresultanten $^{k}\widetilde{V}(x)$, zusammengefaßt im Vektor $\widetilde{V}$, betonen nun die Eigenvektoren $^{k}\widetilde{u}$. Die zugehörigen Einheitsverformungszustände lassen sich durch Multiplikation der betreffenden Matrizen ($\bar{F}_{s}$, $\bar{F}_{b}$, $\bar{M}$, ...) mit der Modalmatrix $\widetilde{U}$ gewinnen, z.B. ist

$$\widetilde{F}_{s} = \bar{F}_{s} \cdot \widetilde{U} . \tag{2.77}$$

In der k–ten Spalte von $\widetilde{F}_{s}$ stehen dann die Umfangsverschiebungen der k–ten Eigenform.

Wenn keine Verwechslungsgefahr zwischen den Einheits– und Grundverformungszuständen mehr besteht, wird die Tilde weggelassen und das einzige Kennzeichen der orthogonalen Einheitszustände bleibt dann der links oben stehende Index.

Mit dem Auffinden der orthogonalen Wölbfunktionen und der Transformation des Systems sind wir bereits an einem Ziel (Aufstellung einfach lösbarer Gleichungen) angelangt. Das andere, eingangs erwähnte Ziel, nämlich die Verbindung der Gleichungen mit konkret faßbaren Tragwirkungen, ist erst insoweit erreicht, daß die Profilverformungszustände von den Starrkörperzuständen getrennt sind.

Den Grund dafür erkennt man bei näherer Untersuchung der orthogonalisierten Matrix $\widetilde{B}$: Gemäß der Annahme, daß an den Knoten $1, 2, n$ und $n+1$ keine Momente auftreten, kann es nur $n-3$ linear unabhängige Vektoren $^{k}\widetilde{m}$ geben. Vier der Eigenwerte ergeben sich also zu Null. Ordnen wir die Eigenwerte nach aufsteigender Größe, so bedeutet das $^{11}\widetilde{B} = {}^{22}\widetilde{B} = {}^{33}\widetilde{B} = {}^{44}\widetilde{B} = 0$. Die zugehörigen Verformungen haben keine Querbiegeanteile und sind somit die Starrkörperbewegungen des Querschnitts (Stabanteile).

Die Veränderung der Matrizen durch das Jacobiverfahren ist schematisch in Bild 2.15 dargestellt.

Mit der Orthogonalisierung bezüglich des Querbiegewiderstandes B haben wir also das Teilziel der Trennung von Starrkörperanteilen und Profilverformungszuständen erreicht. Die Profilverformungszustände werden durch die Einheitsverwölbungen $^{5}\widetilde{u}$ bis $^{n+1}\widetilde{u}$ beschrieben. Die Eigenvektoren $^{1}\widetilde{u}$ bis $^{4}\widetilde{u}$ sind eine orthogonale, aber zufällige Mischung der Starrkörperanteile.

Sie enthalten die Beschreibung der gewohnten Balkenvorgänge Längung, Biegung und Torsion in einer beliebigen Überlagerung, die nur vom jeweiligen Rechenablauf des Jacobiverfahrens abhängt.

Das Kriterium "keine Querbiegemomente" ist für alle vier Vorgänge erfüllt und erlaubt keine natürliche Unterscheidung zwischen diesen. Um sie in mechanisch sinnvoller Weise zu entmischen, bedarf es zusätzlicher Bedingungen, die im folgenden Abschnitt aufgestellt werden.

Zunächst könnte man sich damit helfen, die Starrkörperzustände der klassischen Stab– und Balkentheorie auf konventionelle Weise zu ermitteln. Im Hinblick auf die in Abschn. 3.3 behandelten Querschnittslagerungen wird aber jetzt schon eine allgemeine Vorgehensweise vorgestellt, die auf alle später noch vorkommenden Fälle angewandt werden kann.

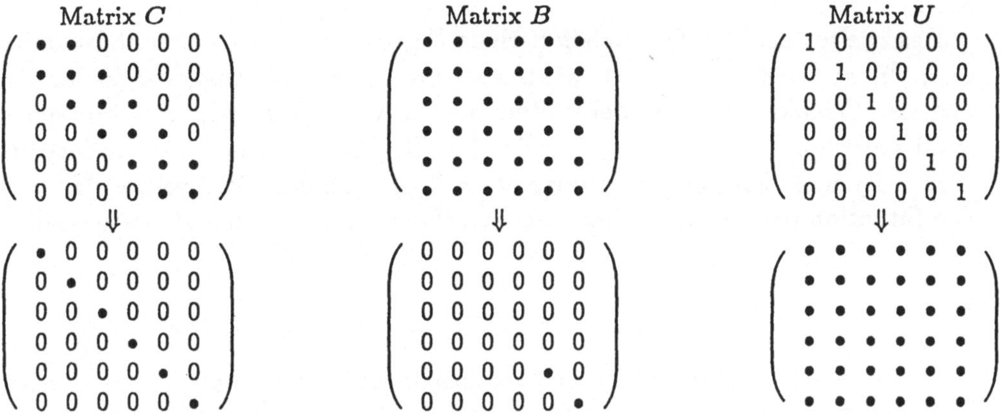

Bild 2.15   Schematische Darstellung der Wirkung des ersten Jacobiverfahrens. Es werden die Matrizen C und B diagonalisiert, wobei (nach der Sortierung der Eigenvektoren bezüglich der Größe des zugehörigen Eigenwertes) die ersten vier Diagonalelemente von B Null sind. Die Matrix U wird als Einheitsmatrix initialisiert und enthält am Ende in den ersten vier Spalten die vermischten Einheitsverwölbungen der Starrkörperzustände.

2.7.2 Entmischung der Starrkörperzustände

Die Bedingungen, mit denen wir die Starrkörperzustände entmischen, sind zwei zusätzliche Orthogonalitätsforderungen. Zunächst soll der Torsionsanteil abgesondert werden. Das ist gleichbedeutend mit der Forderung, daß die ersten vier Wölbvektoren zusätzlich orthogonal bezüglich der Drillmomente sein sollen.

Um das zu erreichen, wenden wir das Jacobiverfahren ein zweites Mal an, dieses Mal aber nur auf die Teilmatrizen $\widetilde{C}_{4\times4}$ und $\widetilde{D}_{4\times4}$ (weil sonst die Matrix $\widetilde{B}$ wieder verkoppelt würde). Dabei ändern sich in der Wölbmatrix $\widetilde{U}$ nur die ersten vier Spalten. Die Ausgangsmatrix $\widetilde{D}_{4\times4}$ des zweiten Jacobiverfahrens enthält als Elemente $^{ik}\widetilde{D}$ die Arbeit der Drillmomente aus der Einheitsverwölbung $^i\widetilde{u}$ an den Scheibenverdrehungen aus der Einheitsverwölbung $^k\widetilde{u}$. Sie kann entweder durch die Transformation (2.75) berechnet werden, oder auf direktem Wege durch

$$^{ik}\widetilde{D} = \frac{1}{3} \sum_{r=1}^{n} {}^{i}\widetilde{f}_{\vartheta,r} \cdot {}^{k}\widetilde{f}_{\vartheta,r} \cdot t_r{}^3 \cdot b_r \,. \tag{2.78}$$

Die direkte Berechnung ist günstiger, da der Rest der Matrix $\widetilde{D}$ nicht benötigt wird.

Das zweite Jacobiverfahren liefert einen Eigenwert $^4\lambda$ ungleich null. Normiert man $^4\widetilde{u}$ so, daß $^4\widetilde{f}_{\vartheta,r} = 1$ wird, so erhält man als Diagonalglieder den aus der Wölbkrafttorsion bekannten, auf den Schubmittelpunkt bezogenen Wölbwiderstand $^{44}\widetilde{C} = C_M$ sowie den St. Venant'schen Drillwiderstand $^{44}\widetilde{D} = I_D$ und den zur Verdrillung $\vartheta' = 1$ gehörenden Wölbvektor $^4\widetilde{u} = \omega$. Die Situation nach dem zweiten Jacobiverfahren ist in Bild 2.16 dargestellt.

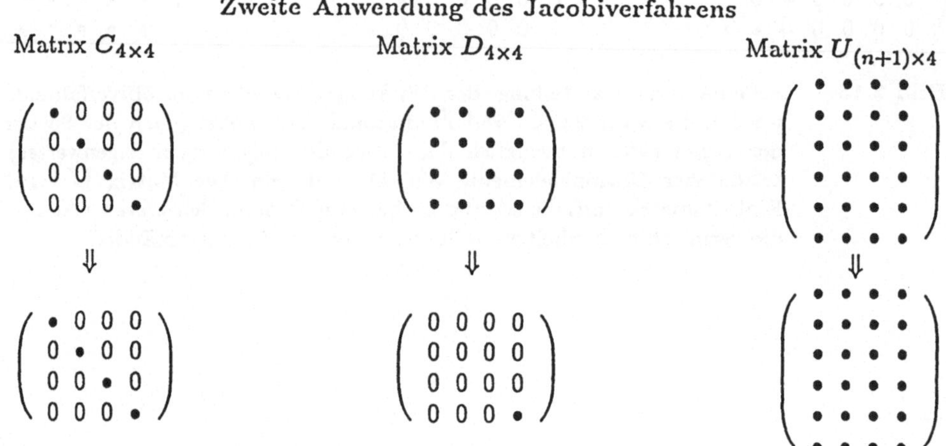

Bild 2.16   Darstellung des zweiten Jacobiverfahrens. Die Matrix C bleibt diagonal (mit veränderten Elementen). Die Matrix D wird diagonalisiert, wobei nach Sortierung die ersten drei Diagonalelemente Null sind. Die Matrix U enthält in der vierten Spalte die Einheitsverwölbung zur Verdrehung 1.

Die restlichen drei Vektoren ^1u bis ^3u enthalten keinen Verdrehanteil mehr, sind aber bezüglich der Verschiebungen immer noch willkürlich vermischt. Die Wölbfunktionen sind zwar eben (die Bernoulli–Hypothese ist also bereits eingehalten), die zugehörigen Nullinien sind jedoch noch keine orthogonalen Achsen und schneiden sich nicht im Schwerpunkt. Eine reine zentrische Längslast z.B. ebenso wie eine einfache Biegebelastung würde daher jeweils die Berücksichtigung aller drei Differentialgleichungen erfordern.

Zur weiteren Entmischung wird die bisher noch nicht erfüllte Bedingung, daß die drei Starrkörperverschiebungen aufeinander senkrecht stehen sollen, eingeführt (erweiterte Hauptachsendefinition). Wir wollen dabei die bisherige

Vorgehensweise weiter verwenden, indem wir die gesuchten Wölbvektoren als Ergebnisse eines Orthogonalisierungsprozesses finden. Dazu führen wir die Matrix K der Kappawerte ein, eine 3×3-Matrix, deren Elemente $^{ik}\kappa$ folgendermaßen definiert sind: Wir multiplizieren die Verschiebungskomponenten $\tilde{f}_s$ und $\tilde{f}_{\bar{s}}$ des Zustandes i mit den entsprechenden des Zustandes k, gewichten mit den Scheibenflächen $b_r t_r$ und bilden die Summe über die Scheiben:

$$^{ik}\kappa = -\frac{1}{A} \sum_{r=1}^{n} \left({}^{i}\tilde{f}_{s,r} \, {}^{k}\tilde{f}_{s,r} + {}^{i}\tilde{f}_{\bar{s},r} \, {}^{k}\tilde{f}_{\bar{s},r} \right) b_r t_r \; . \qquad (2.79)$$

Die Multiplikation mit dem Faktor $(-1/A)$ bewirkt, daß das Diagonalelement $^{kk}\kappa$ genau dann gleich -1 ist, wenn die Totalverschiebung des Zustandes k den Betrag eins hat. Dies wird später zur Normierung der $^{k}\tilde{u}$ benutzt. Die Kappawerte haben die Eigenschaft, genau dann null zu werden, wenn die Totalverschiebungen des Zustandes i senkrecht auf denen von k stehen. Da die Wölbvektoren $^{1}\tilde{u}$ bis $^{3}\tilde{u}$, welche vom zweiten Jacobiverfahren hinterlassen werden, eine zufällige Mischung der Starrkörperzustände sind, stehen i. allg. die zugehörigen Totalverschiebungen nicht senkrecht aufeinander, so daß die Matrix K zunächst voll besetzt ist.

Durch eine dritte Anwendung des Jacobiverfahrens, diesmal auf die Teilmatrix $\tilde{C}_{3\times3}$ und die Matrix $K_{3\times3}$, erhalten wir die gesuchten Wölbvektoren. Ordnet man wiederum nach aufsteigender Größe des Eigenwerts $^{k}\lambda$, dann erhält man einen Null-Eigenwert ($^{1}\lambda = 0$) mit der konstanten Wölbfläche als Eigenvektor (Starrkörperverschiebung in x-Richtung ohne Verschiebungen in der Querschnittsebene), den Wölbvektor $^{2}\tilde{u}$ zur Biegung um die starke Achse sowie den Wölbvektor $^{3}\tilde{u}$ zur Biegung um die schwache Achse.

Nach Normieren von $^{1}\tilde{u}$ auf die konstante Ordinate -1 hat $^{11}\tilde{C}$ die Größe der Querschnittsfläche. Die Wölbfunktionen $^{2}\tilde{u}$ und $^{3}\tilde{u}$ werden so normiert, daß $^{22}\kappa$ und $^{33}\kappa$ den Wert -1 erhalten. Dann sind $^{22}\tilde{C}$ und $^{33}\tilde{C}$ die Hauptträgheitsmomente I_1 und I_2 und die zu $^{2}\tilde{u}$ und $^{3}\tilde{u}$ gehörenden Verschiebungen haben die Größe 1 und sind rechtwinklig zu den Hauptachsen gerichtet.

Das negative Vorzeichen in $^{1}\tilde{u}$ ist notwendig, um die Formel (1.9) für die Längsspannung σ_x auch auf den Zustand 1 anwendbar zu machen (s. Abschn. 2.9.2). Die hier nur zur Bestimmung der Hauptachsenverschiebungen benutzten κ-Werte finden in der Theorie II. Ordnung als Umlenkkräfte eine wichtige mechanische Deutung. Hier erklärt sich dann auch das negative Vorzeichen in der Definition (2.79).

Die schematische Darstellung des dritten Jacobiverfahrens zeigt Bild 2.17.

Es wäre auch eine Entmischung aller vier Anteile mit Hilfe der K-Matrix denkbar, dies würde aber nicht zur Verdrehung um den Schubmittelpunkt führen, sondern zu den Drehachsen, welche sich beim Biegedrillknicken unter zentrischer Normalkraft einstellen.

Dritte Anwendung des Jacobiverfahrens

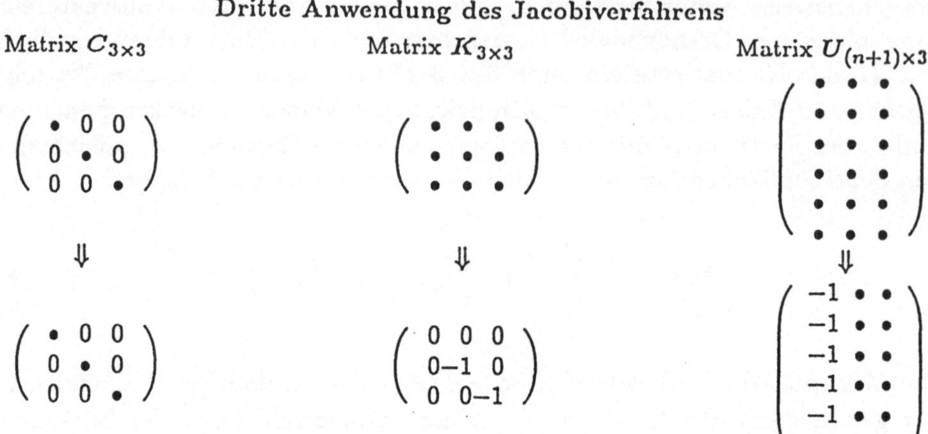

Matrix $C_{3\times3}$ Matrix $K_{3\times3}$ Matrix $U_{(n+1)\times3}$

Bild 2.17   Darstellung des dritten Jacobiverfahrens. Die Matrix C ändert sich wieder, bleibt aber diagonal. Die Matrix K wird diagonalisiert, wobei nach Sortierung das erste Diagonalelement null ist. Die Matrix U enthält in den ersten drei Spalten die Einheitsverwölbungen zur Längung und Biegung um die Hauptachsen.

Die Entmischung wird in Abschn. 2.11.1 am Zahlenbeispiel ausführlich dargestellt.

2.8 Das transformierte System

Die Anwendung des Jacobiverfahrens auf das Eigenwertproblem (2.68) und die Sortier-, Normier- und Entmischungsvorgänge in Abschn. 2.7.2 hinterlassen die transformierten Matrizen $\widetilde{C}$ und $\widetilde{B}$, auf deren Hauptdiagonalen die Wölbwiderstände und Querbiegewiderstände stehen, sowie die Modalmatrix $\widetilde{U}$, deren Spalten die orthogonalen Wölbvektoren enthalten. Die Umformung erfolgte in mehreren Stufen und betraf jeweils nur den benötigten Teil der Matrizen, so daß erst ein Teil der Werte in transformierter Form vorliegt. Es würde genügen, die Transformation für den verbleibenden Teil nachzuholen. Der Übersicht und des besseren Verständnisses wegen soll die Transformation jedoch in diesem Abschnitt von Grund auf und systematisch durchgeführt werden. Ihre Grundlage ist die zuvor ermittelte Matrix $\widetilde{U}$ der Einheitsverwölbungen.

2.8.1 Die Einheitsverformungen und –schnittkräfte

Für die Aufstellung des transformierten Systems ist die Ermittlung der Systemmatrizen $\widetilde{C}$, $\widetilde{D}$ und $\widetilde{B}$ erforderlich. Die Lösung des Systems ist der Vektor $\widetilde{V}(x)$ der Verformungsresultanten. Mit $\widetilde{V}(x)$ allein läßt sich jedoch noch nicht viel anfangen. Erst durch Transformation der Produktdarstellungen der Verformungen und Schnittkräfte ist es möglich, aus den Verformungsresultanten die in erster Linie interessierenden mechanischen Größen zu berechnen. Zur Transformation wird die jeweilige Matrix des Grundzustandes von rechts mit der Einheitswölbmatrix multipliziert. Es gilt z.B. für die Scheibenlängsverschiebungen

$$f_s = \widetilde{F}_s \widetilde{V} \qquad \text{mit} \qquad \widetilde{F}_s = \bar{F}_s \widetilde{U} \ . \tag{2.80a}$$

In gleicher Weise erhält man:

$$
\begin{aligned}
f_{\bar{s}} &= \widetilde{F}_{\bar{s}}\widetilde{V} & \widetilde{F}_{\bar{s}} &= \bar{F}_{\bar{s}}\widetilde{U} \\
f_{\vartheta} &= \widetilde{F}_{\vartheta}\widetilde{V} & \widetilde{F}_{\vartheta} &= \bar{F}_{\vartheta}\widetilde{U} \\
\Delta f_{\vartheta} &= \Delta\widetilde{F}_{\vartheta}\widetilde{V} \quad \text{mit} & \Delta\widetilde{F}_{\vartheta} &= \Delta\bar{F}_{\vartheta}\widetilde{U} \\
f_{b} &= \widetilde{F}_{b}\widetilde{V} & \widetilde{F}_{b} &= \bar{F}_{b}\widetilde{U} \\
f_{e} &= \widetilde{F}_{e}\widetilde{V} & \widetilde{F}_{e} &= \bar{F}_{e}\widetilde{U} \\
m_{s} &= \widetilde{M}\widetilde{V} & \widetilde{M} &= \bar{M}\widetilde{U}
\end{aligned}
\tag{2.80b-g}
$$

Die k–ten Spalten der Matrizen $\widetilde{F}_s$, $\widetilde{F}_{\vartheta}$ usw. enthalten die Verformungen bzw. Schnittkräfte des k–ten Einheitsverformungszustandes.

Die Schubkräfte brauchten bisher nicht explizit angegeben zu werden, da sie lediglich zur Verknüpfung der Arbeitsbilanzen aus den beiden virtuellen Verrückungszuständen benötigt wurden. Daher ist keine Darstellung vorhanden, auf die eine Transformation angewendet werden könnte, sondern es ist eine explizite Berechnung notwendig. Eine programmierfertige Formel dafür wird in Abschn. 7.3 hergeleitet.

2.8.2 Die verallgemeinerten Steifigkeiten

Für die Berechnung der transformierten Systemmatrizen $\widetilde{C}$, $\widetilde{D}$ und $\widetilde{B}$ stehen zwei Möglichkeiten zur Verfügung. Die erste ergibt sich direkt aus der Transformationseigenschaft der Matrix $\widetilde{U}$. Die zweite ist für die Programmierung besser geeignet und liefert gleichzeitig die Deutung dieser Querschnittswerte als verallgemeinerte Steifigkeiten.

1. Matrizenmultiplikation
Die Berechnung erfolgt durch Vor– und Nachmultiplizieren der Ausgangsma-

trizen $\bar{C}, \bar{D}$ und $\bar{B}$ mit der Modalmatrix $\tilde{U}$:

$$\tilde{C} = \tilde{U}^T \cdot \bar{C} \cdot \tilde{U} \,,$$

$$\tilde{D} = \tilde{U}^T \cdot \bar{D} \cdot \tilde{U} \,,$$

$$\tilde{B} = \tilde{U}^T \cdot \bar{B} \cdot \tilde{U} \,.$$

Die Matrizen $\tilde{C}$ und $\tilde{B}$ müssen sich in Diagonalform darstellen. Für $\tilde{D}$ kann keine Diagonalform erwartet werden. Die relative Größe der Elemente außerhalb der Hauptdiagonalen von $\tilde{D}$ ist ein Maß für die Annäherung an die Orthogonalität. Der Grad der Verkopplung ergibt sich aus dem Vergleich eines gemischten Elementes $^{ik}\tilde{D}$ mit den zugehörigen Hauptdiagonalwerten $^{ii}\tilde{D}$ und $^{kk}\tilde{D}$. Für

$$\frac{^{ik}\tilde{D}^2}{^{ii}\tilde{D} \cdot {}^{kk}\tilde{D}} \ll 1$$

kann die Verkopplung praktisch vernachlässigt werden. Die höchstmögliche Verkopplung liegt bei eins, dann müßte aber $^{i}\tilde{f}_{,\vartheta}$ affin zu $^{k}\tilde{f}_{,\vartheta}$ sein. Für die praktische Rechnung ist der Weg ungeeignet, da es überflüssig ist, die kompletten Matrizen einschließlich der verschwindenden Außerdiagonalelemente zu berechnen. Er wird nur angegeben, um die Transformationseigenschaft der Wölbmatrix $\tilde{U}$ aufzuzeigen.

2. Direkte Integration

Hierbei brauchen lediglich die nicht verschwindenden Elemente berücksichtigt zu werden. Bei $\tilde{C}$ und $\tilde{B}$ sind es die Diagonalglieder, so daß die einfache Indizierung ausreichend ist (^{k}C und ^{k}B statt ^{kk}C und ^{kk}B).

Für den Wölbwiderstand $^{k}\tilde{C}$ gilt nach (2.43)

$$
\begin{aligned}
^{k}\tilde{C} &= \int_A {}^{k}\tilde{u}^2(s) \; \mathrm{d}A \\
&= \frac{1}{3} \sum_{r=1}^{n} ({}^{k}\tilde{u}_r^2 + {}^{k}\tilde{u}_{r+1}^2 + {}^{k}\tilde{u}_r \cdot {}^{k}\tilde{u}_{r+1}) \cdot b_r t_r \,.
\end{aligned}
\tag{2.81}
$$

Mit (2.81) sind zwei äquivalente Darstellungen für $^{k}\tilde{C}$ gegeben. Der erste Ausdruck liefert die Interpretation der Größe: $^{k}\tilde{C}$ kommt aus der Arbeit der Längsmembranspannungen an der Einheitsverwölbung $^{k}\tilde{u}$ (der eine Faktor $^{k}\tilde{u}$ stammt ja aus σ_x, der E-Modul wurde herausgezogen) und kann somit als verallgemeinerter Wölbwiderstand (oder zusammen mit dem Materialwert E als verallgemeinerte Wölbsteifigkeit) angesehen werden. Die zweite Darstellung ist die zur Programmierung geeignete Formulierung, welche sich aus der konkreten Gestalt der $^{k}\tilde{u}$ ergibt (Kopplung einer Trapezfunktion mit sich selbst).

Für $^k\widetilde{B}$ sind ebenfalls zwei Formulierungen möglich. Nach (2.60) besteht $-^k\widetilde{B}$ aus den Produkten der ausgelösten Kantenmomente mit den gegenseitigen Scheibenverdrehungen, es hat also die Bedeutung einer äußeren Arbeit:

$$-^k\widetilde{B} = \sum_{r=2}^{n} {}^k\widetilde{m}_{s,r}\,\Delta\,{}^k\widetilde{f}_{\vartheta,r} \; . \tag{2.82}$$

Die äußere Arbeit der Kantenmomente an den gegenseitigen Sehnenverdrehungen muß mit der inneren Arbeit der Querbiegemomente an den Querkrümmungen im Gleichgewicht stehen. Daraus folgt, daß $^k\widetilde{B}$ auch in der folgenden Form geschrieben werden kann:

$$^k\widetilde{B} = -\int_s {}^k\widetilde{m}_s \cdot {}^k\widetilde{\ddot{f}}\,\mathrm{d}s = \int_s {}^k\widetilde{m}_s \cdot \frac{{}^k\widetilde{m}_s}{K}\,\mathrm{d}s \; . \tag{2.83}$$

Das erste Integral in (2.83) ist die Darstellung der inneren Arbeit der Querbiegemomente an den Querkrümmungen, im zweiten Integral werden die Krümmungen über das Elastizitätsgesetz (2.6) eliminiert, so daß der Ausdruck nur noch von den Querbiegemomenten abhängt. $^k\widetilde{B}$ ist die verallgemeinerte Querbiegesteifigkeit.

Für die diskrete Formel (2.82) soll ebenfalls ein Ausdruck, welcher lediglich von den Kantenmomenten abhängt, hergeleitet werden. Zwei Möglichkeiten bestehen dazu: Erstens kann die Formel (2.83) diskretisiert werden. Zweitens können in (2.82) die gegenseitigen Kantenverdrehungen durch die Kantenmomente ersetzt werden. Hier soll der zweite Weg gewählt werden. Dabei ist zu beachten, daß anders als bei (2.83) die Relativverdrehungen Δf_ϑ nicht einfach mittels eines Elastizitätsgesetzes eliminiert werden können. Der Zusammenhang zwischen den Kantenmomenten und den Relativverdrehungen wird nach (2.58) bzw. (2.57) über die Matrix Δ_{ik} hergestellt. Nach (2.60) ist $B = -\Delta F_\vartheta{}^T \cdot M$. Ersetzen von ΔF_ϑ durch $-\Delta_{ik} \cdot M$ ergibt dann $B = M^T \cdot \Delta_{ik}{}^T \cdot M$. Der darin enthaltene Ausdruck für das k–te Diagonalglied lautet ausgeschrieben

$$^k\widetilde{B} = \sum_{r=1}^{n} \frac{b_r}{3K_r}\left({}^k\widetilde{m}_{s,r}^2 + {}^k\widetilde{m}_{s,r+1}^2 + {}^k\widetilde{m}_{s,r} \cdot {}^k\widetilde{m}_{s,r+1}\right) \; . \tag{2.84}$$

Damit ist eine programmiergerechte Formulierung der Querbiegesteifigkeiten gegeben.

Die Drillmatrix $\widetilde{D}$ ist voll besetzt und muß somit gemäß (2.75) komplett transformiert werden. Da in vielen Fällen eine Vernachlässigung der Außerdiagonalelemente möglich ist, soll trotzdem die explizite Formel für die einzelnen Elemente angegeben werden. Ersetzen wir in (2.75) $\bar{D}$ durch die

Darstellung gemäß (2.64) und beachten, daß $\bar{F}_\vartheta \cdot \tilde{U} = \tilde{F}_\vartheta$ ist, so erhalten wir $\tilde{D} = \tilde{F}_\vartheta{}^T I_D \tilde{F}_\vartheta$. Daraus folgt für das Element in der i-ten Zeile und k-ten Spalte von $\tilde{D}$:

$$
\begin{aligned}
{}^{ik}\tilde{D} &= {}^{i}\tilde{f}_\vartheta{}^T I_D \, {}^{k}\tilde{f}_\vartheta \\
&= \frac{1}{3} \sum_{r=1}^{n} {}^{i}\tilde{f}_{\vartheta,r} \cdot {}^{k}\tilde{f}_{\vartheta,r} \cdot t_r^3 \cdot b_r \ .
\end{aligned}
\tag{2.85a}
$$

Sollen nur die Diagonalelemente berechnet werden, so genügt die Gleichung

$$
{}^{k}\tilde{D} = \frac{1}{3} \sum_{r=1}^{n} {}^{k}\tilde{f}_{\vartheta,r}{}^2 \cdot t_r^3 \cdot b_r \ .
\tag{2.85b}
$$

Damit liegen die programmierfertigen Formeln für die Querschnittswerte vollständig vor.

Bei Vernachlässigung der gemischten Drillwiderstände zerfällt das System in $n+1$ unabhängige Differentialgleichungen der Form

$$
\boxed{E\,{}^{k}\tilde{C}\,{}^{k}\tilde{V}''''(x) - G\,{}^{k}\tilde{D}\,{}^{k}\tilde{V}''(x) + {}^{k}\tilde{B}\,{}^{k}\tilde{V}(x) = 0}
\tag{2.86}
$$

2.8.3 Die verallgemeinerten Schnittgrößen

Wie in Kap. 1 bereits gezeigt worden ist, lassen sich die Schnittgrößen der Technischen Biegetheorie auf eine einheitliche Definition bringen. Wir führen die Spannungsresultante ${}^{k}W$ als Arbeit der Längsmembranspannungen σ_x an der Einheitsverwölbung ${}^{k}\tilde{u}$ ein:

$$
{}^{k}W(x) = -\int_A \sigma_x(x,s) \cdot {}^{k}\tilde{u}(s)\,\mathrm{d}A = -\int_A {}^{k}\sigma_x(x,s) \cdot {}^{k}\tilde{u}(s)\,\mathrm{d}A \ .
\tag{2.87}
$$

Dabei ist ${}^{k}\sigma_x$ der zu ${}^{k}\tilde{u}$ affine Anteil des Spannungsbildes. Die anderen Anteile sind orthogonal zu ${}^{k}\tilde{u}$ und gehen deswegen nicht in das Integral ein. Um das verallgemeinerte Elastizitätsgesetz— d.h. die Beziehung zwischen ${}^{k}V$ und ${}^{k}W$ — herzuleiten, ersetzen wir in (2.87) die Spannung ${}^{k}\sigma_x$ durch die Verformungsresultante ${}^{k}V$ und erhalten so

$$
{}^{k}W(x) = -\int_A E\,{}^{k}V''(x)\,{}^{k}\tilde{u} \cdot {}^{k}\tilde{u}\,\mathrm{d}A = -E\,{}^{k}\tilde{C}\,{}^{k}\tilde{V}''(x) \ .
\tag{2.88}
$$

Als Beziehung zwischen Längsmembranspannungen und Schnittgröße erhalten wir aus $\sigma_x = Eu'$ unter Verwendung der Produktdarstellung für u und des verallgemeinerten Elastizitätsgesetzes (2.88) die Formel

$$
\sigma_x(x,s) = -\sum_{k=1}^{n+1} \frac{{}^{k}W(x)\,{}^{k}\tilde{u}(s)}{{}^{k}\tilde{C}} \ .
\tag{2.89}
$$

Wollen wir eine Darstellung für die Spannung im Zustand k angeben, so haben wir in (2.89) σ_x durch ${}^{k}\sigma_x$ zu ersetzen und das Summationszeichen wegzulassen.

2.8.4 Die verallgemeinerten Lasten

Die Einarbeitung der Lasten geschieht auf die Weise, daß ihre Arbeit an den virtuellen Verrückungen ermittelt wird und so zusätzliche Terme in die Gleichgewichtsbilanzen hineinkommen. Da diese Terme nicht von der Verformungsresultanten V abhängen, kommen sie auf die rechten Seiten der Differentialgleichungen.

Für die Aufstellung der rechten Seiten sind zwei verschiedene Wege möglich: Wir gehen noch einmal zum Abschn. 2.6 zurück und lassen die äußeren Lasten an den virtuellen Verschiebungen der Grundverformungszustände Arbeit leisten. Auf diese Weise bekommen wir die rechten Seiten des Gleichungssystems (2.65). Bei der Transformation des Systems müssen sie dann ebenfalls mit umgeformt werden.

Um das zu vermeiden, gehen wir den anderen, direkten Weg. Die Gleichgewichtsbedingungen (2.86), welche wir durch Transformation erhalten haben, sind ja dieselben, die wir erhalten hätten, wenn wir als virtuelle Verrückungen die orthogonalen Einheitsverformungszustände genommen hätten.

Wir können das ausnutzen, indem wir die Lasten direkt an diesen Verrückungen Arbeit leisten lassen. Die dabei entstehenden Ausdrücke gehen dann direkt in die rechten Seiten des transformierten Systems (2.86) ein. Die Vorgehensweise ändert sich gegenüber der in Abschn. 2.6 beschriebenen prinzipiell nicht. Lediglich sind die Verschiebungen der Grundverformungszustände durch diejenigen der Einheitsverformungszustände zu ersetzen.

Ein allgemeines Lastbild wird zunächst in Anteile zerlegt, die in der Querschnittsebene wirken (Querlasten) und solche, die axial wirken (Längslasten). Diese gehen auf verschiedene Weise in die Differentialgleichung ein und müssen deshalb getrennt behandelt werden.

<u>Querlasten</u>

Querlasten können Anteile rechtwinklig zu den Scheibenebenen (Plattenlasten) und in Umfangsrichtung (Scheibenlasten) haben. Da nach Voraussetzung Querlasten nur in den Knoten angreifen dürfen, müssen verteilte Lasten zunächst in Knotenlasten umgesetzt werden (Bild 2.18).

Für die Darstellung der in den Knoten konzentrierten Lasten gibt es zwei gleichwertige Möglichkeiten:
— Sie werden in Richtung der Koordinaten y und z zerlegt, dann sprechen wir von "Knotenlasten". Die Komponenten werden mit $q_{y,r}$ und $q_{z,r}$ bezeichnet.
— Sie werden in Richtung der angrenzenden Scheiben zerlegt, (d.h. in Richtung der lokalen Koordinaten s_{r-1} und s_r) dann sprechen wir von "Scheibenlasten". Die am Anfangs- und Endknoten einer Scheibe wirkenden Anteile werden zur Scheibenlast $q_{s,r}$ addiert.

Beide Zerlegungen sind in Bild 2.19 gezeigt.

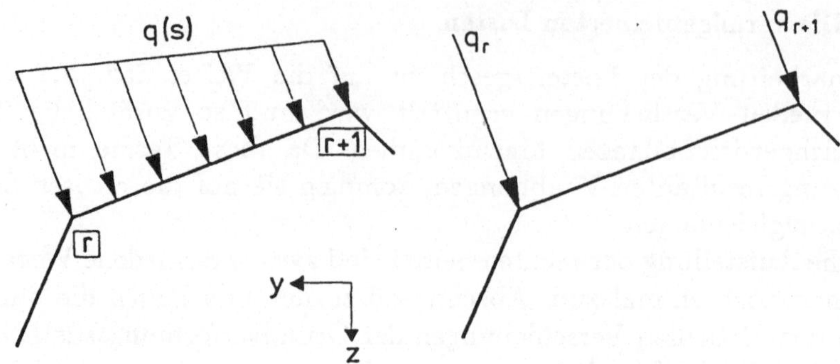

Bild 2.18   Umsetzung von verteilten Querlasten in Knotenlasten

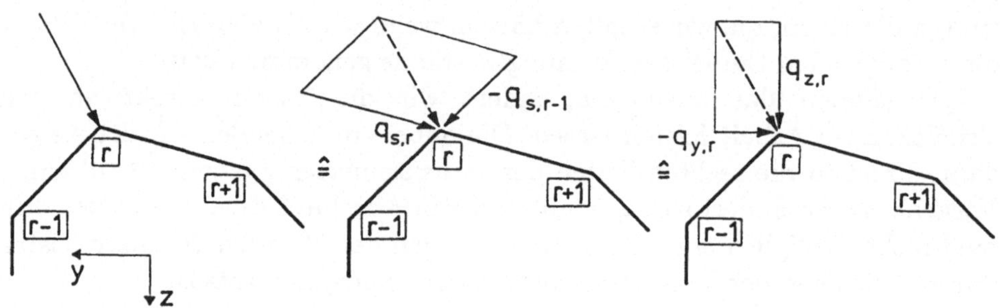

Bild 2.19   Äquivalente Darstellungen einer allgemeinen Knotenlast

Nach den Voraussetzungen des Kap. 2 sind nur Lasten auf den Innenknoten des Querschnitts vorgesehen. Lasten auf eine Randscheibe kann man im Bedarfsfall durch Einführen einer Hilfsscheibe gemäß Bild 2.20 berücksichtigen. Damit wird ein weiterer Freiheitsgrad eingeführt und am zweiten bzw. vorletzten Knoten des realen Querschnitts ein Kantenmoment möglich. Numerisch geht das ohne Schwierigkeiten, wenn die Breite und Dicke der Hilfsscheibe nicht weniger als etwa zwei Zehnerpotenzen unter denen der realen Scheiben liegt.

Die virtuelle Arbeit der Querlasten an den Verrückungen $^{k}\widetilde{V} = \bar{1}$ ergibt sich dann für Scheibenlasten $q_{s,r}(x)$ mit den Umfangsverschiebungen $^{k}\widetilde{f}_s$ des Einheitsverformungszustands k zu

$$\mathrm{d}\mathcal{W}_q\Big|_{k\widetilde{V}}(x) = \sum_{r=1}^{n} q_{s,r}(x)\,{}^{k}\widetilde{f}_{s,r} \cdot \mathrm{d}x \;, \qquad\qquad (2.90\mathrm{a})$$

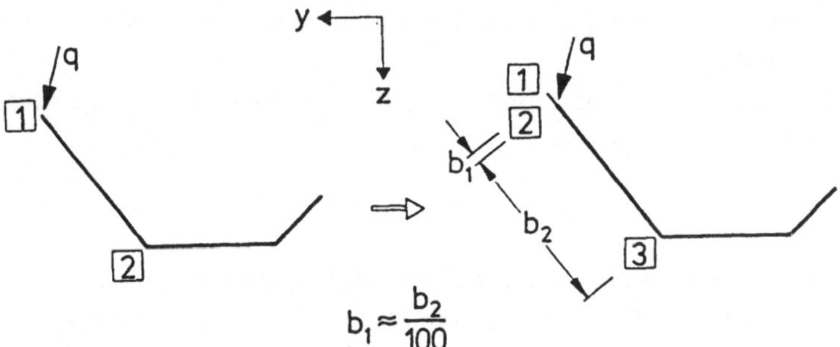

$$b_1 \approx \frac{b_2}{100}$$

Bild 2.20   Berücksichtigung von Lasten auf den Randscheiben mittels einer Hilfsscheibe

bzw. für Knotenlasten $q_{y,r}$ und $q_{z,r}$ mit den Knotenverschiebungen $^k\widetilde{v}_r$ und $^k\widetilde{w}_r$ des Einheitsverformungszustands k zu

$$\mathrm{d}W_q\Big|_{k\widetilde{V}}(x) = \sum_{r=2}^n \left(q_{y,r}(x)\,^k\widetilde{v}_r + q_{z,r}(x)\,^k\widetilde{w}_r \right)\,\mathrm{d}x \ . \qquad (2.90\mathrm{b})$$

(Zur Erinnerung: Der Faktor $\mathrm{d}x$ kommt daher, daß die äußeren Lasten als Linienlasten über die Länge $\mathrm{d}x$ des herausgeschnittenen Stabelements wirken.) Die Knotenverschiebungen $^k\widetilde{v}_r$ und $^k\widetilde{w}_r$ berechnen sich dabei gemäß

$$^k\widetilde{v}_r = -\ ^k\widetilde{f}_{s,r}\cos\alpha_r - \left(^k\widetilde{f}_{\bar{s},r} - \ ^k\widetilde{f}_{\vartheta,r}\cdot\frac{b_r}{2} \right)\sin\alpha_r \ , \qquad (2.91\mathrm{a})$$

$$^k\widetilde{w}_r = -\ ^k\widetilde{f}_{s,r}\sin\alpha_r + \left(^k\widetilde{f}_{\bar{s},r} - \ ^k\widetilde{f}_{\vartheta,r}\cdot\frac{b_r}{2} \right)\cos\alpha_r \ . \qquad (2.91\mathrm{b})$$

Wir führen zur Abkürzung die Lastglieder $^k\widetilde{q}(x)$ ein:

$$^k\widetilde{q}(x) = \begin{cases} \displaystyle\sum_{r=1}^n q_{s,r}(x)\,^k\widetilde{f}_{s,r} & \text{für Scheibenlasten,} \\[2.5ex] \displaystyle\sum_{r=2}^n \left(q_{y,r}(x)\,^k\widetilde{v}_r + q_{z,r}(x)\,^k\widetilde{w}_r \right) & \text{für Knotenlasten.} \end{cases} \qquad (2.92)$$

Die Lastglieder $^k\widetilde{q}(x)$ bilden die rechten Seiten[2] von (2.86). Sie sind ein Maß für die Arbeit der äußeren Lasten an den Einheitsverformungszuständen und

---

[2] Sie stehen zunächst in der Arbeitsbilanz auf der linken Seite. Beim Hinüberbringen auf die rechte Seite kommt ein Faktor -1 hinzu, welcher aber durch die in (2.86) vorgenommene Vorzeichenumkehr wieder eliminiert wird.

in diesem Sinne eine verallgemeinerte Belastung. Wir bezeichnen sie auch als
"Zustandslasten".

Ist das Lastbild in x-Richtung affin, d.h. können alle Lastanteile mit einer
bestimmten Funktion $g(x)$ als Produkt

$$q_r(x) = q_r \cdot g(x) \tag{2.93}$$

dargestellt werden, so folgen auch die verallgemeinerten Lasten $^k\tilde{q}$ der Funktion
$g(x)$. Dann genügt die Ermittlung der Lastwerte $^k\tilde{q}$ an einem Querschnitt und
als rechte Seite ergibt sich der Ausdruck $^k\tilde{q} \cdot g(x)$.

In s-Richtung angeordnete Linienlasten (Bild 2.21) gelten für die Differentialgleichung als Einzellasten und erzeugen entsprechende Sprünge in den
Schnittgrößen W.

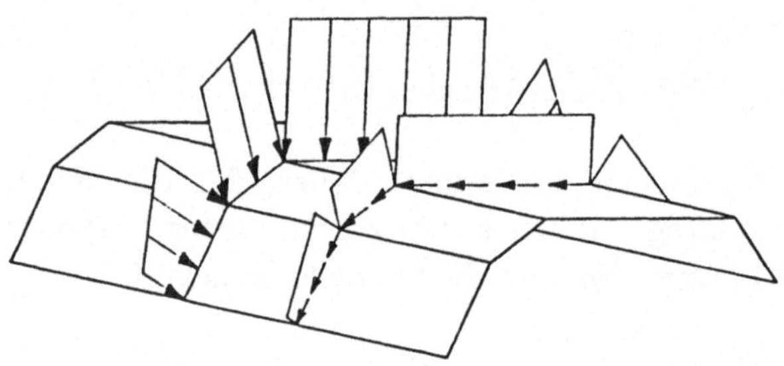

Bild 2.21   Linienlasten über den Querschnitt gehen als Einzellasten in die Differentialgleichung ein.

Es muß noch darauf hingewiesen werden, daß die realen Lastbilder zu
derselben verallgemeinerten Last nicht eindeutig sind. Alle Lastanteile, die sich
in einer Scheibe aufheben, gehen nämlich nicht in die verallgemeinerte Last
ein. So liefern z.B. alle im Bild 2.22 gezeigten Lastbilder zum Querschnitt aus
Abschn. 1.3.2 das gleiche ^5q.

Längslasten

Lastkomponenten, die in x-Richtung wirken, leisten am virtuellen Verrückungszustand $^k\tilde{V} = \bar{1}$ keine Arbeit, gehen also nicht direkt in die Differentialgleichung
ein. Sie können aber in $^k\tilde{V}' = \bar{1}$ berücksichtigt werden.

Über die Scheiben verteilte Längslasten müssen zunächst auf die Knoten
konzentriert werden, so daß wir von einer Lastanordnung wie in Bild 2.23
ausgehen können.

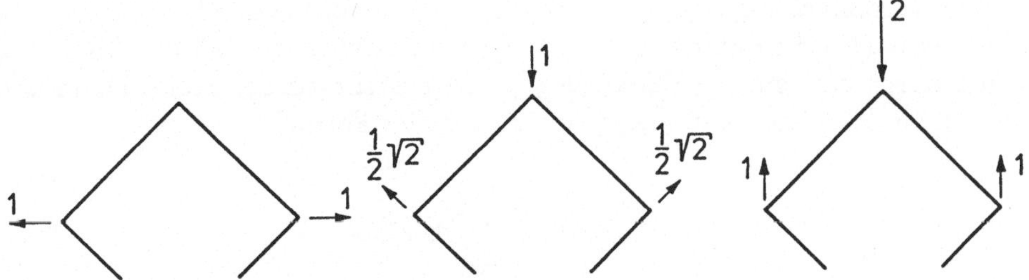

Bild 2.22 Gleichwertige Lastbilder zu $^5\widetilde{q}$ aus dem Beispiel des ersten Kapitels

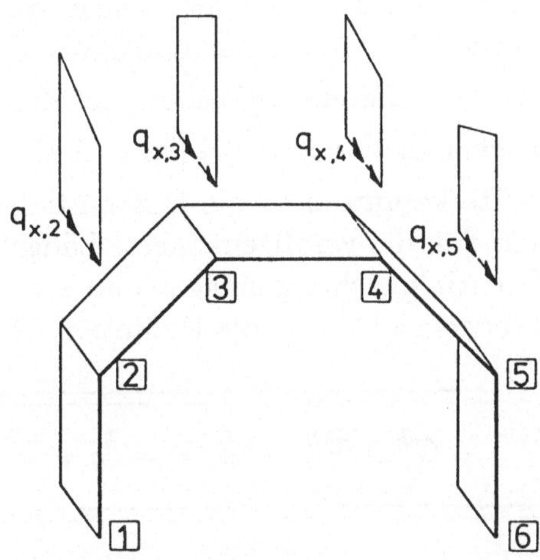

Bild 2.23 Längslasten

Die Knotenlängslasten $q_{x,r}(x)$ leisten im virtuellen Verrückungszustand $^k\widetilde{V}' = \bar{1}$ Arbeit an den Verwölbungen $^k\widetilde{u}_r$. Diese bleiben nach Definition von x bis $x + \mathrm{d}x$ unverändert und auch die Änderung der Längslasten kann vernachlässigt werden. Für die Ermittlung ihres Arbeitsanteils am Querschnittselement muß somit das Produkt von Längslast und Einheitsverwölbung mit $\mathrm{d}x$ multipliziert und über die Knoten summiert werden:

$$\mathrm{d}\mathcal{W}_{q_x}\Big|_{k\widetilde{V}'} = \sum_{r=1}^{n+1} q_{x,r}(x) \cdot {}^k\widetilde{u}_r \cdot \mathrm{d}x = -{}^k\widetilde{q}_x(x) \cdot \mathrm{d}x \ . \tag{2.94}$$

Analog zu (2.92) ist hier — allerdings mit negativem Vorzeichen — die Zustandslast $^k\widetilde{q}_x(x)$ eingeführt worden.

Eine Vereinfachung ergibt sich, wenn — wie zuvor bei den Querlasten — auch hier das Lastbild in affine Anteile aufgespalten wird, so daß die Abhängigkeit von x durch eine einzige Funktion $g(x)$ dargestellt werden kann. Dann können die Zustandslasten unabhängig von x nach der Formel

$$^{k}\widetilde{q}_x = -\sum_{r=1}^{n+1} q_{x,r}\, ^{k}\widetilde{u}_r \tag{2.95}$$

ermittelt werden und sind nachträglich mit dem Faktor $g(x)$ zu multiplizieren.

Durch die verallgemeinerte Last wird aus dem Lastbild $q_x(s)$ jeweils ein zu $^{k}\widetilde{u}$ affiner Teil herausgesiebt und in der Gleichgewichtsbedingung berücksichtigt. Lastanteile, die keine Linearkombination der Einheitsverwölbungen sind, gelten als Eigenspannungen und liefern keine Zustandsgrößen.

Beim Einarbeiten in die Differentialgleichung ist darauf zu achten, daß der Anteil $\mathrm{d}W_{q_x}\big|_{k\widetilde{V}'}$ zunächst in der Arbeitsbilanz (2.41) steht. Erst durch Elimination der Schubkräfte kommt er in die Differentialgleichung. Daraus folgt (vgl. (2.52)) zum einen, daß die verallgemeinerte Längslast $^{k}\widetilde{q}_x$ mit der ersten Ableitung in die Differentialgleichung eingeht und zum anderen, daß sich das negative Vorzeichen (verursacht durch die Definition (2.95)) wieder weghebt:

$$\boxed{E\,^{k}\widetilde{C}\,^{k}\widetilde{V}'''' - G\,^{k}\widetilde{D}\,^{k}\widetilde{V}'' + ^{k}\widetilde{B}\,^{k}\widetilde{V} = ^{k}\widetilde{q} + ^{k}\widetilde{q}_x'} \;. \tag{2.96}$$

Gleichmäßig verteilte konstante und singuläre Längslasten erscheinen demnach nicht in der Differentialgleichung und können nur bei der Einarbeitung der Rand- oder Übergangsbedingungen berücksichtigt werden. Auf $^{1}\widetilde{q}_x$ wird in Abschn. 2.9.2 näher eingegangen.

2.8.5 Die verallgemeinerten Randbedingungen

Eine Lösung der Differentialgleichungen (2.96) erfordert die Angabe von Randbedingungen für die Verformungsresultanten ^{k}V bei $x = 0$ und $x = l$. Wir wollen zunächst von einer vollständigen, allgemeinen Herleitung absehen und statt dessen für einige der wichtigsten Lagerungsfälle die Gleichungen direkt ermitteln.

a) Der Querschnitt ist unverschieblich eingespannt (Bild 2.24a):
   Damit werden sämtliche Verschiebungen verhindert. Aus der Bedingung, daß keine Verschiebungen innerhalb der Querschnittsebene auftreten dürfen, folgt $^{k}V(0) = 0$. Das Verschwinden der Verwölbungen wird durch

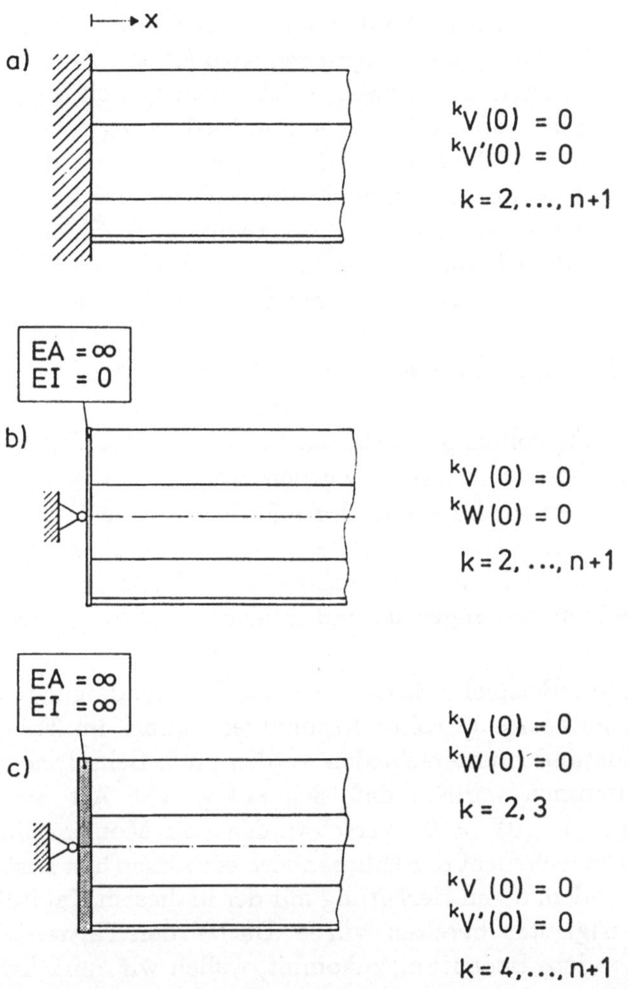

Bild 2.24   Lagerung bei $x = 0$ und zugehörige Randbedingungen für drei Beispiele

$^kV'(0) = 0$ für alle k erreicht. Dies entspricht in der Technischen Biegetheorie den Randbedingungen des eingespannten Balkens.

b) Der Querschnitt ist mit einem dehnstarren, biegeschlaffen, drehbar gelagerten Schott abgeschlossen (Bild 2.24b):
Wie bei a) werden sämtliche Verschiebungen in der Querschnittsebene verhindert und es muß gelten $^kV(0) = 0$. Da das Schott in x-Richtung ungehindert verformbar ist, können sich Verwölbungen frei einstellen. Daraus folgt, daß sich keine σ_x-Spannungen aufbauen können, so daß die Schnittgröße $^kW(0)$ in jedem Zustand verschwinden muß. In der Technischen Biegetheorie sind das die Randbedingungen des gelenkig gelagerten Balkens, bei welchem Verformung und Schnittgröße verschwinden müssen.

c) Der Querschnitt ist wie in b) mit einem frei drehbaren Schott abgeschlossen, das aber jetzt als biegestarr angesehen wird (Bild 2.24c):

Dieser Lagerungsfall ist deswegen interessant, weil sich hier für verschiedene Zustände unterschiedliche Randbedingungen ergeben. Bezüglich der Querschnittsverschiebungen gilt dasselbe wie in b), d.h. ${}^kV(0) = 0$ für alle k. Bei den Verwölbungen muß unterschieden werden: Weil das Schott drehbar gelagert ist, können sich die Verwölbungen ${}^2\tilde{u}$ und ${}^3\tilde{u}$ ungehindert einstellen. Es handelt sich hierbei ja um die Starrkörperverdrehungen des Querschnitts, diese werden durch die Biegestarrheit des Schotts nicht behindert. Damit können die Verformungen ${}^2\tilde{V}'(0)$ und ${}^3\tilde{V}'(0)$ zugelassen werden und es müssen wie in b) die Schnittgrößen ${}^2W(0)$ und ${}^3W(0)$ verschwinden. Für die höheren Zustände mit $k \geq 4$ können sich die zugehörigen Verwölbungen nicht einstellen, da diese den Querschnitt aus seiner Ebene heraus verformen würden, was durch das biegestarre Schott jedoch verhindert wird. Es muß also gefordert werden ${}^k\tilde{V}'(0) = 0$ für $k \geq 4$. Damit gelten für diese Art der Lagerung in den Zuständen 2 und 3 die Randbedingungen des gelenkig gelagerten Balkens und in den Zuständen $k \geq 4$ diejenigen des eingespannten Balkens.

In den gezeigten Beispielen lassen sich die Randbedingungen wie aus der Technischen Biegetheorie gewohnt formulieren, wobei im Falle c) zwischen den einzelnen Zuständen unterschieden werden muß. Beim freien Rand könnte demnach angenommen werden, daß sich auf gleiche Art die Bedingungen ${}^kW(0) = 0$ und ${}^kW'(0) = 0$ (Verschwinden von Moment und Querkraft) ergeben. Dies ist jedoch nicht der Fall, sondern es müssen hier zusätzliche Terme berücksichtigt werden, deren Herleitung mit der in diesem Kapitel verwendeten Methode Schwierigkeiten bereiten würde. Da bei den Faltwerken dem freien Rand keine besondere Bedeutung zukommt, wollen wir zunächst darauf nicht näher eingehen. Eine Diskussion der vollständigen Randbedingungen erfolgt im Kap. 4, wo sie auf andere Weise hergeleitet werden. Außerdem werden sie im Zusammenhang mit den Platten noch einmal erörtert (Abschn. 5.2.2).

In den bis jetzt betrachteten Fällen konnten aus der Lagerungsart für jeden Zustand k unabhängig voneinander die entsprechenden Randbedingungen aufgestellt werden. Wir bezeichnen diese Art der Lagerung auch als "Zustandslagerung". Es sind auch andere Fälle möglich, bei denen die Randbedingungen der einzelnen Zustände nicht mehr unabhängig voneinander formuliert werden können. Halten wir beispielsweise einen einzelnen Knoten am Rand gegen Verschiebungen fest, so bedeutet das, daß u, v und w in der Summe über alle Zustände verschwinden müssen. Daraus läßt sich jedoch keine Aussage bezüglich der einzelnen Zustände gewinnen. Außer der Möglichkeit, die Randbedingungen in verkoppelter Form aufzustellen, kann ein solches Problem aber auch über eine statisch unbestimmte Rechnung mit

Hilfe des Kraftgrößenverfahrens gelöst werden. Die Kräfte, die an den Lagern auftreten, werden ausgelöst und als Belastung auf das verbleibende System aufgebracht. Mit Hilfe der berechneten Verformungen kann man über die Verträglichkeitsbedingen den Betrag der jeweiligen Lagergröße bestimmen.

2.9 Die Stellung der Technischen Biegetheorie in der VTB

2.9.1 Die Schnittgrößen

In der Technischen Biegetheorie kennen wir folgende Schnittgrößen:

1. aus den Längsspannungen σ_x:
   - die Normalkraft N
   - die Biegemomente M_1 und M_2
   - das Wölbmoment W
2. aus den Membranschubspannungen τ_{xs}^M:
   - die Querkräfte Q_1 und Q_2
   - das sekundäre Torsionsmoment M_{D2}
3. aus den Plattendrillspannungen τ_{xs}^B:
   - das primäre (St. Venant'sche) Drillmoment M_{D1}.

Die Einordnung von Bettungskräften unter die Schnittgrößen ist nicht üblich. In den einzelnen Vorgängen sind die Definitionen nicht einheitlich. Wir wollen im folgenden zeigen, wie sie aus der verallgemeinerten Definition (2.87) hervorgehen.

Die Normalkraft wird als die Resultierende der Längsspannungen σ_x über den Querschnitt festgelegt. Das positive Vorzeichen wird meist der Zugkraft, in der Stabilitätstheorie jedoch der Druckkraft zugeordnet.

Das Biegemoment wird als das resultierende Moment der Längsspannungen um die jeweilige Hauptachse definiert. Die Deutung der Betonungsfunktion der Spannungen ist dann der "Abstand von der Nullinie" für jedes Flächenelement dA. Für die Vorzeichenregelung kann der "Drehsinn" oder die "strichlierte Faser" herangezogen werden, was zu unterschiedlichen Ergebnissen führt und beim Spannungsnachweis einige Überlegungen erfordert.

Erst beim Wölbmoment finden wir eine verallgemeinerbare Definition: Das Wölbmoment ist die Arbeit, die ein beliebiges Längsspannungsbild an der negativen "Einheitsverwölbung" ω leistet:

$$W = -\int_A \sigma_x \cdot \omega \, \mathrm{d}A \,. \tag{2.97}$$

Durch die Betonungsfunktion ω wird aus dem beliebigen ein zur Einheitsverwölbung affines Spannungsbild herausgefiltert. Diese Definition ist wegen $\omega = {}^4\tilde{u}$ identisch mit (2.87).

Weiter läßt sich leicht erkennen, daß die verallgemeinerte Definition mit

$$
{}^1W = N = -\int_A \sigma_x \cdot (-1)\,\mathrm{d}A = -\int_A \sigma_x \cdot {}^1\tilde{u}\,\mathrm{d}A \tag{2.98}
$$

auf die Längung und mit

$$
{}^2W = M_1 = -\int_A \sigma_x \cdot (-y)\,\mathrm{d}A = -\int_A \sigma_x \cdot {}^2\tilde{u}\,\mathrm{d}A \tag{2.99}
$$

auch auf die Biegung paßt.

Die Querkräfte Q_1 und Q_2 bei der Biegung sind die Resultierenden der Schubkräfte, die rechtwinklig zu den Hauptachsen wirken. Ihre Wirkungslinien schneiden sich im Schubmittelpunkt des Querschnitts. Bei der Wölbkrafttorsion ist die sekundäre Schnittgröße W' das resultierende Torsionsmoment der Schubkräfte. Die letztere Deutung kann als Arbeit der Schubkräfte an der Verdehung $\vartheta = 1$ verstanden werden. Diese Definition ist wieder verallgemeinerbar:

Die sekundären Schnittgrößen ${}^kW'$ sind die Arbeit, die die Schubkräfte ${}^kS_r$ an den Umfangsverschiebungen ${}^k\tilde{f}_s$ der Einheitszustände leisten (die Herleitung läßt sich mit den Beziehungen (2.48) und (2.88) leicht nachvollziehen):

$$
{}^kW' = \sum_{r=1}^{n} {}^kS_r \cdot {}^k\tilde{f}_{s,r} \; . \tag{2.100}
$$

Auch in dieser Definition findet sich die einfachere der Biegung wieder.

Schließlich sei noch das primäre Torsionsmoment als Schnittgröße erwähnt. In der Wölbkrafttorsion ist es definiert als das resultiernde Torsionsmoment der Plattendrillmomente. Diese vereinfachte Definition ist deshalb möglich, weil im gesamten Querschnitt die Verdrillung 1 ist. Für die Modalformen $k \geq 5$ ist das nicht mehr der Fall, so daß wieder der Arbeitsausdruck helfen muß:

$$
{}^kM_{D1}(x) = \int_s m_D(x,s) \cdot {}^k\dot{\tilde{f}}(s)\,\mathrm{d}s \approx \sum_{r=1}^{n} m_{D,r}\, {}^k\tilde{f}_{\vartheta,r} \; . \tag{2.101}
$$

Wegen der unvollständigen Orthogonalität können auch die "höheren Drillmomente" ($k \geq 5$) ein resultierendes Torsionsmoment enthalten, doch heben sich i. allg. die Drillanteile weitgehend gegenseitig auf.

2.9.2 Einbindung der Längung in das System der VTB

Bei den bisher erfolgten Betrachtungen ist aufgefallen, daß die Längung ($k = 1$) eine gewisse Sonderstellung einnimmt. Bei konsequenter Anwendung der verallgemeinerten Definitionen läßt sich aber auch der erste Vorgang in das System der VTB einfügen, wie im folgenden gezeigt wird.

Der Leser, der mehr an der praktischen Seite interessiert ist und erst einmal die Anwendung der VTB an Beispielen üben möchte, kann diesen Abschnitt zunächst übergehen, ohne daß dadurch das Verständnis der Theorie — soweit sie in diesem Band behandelt wird — eine Beeinträchtigung erfährt. Erst im Rahmen der Theorie II. Ordnung kann auf die formale Einbindung des ersten Vorgangs nicht mehr verzichtet werden.

Die Schwierigkeiten bei der Einordnung der Längung in das allgemeine System der VTB werden durch die Zwitterstellung der konstanten Einheitsverwölbung $^{1}\widetilde{u}$ verursacht. Einerseits ist $^{1}\widetilde{u}$ die einfachste Form der Verwölbung, andererseits wird sie in der Stabtheorie auch als Verformung verstanden, für die sich zusammen mit den Längslasten n_x die Differentialgleichung 2. Ordnung

$$(EAu')' = -n_x(x) \tag{2.102}$$

angeben läßt. Um Gleichartigkeit in den Begriffen mit den anderen Vorgängen ($k > 1$) zu erreichen, muß man strikt bei den verallgemeinerten Definitionen bleiben und gegebenenfalls formale Begriffe ohne mechanischen Inhalt dulden. Die konstante Längsverschiebung muß daher die Bedeutung der Verwölbung behalten. Damit ist, bei Normierung von $^{1}\widetilde{u}$ auf $|\,^{1}\widetilde{u}| = 1$ der Wölbwiderstand $^{1}\widetilde{C}$ festgelegt:

$$^{1}\widetilde{C} = \int_A {}^{1}\widetilde{u}^2 \cdot \mathrm{d}A = A \, . \tag{2.103}$$

Er hat, wie man erkennt, die Größe der Querschnittsfläche A. Da $^{1}\widetilde{u}$ quadratisch auftritt, spielt das Vorzeichen hierbei noch keine Rolle. Für die Schnittgröße ^{1}W gelten die beiden verallgemeinerten Definitionen (2.88) als Elastizitätsgesetz

$$^{1}W = -E\,{}^{1}\widetilde{C}\,{}^{1}\widetilde{V}'' \tag{2.104}$$

und (2.87) als Gleichgewichtsbedingung

$$^{1}W = -\int_A \sigma_x \cdot {}^{1}\widetilde{u} \cdot \mathrm{d}A = N \, . \tag{2.105}$$

Wenn die Schnittgröße $^{1}W = N$ als Zugnormalkraft positiv sein soll, so muß die Einheitsverwölbung $^{1}\widetilde{u}$ auf -1 normiert werden. Dann gilt auch der Ausdruck für die Spannung

$$^{1}\sigma_x = -\frac{^{1}W \cdot {}^{1}\widetilde{u}}{^{1}\widetilde{C}} = \frac{N}{A} \tag{2.106}$$

unverändert. Wie in allen anderen Vorgängen ist auch hier die Verwölbung proportional zur Ableitung der Verformungsresultanten: $^1u = {}^1\tilde{u} \cdot {}^1\tilde{V}'$. Die Verformungsresultante $^1\tilde{V}$ selbst hat keine sinnvolle mechanische Bedeutung und kann daher weder zur Beschreibung der Lagerbedingungen beitragen noch zur Erfassung der Last dienen. Auch eine elastische Querbettung ist bei der Längung sinnlos, $^1\tilde{B}$ entfällt damit. Die elastische Längsbettung c_x wirkt proportional zur Verwölbung ^1u, also wie ein Drillwiderstand $G\,^1\tilde{D}$ mit $^1\tilde{V}'$. Da nur Verschiebungen in Längsrichtung auftreten, finden nur Längslasten $n_x = q_x$ Berücksichtigung. Die nach (2.95) zu berechnende Zustandslast $^1\tilde{q}_x$ hat wegen der negativen Verwölbung $^1\tilde{u} = -1$ gegenüber n_x umgekehrtes Vorzeichen. Diese geht gemäß (2.96) mit der ersten Ableitung in die Differentialgleichung 4. Ordnung ein. Für $k = 1$ heißt sie in den Symbolen der VTB

$$E\,^1\tilde{C}\,^1\tilde{V}'''' - G\,^1\tilde{D}\,^1\tilde{V}'' = {}^1\tilde{q}_x{}' \tag{2.107}$$

oder in konventioneller Schreibweise

$$EAu''' - c_x u' = -n_x' \ . \tag{2.108}$$

Eine letzte Schwierigkeit bildet noch der Schubfluß, der sich gemäß (2.50) aus der Integration der Wölbfunktion über den Querschnitt errechnet und daher nicht, wie man bei der Längung erwarten müßte, verschwindet. Auch dieser Widerspruch läßt sich beheben, wenn man folgendes beachtet:

1. Schubkräfte sind proportional zur Änderung der Schnittgröße W'. Für konstante Verläufe von $N = {}^1W$ verschwinden die Schubkräfte wegen $^1W' = 0$.

2. Änderungen der Schnittgröße entstehen durch die Wirkung von Längslasten $n_x = {}^1q_x$ und Längsbettung $c_x = G\,^1\tilde{D}$. Da diese definitionsgemäß konstant über den Querschnitt eingeleitet werden müssen, so wie die Längspannungen σ_x, die sie erzeugen, heben sie sich an jedem Querschnittselement dx sofort mit den Änderungen $d\sigma_x$ auf, so daß aus Gründen des Gleichgewichts keine Schubspannungen erforderlich sind. Die der Querkraft entsprechende sekundäre Schnittgröße entfällt.

Nachdem nun alle Größen ihre richtige Stellung im System erhalten haben, kann die alte Tabelle 1.4 in der endgültigen Form ausgefüllt werden. In der neuen Tabelle 2.6 sind die zum Vorgang 1 gehörenden Größen um eine Ableitungsstufe verschoben. Damit können alle Vorgänge in der einheitlichen Bezeichnungsweise der VTB beschrieben werden.

Tabelle 2.6 Darstellung der vier Vorgänge mit den Bezeichnungen der Technischen Biegetheorie und der Erweiterung durch die VTB. Die zum Vorgang 1 gehörenden Größen haben gegenüber Tabelle 1.4 eine neue Einordnung erhalten.

Äußere Weggrößen

1		u
2	v	(v')
3	w	(w')
4	ϑ	
k	$^{k}\widetilde{V}$	$^{k}\widetilde{u}$

Lageänderung eines Stabquerschnitts. Wegen der Hypothese von Bernoulli sind v' und w' keine unabhängigen Größen.

⇕ Geometrische Beziehungen

Innere Weggrößen

1			u'
2			v''
3			w''
4		(ϑ')	ϑ''
k		$^{k}\widetilde{V}'$	$^{k}\widetilde{V}''$

Formänderungen der Stabelemente, denen Längsspannungen zugeordnet sind

⇕ Elastizitätsbeziehungen

Innere Kraftgrößen

1			N	
2			M_1	(Q_1)
3			M_2	(Q_2)
4		T	W	(W')
k		$^{k}M_D$	^{k}W	$^{k}W'$

Schnittgrößen

⇕ Gleichgewichtsbeziehungen

Äußere Kraftgrößen

1				n	
2				F_1	q_1
3				F_2	q_2
4				M_D	m_D
k				$^{k}\widetilde{q}_x$	$^{k}\widetilde{q}$

Lasten, Lagerreaktionen

Als Beispiel für die Längung wird ein Stab unter konstanter Längsbelastung n_x betrachtet (Bild 2.25). Am linken Lager ($x = 0$) ist die Schnittgröße N zugelassen und die Verschiebung u soll verschwinden. Für diese Bedingung können die drei dargestellten Lagersymbole (mit gleichwertiger Wirkung) benutzt werden. Am rechten Ende ($x = l$) sind ebenfalls drei gleichwertige Lagersymbole möglich, die zeigen, daß die Verschiebung zugelassen ist und die Schnittgröße verschwindet.

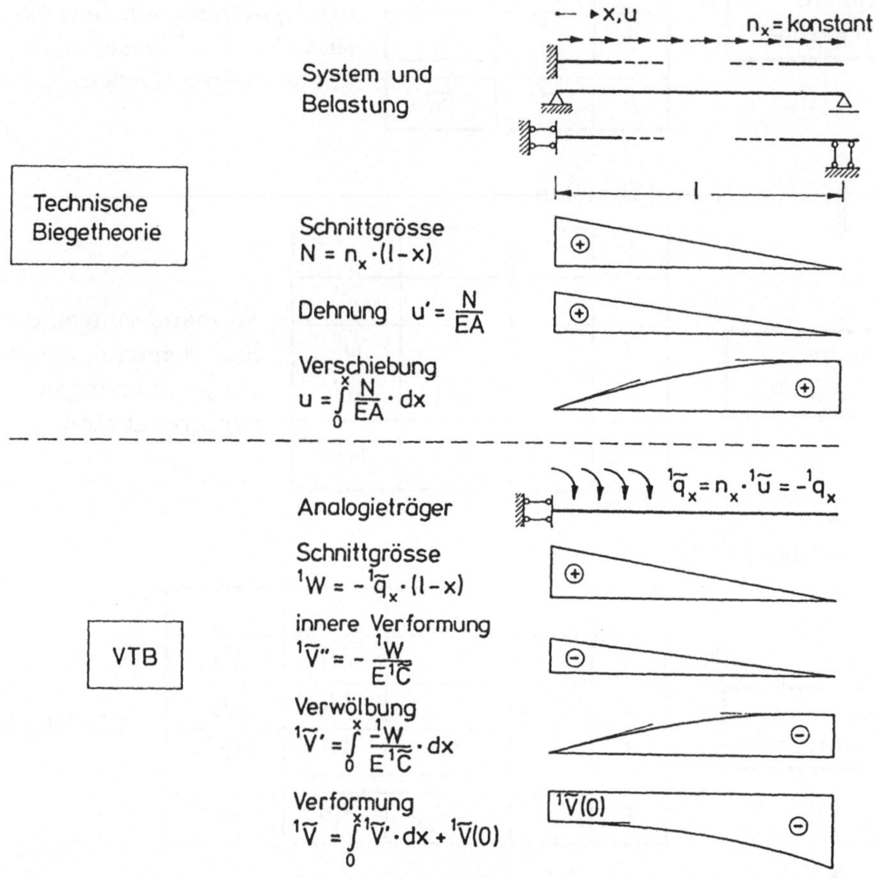

Bild 2.25   Die Längung in konventioneller Darstellung und bei der VTB

Eine elastische Längsbettung c_x sei nicht vorhanden, so daß die Lösung der Differentialgleichung (2.102) die in Bild 2.25 dargestellten Verläufe der Zustandsgrößen mit den konventionellen Bezeichnungen der Technischen Biegetheorie liefert.

In der Schreibweise der VTB ergibt sich für dieses Beispiel nach (2.107) die einfache homogene Differentialgleichung $E\,^1\tilde{C}\,^1\tilde{V}'''' = 0$. Durch vierfache Integration erhält man alle Ableitungen sowie die Funktion $^1\tilde{V}(x)$ selbst. Den dabei anfallenden vier Integrationskonstanten stehen nur drei Randbedingungen ($^1W(0) = {}^1q_x \cdot l$, $^1W(l) = 0$ und $^1V'(0) = 0$) gegenüber, so daß für die Funktion $^1\widetilde{V}(x)$ nur der Verlauf nicht aber die absolute Größe bestimmbar ist. Der Anfangswert $^1\widetilde{V}(0)$ verbleibt als unbekannte Größe, weil eine mechanische Deutung nicht möglich ist.

Zur Lösung der VTB-Differentialgleichung kann auch ein Analogieträger benutzt werden, wie er in der unteren Hälfte des Bildes 2.25 dargestellt ist. Die Schnittgröße $N = {}^1W$, das Wölbmoment, ist das Biegemoment am Analogieträger, die Verdrehung $^1\widetilde{V}'$ entspricht der Längsverschiebung u im wirklichen System und die Längslast $^1\widetilde{q}_x = -q_x$ stellt sich als Gleichstreckenmoment dar. Wie zuvor für die konventionellen Größen sind die Funktionsverläufe in den Symbolen der VTB dargestellt. Der Vergleich zeigt, daß sich aus der negativen Normierung von $^1\widetilde{u}$ einige Vorzeichenumkehrungen ergeben.

Die positive Längslast n_x erzeugt eine negative Belastung $^1\widetilde{q}_x$. Bei der Schnittgröße besteht Übereinstimmung. Die Betonungsfunktion der Verwölbung $^1\widetilde{V}'$ ist dagegen wieder negativ, ebenso die Verformung $^1\widetilde{V}$, deren Verlauf bis auf den willkürlichen Anfangswert $^1\widetilde{V}(0)$ angegeben werden kann.

In Bild 2.26 sind nochmals die Lagerbedingungen dargestellt. Während für das tatsächliche System jeweils drei gleichwertige Lagersymbole benutzt werden können, ist das Lagersymbol am Analogieträger eindeutig, wenn die Verschiebung $^1\widetilde{V}$ zugelassen sein soll.

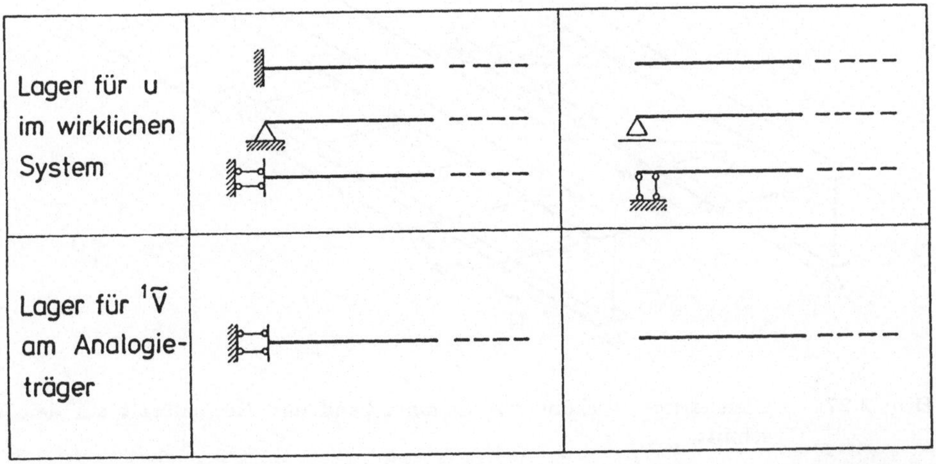

Bild 2.26   Lagersymbole bei der Längung im wirklichen System und am Analogieträger

2.9.3 Analogien

Das dem Ingenieur wohlvertraute Verhalten des Balkens ist in zweifacher Hinsicht als Analogie genutzt worden, um bei Vorgängen, die weniger anschaulich sind, bessere Einsicht zu gewinnen und bekannte Lösungsverfahren übertragen zu können. Voraussetzung dafür ist die gleiche mathematische Beschreibung der betreffenden Vorgänge.

In der Anwendung der Zugstab-Analogie, die in [7] ausführlich vorgestellt wird, auf die Wölbkrafttorsion ist der Differentialgleichungstyp

$$ay'''' - by'' = f(x) \tag{2.109}$$

die Grundlage der Analogie. Die Konstante a wird im einen Falle zur Biege- im anderen zur Wölbsteifigkeit, die Konstante b im einen zur Normalkraft im anderen zur Drillsteifigkeit. Letzteres führt gelegentlich zur Verwirrung, da ein Problem der Theorie I. Ordnung (Wölbkrafttorsion) durch eines der Theorie II. Ordnung (Zugstab) abgebildet wird. Betrachtet man die Normalkraft allerdings als eine unveränderliche Systemgröße und nicht als Last, so ist auch das Verhalten des Zugstabes vollkommen linear. Die gleiche Wirkung wie eine Längskraft hat auch die sogenannte Schub- oder Neigungsbettung, die durch schubelastische aber biegestarre Aussteifungen erzeugt wird (Bild 2.27).

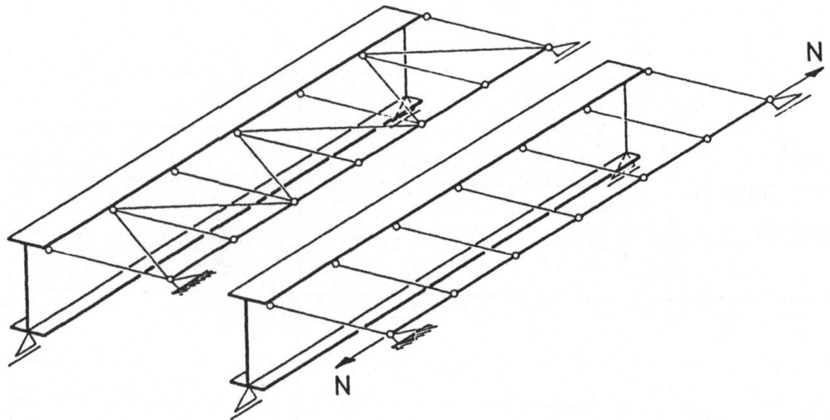

Bild 2.27   Gleichartige Wirkung von Schubverband und Normalkraft auf den Querschnitt.

Die zweite Anwendung ist der Balken auf elastischer Bettung. Die verbindende Grundlage ist der Differentialgleichungstyp

$$ay'''' + cy = f(x) \tag{2.110}$$

Die bekannteste Anwendung dieser Analogie ist der Zylinder unter rotationssymmetrischer Belastung. Die Biegesteifigkeit des Balkens bildet die Längsbiegesteifigkeit, die elastische Bettung die Ringsteifigkeit des Zylinders ab.

Die Kombination beider Differentialgleichungen ergibt gerade den Typ, der in der VTB für alle Vorgänge gemeinsam das Verhalten beschreibt. Es ist die Gleichung des elastisch gebetteten Balkens unter Querlast mit gleichzeitiger Wirkung einer Zugnormalkraft (Bild 2.28):

$$EIw'''' - Nw'' + kw = q \tag{2.111}$$

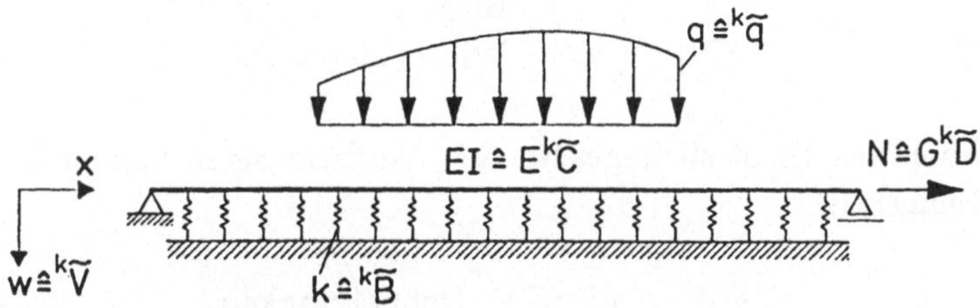

Bild 2.28   Elastisch gebetteter Balken unter Querlast mit Zugnormalkraft

Beim Vergleich von (2.111) mit der VTB-Differentialgleichung (2.96) fällt auf, daß die Analogie über eine rein formale Ähnlichkeit hinausgeht. Die Verformung w in (2.111) kann als Spezialfall der Verformungsresultanten ^kV in (2.96) angesehen werden. Die Wölbsteifigkeit $E\,^k\widetilde{C}$ entspricht der Biegesteifigkeit EI. Wie wir inzwischen erkannt haben, besitzen beide Größen eine gemeinsame Definition und die Biegesteifigkeit ist als Steifigkeitswert bezüglich der linearen Verwölbung zu betrachten. Analoge Größen sind weiterhin die Querbiegesteifigkeit $^k\widetilde{B}$ und die Bettungsziffer k. Beide haben dann eine gemeinsame Definition, wenn wir als Bettung im allgemeinen Sinne einen elastischen Widerstand verstehen, dessen Beanspruchung proportional mit der Verformung wächst. Ebenso läßt sich zeigen, daß die Zugnormalkraft N in der VTB im Rahmen der Theorie II. Ordnung eine Verallgemeinerung besitzt. Insgesamt können wir damit feststellen, daß alle System- und Zustandsgrößen gemeinsame Definitionen haben und somit aus der Analogie eine Identität wird.

2.9.4 Zur Frage der Bezeichnungen und Dimensionen

Nachdem auf der Grundlage allgemeingültiger Definitionen einheitliche Namen
und Symbole für die Steifigkeits- und Zustandsgrößen aller Vorgänge möglich
geworden sind, ist zu überlegen, ob und wieweit die in der Stabtheorie historisch
gewachsenen ersetzt oder parallel weiterverwendet werden sollen.

Grundsätzlich sollten weiterhin die drei Vorgänge der Stabtheorie (Längung,
Biegung und Drillung) bei der Einführung in der Mechanik getrennt behandelt werden. Wenn hierbei aber schon auf den verengten Charakter der Definitionen hingewiesen wird, ist die spätere Verallgemeinerung leichter. Auf nicht
notwendige Begriffe wie das Widerstandsmoment, das mit zunehmender Bedeutung der Traglastbetrachtung ohnehin überflüssig wird, sollte verzichtet werden. Die der Spannungsberechnung zugeordneten Querschnittsgrößen heißen
dann durchgängig "Widerstand":

$$
\begin{array}{lll}
A & (^1C) & \text{Dehnwiderstand} \\
I_1 & (^2C) & \text{Biegewiderstand 1} \\
I_2 & (^3C) & \text{Biegewiderstand 2} \\
C_M & (^4C) & \text{Wölbwiderstand}
\end{array}
$$

und die über das Elastizitätsgesetz den Verformungen zugeordneten Größen
heißen "Steifigkeit":

$$
\begin{array}{lll}
EA & (E\,^1C) & \text{Dehnsteifigkeit} \\
EI_1 & (E\,^2C) & \text{Biegesteifigkeit 1} \\
EI_2 & (E\,^3C) & \text{Biegesteifigkeit 2} \\
EC_M & (E\,^4C) & \text{Wölbsteifigkeit.}
\end{array}
$$

Damit kann auch der aus der Geometrie entlehnte Name "Querschnittsfläche"
für den Dehnwiderstand und der aus der Dynamik entlehnte Name "Trägheits-
moment" für den Biegewiderstand entfallen.

Bei der Zuweisung der Dimensionen gibt es wegen der Produktdarstellung beliebige Möglichkeiten der Aufteilung auf die Faktoren. Wegen der
grundsätzlichen Bedeutung der Wölbfunktion sollte einheitlich für die Einheitsverwölbungen $^k\tilde{u}$ die physikalisch auch zutreffende Dimension "Länge" gewählt
werden. Damit haben alle Verformungsfunktionen $^k\tilde{V}$ ebenfalls die Dimension
"Länge", die Schnittgrößen die Dimension einer Arbeit "Kraft mal Länge" und
die Wölbwiderstände erhalten einheitlich die Dimension "(Länge)^4". Das bedeutet Änderungen in den Dimensionen bei den Größen der Längung und der
Wölbkrafttorsion. Die Einheit für die Verformung $^4\tilde{V}$ ist die Totalverschiebung
eines Querschnittspunktes in der Entfernung 1 vom Drehpunkt.

Eine Übersicht über die Dimensionen ist am Ende des Symbolverzeichnisses
gegeben.

2.10 Zusammenfassende Darstellung

Im folgenden werden die wesentlichen Definitionen und Beziehungen auf einen Blick zusammengefaßt:

Wölbfunktion

$$u(s,x) \;=\; \sum_{k=1}^{n+1} {}^{k}\widetilde{u}(s) \cdot {}^{k}\widetilde{V}'(x)$$

Querschnittswerte

$$E\,{}^{k}\widetilde{C} = E \int_{A} {}^{k}\widetilde{u}^{2}\,\mathrm{d}A \qquad G\,{}^{k}\widetilde{D} = \frac{G}{3}\sum_{r=1}^{n} {}^{k}\widetilde{f}_{\vartheta,r}{}^{2}\,b_{r}\,t_{r}^{3} \qquad {}^{k}\widetilde{B} = \int_{s} \frac{{}^{k}\widetilde{m}_{s}^{2}}{K}\,\mathrm{d}s$$

Zustandslast

$${}^{k}\widetilde{q} \;=\; \sum_{r=1}^{n} q_{s,r}\,{}^{k}\widetilde{f}_{s,r}$$

Differentialgleichung

$$E\,{}^{k}\widetilde{C}\,{}^{k}\widetilde{V}'''' - G\,{}^{k}\widetilde{D}\,{}^{k}\widetilde{V}'' + {}^{k}\widetilde{B}\,{}^{k}\widetilde{V} = {}^{k}\widetilde{q}$$

Spannungsresultante

$${}^{k}W(x) \;=\; -E\,{}^{k}\widetilde{C}\,{}^{k}\widetilde{V}'' = -\int_{A}\sigma_{x}(s,x)\cdot {}^{k}\widetilde{u}(s)\,\mathrm{d}A$$

Längsspannung

$$\sigma_{x}(s,x) \;=\; -\sum_{k=1}^{n+1} \frac{{}^{k}W(x)\cdot {}^{k}\widetilde{u}(s)}{{}^{k}\widetilde{C}}$$

Schubkräfte

$$S_{r}(x) \;=\; \sum_{k=1}^{n+1} {}^{k}\widetilde{S}_{r} \cdot {}^{k}W'(x)$$

Querbiegemomente

$$m_{s,r}(x) \;=\; \sum_{k=1}^{n+1} {}^{k}\widetilde{m}_{s,r} \cdot {}^{k}V(x)$$

Ein Rechenprogramm, welches das Vorgehen dieses Kapitels enthält, kann grob in folgende Abschnitte unterteilt werden:

1. Eingabe der Systemwerte
2. Aufstellung der Matrizen für die Grundverformungszustände
3. Ermittlung der orthogonalen Einheitsverwölbung en
4. Aufstellen des orthogonalisierten Systems
5. Ausgabe der Querschnittswerte und der Einheitsverformungszustände

Die fünf Schritte sollen nun im einzelnen mit Verweisen auf die zu verwendenden Formeln angegeben werden:

Eingabe der Systemwerte

- Es werden benötigt die Materialkennwerte E und μ, die Anzahl n der Scheiben sowie für jede der Scheiben die Breite b_r, die Dicke t_r und der Winkel α_r in der y, z–Ebene.

Aufstellung der Matrizen für die Grundzustände

- Aufstellen der Matrizen F_b (Zeile 1 bleibt zunächst leer) und F_e (Zeile n bleibt zunächst leer) nach Tabelle 2.2 und 2.3.

- Berechnen der Matrix F_ϑ nach (2.23) (Zeilen 1 und n bleiben zunächst leer).

- Berechnen der Matrix ΔF_ϑ nach (2.25). Die Zeilen 1 und 2 sowie n und $n+1$ bleiben leer.

- Aufstellen der Δ_{ik}–Matrix nach Tabelle 2.5 und Invertierung.

- Berechnen der Matrix $\bar{M}$ nach (2.58).

- Berechnen der Matrix $\bar{B}$ nach (2.60).

- Rückrechnen der fehlenden Zeilen in der Matrix F_ϑ nach (2.66) und der fehlenden Zeilen in den Matrizen F_b und F_e mit Hilfe der Beziehung (2.23).

- Aufstellen der Matrizen F_s nach Tabelle 2.1 und $F_{\bar{s}}$ nach (2.22) (werden erst für die κ–Werte gebraucht).

- Aufstellen der Matrix $\bar{C}$ nach Tabelle 2.4.

Ermittlung der orthogonalen Einheitsverwölbungen

- Jacobiverfahren auf die Matrizen $\bar{C}$ und $\bar{B}$ anwenden. Es liefert die Wölbmatrix $\widetilde{U}$ und mit (2.72) die Eigenwerte $^k\lambda$, von denen vier Null sind.

- Normieren der Spalten von $\widetilde{U}$ auf 1 und sortieren bezüglich der Größe der Eigenwerte.

- Aufstellen der 4x4 Teilmatrix D mit (2.78).

- Jacobiverfahren auf die Teilmatrizen $\bar{C}_{4\times4}$ und $D_{4\times4}$ anwenden. Es verändert in der Wölbmatrix $\widetilde{U}$ die ersten vier Spalten und liefert vier Eigenwerte, von denen drei null sind.

- Sortieren der ersten vier Wölbvektoren. Normieren des vierten Wölbvektors auf den Drehwinkel 1.

- Transformation der Matrizen F_s und $F_{\bar{s}}$ mit der Wölbmatrix $\widetilde{U}$ gemäß (2.77).

- Berechnung der Matrix $K_{3\times3}$ der Kappawerte nach (2.79).

- Jacobiverfahren auf die Teilmatrizen $\widetilde{C}_{3\times3}$ und $K_{3\times3}$ anwenden. Es verändert in der Wölbmatrix $\widetilde{U}$ die ersten drei Spalten und liefert drei Eigenwerte, von denen einer null ist.

- Sortieren der ersten drei Eigenvektoren nach Größe der Eigenwerte.

- Normieren des ersten Eigenvektors auf -1 und der anderen beiden auf $^{22}\kappa = {}^{33}\kappa = -1$.

Aufstellen des orthogonalisierten Systems

- Berechung der Matrizen $\widetilde{F}_s$, $\widetilde{F}_\vartheta$, und $\widetilde{F}_{\bar{s}}$ mit (2.80). Sie enthalten dann in der k–ten Spalte die betreffenden Einheitsverschiebungen des k–ten Vorgangs.

- Berechung der Knotenverschiebungen $^k\widetilde{v}$ und $^k\widetilde{w}$ nach (2.91).

- Berechung der Matrix der Querbiegemoment e $\widetilde{M}$ nach (2.80).

- Berechung der Querschnittswerte $^k\widetilde{C}$ und $^k\widetilde{B}$ nach (2.81) bzw. (2.84) (da nur Diagonalelemente vorhanden sind, kann die doppelte Indizierung entfallen). Berechung der Querschnittswerte $^k\widetilde{D}$ nach (2.85b), oder — falls mit den gemischten Drillwiderständen gerechnet werden soll — berechnen der Matrix $\widetilde{D}$ gemäß (2.78).

- Die Schubkräfte $^k\widetilde{S}_r$ der Einheitsverformungszustände können nach (2.50) berechnet werden. Eine programmiergerechte Formulierung ist in Abschn. 7.3 gegeben.

Ausgabe der Querschnittswerte

Hier soll eine mögliche Art der Ergebnisausgabe vorgestellt werden, wie sie in diesem Buch durchgängig Verwendung findet:
Die Ausgabe erfolgt nach Zuständen geordnet jeweils in einer Tabelle gemäß Bild 2.29.

Zustand $k = \ldots$								
r	$^k u_r$	$^k f_{s,r}$	$^k f_{\bar{s},r}$	$^k f_{\vartheta,r}$	$^k m_{s,r}$	$^k S_r$	$^k v_r$	$^k w_r$
1	...	...	...	...	...	...	...	...
2	...	...	...	...	...	...	...	...
3	...	...	...	...	...	...	...	...
4	...	...	...	...	...	...	...	...
5	...	...	...	...	...	...	...	...
6	...				...		...	...
$^k C = \ldots$			$^k D = \ldots$			$^k B = \ldots$		

Bild 2.29 Form der Tabelle für die Ausgabe der Querschnittswerte, hier für einen 5-Scheiben-Querschnitt

Die Tilde zur Unterscheidung der orthogonalen Einheitszustände von den Grundzuständen ist hier nicht mehr notwendig und deshalb wird sie weggelassen. Die Nummer des Zustands bildet die Kopfzeile der Tabelle. In der Fußzeile stehen die Querschnittswerte $^k C$, $^k D$ und $^k B$, mit denen man die entkoppelte Differentialgleichung des betreffenden Zustands aufschreiben kann. Soll eine Ausgabe der Außerdiagonalelemente der Drillmatrix D erfolgen, so gibt man zweckmäßigerweise im Anschluß an die Querschnittswerte der einzelnen Zustände die Drillmatrix komplett aus. Im Allgemeinen ist dies jedoch nicht von Interesse, so daß darauf verzichtet wird.

Zwischen Kopf- und Fußzeile sind die knoten- bzw. scheibenbezogenen Größen spaltenweise angeordnet. Der Index r in der linken Spalte läuft von 1 bis $n + 1$ und gilt je nach Spalte als Knoten- oder Scheibenindex. Bei den scheibenbezogenen Größen bleibt die letzte Zeile dann frei oder wird (zur Programmvereinfachung) mit einer Null besetzt.

Die Ausgabe beginnt mit den Verformungen. Die erste Spalte enthält die Wölbordinaten $^{k}u_r$, die beiden folgenden die Verschiebungen $^{k}f_{s,r}$ und $^{k}f_{\bar{s},r}$ des Scheibenmittelpunktes und die vierte Spalte schließlich die Sehnenverdrehung $^{k}f_{\vartheta,r}$. Diese Angaben reichen zur Beschreibung der Sehnenfigur der Verformung bereits aus.

In manchen Fällen sind allerdings die Knotenverschiebungen von größerem Interesse bzw. besitzen eine größere Aussagekraft, weshalb sie zusätzlich mit angegeben werden. Sie nehmen die beiden letzten Spalten ein.

Dazwischen stehen noch zwei Spalten mit den Einheitskantenmomenten $^{k}m_{s,r}$ und den Einheitsschubkräften $^{k}S_r$.

Alle in der Tabelle stehenden Größen haben die Bedeutung von "Einheitsverformungen" bzw. "Einheitskräften", d.h. sie sind bezogene Größen, welche die angegebenen Werte genau dann annehmen, wenn die zugehörige Betonungsfunktion gleich eins ist. So gelten z.B. die angegebenen Wölbordinaten für $^{k}V' = 1$. Erst durch Multiplikation mit der zugehörigen Betonungsfunktion (^{k}V oder eine der Ableitungen) ergibt sich die wirkliche Größe in der korrekten Dimension.

In Tabelle 2.7 ist zusammengestellt, auf welche Einheit sich die Werte der Querschnittswertetabelle beziehen.

Tabelle 2.7 Einheiten der Querschnittswerte

Größe	Einheit
$^{k}u_r$	$^{k}V' = 1$
$^{k}f_{s,r}$	$^{k}V = 1$
$^{k}f_{\bar{s},r}$	$^{k}V = 1$
$^{k}f_{\vartheta,r}$	$^{k}V = 1$
$^{k}m_{s,r}$	$^{k}V = 1$
$^{k}S_r$	$^{k}W' = 1$
$^{k}v_r$	$^{k}V = 1$
$^{k}w_r$	$^{k}V = 1$

Um mit der Querschnittswertetabelle vertraut zu werden, wollen wir die Zustände 1, 2 und 4 für einen beliebigen Querschnitt betrachten und dabei überlegen, welche Werte hier von vorneherein festliegen (Tabelle 2.8). Es soll angenommen werden, daß der Querschnitt aus 5 Scheiben besteht, so daß r bis $n + 1 = 6$ läuft.

In allen Starrkörperzuständen sind die Querbiegemomente $m_{s,r}$ und der Querbiegewiederstand $^{k}\widetilde{B}$ null.

Im Zustand 1 (Längung) verschwinden alle Werte außer den Wölbordinaten, die auf -1 normiert sind, und dem Wölbwiderstand, welcher hier der einzige querschnittsabhängige Wert ist.

Tabelle 2.8a   Querschnittsunabhängige Struktur der Querschnittswerte für die Längung

r	^1u_r	$^1f_{s,r}$	$^1f_{\bar{s},r}$	$^1f_{\vartheta,r}$	$^1m_{s,r}$	^1S_r	^1v_r	^1w_r
1	-1	0	0	0	0	0	0	0
2	-1	0	0	0	0	0	0	0
3	-1	0	0	0	0	0	0	0
4	-1	0	0	0	0	0	0	0
5	-1	0	0	0	0	0	0	0
6	-1	0	0	0	0	0	0	0

$$^1C = \ldots \qquad ^1D = 0 \qquad ^1B = 0$$

Im Zustand 2 (Biegung) kommen Querschnittsverschiebungen und Schubkräfte hinzu. Daß es sich um eine Starrkörperverschiebung handelt, kommt zum einen darin zum Ausdruck, daß die beiden Spalten der Knotenverschiebungen jeweils mit einem konstanten Wert a bzw. b belegt sind, und zum anderen darin, daß die Verdrehung der Scheiben gleich null ist. An den Spalten der Scheibenschwerpunktsverschiebungen ist die Starrkörpereigenschaft nicht direkt ablesbar. Die Totalverschiebung muß gleich eins sein, d.h. es muß gelten $a^2 + b^2 = 1$. Der Schwerpunkt ergibt sich nicht direkt. Im Bedarfsfall ist er als Schnittpunkt der Verwölbungsnullinien zu finden.

Tabelle 2.8b   Struktur der Querschnittswerte für die Biegung

r	^2u_r	$^2f_{s,r}$	$^2f_{\bar{s},r}$	$^2f_{\vartheta,r}$	$^2m_{s,r}$	^2S_r	^2v_r	^2w_r
1	$\ldots$	$\ldots$	$\ldots$	0	0	$\ldots$	a	b
2	$\ldots$	$\ldots$	$\ldots$	0	0	$\ldots$	a	b
3	$\ldots$	$\ldots$	$\ldots$	0	0	$\ldots$	a	b
4	$\ldots$	$\ldots$	$\ldots$	0	0	$\ldots$	a	b
5	$\ldots$	$\ldots$	$\ldots$	0	0	$\ldots$	a	b
6	$\ldots$	$\ldots$	$\ldots$	0	0	$\ldots$	a	b

$$^2C = \ldots \qquad ^2D = 0 \qquad ^2B = 0$$

Der Zustand 4 (Torsion) ist an der konstanten Verdrehung erkennbar. Außerdem kommt hier ein Drillwiderstand hinzu. Die Verdrehung ist auf 1 (positiv im Uhrzeigersinn) normiert, so daß die Totalverschiebung δ_r des r–ten

Knotens gerade gleich seinem Abstand zum Schubmittelpunkt ist. Es läßt sich deshalb leicht die Lage des Schubmittelpunktes bestimmen.

Tabelle 2.8c Struktur der Querschnittswerte für die Torsion

Zustand $k = 4$								
r	${}^4u_r$	${}^4f_{s,r}$	${}^4f_{\bar{s},r}$	${}^4f_{\vartheta,r}$	${}^4m_{s,r}$	${}^4S_r$	${}^4v_r$	${}^4w_r$
1	...	...	...	1	0	...	...	...
2	...	...	...	1	0	...	...	...
3	...	...	...	1	0	...	...	...
4	...	...	...	1	0	...	...	...
5	...	...	...	1	0	...	...	...
6	...	...	...	1	0	...	...	...
${}^4C = ...$			${}^4D = ...$			${}^4B = 0$		

2.11 Zahlenbeispiel zur einfachen Stufe

2.11.1 Ermittlung der Querschnittswerte

Beim folgenden Beispiel eines Stahlbetonquerschnitts mit sechs Scheiben ($n = 6$) nach Bild 2.30, der auch in [17] behandelt wird, sollen die bisherigen Ableitungen angewendet werden. Da alle Zwischenergebnisse angegeben werden, kann es auch zur Prüfung eines selbst erstellten Rechenprogramms dienen. (Das einführende Beispiel in Abschn. 1.3.2 ist wegen des andersartigen Vorgehens nur in den Endergebnissen vergleichbar.)

Die Systemwerte des Querschnitts sind in Tabelle 2.9 zusammengefaßt.

Tabelle 2.9 Geometrie des Beispielquerschnittes (in m). Der E-Modul beträgt $21\,000\,\mathrm{MN/m^2}$, die Querdehnungszahl ist $\mu = 0$.

r	b_r	t_r	α_r
1	1,2	0,18	90
2	2,8	0,08	30
3	2,8	0,08	10
4	2,8	0,08	−10
5	2,8	0,08	−30
6	1,2	0,18	−90

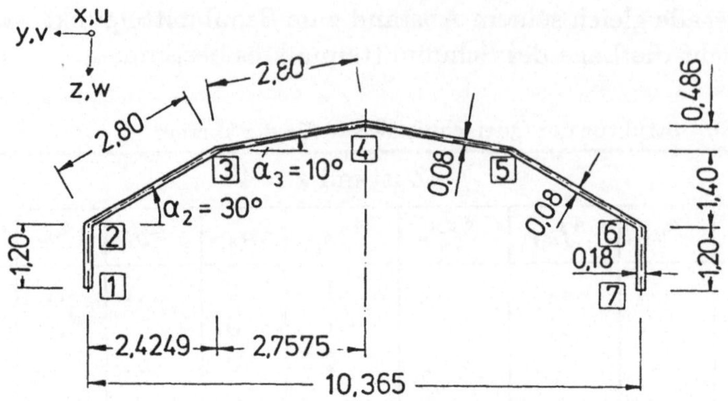

Bild 2.30   Stahlbetonquerschnitt nach [17], Längen und Dicken in m

Unter Anwendung der Formeln (2.19a) und (2.19b) werden die Matrizen
$\bar{F}_b$ und $\bar{F}_e$ gefüllt. Sie erfassen die Geometrie des Querschnitts. Da die Querverschiebungen der freien Querschnittsränder einerseits noch nicht gebraucht,
andererseits aber auch erst später, wenn die Querbiegemomente bekannt sind,
angegeben werden können, bleiben die erste Zeile von $\bar{F}_b$ und die letzte Zeile
von $\bar{F}_e$ zunächst unbesetzt.

Zur Erinnerung: das Element (i, k) gibt an, wie groß in der Grundverfor-
mungsfigur die Querverschiebung der Scheibe i am Anfang bzw. am Ende ist,
wenn u_k gleich 1 ist.

$$
\bar{F}_b =
\begin{pmatrix}
0 & 0 & 0 & 0 & 0 & 0 & 0 \\
-0,962 & 1,168 & -0,206 & 0 & 0 & 0 & 0 \\
0 & -1,044 & 2,025 & -0,981 & 0 & 0 & 0 \\
0 & 0 & -1,044 & 2,025 & -0,981 & 0 & 0 \\
0 & 0 & 0 & -1,044 & 2,025 & -0,981 & 0 \\
0 & 0 & 0 & 0 & -0,412 & 0,894 & -0,481
\end{pmatrix}
.
$$

$$
\bar{F}_e =
\begin{pmatrix}
-0,481 & 0,894 & -0,412 & 0 & 0 & 0 & 0 \\
0 & -0,981 & 2,025 & -1,044 & 0 & 0 & 0 \\
0 & 0 & -0,981 & 2,025 & -1,044 & 0 & 0 \\
0 & 0 & 0 & -0,981 & 2,025 & -1,044 & 0 \\
0 & 0 & 0 & 0 & -0,206 & 1,168 & -0,962 \\
0 & 0 & 0 & 0 & 0 & 0 & 0
\end{pmatrix}
.
$$

Die Sehnenverdrehung der Scheiben wird mit (2.23) ermittelt. Die erste und
letzte Zeile der Matrix können zunächst noch nicht besetzt werden.

$$\bar{F}_\vartheta = \begin{pmatrix} 0 & 0 & 0 & 0 & 0 & 0 & 0 \\ 0,344 & -0,768 & 0,797 & -0,373 & 0 & 0 & 0 \\ 0 & 0,373 & -1,074 & 1,074 & -0,373 & 0 & 0 \\ 0 & 0 & 0,373 & -1,074 & 1,074 & -0,373 & 0 \\ 0 & 0 & 0 & 0,373 & -0,797 & 0,768 & -0,344 \\ 0 & 0 & 0 & 0 & 0 & 0 & 0 \end{pmatrix}.$$

Die Differenz der Sehnenverdrehungen ist durch (2.25) gegeben. Die Matrix $\Delta \bar{F}_\vartheta$ ergibt sich aus der Differenz der aufeinander folgenden Zeilen der $\bar{F}_\vartheta$-Matrix. Sie ist nur von der dritten bis zur $(n-1)$-ten Zeile besetzt.

$$\Delta \bar{F}_\vartheta = \begin{pmatrix} 0 & 0 & 0 & 0 & 0 & 0 & 0 \\ 0 & 0 & 0 & 0 & 0 & 0 & 0 \\ -0,344 & 1,141 & -1,871 & 1,447 & -0,373 & 0 & 0 \\ 0 & -0,373 & 1,447 & -2,148 & 1,447 & -0,373 & 0 \\ 0 & 0 & -0,373 & 1,447 & -1,871 & 1,141 & -0,344 \\ 0 & 0 & 0 & 0 & 0 & 0 & 0 \\ 0 & 0 & 0 & 0 & 0 & 0 & 0 \end{pmatrix}.$$

Nun müssen die Kantenmomente $m_{s,r}$ in Abhängigkeit von den Wölbordinaten ermittelt werden. Dazu wird die Δ_{ik}-Matrix besetzt. Sie ist dreigliedrig und symmetrisch. Die Formeln für die Elemente finden sich unter (2.54). Wie dort erwähnt, ist die Auffüllung der Hauptdiagonale mit Einsen notwendig, um die Matrix in voller Dimension $(n+1)$ invertieren zu können.

$$\Delta_{ik} = \begin{pmatrix} 1,000 & 0 & 0 & 0 & 0 & 0 & 0 \\ 0 & 1,000 & 0 & 0 & 0 & 0 & 0 \\ 0 & 0 & 2,083 & 0,521 & 0 & 0 & 0 \\ 0 & 0 & 0,521 & 2,083 & 0,521 & 0 & 0 \\ 0 & 0 & 0 & 0,521 & 2,083 & 0 & 0 \\ 0 & 0 & 0 & 0 & 0 & 1,000 & 0 \\ 0 & 0 & 0 & 0 & 0 & 0 & 1,000 \end{pmatrix}.$$

Durch die Inversion erhalten wir die Einflußzahlen für die Kantenmomente:

$$\Delta_{ik}^{-1} = \begin{pmatrix} 1,000 & 0 & 0 & 0 & 0 & 0 & 0 \\ 0 & 1,000 & 0 & 0 & 0 & 0 & 0 \\ 0 & 0 & 0,514 & -0,137 & 0,034 & 0 & 0 \\ 0 & 0 & -0,137 & 0,549 & -0,137 & 0 & 0 \\ 0 & 0 & 0,034 & -0,137 & 0,514 & 0 & 0 \\ 0 & 0 & 0 & 0 & 0 & 1,000 & 0 \\ 0 & 0 & 0 & 0 & 0 & 0 & 1,000 \end{pmatrix}.$$

Multiplikation von Δ_{ik}^{-1} mit $-\Delta\bar{F}_\vartheta$ (2.58) liefert die Kantenmomente. Das Element m_{ik} gibt das Moment an der Kante i an, das aus $u_k = 1$ erzeugt wird.

$$\bar{M} = \begin{pmatrix} 0 & 0 & 0 & 0 & 0 & 0 & 0 \\ 0 & 0 & 0 & 0 & 0 & 0 & 0 \\ 0,177 & -0,638 & 1,173 & -1,088 & 0,454 & -0,090 & 0,012 \\ -0,047 & 0,361 & -1,101 & 1,575 & -1,101 & 0,361 & -0,047 \\ 0,012 & -0,090 & 0,454 & -1,088 & 1,173 & -0,638 & 0,177 \\ 0 & 0 & 0 & 0 & 0 & 0 & 0 \\ 0 & 0 & 0 & 0 & 0 & 0 & 0 \end{pmatrix} .$$

Zur Bildung der virtuellen Arbeit in der Matrix $\bar{B}$ nach (2.60) wird $\bar{M}$ mit $-\Delta\bar{F}_\vartheta{}^T$ vormultipliziert. $\bar{B}$ ist stets symmetrisch und in der Regel voll besetzt.

$$\bar{B} = \begin{pmatrix} 0,061 & -0,219 & 0,403 & -0,374 & 0,156 & -0,031 & 0,004 \\ -0,219 & 0,862 & -1,749 & 1,829 & -0,929 & 0,238 & -0,031 \\ 0,403 & -1,749 & 3,958 & -4,720 & 2,881 & -0,929 & 0,156 \\ -0,374 & 1,829 & -4,720 & 6,531 & -4,720 & 1,829 & -0,374 \\ 0,156 & -0,929 & 2,881 & -4,720 & 3,958 & -1,749 & 0,403 \\ -0,031 & 0,238 & -0,929 & 1,829 & -1,749 & 0,862 & -0,219 \\ 0,004 & -0,031 & 0,156 & -0,374 & 0,403 & -0,219 & 0,061 \end{pmatrix} .$$

Nachdem nun die Matrix der Querbiegemomente bekannt ist, lassen sich die fehlenden Zeilen der Matrizen $\bar{F}_b$, $\bar{F}_e$ und $\bar{F}_\vartheta$ nach (2.66) ausrechnen. Wir erhalten als erste Zeile von $\bar{F}_b$

$$(-1.004 \quad 2.213 \quad -2.102 \quad 1.128 \quad -0.284 \quad 0.056 \quad -0.007) ,$$

als letzte Zeile von $\bar{F}_e$

$$(-0.007 \quad 0.056 \quad -0.284 \quad 1.128 \quad -2.102 \quad 2.213 \quad -1.004)$$

und als erste bzw. letzte Zeile von $\bar{F}_\vartheta$

$$(0,436 \quad -1,100 \quad 1,408 \quad -0,940 \quad 0,237 \quad -0,047 \quad 0,006) ,$$
$$(-0,006 \quad 0,047 \quad -0,237 \quad 0,940 \quad -1,408 \quad 1,100 \quad -0,436) .$$

Die Elemente der Matrix $\bar{C}$ erhält man aus (2.44). Die Matrix ist dreigliedrig besetzt und symmetrisch. Die Elemente können entweder als Arbeit der Schubkraftänderungen S'_r infolge ${}^i V'''' = 1$ an den Längsverschiebungen ${}^k\bar{f}_s$

aus $^k\bar{V} = 1$ oder als Wölbwiderstand angesehen werden:

$$\bar{C} = \begin{pmatrix} 0,072 & 0,036 & 0 & 0 & 0 & 0 & 0 \\ 0,036 & 0,147 & 0,037 & 0 & 0 & 0 & 0 \\ 0 & 0,037 & 0,149 & 0,037 & 0 & 0 & 0 \\ 0 & 0 & 0,037 & 0,149 & 0,037 & 0 & 0 \\ 0 & 0 & 0 & 0,037 & 0,149 & 0,037 & 0 \\ 0 & 0 & 0 & 0 & 0,037 & 0,147 & 0,036 \\ 0 & 0 & 0 & 0 & 0 & 0,036 & 0,072 \end{pmatrix}.$$

Damit ist das Eigenwertproblem (2.68) formuliert.

Die erste Anwendung des Jacobiverfahrens liefert drei Eigenwerte, die nicht null sind. Die zugehörigen Eigenvektoren sind die orthogonalen Wölbfunktionen zu den drei Profilverformungen. Sie werden der Größe der Eigenwerte nach am rechten Rand der Matrix $\tilde{U}$ angeordnet und sind nach Normierung des betragsgrößten Elements auf 1 schon endgültig. Zwei davon sind symmetrisch, einer ist antimetrisch. Der antimetrische Profilverformungszustand besitzt zwei betragsgrößte Ordinaten, die entgegengesetztes Vorzeichen haben. Durch die beim Jacobiverfahren auftretenden Rundungsfehler kann aber nicht erwartet werden, daß sie exakt betragsgleich herauskommen, so daß sich die Normierung je nach Ablauf der Rechnung an der einen oder der anderen Ordinate ausrichten wird.

Die zu den vier Nulleigenwerten gehörenden Vektoren sind ein orthogonales aber sonst beliebiges Gemisch aus den Starrkörperanteilen. Da wegen $\lambda = 0$ nur die Orthogonalitätsbedingungen bezüglich der Verwölbung zu erfüllen sind, gibt es nämlich unendlich viele Lösungen. Das Ergebnis hängt vom Ablauf des Jacobiverfahrens ab, so daß der Leser, der mit eigenen Ergebnissen vergleicht, vor der Entmischung keine Übereinstimmung erwarten kann.

$$\tilde{C} = \begin{pmatrix} 0,142 & 0 & 0 & 0 & 0 & 0 & 0 \\ 0 & 0,192 & 0 & 0 & 0 & 0 & 0 \\ 0 & 0 & 0,437 & 0 & 0 & 0 & 0 \\ 0 & 0 & 0 & 0,229 & 0 & 0 & 0 \\ 0 & 0 & 0 & 0 & 0,235 & 0 & 0 \\ 0 & 0 & 0 & 0 & 0 & 0,405 & 0 \\ 0 & 0 & 0 & 0 & 0 & 0 & 0,220 \end{pmatrix},$$

$$\tilde{B} = \begin{pmatrix} 0 & 0 & 0 & 0 & 0 & 0 & 0 \\ 0 & 0 & 0 & 0 & 0 & 0 & 0 \\ 0 & 0 & 0 & 0 & 0 & 0 & 0 \\ 0 & 0 & 0 & 0 & 0 & 0 & 0 \\ 0 & 0 & 0 & 0 & 0,242 & 0 & 0 \\ 0 & 0 & 0 & 0 & 0 & 7,885 & 0 \\ 0 & 0 & 0 & 0 & 0 & 0 & 39,054 \end{pmatrix},$$

$$\tilde{U} = \begin{pmatrix} -0,043 & 1,000 & -0,005 & 1,000 & 1,000 & 0,838 & -0,300 \\ 0,050 & 0,621 & -0,215 & -0,378 & -0,731 & -1,000 & 0,451 \\ -0,032 & 0,221 & 0,330 & -0,694 & -0,019 & 0,960 & -0,798 \\ -0,079 & 0,031 & 0,852 & -0,293 & 0,509 & 0 & 1,000 \\ 0,051 & -0,013 & 1,000 & 0,263 & -0,019 & -0,960 & -0,798 \\ 0,474 & 0,010 & 0,464 & 0,398 & -0,731 & 1,000 & 0,451 \\ 1,000 & -0,008 & -0,672 & -0,594 & 1,000 & -0,838 & -0,300 \end{pmatrix},$$

$$\lambda = \begin{pmatrix} 0 \\ 0 \\ 0 \\ 0 \\ 1,029 \\ 19,45 \\ 177,7 \end{pmatrix}.$$

Eine graphische Darstellung der Matrizen vor und nach der Anwendung des Jacobiverfahrens zeigt Bild 2.31. Größenordnungen und Symmetrieeigenschaften der Matrizen und Vektoren sind hier leicht zu erkennen.

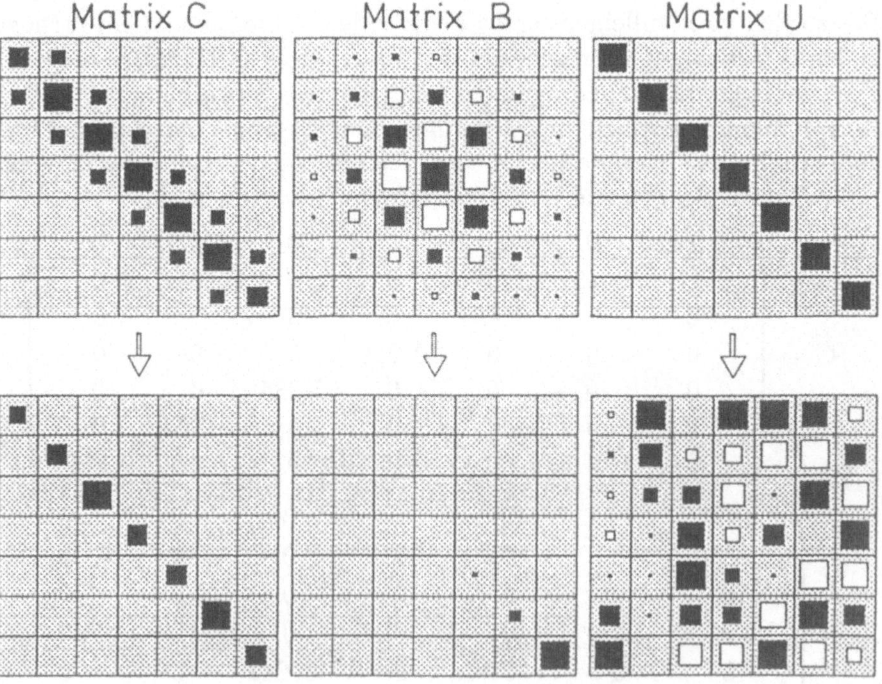

Bild 2.31　Belegung der Matrizen vor und nach der ersten Orthogonalisierung (positive Elemente sind schwarz).

Zur Entmischung, d.h. einer getrennten Darstellung nach Längung, Biegung um die Hauptachsen und Torsion um den Schubmittelpunkt, müssen für die vier ersten Vektoren, zusammengefaßt in der Teilmatrix $\widetilde{U}_{(n+1)\times 4}$, weitere Orthogonalitätsforderungen gestellt werden. Die vier Vektoren enthalten jeweils einen konstanten Verdrehanteil, die gemischten Drillwiderstände verschwinden also nicht.

Die Verdrehung ergibt sich aus (2.77) zu

$$
\tilde{F}_{\vartheta,n\times 4} = \bar{F}_\vartheta \cdot \widetilde{U}_{(n+1)\times 4} =
\begin{pmatrix}
-0,050 & 0,032 & 0,108 & 0,191 \\
-0,050 & 0,032 & 0,108 & 0,191 \\
-0,050 & 0,032 & 0,108 & 0,191 \\
-0,050 & 0,032 & 0,108 & 0,191 \\
-0,050 & 0,032 & 0,108 & 0,191 \\
-0,050 & 0,032 & 0,108 & 0,191
\end{pmatrix} .
$$

Damit errechnen sich die Elemente der Matrix $\widetilde{D}_{4\times 4}$ entweder durch Matrizenmultiplikation gemäß (2.75) (dazu müßte allerdings die Matrix $\bar{D}$ berechnet werden) oder einfacher direkt mit (2.78) :

$$
\widetilde{D}_{4\times 4} =
\begin{pmatrix}
0,171 & -0,110 & -0,372 & -0,655 \\
-0,110 & 0,070 & 0,238 & 0,420 \\
-0,372 & 0,238 & 0,809 & 1,424 \\
-0,655 & 0,420 & 1,424 & 2,508
\end{pmatrix} .
$$

Das neue reduzierte Eigenwertproblem wird wieder dem Jacobiverfahren unterworfen, wobei man die Rotationen auf die Teilmatrix beschränkt. Es liefert drei Eigenwerte Null, deren zugehörige Vektoren keine Torsion mehr enthalten. Das Element $^{44}\widetilde{D}$ ist nach Normierung der Verdrehung auf 1 der Drillwiderstand I_D des Querschnitts. Der zugehörige Wölbvektor ist die Einheitsverwölbung zur Wölbkrafttorsion.

$$
\widetilde{C}_{4\times 4} =
\begin{pmatrix}
1,058 & 0 & 0 & 0 \\
0 & 0,250 & 0 & 0 \\
0 & 0 & 0,343 & 0 \\
0 & 0 & 0 & 4,808
\end{pmatrix} ,
$$

$$
\widetilde{D}_{4\times 4} =
\begin{pmatrix}
0 & 0 & 0 & 0 \\
0 & 0 & 0 & 0 \\
0 & 0 & 0 & 0 \\
0 & 0 & 0 & 0,00658
\end{pmatrix} ,
$$

$$\tilde{U}_{(n+1)\times4} = \begin{pmatrix} -0,322 & 0,973 & -0,522 & 4,864 \\ 0,527 & 0,653 & -0,375 & -1,355 \\ 1,251 & 0,201 & 0,060 & -2,148 \\ 1,292 & -0,019 & 0,418 & 0 \\ 0,644 & 0,020 & 0,657 & 2,148 \\ -0,614 & 0,313 & 0,748 & 1,355 \\ -1,464 & 0,633 & 0,601 & -4,864 \end{pmatrix}.$$

Die graphische Darstellung der Matrizen bei der Entmischung des Torsionszustands ist in Bild 2.32 zu sehen.

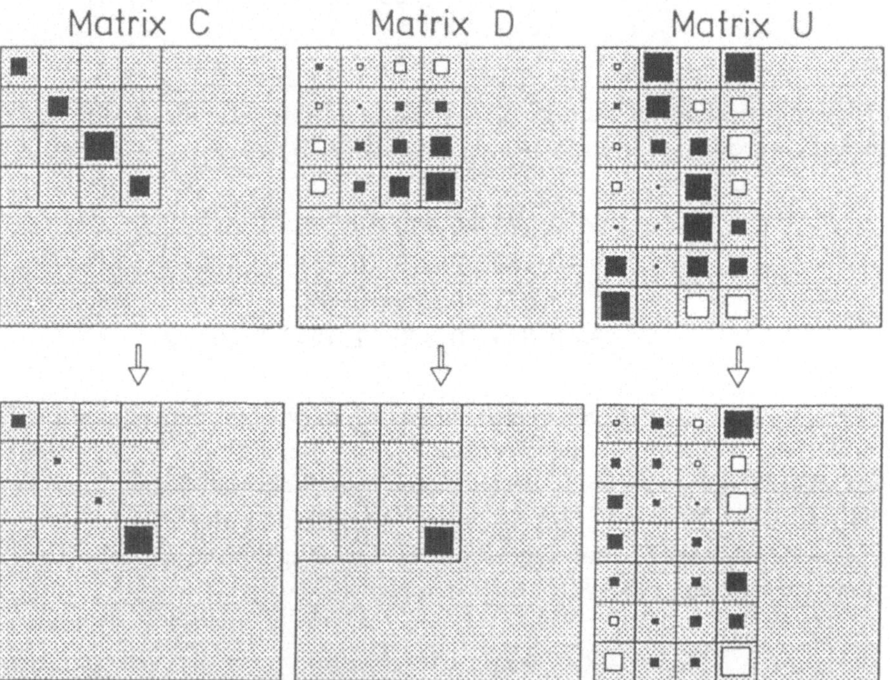

Bild 2.32   Belegung der Matrizen vor und nach der zweiten Orthogonalisierung

Die Vektoren $^1\tilde{u}$, $^2\tilde{u}$ und $^3\tilde{u}$ erfüllen zwar, wie schon vorher, die Orthogonalitätsbedingung bezüglich der Verwölbungen, aber die zugehörigen Totalverschiebungen in der Querschnittsebene stehen noch nicht senkrecht aufeinander. Das wird nun durch die zusätzliche Forderung $^{ik}\kappa = 0$ für $i \neq k$ erzwungen, wobei die Kappawerte nach (2.79) gebildet werden. Hierzu benötigen wir die

s– und $\bar{s}$–Verschiebungen für $k = 1$ bis 3. Sie lauten

$$\widetilde{F}_{s\,(n+1)\times 3} = \begin{pmatrix} -0,708 & 0,266 & -0,123 \\ -0,259 & 0,162 & -0,155 \\ -0,014 & 0,079 & -0,128 \\ 0,231 & -0,014 & -0,085 \\ 0,449 & -0,105 & -0,032 \\ 0,708 & -0,266 & 0,123 \end{pmatrix} ,$$

$$\widetilde{F}_{\bar{s}\,(n+1)\times 3} = \begin{pmatrix} 0,110 & 0,033 & -0,108 \\ 0,668 & -0,214 & 0,052 \\ 0,716 & -0,257 & 0,102 \\ 0,678 & -0,268 & 0,140 \\ 0,558 & -0,247 & 0,160 \\ -0,110 & -0,033 & 0,108 \end{pmatrix} .$$

Die Matrix der κ–Werte zu den ersten drei Eigenvektoren lautet

$$K_{3\times 3} = \begin{pmatrix} -0,513 & 0,185 & -0,075 \\ 0,185 & -0,072 & 0,036 \\ -0,075 & 0,036 & -0,027 \end{pmatrix} .$$

Die dritte Orthogonalisierung hinterläßt den konstanten Wölbvektor zur Längung mit dem Eigenwert Null sowie die beiden ebenen Wölbfunktionen zur Biegung um die Hauptachsen mit den Eigenwerten $^{22}\kappa$ und $^{33}\kappa$. Der Wert von $^{11}\kappa$ ist null. Um die Totalverschiebung auf 1 zu bringen, müssen die Wölbfunktionen noch durch die Wurzel des zugehörigen Eigenwertes dividiert werden. Nun liegt die gesamte Wölbmatrix $\widetilde{U}$ in der gewünschten Form vor.

$$\widetilde{C}_{3\times 3} = \begin{pmatrix} 1,328 & 0 & 0 \\ 0 & 20,018 & 0 \\ 0 & 0 & 1,248 \end{pmatrix} ,$$

$$K_{3\times 3} = \begin{pmatrix} 0 & 0 & 0 \\ 0 & -1,000 & 0 \\ 0 & 0 & -1,000 \end{pmatrix} ,$$

$$\widetilde{U}_{(n+1)\times 3} = \begin{pmatrix} -1,000 & -5,182 & -1,795 \\ -1,000 & -5,182 & -0,595 \\ -1,000 & -2,757 & 0,805 \\ -1,000 & 0 & 1,291 \\ -1,000 & 2,757 & 0,805 \\ -1,000 & 5,182 & -0,595 \\ -1,000 & 5,182 & -1,795 \end{pmatrix} .$$

Bild 2.33 zeigt die Matrizen vor und nach der dritten Orthogonalisierung.

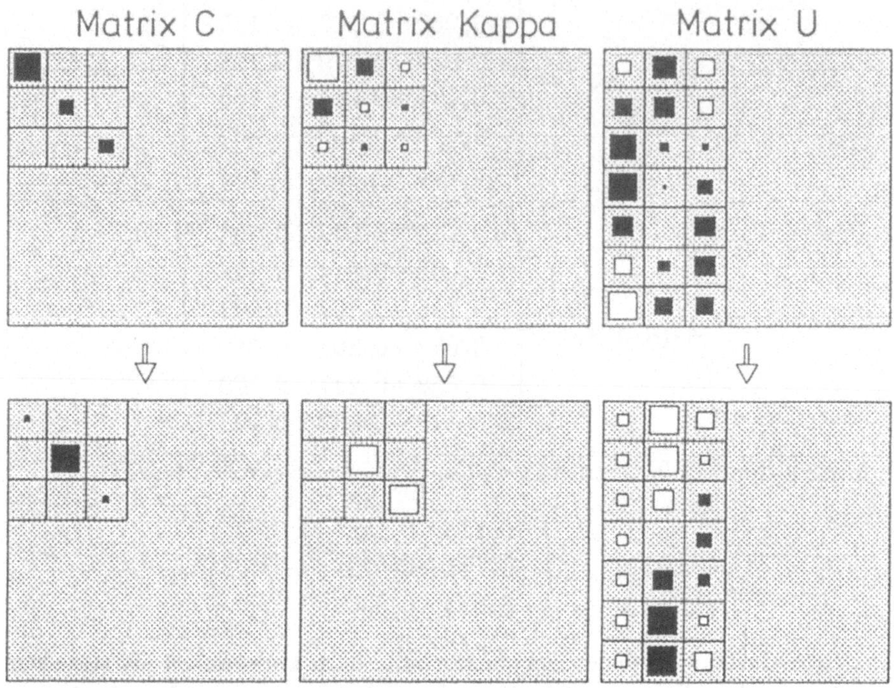

Bild 2.33　Belegung der Matrizen vor und nach der dritten Orthogonalisierung

Es schließt sich die Berechnung der Einheitsverformungen und der Querschnittswerte an. Die Umfangsverschiebungen $\tilde{f}_s$ sind gemäß (2.10) gleich der negativen Neigung der Wölbfunktion $\dot{u}$ oder ergeben sich aus der Matrizenoperation (2.80a) (dazu muß aber zunächst die Matrix $\bar{F}_s$ nach Tabelle 2.1 berechnet werden). In gleicher Weise erhalten wir durch Multiplikation mit der Matrix $\tilde{U}$ die Matrizen $\tilde{F}_{\bar{s}}$, $\tilde{F}_{\vartheta}$ und $\widetilde{M}$. Für die Berechnung der verallgemeinerten Lasten $^k\tilde{q}$ sind außerdem die Verschiebungskomponenten $^k\tilde{v}$ und $^k\tilde{w}$ der Knoten nützlich. Sie werden nach (2.91) ermittelt.

Die Steifigkeiten $^k\tilde{C}$, $^k\tilde{D}$ und $^k\tilde{B}$ (Querschnittswerte) können auf verschiedene Art erhalten werden. $^k\tilde{C}$ und $^k\tilde{B}$ fallen bei konsequenter Normierung schon als Hauptdiagonalwerte nach der Durchführung des Jacobiverfahrens an. Sie können auch aus den Wölbfunktionen und den Querbiegemomenten gemäß (2.81) bzw. (2.84) direkt errechnet werden. Für die Ermittlung der Drillwiderstände nutzen wir die vereinfachte Formel (2.85b). Die gemischten Werte $^{ik}\tilde{D}$ werden vernachlässigt. Die Querschnittswerte sind in den Tabellen 2.10a bis 2.10g zusammengestellt. Die Einheitsverwölbungen und -verformungen enthalten die Bilder 2.34a bis 2.34g.

Tabelle 2.10a Querschnittswerte für $k = 1$

r	${}^1u_r$	${}^1f_{s,r}$	${}^1f_{\bar{s},r}$	${}^1f_{\vartheta,r}$	${}^1m_{s,r}$	${}^1S_r$	${}^1v_r$	${}^1w_r$
				Zustand $k = 1$				
1	$-1,000$	$0,000$	$0,000$	$0,000$	$0,000$	$0,000$	$0,000$	$0,000$
2	$-1,000$	$0,000$	$0,000$	$0,000$	$0,000$	$0,000$	$0,000$	$0,000$
3	$-1,000$	$0,000$	$0,000$	$0,000$	$0,000$	$0,000$	$0,000$	$0,000$
4	$-1,000$	$0,000$	$0,000$	$0,000$	$0,000$	$0,000$	$0,000$	$0,000$
5	$-1,000$	$0,000$	$0,000$	$0,000$	$0,000$	$0,000$	$0,000$	$0,000$
6	$-1,000$	$0,000$	$0,000$	$0,000$	$0,000$	$0,000$	$0,000$	$0,000$
7	$-1,000$	$0,000$	$0,000$	$0,000$	$0,000$	$0,000$	$0,000$	$0,000$
	${}^1C = 1,328$			${}^1D = 0$			${}^1B = 0$	

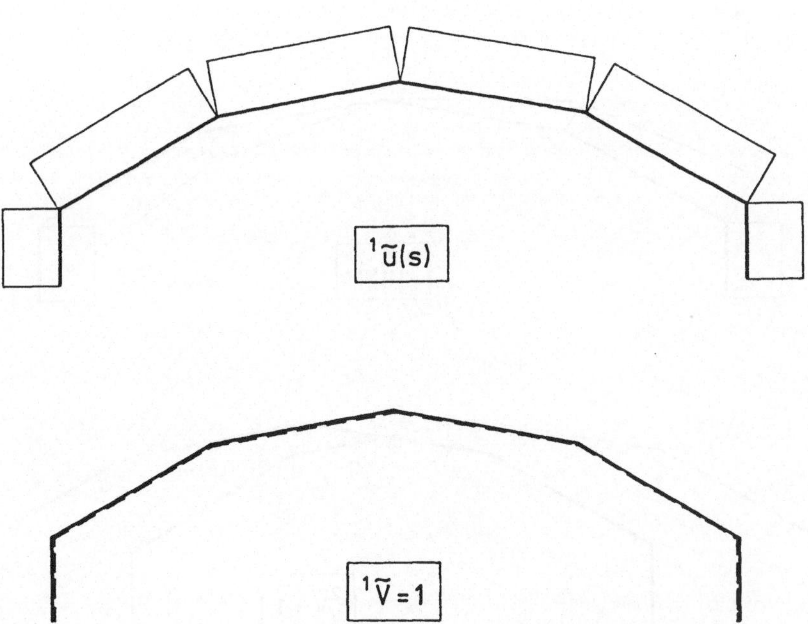

Bild 2.34a Einheitsverwölbung und Einheitsverformung für $k = 1$

Tabelle 2.10b   Querschnittswerte für $k = 2$

				Zustand $k = 2$				
r	${}^2u_r$	${}^2f_{s,r}$	${}^2f_{\bar{s},r}$	${}^2f_{\vartheta,r}$	${}^2m_{s,r}$	${}^2S_r$	${}^2v_r$	${}^2w_r$
1	$-5,182$	$0,000$	$-1,000$	$0,000$	$0,000$	$-0,033$	$1,000$	$0,000$
2	$-5,182$	$-0,866$	$-0,500$	$0,000$	$0,000$	$-0,225$	$1,000$	$0,000$
3	$-2,757$	$-0,984$	$-0,173$	$0,000$	$0,000$	$-0,309$	$1,000$	$0,000$
4	$0,000$	$-0,984$	$0,173$	$0,000$	$0,000$	$-0,309$	$1,000$	$0,000$
5	$2,757$	$-0,866$	$0,500$	$0,000$	$0,000$	$-0,225$	$1,000$	$0,000$
6	$5,182$	$0,000$	$1,000$	$0,000$	$0,000$	$-0,033$	$1,000$	$0,000$
7	$5,182$	$0,000$	$0,000$	$0,000$	$0,000$	$0,000$	$1,000$	$0,000$
${}^2C = 20,018$				${}^2D = 0$			${}^2B = 0$	

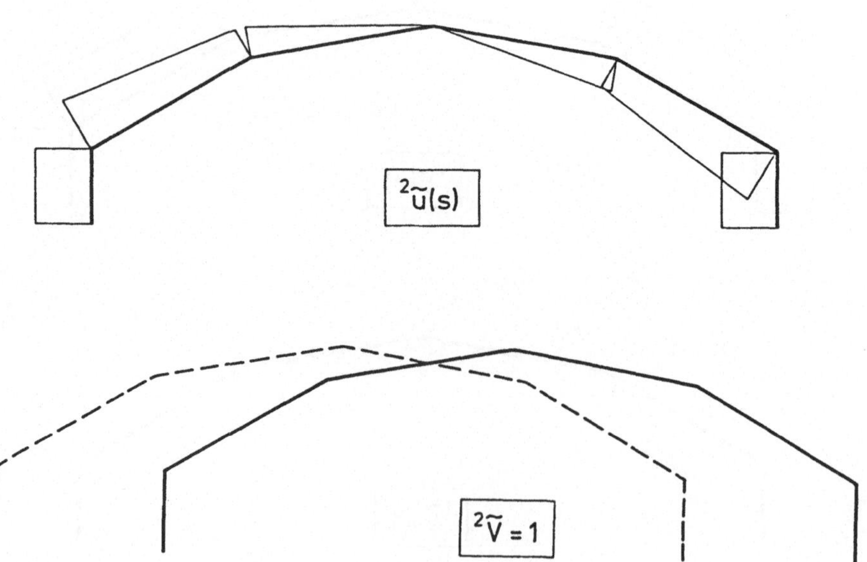

Bild 2.34b   Einheitsverwölbung und Einheitsverformung für $k = 2$

Tabelle 2.10c   Querschnittswerte für $k = 3$

r	${}^3u_r$	${}^3f_{s,r}$	${}^3f_{\bar{s},r}$	${}^3f_{\vartheta,r}$	${}^3m_{s,r}$	${}^3S_r$	${}^3v_r$	${}^3w_r$
				Zustand $k = 3$				
1	$-1,795$	$-1,000$	$0,000$	$0,000$	$0,000$	$-0,144$	$0,000$	$1,000$
2	$-0,595$	$-0,500$	$0,866$	$0,000$	$0,000$	$-0,611$	$0,000$	$1,000$
3	$0,804$	$-0,173$	$0,984$	$0,000$	$0,000$	$-0,283$	$0,000$	$1,000$
4	$1,290$	$0,173$	$0,984$	$0,000$	$0,000$	$0,283$	$0,000$	$1,000$
5	$0,804$	$0,500$	$0,866$	$0,000$	$0,000$	$0,611$	$0,000$	$1,000$
6	$-0,595$	$1,000$	$0,000$	$0,000$	$0,000$	$0,144$	$0,000$	$1,000$
7	$-1,795$	$0,000$	$0,000$	$0,000$	$0,000$	$0,000$	$0,000$	$1,000$
	${}^3C = 1,248$			${}^3D = 0$			${}^3B = 0$	

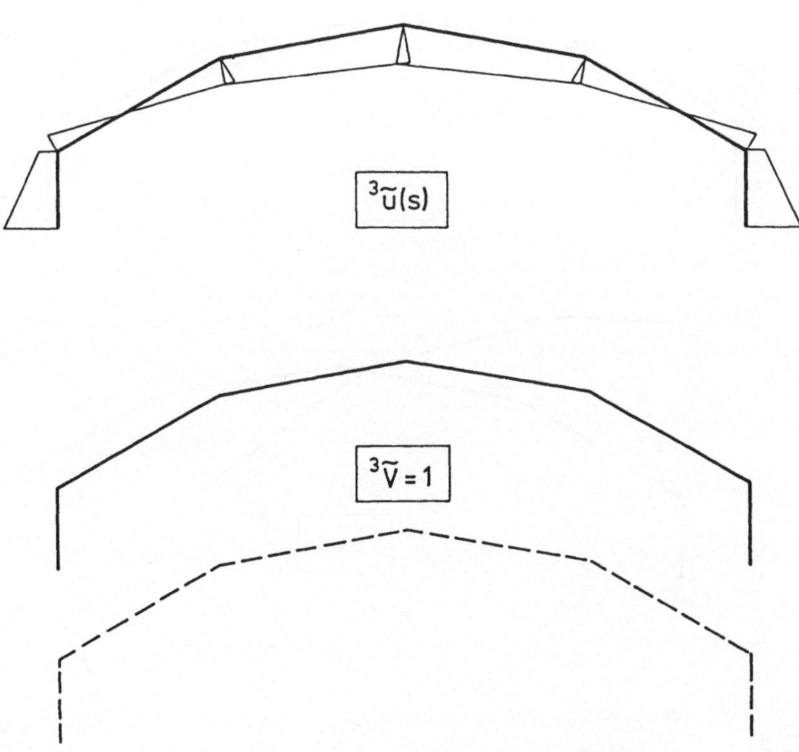

Bild 2.34c   Einheitsverwölbung und Einheitsverformung für $k = 3$

Tabelle 2.10d   Querschnittswerte für $k = 4$

r	^4u_r	$^4f_{s,r}$	$^4f_{\bar{s},r}$	$^4f_{\vartheta,r}$	$^4m_{s,r}$	^4S_r	^4v_r	^4w_r
				Zustand $k = 4$				
1	$4,863$	$5,182$	$-3,265$	$1,000$	$0,000$	$0,075$	$3,865$	$-5,182$
2	$-1,355$	$0,283$	$-4,420$	$1,000$	$0,000$	$0,115$	$2,665$	$-5,182$
3	$-2,147$	$-0,767$	$-1,535$	$1,000$	$0,000$	$-0,101$	$1,265$	$-2,757$
4	$0,000$	$-0,767$	$1,535$	$1,000$	$0,000$	$-0,101$	$0,778$	$0,000$
5	$2,147$	$0,283$	$4,420$	$1,000$	$0,000$	$0,115$	$1,265$	$2,757$
6	$1,355$	$5,182$	$3,265$	$1,000$	$0,000$	$0,075$	$2,665$	$5,182$
7	$-4,863$	$0,000$	$0,000$	$0,000$	$0,000$	$0,000$	$3,865$	$5,182$

$$^4C = 4,8083 \qquad\qquad ^4D = 0,006577 \qquad\qquad ^4B = 0$$

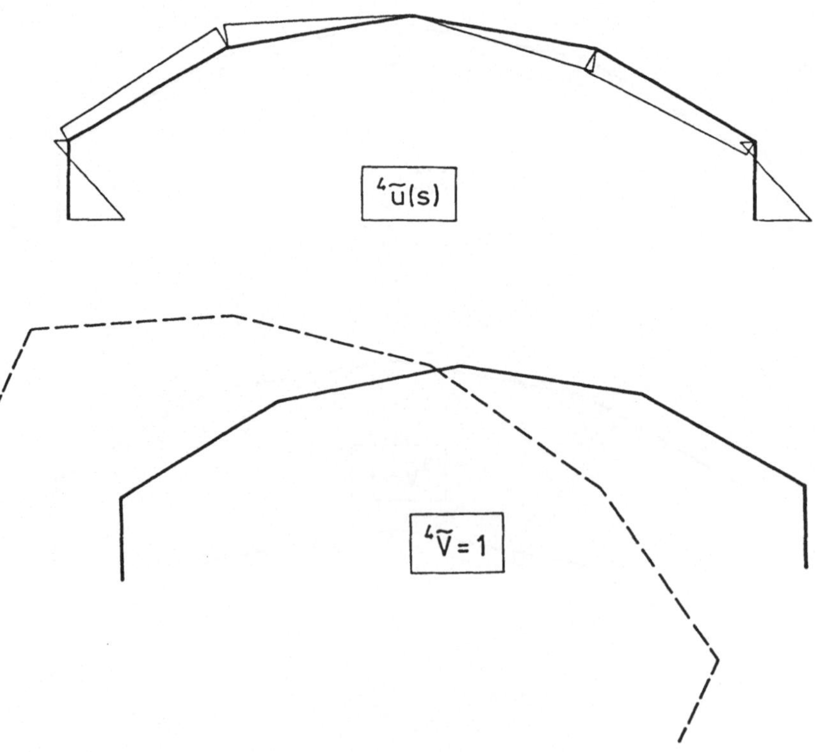

Bild 2.34d   Einheitsverwölbung und Einheitsverformung für $k = 4$

Tabelle 2.10e   Querschnittswerte für $k = 5$

r	^5u_r	$^5f_{s,r}$	$^5f_{\bar{s},r}$	$^5f_{\vartheta,r}$	$^5m_{s,r}$	^5S_r	^5v_r	^5w_r
				Zustand $k = 5$				
1	1,000	1,442	−1,589	0,771	0,000	0,230	2,052	−1,442
2	−0,730	−0,254	−0,832	0,700	0,000	−0,308	1,126	−1,442
3	−0,018	−0,188	0,647	0,300	0,136	−0,438	0,146	0,255
4	0,508	0,188	0,647	−0,300	0,220	0,438	0,000	1,084
5	−0,018	0,254	−0,832	−0,700	0,136	0,308	−0,146	0,255
6	−0,730	−1,442	−1,589	−0,771	0,000	−0,230	−1,126	−1,442
7	1,000	0,000	0,000	0,000	0,000	0,000	−2,052	−1,442

$$^5C = 0,2348 \qquad ^5D = 0,003362 \qquad ^5B = 0,2417$$

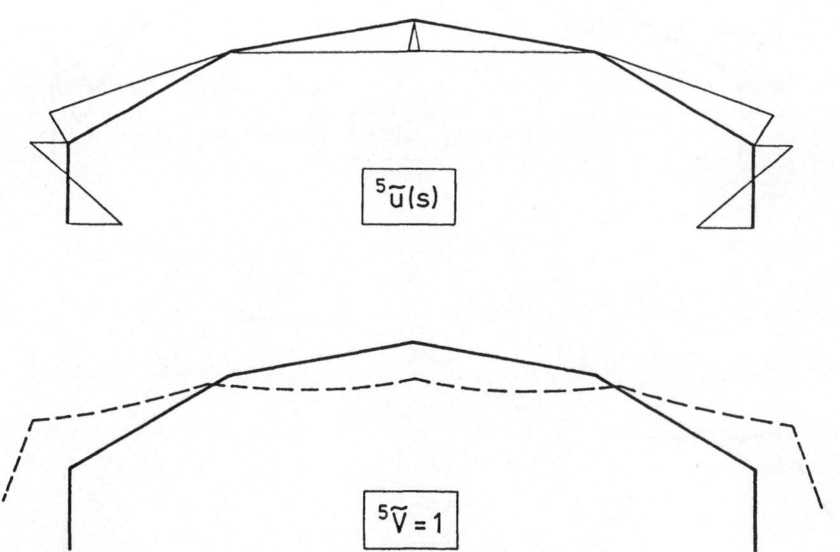

Bild 2.34e   Einheitsverwölbung und Einheitsverformung für $k = 5$

Tabelle 2.10f   Querschnittswerte für $k = 6$

| | | | | Zustand $k = 6$ | | | |
r	^6u_r	$^6f_{s,r}$	$^6f_{\bar{s},r}$	$^6f_{\vartheta,r}$	$^6m_{s,r}$	^6S_r	^6v_r	^6w_r
1	$0,837$	$1,531$	$-3,214$	$2,536$	$0,000$	$0,069$	$4,736$	$-1,531$
2	$-1,000$	$-0,699$	$0,376$	$1,820$	$0,000$	$-0,375$	$1,692$	$-1,531$
3	$0,959$	$0,342$	$1,524$	$-1,045$	$1,375$	$0,330$	$-0,856$	$2,882$
4	$0,000$	$0,342$	$-1,524$	$-1,045$	$0,000$	$0,330$	$-0,348$	$0,000$
5	$-0,959$	$-0,699$	$-0,376$	$1,820$	$-1,375$	$-0,375$	$-0,856$	$-2,882$
6	$1,000$	$1,531$	$3,214$	$2,536$	$0,000$	$0,069$	$1,692$	$1,531$
7	$-0,837$	$0,000$	$0,000$	$0,000$	$0,000$	$0,000$	$4,736$	$1,531$

$$^6C = 0,405 \qquad ^6D = 0,0350 \qquad ^6B = 7,885$$

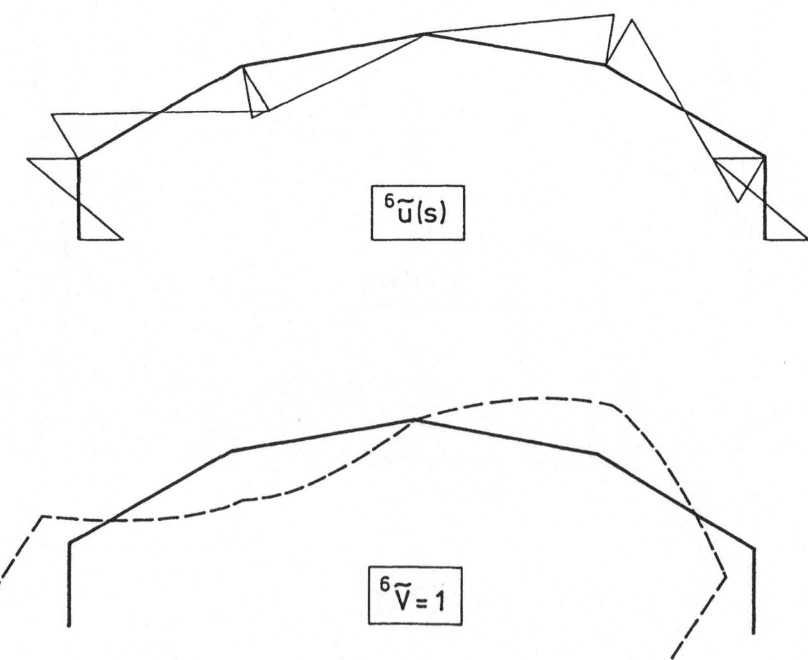

Bild 2.34f   Einheitsverwölbung und Einheitsverformung für $k = 6$

Tabelle 2.10g   Querschnittswerte für $k = 7$

				Zustand $k = 7$				
r	^7u_r	$^7f_{s,r}$	$^7f_{\tilde{s},r}$	$^7f_{\vartheta,r}$	$^7m_{s,r}$	^7S_r	^7v_r	^7w_r
1	$-0,300$	$-0,625$	$2,618$	$-2,902$	$0,000$	$-0,029$	$-4,359$	$0,625$
2	$0,451$	$0,446$	$-1,061$	$-1,458$	$0,000$	$0,257$	$-0,876$	$0,625$
3	$-0,798$	$-0,642$	$0,286$	$2,396$	$-2,772$	$-0,571$	$1,165$	$-2,910$
4	$1,000$	$0,642$	$0,286$	$-2,396$	$3,687$	$0,571$	$0,000$	$3,698$
5	$-0,798$	$-0,446$	$-1,061$	$1,458$	$-2,772$	$-0,257$	$-1,165$	$-2,910$
6	$0,451$	$0,625$	$2,618$	$2,902$	$0,000$	$0,029$	$0,876$	$0,625$
7	$-0,300$	$0,000$	$0,000$	$0,000$	$0,000$	$0,000$	$4,359$	$0,625$
	$^7C = 0,2198$			$^7D = 0,04683$			$^7B = 39,054$	

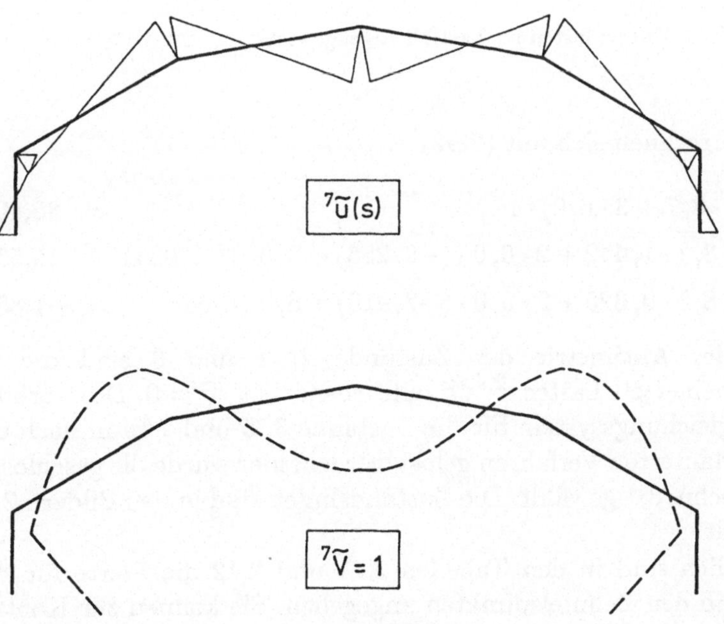

Bild 2.34g   Einheitsverwölbung und Einheitsverformung für $k = 7$

2.11.2 Ermittlung von Spannungen und Verformungen aus dem Lastfall Eigengewicht

ie in [17] habe das Faltwerk eine Länge von 20 m, sei an den Enden gelenkig gelagert und der Beton habe die Dichte von $\rho = 24\text{kN/m}^3$. Die Gewichte der Scheiben mit $q_r = b_r \cdot t_r \cdot \rho$ werden je zur Hälfte auf die Knoten gebracht. Dazu kommt noch das Gewicht aus der Dachpappe mit $0,22\text{kN/m}^2$, das ebenfalls auf die Knoten verteilt wird. Zusammen mit dem in [17] berücksichtigten Zuschlag von $q = 0,22\text{kN/m}$ für eine Dachrinne an den Randscheiben ergibt sich somit die in Bild 2.35 dargestellte Lastanordnung mit konstanter Verteilung in x–Richtung.

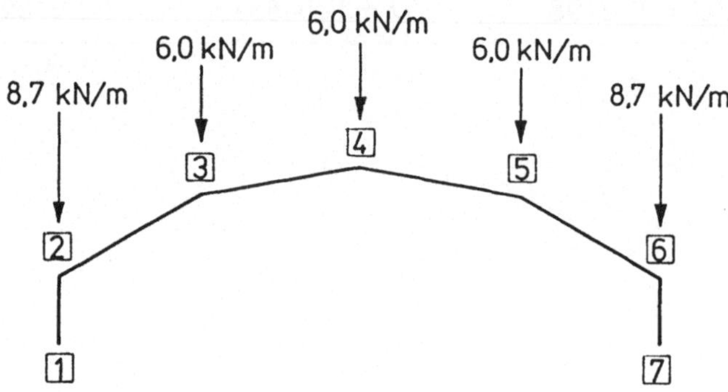

Bild 2.35   Knotenlasten im Lastfall Eigengewicht

Daraus errechnen sich mit (2.92)

$$^3\widetilde{q} = (2 \cdot 8,7 + 3 \cdot 6,0) \cdot 1 \qquad\qquad\qquad = 35,40 \ \text{kN/m}$$

$$^5\widetilde{q} = 2 \cdot 8,7 \cdot 1,442 + 2 \cdot 6,0 \cdot (-0,255) + 6,0 \cdot (-1,084) = 15,53 \ \text{kN/m}$$

$$^7\widetilde{q} = 2 \cdot 8,7 \cdot 0,625 + 2 \cdot 6,0 \cdot (-2,910) + 6,0 \cdot 3,698 \quad = -1,857\,\text{kN/m}$$

Wegen der Antimetrie der Zustände 2, 4 und 6 sind die zugehörigen verallgemeinerten Lasten $^{2,4,6}\widetilde{q}$ null, ebenso ist $^1\widetilde{q} = 0$. Das verbleibende Differentialgleichungssystem für die Zustände 3, 5 und 7 kann nach einem der in Kap. 8 erläuterten Verfahren gelöst werden; hier wurde die geschlossene Lösung nach Abschn. 8.1 gewählt. Die Zustandslinien sind in den Bildern 2.36 und 2.37 dargestellt.

Zusätzlich sind in den Tabellen 2.11 und 2.12 die Werte für $^5\widetilde{V}$, $^7\widetilde{V}$, ^5W und ^7W in den Zehntelspunkten angegeben. Sie können zur Kontrolle eigener Programme benutzt werden. Den Verlauf der Zustandsgrößen im Zustand 3 kann sich der Leser leicht selbst als klassische Balkenlösung ermitteln.

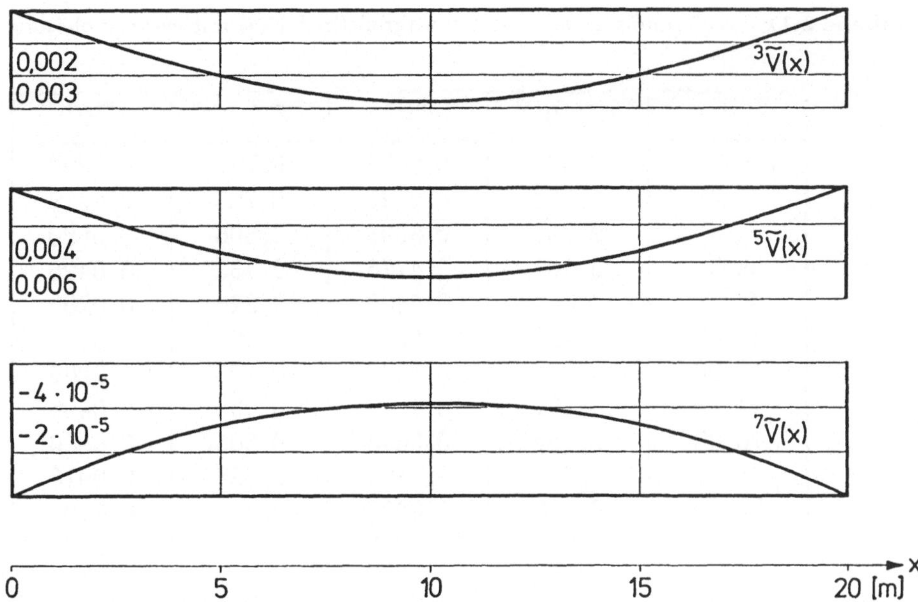

Bild 2.36 Verläufe der Betonungsfunktionen des Beispiels in m

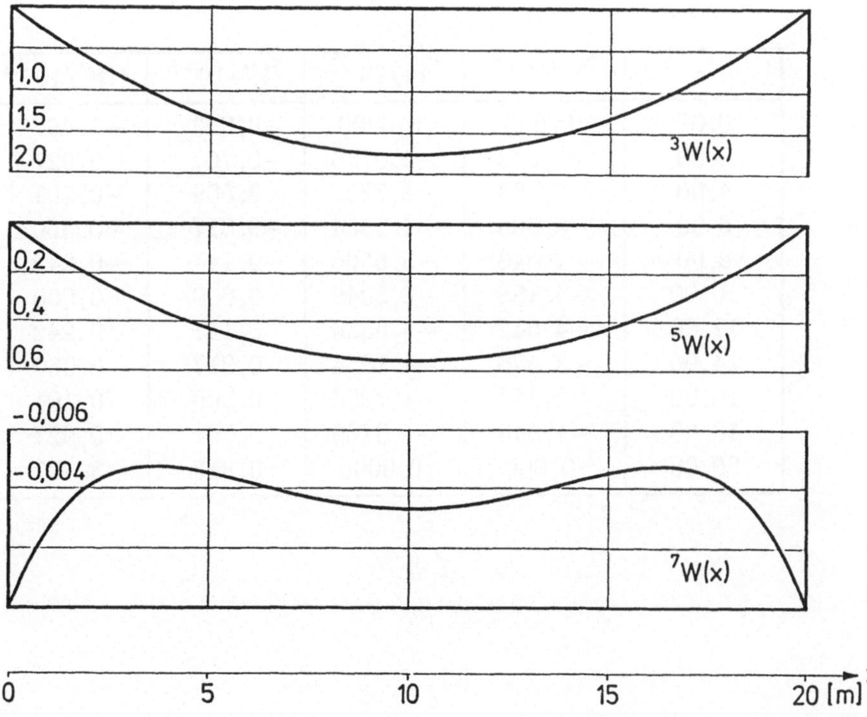

Bild 2.37 Schnittgrößenverläufe des Beispiels in MNm

Tabelle 2.11   Verformung(in m) und Schnittgröße(in MNm) mit erster Ableitung im Zustand 5

x	$^5V/10^{-3}$	^5W	$^5V'/10^{-3}$	$^5W'$
0,00	0,000	0,0000	0,771	0,1209
2,00	1,511	0,2120	0,726	0,0918
4,00	2,854	0,3693	0,606	0,0660
6,00	3,901	0,4776	0,433	0,0426
8,00	4,564	0,5409	0,225	0,0209
10,00	4,790	0,5617	0,000	0,0000
12,00	4,564	0,5409	−0,225	−0,0209
14,00	3,901	0,4776	−0,433	−0,0426
16,00	2,854	0,3693	−0,606	−0,0660
18,00	1,511	0,2120	−0,726	−0,0918
20,00	0,000	0,0000	−0,771	−0,1209

Tabelle 2.12   Verformung(in m) und Schnittgröße(in MNm) mit erster Ableitung im Zustand 7

x	$^7V/10^{-5}$	$^7W/10^{-3}$	$^7V'/10^{-5}$	$^7W'/10^{-3}$
0,00	0,000	0,0000	−0,813	−3,497
2,00	−1,548	−4,0786	−0,707	−0,927
4,00	−2,768	−4,7236	−0,509	−0,101
6,00	−3,586	−4,1854	−0,317	−0,350
8,00	−4,043	−3,5566	−0,147	−0,242
10,00	−4,188	−3,3049	0,000	0,000
12,00	−4,043	−3,5566	0,147	0,242
14,00	−3,586	−4,1854	0,317	0,350
16,00	−2,768	−4,7236	0,509	0,101
18,00	−1,548	−4,0786	0,707	0,927
20,00	0,000	0,0000	0,813	3,497

Mit Hilfe der Schnittgrößen in Feldmitte lassen sich die Spannungen ermitteln; sie sind in Bild 2.38 zusammen mit den Werten aus [17] aufgetragen.

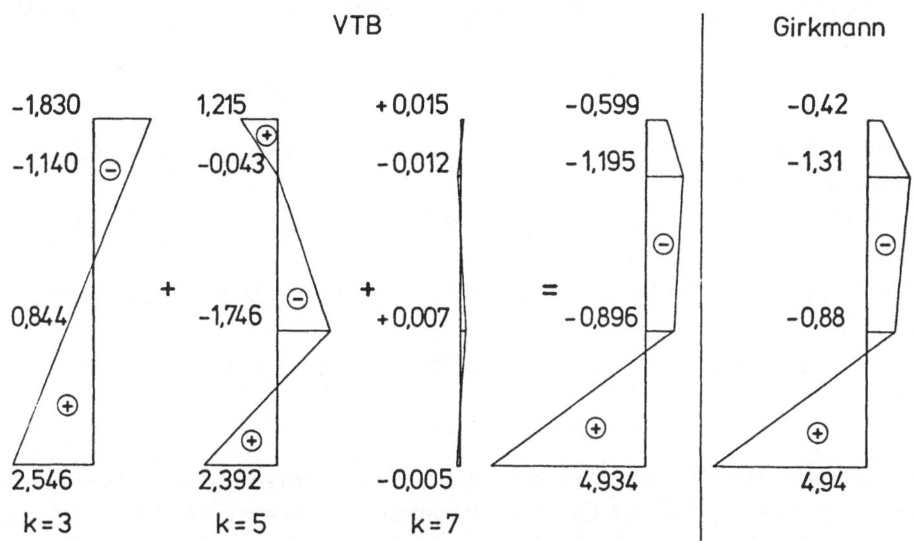

Bild 2.38   Verlauf der σ_x-Spannungen in Feldmitte (in MN/m², projiziert auf die Querschnittshöhe). Das Spannungsbild für $k = 3$ ist linear und gibt den Balkenanteil wieder. Durch Addition der Anteile aus den Profilverformungen $k = 5$ und 7 ergibt sich der endgültige Spannungsverlauf, welcher dem in [17] berechneten gegenübergestellt ist.

Exemplarisch wollen wir die Spannungsermittlung in Feldmitte für den Randknoten 1 vorführen:
Schnittgrößen in Feldmitte:

$$^3W = \tfrac{1}{8} \cdot 35,40 \cdot 10^{-3} \cdot 20^2 = 1,770\,\text{MNm}$$

$$^5W = 0,5617\,\text{MNm}$$

$$^7W = -3,3049 \cdot 10^{-3}\,\text{MNm}\,.$$

Wölbwiderstände und Einheitsverwölbung für $k = 3, 5, 7$:

$$^3\widetilde{C} = 1,2480\,\text{m}^4 \qquad\qquad ^3\widetilde{u}_1 = -1,795\text{m}$$

$$^5\widetilde{C} = 0,2348\,\text{m}^4 \qquad \text{und} \qquad ^5\widetilde{u}_1 = -1,000\text{m}$$

$$^7\widetilde{C} = 0,2198\,\text{m}^4 \qquad\qquad ^7\widetilde{u}_1 = -0,300\text{m}\,.$$

Damit ergibt sich in der Überlagerung der Zustände die Randmembranspannung unter Verwendung der Formel (2.89) zu:

$$\sigma_{x,1}(l/2) = \frac{1,77}{1,248} \cdot 1,795 + \frac{0,5617}{0,2348} \cdot 1,000 + \frac{-3,3049 \cdot 10^{-3}}{0,2198} \cdot 0,300$$

$$= 2,546 + 2,392 - 0,005 = 4,933 \, \text{MN/m}^2 \; .$$

Ganz ähnlich rechnen wir das Querbiegemoment m_s für den Knoten 4 in Feldmitte zurück:

Querbiegemomente liefern nur die Zustände $k = 5$ und $k = 7$. Demzufolge ergibt sich das Querbiegemoment mit den Werten $^5\widetilde{V} = 4,790 \cdot 10^{-3}$m und $^7\widetilde{V} = -4,188 \cdot 10^{-5}$m bei $x = 10\,$m und den Einheitsquerbiegemomenten $^k\widetilde{m}_{s,r}$ zu

$$m_{s,4}(l/2) = 4,790 \cdot 10^{-3} \cdot (-0,220) - 4,188 \cdot 10^{-5} \cdot 3,687$$

$$= -1,208 \, \text{MNm/m} \; .$$

Rechnen wir dasselbe Beispiel mit den in Kap. 3 eingeführten Erweiterungen, dann zeigt es sich, daß das Querbiegemoment auf dieser einfachen Stufe wegen der Konzentration der Flächenlasten auf die Knoten noch nicht sehr genau ist. Hingegen ändern sich die Membranspannungen auch bei genauer Rechnung nicht mehr wesentlich.

Abschließend zeigen wir noch die endgültige Berechnung der Schubkräfte in den Scheiben an den Auflagern. Dazu sind die Einheitsschubkräfte aus den Querschnittswerte-Tabellen zustandsweise mit der Ableitung des Wölbmomentes am Ort x zu multiplizieren und zu überlagern. Hierfür ermitteln wir zuerst $^3W'$ am Auflager aus einer Gleichgewichtsbetrachtung ($^3W'$ ist ja in der klassischen Bezeichnungsweise die Querkraft Q_z):

$$^3W' = \frac{1}{2} \cdot 35,40 \cdot 10^{-3} \cdot 20\text{m} = 0,354 \, \text{MN.}$$

Für $k = 5$ und $k = 7$ entnehmen wir die Werte den Tabellen oben. So berechnet man die Schubkraft in Scheibe 1 zu:

$$S_1(0) = {}^3S_1 \cdot {}^3W'(0) + {}^5S_1 \cdot {}^5W'(0) + {}^7S_1 \cdot {}^7W'(0)$$

$$= -0,144 \cdot 0,354 - 0,233 \cdot 0,1209 + 0,029 \cdot 3,497 \cdot 10^{-3}$$

$$= -0,051 - 0,028 + 0,101$$

$$= -0,0791 \, \text{MN}$$

Die Schubkräfte sind für $x = 0$ im Bild 2.39 dargestellt.

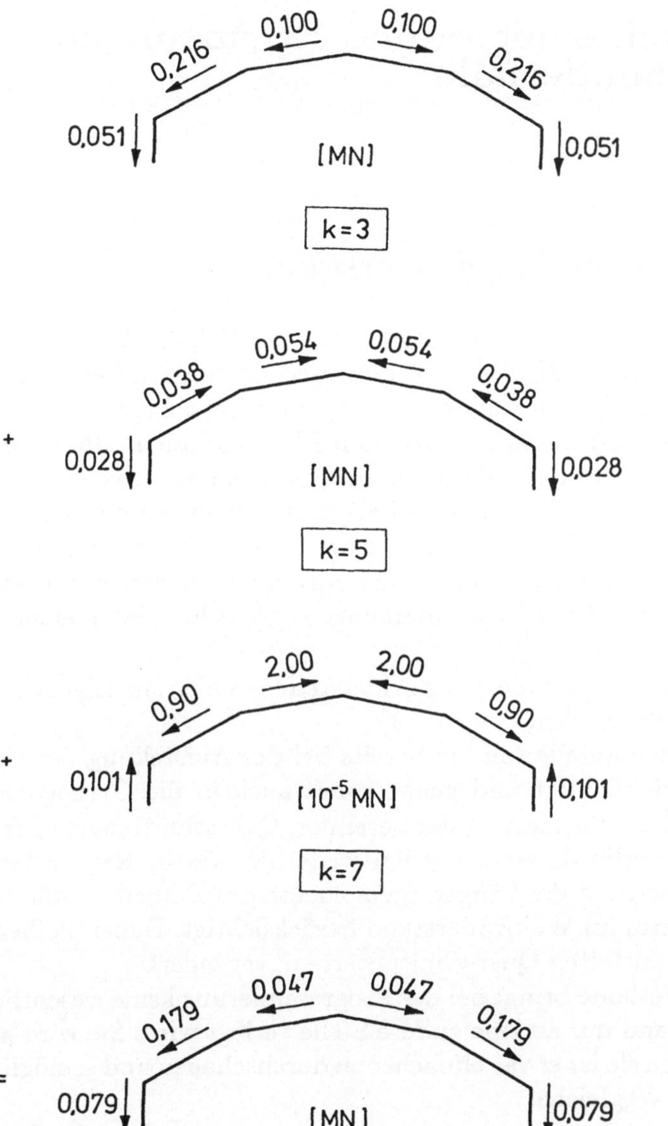

Bild 2.39 Scheibenschubkräfte am Auflager ($x = 0$), aufgeschlüsselt nach Zuständen

3 Erweiterungen und Ergänzungen für Sonderfälle

3.1 Der Längsbiegewiderstand

Der stufenweise Aufbau der VTB verfolgt das Ziel, den Umfang der allgemeinen Beschreibung dem Aufgabengebiet anzupassen, um den Rechenaufwand so klein wie möglich zu halten und größtmögliche Übersichtlichkeit zu bewahren. In diesem Sinne sind im Kap. 2 von den Plattenschnittkräften nur die Querbiegemomente m_s und die Drillmomente m_{sx} im Gleichgewicht berücksichtigt worden. Das ist zulässig in den Fällen, in denen die ebenen Teile des Querschnitts wie unendlich lange Plattenstreifen angesehen werden können, die nur an den Auflagern eine Randstörung aufweisen. In Verformungen ausgedrückt heißt das, daß die Längskrümmungen f'' sehr viel kleiner sind als die Umfangskrümmungen $\ddot{f}$.

Zur Erfassung des Längsbiegewiderstandes sollen im folgenden zwei Methoden vorgestellt werden:

a) Die Plattenanteile werden bereits bei der Aufstellung der Grundzustände mit berücksichtigt und gehen somit auch in die Orthogonalisierung ein. Dies hat eine Änderung der gesamten Querschnittswerte zur Folge [41].

b) Die Querschnittswerte werden weiterhin wie in Kap. 2 berechnet. Erst danach werden die Längsbiegemomente der Einheitszustände durch einen Zusatzterm im Wölbwiderstand berücksichtigt. Dabei bleiben die übrigen, zuvor ermittelten Querschnittswerte unverändert.

Die zweite Methode bringt bei der Programmierung keine wesentlichen Vorteile, da der Aufwand nur an eine andere Stelle verlegt wird. Sie wird aber trotzdem erwähnt, denn sie ist etwas einfacher zu durchschauen und ermöglicht außerdem interessante Vergleiche.

3.1.1 Genaue Erfassung der Plattenanteile

Eine exakte Berücksichtigung der Plattenschnittkräfte muß bereits vor der Orthogonalisierung, also bei der Aufstellung der Grundzustände ansetzen. Dazu muß zunächst das Elastizitätsgesetz (2.6) entsprechend ergänzt werden. Als Folge der Querdehnung gehören Querbiegemomente m_s auch zur Längskrümmung f'' und Längsbiegemomente m_x zur Querkrümmung $\ddot{f}$, so daß wir erhalten

$$m_s = -K(\ddot{f} + \mu f'') \,,$$
$$m_x = -K(f'' + \mu \ddot{f}) \,. \tag{3.1}$$

An dieser Stelle müssen wir einen Produktansatz auch für die $f(s)$-Verschiebungen einführen: Während es im zweiten Kapitel noch ausreichte, die Querschnittsverschiebungen durch die diskreten Werte f_s, $f_{\bar{s}}$ und f_ϑ zu beschreiben, so ist bei den nun folgenden Umformungen die Kenntnis des kontinuierlichen Verlaufes von $f(s)$ notwendig. Eine Produktdarstellung in Matrizenform ist hierfür nicht sinnvoll, statt dessen müssen wir jetzt auf eine Summenschreibweise übergehen. Wir können einen beliebigen f-Verschiebungsverlauf darstellen durch Überlagerung der f-Verschiebungen aus den Grundzuständen multipliziert mit den zugehörigen Betonungsfunktionen:

$$f(s,x) = \sum_{k=1}^{n+1} {}^{k}\bar{f}(s)\,{}^{k}\bar{V}(x) \ . \tag{3.2}$$

Mit diesem Ansatz wird aus (3.1)

$$m_s = \sum_{i=1}^{n+1} {}^{i}m_s = -K \sum_{i=1}^{n+1} ({}^{i}\ddot{\bar{f}}\,{}^{i}\bar{V} + \mu\,{}^{i}\bar{f}\,{}^{i}\bar{V}'') \ , \tag{3.3}$$

$$m_x = \sum_{i=1}^{n+1} {}^{i}m_x = -K \sum_{i=1}^{n+1} ({}^{i}\bar{f}\,{}^{i}\bar{V}'' + \mu\,{}^{i}\ddot{\bar{f}}\,{}^{i}\bar{V}) \ . \tag{3.4}$$

Es ist nun zu untersuchen, wie sich mit diesen Schnittkräften die Arbeitsausdrücke des Abschnitts 2.6 ändern.

Für die Arbeit der Querbiegemomente m_s wurde die Gleichung (2.53) aufgestellt, die allerdings auf dem vereinfachten Elastizitätsgesetz (2.6) basierte. Sie ist nun entsprechend dem neuen Elastizitätsgesetz (3.1) zu ändern. Im Ausdruck (2.53) für die Arbeit der Querbiegemomente an ${}^{r}\bar{V} = \bar{1}$ wurden die Kantenmomente m_s und die gegenseitigen Sehnenverdrehungen Δf_ϑ verwendet. Diese diskrete Formulierung können wir hier nicht verwenden, da wir im Elastizitätsgesetz (3.1) den kontinuierlichen Verschiebungsverlauf verwendet haben. Als gleichwertigen Ausdruck nehmen wir daher nach (2.83) die innere Arbeit

$$\mathrm{d}W_{m_s}\Big|_{k\bar{V}} = \int_s {}^{i}m_s \cdot {}^{k}\ddot{\bar{f}}\,\mathrm{d}s \cdot \mathrm{d}x \tag{3.5}$$

(da der Index r im weiteren für die Darstellung der Integration über die Scheiben verwendet wird, ist er in (3.5) durch k ersetzt worden). Setzen wir den Ausdruck (3.3) für m_s in (3.5) ein, so erhalten wir die Arbeit in zwei Anteilen:

$$\mathrm{d}W_{m_s}\Big|_{k\bar{V}} = -\sum_{i=1}^{n+1} \left(\int_s K\,{}^{i}\ddot{\bar{f}}\,{}^{k}\ddot{\bar{f}}\,\mathrm{d}s \cdot {}^{i}\bar{V} + \mu \int_s K\,{}^{i}\bar{f}\,{}^{k}\ddot{\bar{f}}\,\mathrm{d}s \cdot {}^{i}\bar{V}'' \right) \cdot \mathrm{d}x \ . \tag{3.6}$$

Der erste Anteil von (3.6) liefert die schon bekannten Elemente der Matrix $\bar{B}$. Der zweite bildet wegen der Multiplikation mit $\bar{V}''$ eine Ergänzung zu den Elementen der Drillwiderstandsmatrix $\bar{D}$. Wir führen für das Querschnittsintegral die Bezeichnung $^{ik}\bar{D}_2$ ein (vgl. (4.12)):

$$^{ik}\bar{D}_2 = \frac{1}{E}\int_s K\,^i\bar{f}\,^k\ddot{\bar{f}}\,\mathrm{d}s = \frac{1}{E}\sum_{r=1}^{n}K_r\int_r^{r+1}\,^i\bar{f}\,^k\ddot{\bar{f}}\,\mathrm{d}s \tag{3.7}$$

Da sich die Orthogonalisierung lediglich auf die Matrizen $\bar{C}$ und $\bar{B}$ bezieht, wirkt sich dieser Anteil darauf nicht aus.

Das Längsbiegemoment m_x tauchte in Abschn. 2.6 überhaupt noch nicht auf, so daß hierfür ein gesonderter Term herzuleiten ist. An der prismatischen virtuellen Verrückung $^r\bar{V} = \bar{1}$ leistet es keine Arbeit und muß daher zunächst durch die Plattenquerkraft q_x ausgedrückt werden. Der Zusammenhang zwischen m_x und q_x kann analog zum Zusammenang zwischen M' und Q beim Balken hergestellt werden. Er lautet

$$q_x = m'_x \ . \tag{3.8}$$

Die Arbeit der Plattenquerkräfte an der virtuellen Verrückung $^k\bar{V} = \bar{1}$ hebt sich weg bis auf den Zuwachs $q'_x \cdot \mathrm{d}x$, der an den Querverschiebungen $^k\bar{f}$ Arbeit leistet:

$$\mathrm{d}\mathcal{W}_{m_x}\Big|_{k\bar{V}} = \int_s q'_x\,^k\bar{f}\,\mathrm{d}s \cdot \mathrm{d}x \ . \tag{3.9}$$

Einsetzen von (3.8) und der Produktdarstellung (3.4) für m_x ergibt

$$\mathrm{d}\mathcal{W}_{m_x}\Big|_{k\bar{V}} = -\sum_{i=1}^{n+1}\left(\int_s K\,^i\bar{f}\,^k\bar{f}\,\mathrm{d}s \cdot \,^i\bar{V}'''' + \mu\int_s K\,^i\ddot{\bar{f}}\,^k\bar{f}\,\mathrm{d}s \cdot \,^i\bar{V}''\right)\mathrm{d}x \ . \tag{3.10}$$

Der erste Term steht bei V'''' und gehört deshalb zur $\bar{C}$–Matrix. Wir bezeichnen ihn mit $^{ik}\bar{C}^B$. Er lautet unter Beachtung der Vorzeichenumkehr in (2.65)

$$^{ik}\bar{C}^B = \frac{1}{E}\int_s K\,^i\bar{f}\,^k\bar{f}\,\mathrm{d}s = \frac{1}{E}\sum_{r=1}^{n}K_r\int_r^{r+1}\,^i\bar{f}\,^k\bar{f}\,\mathrm{d}s \ . \tag{3.11}$$

(die Division durch E ist notwendig, da in der Differentialgleichung bei der $\bar{C}$-Matrix der Faktor E steht). Bezeichnen wir den Membrananteil des Wölbwiderstands mit $^{ik}\bar{C}^M$, so ergibt sich der gesamte Wölbwiderstand $^{ik}\bar{C}$ als Summe

$$^{ik}\bar{C} = \,^{ik}\bar{C}^M + \,^{ik}\bar{C}^B \ . \tag{3.12}$$

Der Anteil $^{ik}\bar{C}^B$ steht nicht nur formal in der Wölbwiderstandsmatrix, sondern ist direkt als Wölbwiderstand interpretierbar. Dies wird im folgenden Abschnitt deutlich, wo er sich aus der Integration des Biegeanteils der Wölbfunktion ergibt.

Der zweite Term in (3.10) liefert wegen der Verbindung mit V'' nochmals einen Anteil zur Drillwiderstandsmatrix, für den keine neue Bezeichnung eingeführt werden muß, da er nach Vertauschung der Indizes i und k mit $^{ik}\bar{D}_2$ aus (3.7) identisch ist:

$$^{ki}\bar{D}_2 = \frac{1}{E}\int_s K\,^i\ddot{\bar{f}}\cdot{}^k\bar{f}\,\mathrm{d}s = \frac{1}{E}\sum_{r=1}^{n}K_r\int_s {}^i\ddot{\bar{f}}\,{}^k\bar{f}\,\mathrm{d}s\;. \tag{3.13}$$

Kennzeichnen wir den in Kap. 2 hergeleiteten Anteil des Drillwiderstands mit dem Index 1, so können wir damit den gesamten Drillwiderstand auf folgende Art schreiben:

$$^{ik}\bar{D} = {}^{ik}\bar{D}_1 - \mu\frac{E}{G}\big({}^{ik}\bar{D}_2 + {}^{ki}\bar{D}_2\big)\;. \tag{3.14}$$

Der Zusatzanteil $^{ik}\bar{D}_2$ allein ist zwar nicht symmetrisch, da er aber sowohl in regulärer als auch in transponierter Form addiert wird, bleibt die Symmetrie der Drillwiderstandsmatrix erhalten.

Die Ausrechnung der Querschnittsintegrale in (3.7) und (3.13) kann unter Verwendung der bisher eingeführten Matrizen durchgeführt werden, ohne daß hierfür die explizite Kenntnis der zu integrierenden Funktionen notwendig ist. Die Matrix $\bar{M}$ enthält die zu $\ddot{\bar{f}}$ gehörenden Anteile von m_s in Abhängigkeit vom Vektor $\bar{u}$ und kann daher zur Formulierung der inneren Arbeit benutzt werden. Die r-te Spalte von $\bar{M}$ gibt die Kantenmomente an, die zum Grundverformungszustand $^r\bar{V} = 1$ gehören.

Das Polynom dritten Grades $\bar{f}(s)$ in (3.11) wird durch die linearen Sehnenanteile und mit Hilfe von $m_s(s)$ durch die Krümmungsanteile ausgedrückt. Die Anteile $^{ik}\bar{C}^B$ können also aus den Elementen der $\bar{M}$ - Matrix und mit den Integrationsformeln (7.8) des Kap. 7 ermittelt und den Anteilen $^{ik}\bar{C}^M$ hinzugefügt werden. An der Matrix $\bar{B}$ ändert sich nichts.

Fassen wir zuletzt noch einmal zusammen, welche Änderungen sich in den Querschnittswertematrizen ergeben, wenn die Längsbiegemomente exakt berücksichtigt werden:

— Die Elemente der Wölbwiderstandsmatrix $\bar{C}$ setzen sich nun aus dem Membran– und dem Plattenanteil zusammen:

$$^{ik}\bar{C} = {}^{ik}\bar{C}^M + {}^{ik}\bar{C}^B$$

mit

$$^{ik}\bar{C}^M = \int_A {}^i\bar{u}\,{}^k\bar{u}\,\mathrm{d}A\;, \tag{3.15}$$

$$^{ik}\bar{C}^B = \frac{1}{E}\int_s K\,^i\bar{f}\,{}^k\bar{f}\,\mathrm{d}s\;. \tag{3.16}$$

Ergab sich für $\bar{C}$ aus dem Membrananteil eine Dreiband-Struktur, so ist sie durch den neu hinzugekommenen Plattenanteil i. allg. auch außerhalb dieses Bandes belegt. Während nämlich die Grundwölbfunktionen $^r\bar{u}$ jeweils auf allen außer zwei Scheiben null sind und somit nur für benachbarte Werte i, k ein nicht verschwindendes Koppelintegral (3.15) ergeben, so erstrecken sich die daraus resultierenden f-Verschiebungen über den gesamten Querschnitt, so daß das Koppelintegral (3.16) für alle Kombinationen i, k Werte ungleich null liefert.

— Die Elemente der Drillmatrix $\bar{D}$ setzen sich nun ebenfalls aus zwei Anteilen zusammen:

$$^{ik}\bar{D} = {}^{ik}\bar{D}_1 - \mu\frac{E}{G}({}^{ik}\bar{D}_2 + {}^{ki}\bar{D}_2)\ .$$

mit

$$^{ik}\bar{D}_1 = \frac{1}{3}\sum_{r=1}^{n} {}^i\bar{f}_{\vartheta,r} \cdot {}^k\bar{f}_{\vartheta,r} \cdot t_r^3 \cdot b_r\ , \tag{3.17}$$

$$^{ik}\bar{D}_2 + {}^{ki}\bar{D}_2 = \frac{1}{E}\int_s K({}^i\ddot{\bar{f}} \cdot {}^k\bar{f} + {}^k\ddot{\bar{f}} \cdot {}^i\bar{f})\,\mathrm{d}s \tag{3.18}$$

Der Zusatzanteil kommt über die Querdehnung aus den Arbeiten der Längsbiegemomente und Querbiegemomente hinein.
— Die Matrix $\bar{B}$ bleibt unverändert.
Prorammierfertige Formeln für die Querschnittsintegrale sind in Abschn. 7.2 ausgearbeitet.

3.1.2 Näherungsweise Erfassung des Längsbiegewiderstandes nach der Orthogonalisierung

Näherungsweise kann die Wirkung der Längsbiegemomente m_x nach erfolgter Orthogonalisierung durch einen Zusatzanteil (Plattenanteil $^k\widetilde{C}^B$) im Wölbwiderstand erfaßt werden. Der Wölbwiderstand $^k\widetilde{C} = {}^k\widetilde{C}^M$ gemäß Definition (2.81) enthält nur den Membrananteil der Wölbfunktion $\widetilde{u}^M(s)$ in der Mittelebene der Scheiben. Die Verteilung über die Dicke t der Scheiben, also in $\bar{s}$-Richtung, wird dabei als konstant angesehen. Tatsächlich ist aber die Wölbfunktion i. allg. auch in $\bar{s}$-Richtung veränderlich, und zwar wegen der Normalenhypothese der Kirchhoffschen Plattentheorie linear und gemäß Bild 3.1 gleich der negativen Neigung $\partial f/\partial x$:

$$\frac{\partial \widetilde{u}}{\partial \bar{s}} = -\frac{\partial \widetilde{f}}{\partial x}\ . \tag{3.19}$$

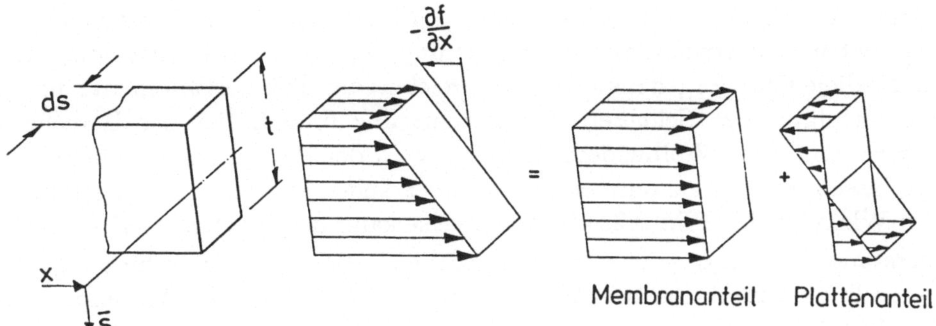

Bild 3.1   Aufteilung der linearen Wölbfunktion in Membran– und Plattenanteil

Damit wird

$$
\begin{aligned}
{}^{k}\widetilde{u}(s,\bar{s}) &= {}^{k}\widetilde{u}^{M}(s) + {}^{k}\widetilde{u}^{B}(s,\bar{s}) \\
&= {}^{k}\widetilde{u}^{M}(s) - {}^{k}\widetilde{f}'(s)\cdot\bar{s}\;.
\end{aligned}
\tag{3.20}
$$

Die Ermittlung des Wölbwiderstands ${}^{k}\widetilde{C}$ bezüglich der gemäß (3.20) ergänzten Wölbfunktion erfordert die Auswertung des Integrals $\int_{A} {}^{k}\widetilde{u}(s,\bar{s})^{2}\,dA$. Da der lineare und der konstante Anteil von ${}^{k}\widetilde{u}$ bezüglich des Integrals orthogonal sind, zerfällt es in zwei Anteile, die getrennt voneinander ausgerechnet werden können. Der erste Anteil ${}^{k}\widetilde{C}^{M}$ enthält nur den Membrananteil und ist mit dem in Kap. 2 berechneten Wölbwiderstand identisch. Der zweite Anteil ${}^{k}\widetilde{C}^{B}$ repräsentiert den Widerstand, der durch die Berücksichtigung der Längsbiegemomente hinzukommt (Platten– oder Biegeanteil). In Kap. 4 ist die exakte Herleitung dieses Anteils nachzulesen. Er lautet

$$
{}^{k}\widetilde{C}^{B} = \frac{1}{E}\sum_{r=1}^{n} K_{r}\int_{r}^{r+1} {}^{k}\widetilde{f}^{2}\,ds\;.
\tag{3.21}
$$

Die Integration wird scheibenweise vorgenommen. Sie ist, da sie auch in anderem Zusammenhang vorkommt, in Kap. 7 programmierfertig ausgeführt. Der Ausdruck (3.21) hat dieselbe Form wie (3.11), der Unterschied besteht lediglich darin, daß in (3.21) über die bereits orthogonalisierten Verschiebungen integriert wird.

Die aufgezeigte Näherung besteht einmal darin, daß die gemischten Anteile des Wölbwiderstandes ${}^{ik}\widetilde{C}^{B}$ ($i \neq k$) nicht berücksichtigt werden, sie würden das Differentialgleichungssystem verkoppeln. Zum anderen besteht sie in der Vernachlässigung der Verkopplung zwischen den Plattenmomenten m_{x} und m_{s} durch die Querdehnung.

Dem nachträglichen Hinzunehmen des Plattenanteils im Wölbwiderstand entspricht in der herkömmlichen Ermittlung der Flächenträgheitsmomente I_y und I_z diejenige Vorgehensweise, bei welcher die Trägheitsmomente um die Profilmittellinie der Scheiben Berücksichtigung finden. Bei der Berechnung des herkömmlichen Wölbwiderstands C_M wird der Plattenanteil üblicherweise weggelassen. Genau genommen gibt es aber keine "wölbfreien" Querschnitte. Beim Winkelprofil (Bild 3.2a) beispielsweise kann der Plattenanteil am Wölbwiderstand $^4\widetilde{C} = C_M$ sehr einfach angegeben werden. Die Verschiebung $^4\widetilde{f}(s)$ ist eine lineare Funktion mit der Steigung 1 (Bild 3.2b). Die Anwendung der Formel (3.21) liefert

$$
\begin{aligned}
C_M = {}^4\widetilde{C}^B &= \frac{1}{3E}(K_1 b_1^3 + K_2 b_2^3)\\
&= \frac{1}{36(1-\mu^2)}(t_1^3 b_1^3 + t_2^3 b_2^3)\,.
\end{aligned}
\tag{3.22}
$$

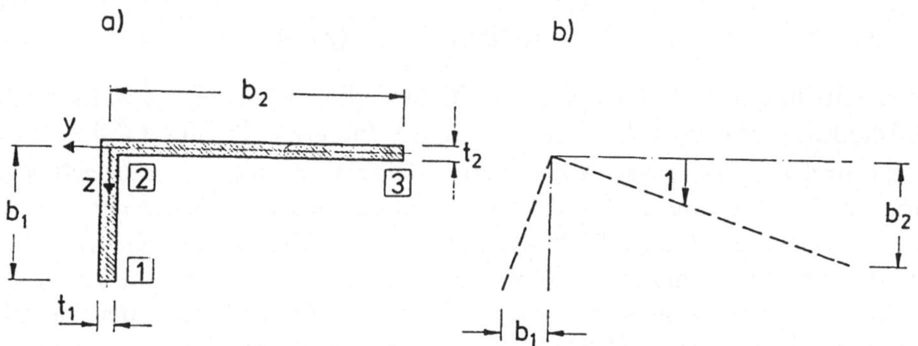

Bild 3.2   Geometrie und Einheitsverdrehung eines Winkelprofils

Für kurze Stäbe und vor allem beim Übergang vom Knicken und Biegedrillknicken zum Beulen in der Theorie II. Ordnung spielt dieser Steifigkeitsanteil eine entscheidende Rolle.

3.1.3   Numerische Auswirkung des Plattenanteils

Am Beispiel des im zweiten Kapitel untersuchten Faltwerksquerschnittes wollen wir den Einfluß des Plattenanteils im Wölbwiderstand prüfen. Dazu stellen wir in Tabelle 3.1 die Wölbwiderstände dieses Querschnitts für die sieben Zustände mit und ohne Berücksichtigung des Plattenanteils einander gegenüber. Man erkennt, daß sich die mit den Plattenanteilen ergänzten Wölbwiderstände praktisch gleich ergeben, unabhängig davon, ob man sie näherungsweise erst zum Schluß aus den Querschnittsverformungen zurückrechnet oder gemäß Abschn. 3.1.1 schon in das Eigenwertproblem mit einbezieht.

Tabelle 3.1   Gegenüberstellung der Wölbwiderstände ohne ($^k\widetilde{C}^M$), mit exakt eingearbeitetem ($^k\widetilde{C}^{M,B}$) und mit nachträglich ergänztem ($^k\widetilde{C}^M + {}^k\widetilde{C}^B$) Plattenanteil.

k	$^k\widetilde{C}^M$	$^k\widetilde{C}^{M,B}$	$^k\widetilde{C}^M + {}^k\widetilde{C}^B$
1	1,328	1,328	1,328
2	20,018	20,019	20,019
3	1,248	1,248	1,248
4	4,808	4,826	4,826
5	0,235	0,238	0,238
6	0,405	0,424	0,420
7	0,220	0,227	0,232

Wurde der Querschnitt auch mit Zwischenknoten versehen, wie sie im folgenden Abschnitt beschrieben werden, so müssen die Plattenanteile im Eigenwertproblem auf jeden Fall berücksichtigt werden, da für die zugeordneten Freiheitsgrade ansonsten keine Orthogonalisierungsbedingung vorliegt. Die orthogonalen Wölbfunktionen werden durch den Plattenanteil nicht sehr wesentlich verändert. Die größten Änderungen sind im Beispiel mit etwa 8% in den hohen Zuständen zu beobachten, in denen durch die Querkrümmung nennenswerte Plattenanteile auftreten.

Im Falle des Winkelquerschnitts in Abschnitt 3.1.2 bleibt bei Vorgehensweise nach Abschnitt 3.1.1 der Schubmittelpunkt nicht im Knoten 2. Die Verlagerung beträgt bei $b_1 = b_2 = 10$ und $t = 1$

$$y_M = -0,0137 \quad \text{und} \quad z_M = 0,0137$$

wodurch auch ein Membrananteil im Wölbwiderstand erzeugt wird. Der vollständige Wölbwiderstand $^4\widetilde{C}$ des Verdrehzustands beträgt $^4\widetilde{C}^{M,B} = 60,92$ gegenüber $^4\widetilde{C} = {}^4\widetilde{C}^B = 61,05$ nach (3.22). Der hinzugekommene Membrananteil wiegt die Abnahme des Plattenanteils nicht ganz auf, die Rechnung mit dem Plattenanteil allein ist aber genau genug.

3.2 Nebenknoten

Die Voraussetzung fehlender Schubverzerrungen in der Mittelebene der Scheiben (V2) läßt nur lineare Membranverwölbungen zwischen den Kanten (Hauptknoten) des Querschnitts zu. Durch die Konzentration der Lasten auf die Kanten kann die Querkrümmung $\ddot{f}$ als linear zwischen den Kanten verlaufend angesehen werden. Liegt jedoch plattenartiges Verhalten vor, so kann letztere Annahme nicht mehr aufrechterhalten werden. Dies ist z.B. der Fall bei ausgeprägten Lastanteilen zwischen den Kanten wie Flächenlasten, oder wenn bei Theorie II. Ordnung Beulerscheinungen der ebenen Teile des Querschnitts betrachtet werden sollen. Auch eine veränderliche Dicke innerhalb einer Scheibe kann ohne Zwischeneinteilungen nicht wirklichkeitsgetreu erfaßt werden.

Um diese Effekte berücksichtigen zu können, werden Nebenknoten definiert, die in Anzahl und Anordnung der jeweiligen Aufgabenstellung angepaßt werden können. Diese Nebenknoten können Zwischenknoten innerhalb einer Hauptscheibe oder Randknoten an den Querschnittsrändern sein. Mit der Einführung der Nebenknoten werden in den Bezeichnungen, in einigen Rechnenschritten sowie in der Programmorganisation verschiedene Änderungen notwendig, die im folgenden erörtert werden sollen.

Besitzt ein Querschnitt nur Hauptknoten (wie dies in Kap. 2 vorausgesetzt wurde), so sind $n + 1$ Grundverwölbungszustände möglich, d.h. ein solcher Querschnitt hat $n + 1$ Freiheitsgrade. Durch die Einführung von Nebenknoten erhöht sich die Anzahl der Freiheitsgrade, denn um die Nebenknoten überhaupt erfassen zu können, müssen zusätzliche Grundverformungszustände definiert werden.

Bei der Aufstellung dieser Grundzustände können die Nebenknoten nicht mehr in der gleichen Weise behandelt werden wie die Hauptknoten. Den Grund sieht man ein, wenn man die Verformungsfigur betrachtet: Nach Aufbringen der Grundverwölbung $^r\bar{V}' = 1$, d.h. "Anheben" des r–ten Knotens um eins, erhält man ja die verschobene Lage der Knoten bei $x + \mathrm{d}x$ aus dem Schnittpunkt der Senkrechten auf die verschobenen Scheibenenden (vgl. Bild 1.9 bzw. Bild 2.8). Damit ein solcher Schnittpunkt überhaupt existiert, müssen die Scheiben in einem Winkel $\Delta\alpha \neq 0$ aufeinanderstoßen. Dies bedeutet aber, daß an den Nebenknoten eine solche Verformungsfigur nicht möglich ist.

Die Wölbordinaten dieser Zwischenknoten sind also wegen (V2) keine eigenen Freiheitsgrade, sondern linear zwischen den Wölbordinaten der Kanten zu interpolieren.

Um entsprechend der Zahl der hinzukommenden Knoten zu weiteren Grundverformungszuständen zu kommen, müssen wir neben den Grundverwölbungen eine neue Art von Freiheitsgraden einführen, nämlich die Verschiebungen f der Nebenknoten rechtwinklig zur Scheibenebene. Waren die Querbiegemomente m_s und damit die Krümmungslinien $\ddot{f}$ zwischen den Kanten (Hauptknoten) bislang linear, so erhalten sie jetzt einen polygonalen Verlauf.

Auch die Randknoten des Querschnitts können auf diese Weise behandelt werden. Sie haben dann sowohl einen Wölb- als auch einen Verschiebungsfreiheitsgrad. Die Querbiegemomente am zweiten und vorletzten Knoten sind dann nicht mehr null, wie das bisher der Fall war.

Für die Freiheitsgrade wird ein neuer Vektor eingeführt, in dem alle Freiheitsgrade — also Wölb- und Querverschiebungsfreiheitsgrade — zusammengefaßt sind. Dieser soll mit dem Symbol x bezeichnet werden.

Definition und Anordnung der Freiheitsgrade im Vektor x kann verschiedenen Überlegungen folgen, die weiter unten anhand eines Beispiels erörtert werden sollen. Bei der Indizierung ist zu beachten, daß die Zählung der Knoten nicht mehr mit der der Freiheitsgrade übereinstimmt.

Durch die Einführung des Vektors x ergeben sich für die in Kap. 2 hergeleiteten Produktdarstellungen einige Änderungen:

— Der Vektor u enthielt in Kap. 2 nur unabhängige Größen (Wölbordinaten der Hauptknoten), die jeweils mit einem Freiheitsgrad identifiziert werden konnten. Damit diente er als Grundlage der Beschreibung aller anderen Verformungen, was sich in den Produktdarstellungen (2.32) äußerte. Jetzt enthält er auch abhängige Komponenten (Wölbordinaten der Nebenknoten) und steht selber über einen Produktansatz mit x in Beziehung:

$$u = \bar{U} \cdot x \ . \tag{3.23}$$

Dabei ist die Matrix $\bar{U}$ nicht — wie in Kap. 2 — die Einheitsmatrix, sondern sie gibt die Zuordnung der Wölbfreiheitsgrade zu den Hauptknoten und die Abhängigkeit der Wölbordinaten der Nebenknoten wieder. Ihre konkrete Gestalt läßt sich erst dann angeben, wenn die Anordnung der Freiheitsgrade im Vektor x vereinbart wurde. Ein Beispiel hierfür ist am Ende des Abschnitts gegeben.

— Die Querverschiebungen sind nicht mehr nur durch die Wölbordinaten bestimmt, sondern hängen nun auch von den Freiheitsgraden der Nebenknoten ab. Für die Produktdarstellung von f_b und f_e muß somit der Wölbvektor u durch den Vektor x ersetzt und die Matrizen $\bar{F}_b$ und $\bar{F}_e$ entsprechend abgeändert werden (s. folgendes Beispiel).

Bei den Eingangsmatrizen für das Jacobiverfahren wird $\bar{U}$ durch $\bar{X}$ abgelöst. Ergebnis der Orthogonalisierungen ist dann die Matrix $\tilde{X}$, in deren Spalten die orthogonalen Vektoren ${}^{k}\tilde{x}$ stehen. Sie sind i. allg. eine Mischung von Wölb- und Querverschiebungsfreiheitsgraden.

Am Beispiel eines U-Profils (Bild 3.3) soll die neue Bezeichnungsweise erläutert und die Änderungen in den Formeln und in der Programmorganisation dargestellt werden.

In der einfachen Stufe hat dieser Querschnitt entsprechend der Zahl seiner Hauptknoten vier Freiheitsgrade, so daß ihm keine Profilverformungen zuzuordnen wären. Erst durch die Einführung der Nebenknoten ist dies möglich.

Bei der Zählung muß zwischen der Anzahl der Hauptscheiben (n_{hs}) und der Gesamtzahl der Scheiben (n_s) unterschieden werden.

Die erste Hauptscheibe ist durch einen Zwischenknoten in zwei, die zweite durch zwei Zwischenknoten in drei Teilscheiben unterteilt. Der Querschnitt besteht damit aus sechs Scheiben ($n_s = 6$). Zur Unterscheidung werden die Breiten der Hauptscheiben mit h, die der Teilscheiben weiter mit b bezeichnet. Hinzugenommen haben wir noch als Freiheitsgrade die Querverschiebungen am Anfangs- und Endknoten. Damit gilt für die Anzahl der Freiheitsgrade:

Wölbfreiheitsgrade	(Hauptknoten)	4
Querverschiebungsfreiheitsgrade	(Zwischenknoten)	3
Querverschiebungsfreiheitsgrade	(Randknoten)	2
Summe der Freiheitsgrade		9

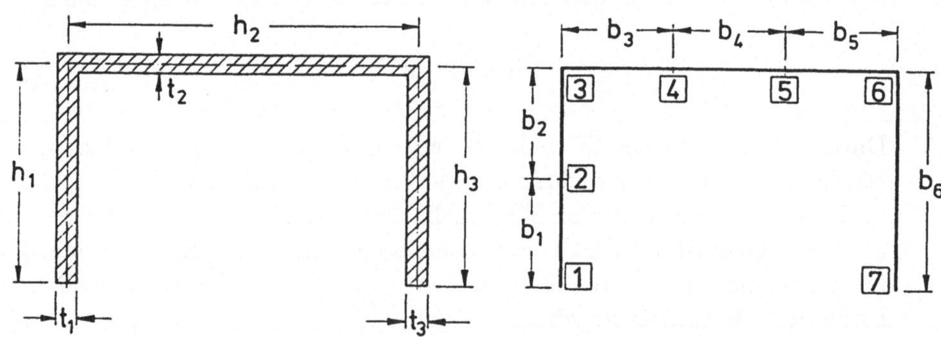

Bild 3.3   Bezeichnungen am Querschnitt mit Zwischenknoten

Für die Anordnung der Freiheitsgrade im Vektor x gibt es zwei Möglichkeiten:

a)   Die Freiheitsgrade werden in der Reihenfolge ihres Auftretens im Querschnitt geordnet. Der Vektor x enthält dann die Elemente

$$x = \{x_1, x_2, \ldots, x_9\}$$
$$= \{u_1, f_1, f_2, u_3, f_4, f_5, u_6, u_7, f_7\} \, . \tag{3.24}$$

Die beiden Randknoten besitzen jeweils zwei Freiheitsgrade. Hiervon wird der Wölbfreiheitsgrad als erster in den Vektor geschrieben.

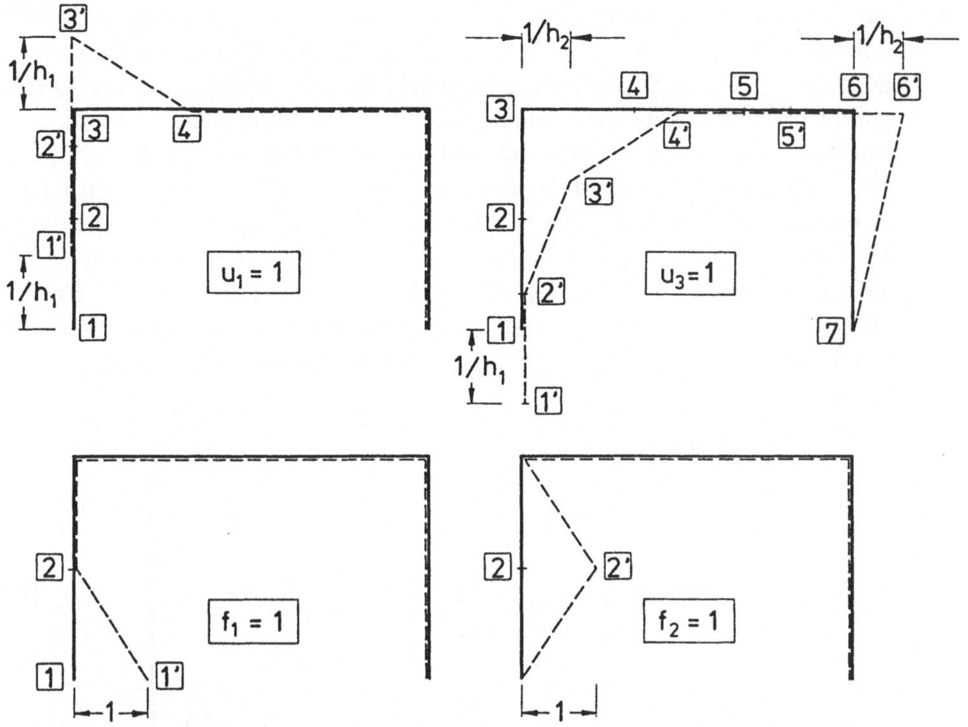

Bild 3.4   Die Sehnenfiguren der Grundverformungen für $u_1 = 1$, $u_3 = 1$, $f_1 = 1$
und $f_2 = 1$

b) Zuerst wird die gesamte Gruppe der Wölbordinaten und dann die der
Querverschiebungen in den Vektor geschrieben:

$$x = \{x_1, x_2, \ldots, x_9\}$$
$$= \{u_1, u_3, u_6, u_7, f_1, f_2, f_4, f_5, f_7\} \;.$$

(3.25)

Diese Anordnung gliedert die Matrizen übersichtlicher.

Unabhängig von der Anordnung der Freiheitsgrade kann die Definition der
Grundzustände verschiedenen Überlegungen folgen:

1. In den Grundzuständen werden die Unbekannten (Freiheitsgrade) nacheinander gleich eins gesetzt. Die Matrix $\bar{X}$ der Freiheitsgrade, welche
   spaltenweise die zu den Grundzuständen gehörenden Vektoren $\bar{x}$ enthält,
   ist somit die Einheitsmatrix. Die Grundverformungen zu den Wölbfreiheitsgraden im Hauptscheibensystem ändern sich dadurch, daß an den
   Nebenknoten die Verschiebungen rechtwinklig zur Hauptscheibenebene
   null bleiben. Als Beispiele sind im Bild 3.4 die Sehnenfiguren der
   Grundverformung für $u_1 = 1$, $u_3 = 1$, $f_1 = 1$ und $f_2 = 1$ dargestellt.

2. Die Grundzustände aus den Verwölbungen $u_r = 1$ werden so definiert, daß sie identisch mit den Grundzuständen des Querschnitts ohne Nebenknoten sind (Hauptscheibensystem). Dies bedeutet, daß die Querverschiebungen der Nebenknoten bei diesen Freiheitsgraden nicht mehr null gehalten werden dürfen, wie im ersten Fall, sondern jetzt frei zugelassen sein müssen. Bei den Grundzuständen aus den f-Verschiebungen wird wie im ersten Fall verfahren, sie werden nacheinander gleich eins gesetzt. Die $\bar{X}$-Matrix ist damit keine Einheitsmatrix mehr. Bei Anordnung der Freiheitsgrade nach Vorschlag b) erhält sie für das betrachtete U–Profil die folgende Struktur (zur besseren Erkennung ist die Zuordnung der Zeilen und Spalten zu den Freiheitsgraden mit angegeben):

$$\bar{X} = \begin{array}{c} u_1 \\ u_3 \\ u_6 \\ u_7 \\ f_1 \\ f_2 \\ f_4 \\ f_5 \\ f_7 \end{array} \begin{pmatrix} 1 & & & & & & & & \\ & 1 & & & & & & & \\ & & 1 & & & & & & \\ & & & 1 & & & & & \\ x_{51} & x_{52} & x_{53} & x_{54} & 1 & & & & \\ x_{61} & x_{62} & x_{63} & x_{64} & & 1 & & & \\ x_{71} & x_{72} & x_{73} & x_{74} & & & 1 & & \\ x_{81} & x_{82} & x_{83} & x_{84} & & & & 1 & \\ x_{91} & x_{92} & x_{93} & x_{94} & & & & & 1 \end{pmatrix} \qquad (3.26)$$

$$\begin{array}{ccccccccc} u_1 & u_3 & u_6 & u_7 & f_1 & f_2 & f_4 & f_5 & f_7 \end{array}$$

Die Diagonalelemente sind wie im ersten Fall gleich eins, nur kommen in den ersten $n_{hs} + 1$ Spalten ab der $(n_{hs} + 2)$-ten Zeile Elemente x_{ik} ungleich null dazu, welche die Querverschiebungen der Nebenknoten in den u-Grundzuständen angeben. Beispielsweise ist das Element x_{72} die Verschiebung f_4, welche aus der Grundverwölbung $u_3 = 1$ resultiert.

Um diese Werte x_{ik} zu ermitteln, muß der Querschnitt zunächst als Hauptscheibensystem behandelt werden. Aus dessen Matrix $\bar{M}$ sind die Biegelinien der Hauptscheiben zu ermitteln, woraus die f-Verschiebungen der Nebenknoten abgelesen werden können. Die Matrizen $\bar{C}$ und $\bar{B}$ des Hauptscheibensystems können als Teilmatrizen unverändert für das erweiterte System übernommen werden.

Der Programmieraufwand ist höher als bei der ersten Methode, aber die Orthogonalisierung wird damit beschleunigt.

Die Grundverformungen müssen auch für die virtuellen Verrückungen verwendet werden, wenn die Matrizen $\bar{C}$ und $\bar{B}$ symmetrisch bleiben sollen. Für den gewählten Querschnitt sind die Querbiegemomente aus den Wölbfreiheitsgraden null, weil es nur drei Hauptscheiben gibt. Die Verschiebungen x_{ik} können daher direkt aus der Sehnenfigur (Bild 3.5) entnommen werden.

Unabhängig davon, welche Methode gewählt wird, gibt es in den Grundzuständen aus den f-Freiheitsgraden nur Querverschiebungen aber keine

Verwölbungen, d.h. die Verwölbungen der Haupt- und Nebenknoten hängen nur von den Grundverwölbungszuständen ab.

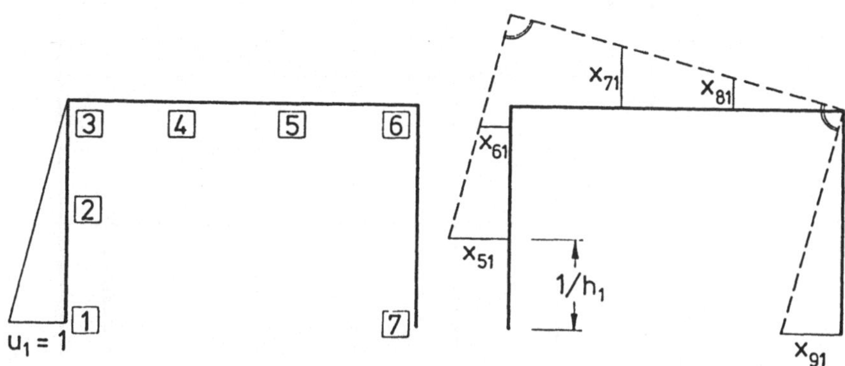

Bild 3.5   Grundverwölbung $u_1 = 1$ und zugehöriges Verformungsbild

Vor den weiteren Überlegungen müssen wir uns auf eine Anordnung der Freiheitsgrade festlegen. Wir wollen dabei dem Vorschlag b) folgen und den x-Vektor nach (3.25) definieren. Die Definition der Grundzustände kann vorerst offen gelassen werden, da davon nur die Belegung der Matrix $\bar{X}$ betroffen ist.

Für die Ermittlung der Verschiebungen $\bar{f}_s$, $\bar{f}_b$ und $\bar{f}_e$ ist in den Formeln (2.14) und (2.19) statt b_r die Breite h_r der Hauptscheiben zu verwenden. In den Matrizen $\bar{F}_b$ und $\bar{F}_e$ wird in den Zeilen und Spalten, die wegen der neuen Freiheitsgrade hinzukommen, eine Eins eingesetzt, während deren übrige Elemente null bleiben. Die Zeilen der Matrizen sind den Scheiben r und die Spalten den Freiheitsgraden zugeordnet. Die Besetzung der Matrizen ist in den Tabellen 3.2 und 3.3 dargestellt. Auch die erste und letzte Zeile dieser Matrizen stehen nun von Anfang an fest und müssen nicht mehr, wie das bisher der Fall war, erst nach der Kenntnis von $\bar{M}$ ergänzt werden. Dadurch sind in den Grundzuständen die Verdrehungen $\bar{f}_\vartheta$ aller Scheiben und die gegenseitigen Verdrehungen $\Delta \bar{f}_\vartheta$ an allen Innenknoten festgelegt.

Die Besetzung der Matrix Δ_{ik} beginnt wegen der hinzugekommenen Momente an den Knoten 2 und n_s einen Indexwert früher und endet einen Indexwert später. Für die Ermittlung der Matrizen $\bar{M}$ und $\bar{B}$ ergeben sich keine weiteren Änderungen. $\bar{M}$ ist in den Zeilen 2 bis n_s besetzt.

Der Membrananteil der Matrix $\bar{C}$ wird für das Hauptscheibensystem aufgestellt mit den Hauptscheibenbreiten h statt b. Das liefert eine symmetrische dreigliedrige Untermatrix mit $n_{hs} + 1$ Zeilen und Spalten, wie man sie auch für den Querschnitt ohne Nebenknoten erhalten hätte (2.44). Haben die Teilscheiben einer Hauptscheibe unterschiedliche Dicke, so muß

Tabelle 3.2   Erweiterung der Matrix $\bar{F}_b$ durch die f–Freiheitsgrade für das Beispiel des U–Profils

	u_1	u_3	u_6	u_7	f_1	f_2	f_4	f_5	f_7
1					1				
2						1			
3	$-1/(h_1 \sin \Delta\alpha_3)$	$1/(h_1 \sin \Delta\alpha_3)$ $+\,1/(h_2 \tan \Delta\alpha_3)$	$-1/(h_2 \tan \Delta\alpha_3)$						
4							1		
5								1	
6		$-1/(h_2 \sin \Delta\alpha_6)$	$1/(h_2 \sin \Delta\alpha_6)$ $+\,1/(h_3 \tan \Delta\alpha_6)$	$-1/(h_3 \tan \Delta\alpha_6)$					

Tabelle 3.3 Erweiterung der Matrix $\bar{F}_e$ durch die f-Freiheitsgrade für das Beispiel des U-Profils

	u_1	u_3	u_6	u_7	f_1	f_2	f_4	f_5	f_7
1						1			
2	$-1/(h_1 \tan \Delta\alpha_3)$	$1/(h_1 \tan \Delta\alpha_3)$ $+\,1/(h_2 \sin \Delta\alpha_3)$	$-1/(h_2 \sin \Delta\alpha_3)$						
3							1		
4								1	
5		$-1/(h_2 \tan \Delta\alpha_6)$	$1/(h_2 \tan \Delta\alpha_6)$ $+\,1/(h_3 \sin \Delta\alpha_6)$	$-1/(h_3 \sin \Delta\alpha_6)$					
6									1

über die Teilscheiben getrennt integriert werden. Dazu müssen die abhängigen Verwölbungen an den Zwischenknoten durch die der Hauptknoten ausgedrückt werden. Dies wird in die Wölbmatrix $\bar{U}$ eingetragen. Bei dem betrachteten U–Profil ergibt sich z.B. für den Zwischenknoten 5 (Bild 3.6)

$$u_5 = u_3 + \frac{b_3 + b_4}{h_2} \cdot (u_6 - u_3) \, . \tag{3.27}$$

Die Beziehung $u = \bar{U} \cdot x$ schreibt hier sich folgendermaßen:

$$\begin{pmatrix} u_1 \\ u_2 \\ u_3 \\ u_4 \\ u_5 \\ u_6 \\ u_7 \end{pmatrix} = \begin{pmatrix} 1 & 0 & 0 & 0 & 0 & 0 & 0 & 0 & 0 \\ \frac{1}{2} & \frac{1}{2} & 0 & 0 & 0 & 0 & 0 & 0 & 0 \\ 0 & 1 & 0 & 0 & 0 & 0 & 0 & 0 & 0 \\ 0 & \frac{2}{3} & \frac{1}{3} & 0 & 0 & 0 & 0 & 0 & 0 \\ 0 & \frac{1}{3} & \frac{2}{3} & 0 & 0 & 0 & 0 & 0 & 0 \\ 0 & 0 & 1 & 0 & 0 & 0 & 0 & 0 & 0 \\ 0 & 0 & 0 & 1 & 0 & 0 & 0 & 0 & 0 \end{pmatrix} \cdot \begin{pmatrix} u_1 \\ u_3 \\ u_6 \\ u_7 \\ f_1 \\ f_2 \\ f_4 \\ f_5 \\ f_7 \end{pmatrix} \, . \tag{3.28}$$

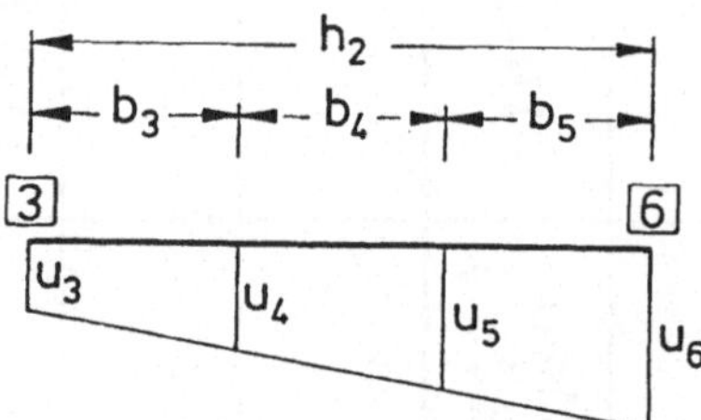

Bild 3.6 Abhängigkeit der Verwölbungen der Zwischenknoten von denen der Hauptknoten

Es ist noch erwähnenswert, daß man auch mit Programmen, die nur für Hauptknoten vorgesehen sind, arbeiten kann, indem man den Zwischenknoten ganz kleine Kontingenzwinkel gibt ($\Delta\alpha \approx 0,1\,\text{Grad}$) und sie dann wie Hauptknoten behandelt. Voraussetzung ist wieder, daß der Plattenanteil der Verwölbung eingearbeitet ist. Die Normierung der Wölbordinaten auf eins bei diesen Zwischenknoten macht aber bei der Formatierung der Ergebnisse etwas Schwierigkeiten, weil die Querverschiebungen sehr groß werden.

3.3 Querschnittslagerungen

Konstruktive Maßnahmen können die Verformungen des Querschnitts behindern. Wenn sie an jedem Querschnitt über die gesamte Stablänge kontinuierlich wirken, können sie schon bei der Ermittlung der Querschnittswerte
berücksichtigt werden. Sie werden dann von den orthogonalen Einheitsverformungen vorab erfüllt und müssen bei der Lösung der Differentialgleichungen nicht mehr gesondert betrachtet werden. So kann für bestimmte Querschnittspunkte die Verschiebungsrichtung vorgeschrieben sein (Pendelstützung)
oder die Verschiebung kann völlig verhindert sein (festes Lager). Die Tangentenverdrehung einer Knotenlinie kann bei sonst freier Verschieblichkeit des
Knotens unterdrückt werden (frei verschiebliche Einspannung) oder sie kann
zusätzlich zu den vorher erwähnten Lagerungen verhindert sein (geführt verschiebliche oder starre Einspannung). Bild 3.7 zeigt Beispiele hierfür.

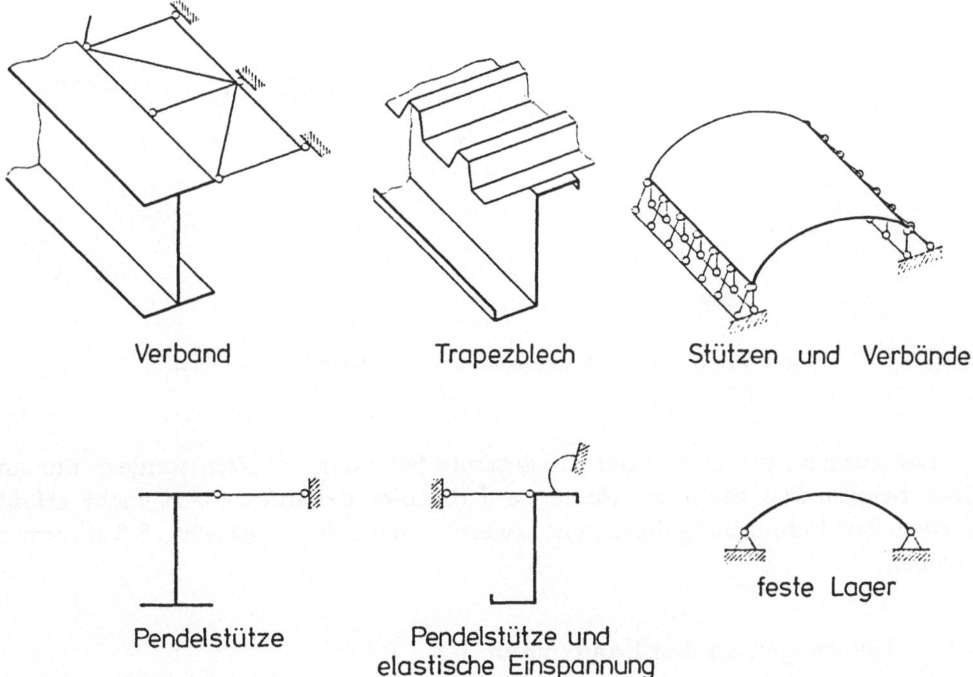

Bild 3.7   Beispiele für Querschnittslagerungen

Diese Lagerungsbedingungen können auch benutzt werden, um an symmetrischen oder periodischen Querschnittsformen (Trapezbleche oder mehrschif-
fige Faltwerks- oder Tonnenschalen) die Übergangsbedingungen an der Symmetrieachse oder der Periodengrenze durch Randbedingungen zu ersetzen,
wodurch nur ein Teil des Querschnitts behandelt werden muß (Bild 3.8).

Die Lagerungsbedingungen verringern die Anzahl der Freiheitsgrade dann, wenn durch sie Wölbordinaten der Hauptknoten null gesetzt oder miteinander verkoppelt werden. Die Anzahl der Starrkörperbewegungen des Querschnitts wird in jedem Fall herabgesetzt, während die der Profilverformungen entsprechend zunimmt.

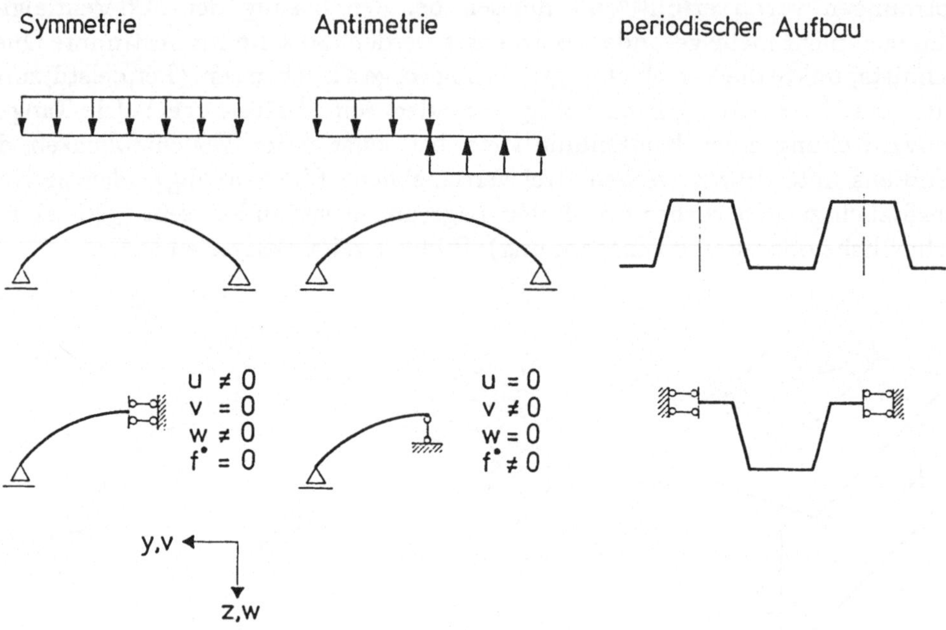

Bild 3.8   Ersatz von Symmetrieeigenschaften durch Lagerbedingungen

Lagerungen, die nicht über die gesamte Stablänge wirken, sondern nur an einer bestimmten Stelle x, können auf die hier behandelte Art nicht erfaßt werden. Zur Behandlung derartiger Lagerungen werden in Abschn. 8.3 Hinweise gegeben.

3.3.1 Lagerungen an den Randknoten

<u>Pendelstütze:</u>

Die Verschiebungsrichtung des Knotens 1 sei gemäß Bild 3.9 durch eine Pendelstütze mit der Neigung φ_1 vorgeschrieben. Dann ist die Umfangsverschiebung $f_{s,1}$ der ersten Scheibe über den Kontingenzwinkel $\Delta\varphi_1 = \varphi_1 - \alpha_1$ mit der Querverschiebung $f_{b,1}$ linear verknüpft (Bild 3.10):

$$f_{b,1} = \frac{f_{s,1}}{\tan \Delta\varphi_1} \,. \tag{3.29}$$

Damit ist auch die Sehnenverdrehung der ersten Scheibe durch die Wölbordinaten eindeutig festgelegt und kann nicht mehr wie bisher mit der Verdrehung des zweiten Knotens gleichgesetzt werden. Die Nachrechnung gemäß Abschn. 2.6.3 entfällt. Das Knotenmoment $m_{s,2}$ ist nicht mehr null. In der Δ_{ik}-Matrix müssen die zweite Zeile und Spalte besetzt werden

$$\delta_{22} = \frac{1}{3} \cdot \left(\frac{b_1}{K_1} + \frac{b_2}{K_2} \right) ,$$

$$\delta_{23} = \frac{1}{6} \cdot \frac{b_2}{K_2} , \tag{3.30}$$

$$\delta_{32} = \delta_{23} .$$

Mit diesen Ergänzungen wird das Eigenwertproblem aufgestellt. Die erste Orthogonalisierung liefert nur drei Starrkörperzustände, aber einen zusätzlichen Profilverformungszustand. Die Elimination der Verdrehung (zweite Orthogonalisierung) beschränkt sich auf diese drei Vektoren. Die Verdrehung erfolgt nicht mehr um den Schubmittelpunkt, sondern um einen Drehpunkt, der auf der Wirkungslinie der Lagerkraft liegen muß. Es bleiben dann zwei Starrkörperzustände nach der dritten Orthogonalisierung: eine Verschiebung rechtwinklig zur Pendelstabrichtung und die konstante Wölbfunktion $^1\widetilde{u}$.

Im Sonderfall $\Delta\varphi_1 = 0$ (Bild 3.11) wird die Beziehung zwischen $f_{s,1}$ und $f_{b,1}$ (3.29) unbrauchbar. Statt dessen müssen wegen $f_{s,1} = 0$ die Wölbordinaten u_1 und u_2 gleichgesetzt werden. Dies erreichen wir dadurch, daß wir in der Wölbmatrix die zweite Spalte zur ersten addieren und die Spalten 3 bis $n + 1$ nach links schieben. Sie hat dann nur noch n Spalten und sieht folgendermaßen aus:

$$\bar{U} = \begin{array}{c} \\ 1 \\ 2 \\ 3 \\ 4 \\ \vdots \\ n+1 \end{array} \begin{pmatrix} 1 & & & & \\ 1 & & & & \\ & 1 & & & \\ & & 1 & & \\ & & & \ddots & \\ & & & & 1 \end{pmatrix} . \tag{3.31}$$

Das Moment $m_{s,2}$ ist null, da die Lagerkraft keinen Hebelarm zum Knoten 2 hat. Die Δ_{ik}-Matrix bleibt somit dieselbe wie beim ungelagerten Querschnitt. Die Sehnenverdrehung der ersten Scheibe ist nach (2.66) zu berechnen. Die Anzahl der Profilverformungen erhöht sich gegenüber dem freien Querschnitt nicht, es sind aber auch hier nur drei Starrkörperzustände möglich. Die Anzahl der Freiheitsgrade beträgt deshalb nur n.

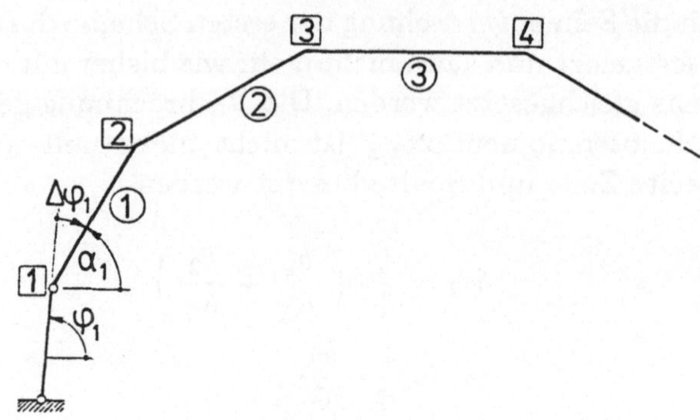

Bild 3.9   Pendelstab am Knoten 1

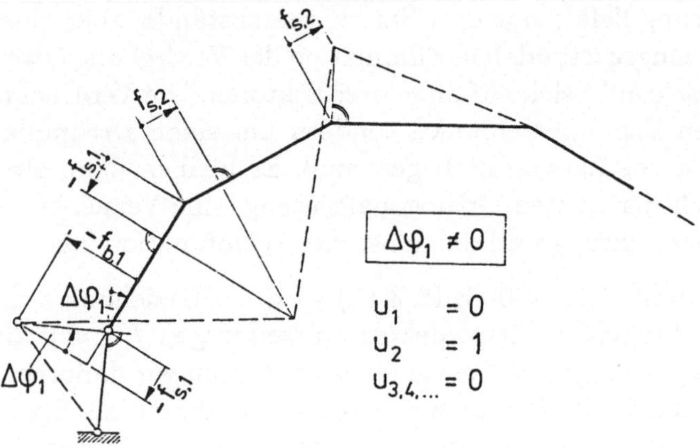

Bild 3.10   Sehnenfigur der Verformung aus $u_2 = 1$ für $\Delta\varphi_1 \neq 0$

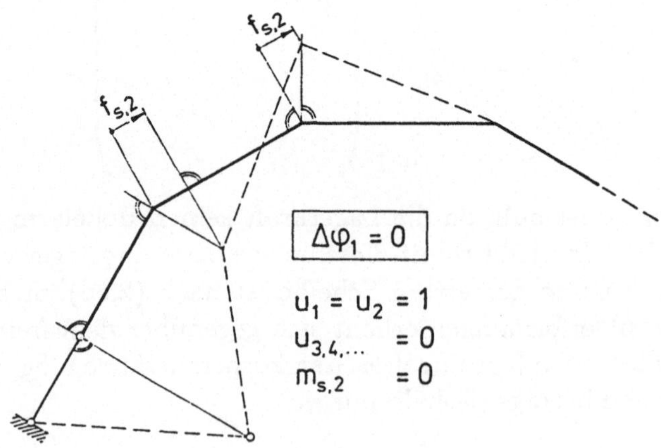

Bild 3.11   Sehnenfigur der Verformung aus $u_2 = u_1 = 1$ für $\Delta\varphi_1 = 0$

<u>Festes Lager:</u>

Ein festes Lager am Knoten 1 bewirkt, daß $f_{b,1} = 0$ und $f_{s,1} = 0$ sein muß (Bild 3.12). Die Wölbordinaten u_1 und u_2 sind auch hier gleich, das Moment $m_{s,2}$ wird aber nicht null. Es bleiben nur zwei Starrkörperverschiebungen, nämlich die Längung und die Verdrehung um den Knoten 1. Eine zusätzliche Profilverformung tritt auf. Die Δ_{ik}-Matrix wird wie bei der Pendelstütze ergänzt.

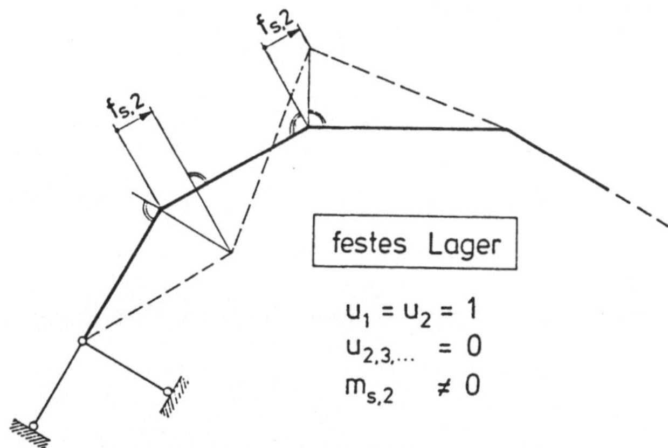

Bild 3.12   Festes Lager am Knoten 1 mit Sehnenfigur aus $u_1 = u_2 = 1$

<u>Frei verschiebliche Einspannung:</u>

Die Verhinderung der Tangentenverdrehung am Randknoten durch eine Einspannung erzwingt ein Querbiegemoment $m_{s,1}$. Die Δ_{ik}-Matrix wird jetzt auch in der ersten Zeile und Spalte besetzt. Aufgrund der freien Querverschieblichkeit stellt sich am Knoten 1 und 2 dasselbe Moment ein. Um zu verhindern, daß die Δ_{ik}-Matrix singulär wird, werden die zweite Zeile und Spalte gestrichen. Statt dessen wird das Moment $m_{s,1} = m_{s,2}$ verknüpft mit dem Differenzdrehwinkel $\Delta f_{\vartheta,3}$, was sich in einer Belegung der Elemente $\delta_{13} = \delta_{31}$ ausdrückt. Die Darstellung dieser Zusammenhänge am abgewickelten Querschnitt zeigt Bild 3.13

Die zu ergänzenden Elemente der Δ_{ik}-Matrix lauten:

$$\delta_{11} = \frac{b_1}{K_1} + \frac{1}{3}\frac{b_2}{K_2} ,$$

$$\delta_{13} = \frac{1}{6}\frac{b_2}{K_2} , \tag{3.32}$$

$$\delta_{31} = \delta_{13} .$$

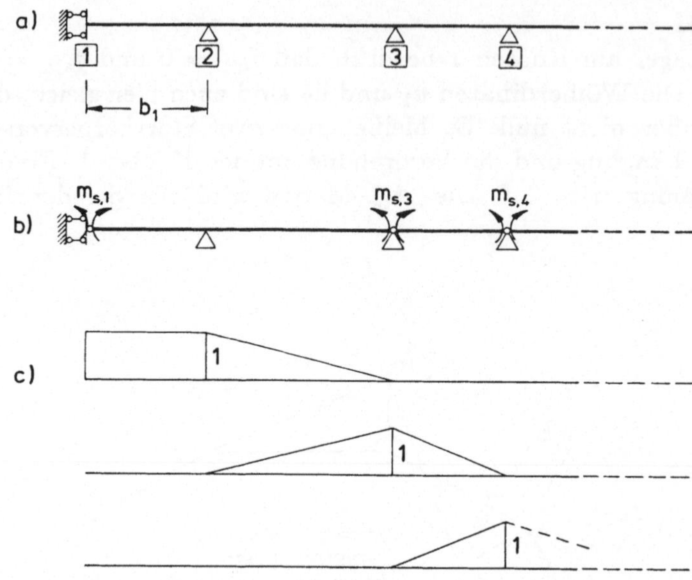

Bild 3.13 Abgewickelter Querschnitt, an dessen Rand die Verdrehung verhindert und die Verschiebung frei ist

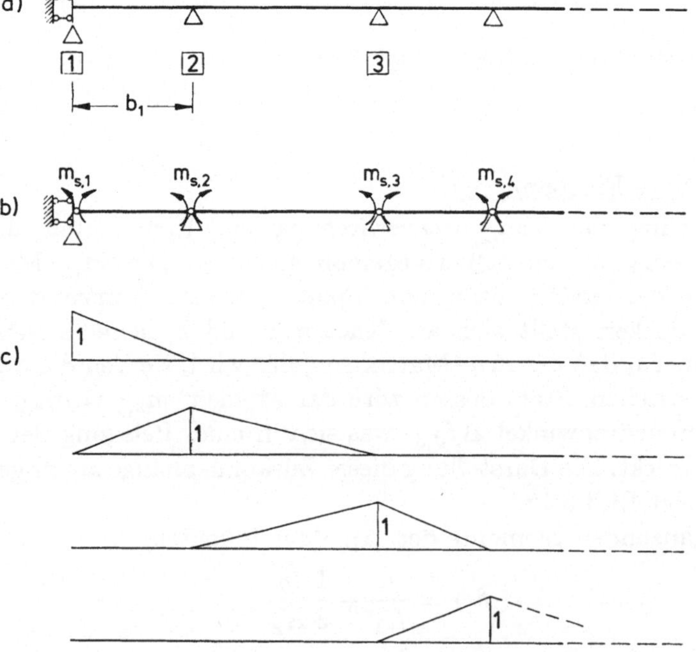

Bild 3.14 Abgewickelter Querschnitt, an dessen Rand die Verdrehung und die Verschiebung (durch den Querverschiebungsfreiheitsgrad f_1) verhindert ist

Eine weitere Ergänzung der Δ_{ik}-Matrix ergibt sich für den Fall, daß der Querschnitt mit Zwischenknoten behandelt wird und dabei die Querverschiebungen der Randknoten als eigene Freiheitsgrade dazukommen. Das Modell des abgewickelten Querschnitts erhält dann die Gestalt nach Bild 3.14 Das Moment $m_{s,2}$ ist nun unabhängig von $m_{s,1}$ und die Δ_{ik}-Matrix bis zum Rand durchgehend besetzt mit den Ergänzungen

$$\delta_{11} = \frac{1}{3} \cdot \frac{b_1}{K_1} \,,$$

$$\delta_{12} = \frac{1}{6} \cdot \frac{b_1}{K_1} \,,$$

$$\delta_{21} = \delta_{12} \,,$$

$$\delta_{22} = \frac{1}{3} \cdot \frac{b_1}{K_1} + \frac{1}{3} \cdot \frac{b_2}{K_2} \,,$$

$$\delta_{23} = \frac{1}{6} \cdot \frac{b_2}{K_2} \,,$$

$$\delta_{32} = \delta_{23} \,.$$

$$(3.33)$$

Einfach verschiebliche Einspannung (Querkraftgelenk):

Die Verschiebungsrichtung des Knotens 1 sei durch einen Mechanismus mit zwei Pendelstützen vorgegeben. Wie bei der einzelnen Pendelstütze muß auch hier bezüglich des Winkels $\Delta\varphi_1$ unterschieden werden:

— $\Delta\varphi_1 \neq 0$: Hier kann sich die Querverschiebung $f_{b,1}$ des ersten Knotens nicht frei einstellen, sondern ist mit der Umfangsverschiebung $f_{s,1}$ der ersten Scheibe verknüpft. Die daraus resultierenden Änderungen sind dieselben wie im Falle der einfachen Pendelstütze.

   Zusätzlich erzwingt die Einspannung ein Moment $m_{s,1}$, so daß die Δ_{ik}-Matrix bis zum Rand besetzt werden muß. Die zu ergänzenden Elemente sind aus Gleichung (3.33) ablesbar.

— $\Delta\varphi_1 = 0$: Wegen $f_{s,1} = 0$ werden die Wölbordinaten u_1 und u_2 verkoppelt. Die betreffenden Änderungen sind dieselben wie bei der Pendelstütze. Die Einspannung erzwingt ein Moment $m_{s,1}$. Die freie Querverschieblichkeit des Randknotens führt dazu, daß $m_{s,1} = m_{s,2}$ ist. Dies ändert sich dann, wenn der Randknoten einen eigenen f-Freiheitsgrad erhält. Die Änderungen in der Δ_{ik}-Matrix sind identisch mit denen beim frei verschieblichen Querschnitt.

Unverschiebliche Einspannung:

Für Querverschiebungen und Wölbordinaten gilt dasselbe wie beim festen Lager. Die Δ_{ik}–Matrix wird nach (3.33) ergänzt.

Symmetriebedingung:

Wie aus Bild 3.8 ersichtlich, erfordert eine symmetrische Verformungsfigur ein Verschwinden der Randverschiebung senkrecht zur Symmetrieachse. Wegen der gedachten Fortsetzung des Querschnitts muß außerdem die Verdrehung am Randknoten null sein. Alle anderen Verschiebungen sind frei zugelassen. Diese Forderungen werden durch die Einführung eines Querkraftgelenkes erfüllt, dessen Pendelstäbe senkrecht zur Symmetrieachse stehen.

Antimetriebedingung:

Bei einer antimetrischen Verformungsfigur dürfen Verschiebungen des Randes in x-Richtung sowie parallel zur Antimetrieachse nicht auftreten. Dieser Fall ist somit identisch mit der Einführung einer Pendelstütze parallel zur Antimetrieachse und zusätzlichem Nullsetzen der Wölbordinate u_1 (bzw. u_{n+1}). Das geschieht durch Streichen der ersten Spalte der $\bar{U}$–Matrix. Für den Fall, daß $\Delta\varphi_1 = 0$ ist, muß wegen $u_1 = u_2$ auch die zweite Spalte gestrichen werden.

Die erforderlichen Ergänzungen der Δ_{ik}–Matrix für die genannten Fälle von Randlagerungen sind in den Tabellen 3.4 bis 3.6 zusammengestellt. Die Änderungen in den Freiheitsgraden und Zwangsbedingungen, sowie die zusätzlichen Kantenmomente enthält die Tabelle 3.7. Die aus den Lagerungen hervorgerufenen Querverschiebungen der Anfangs- und Endscheibe sind der Tabelle 3.8 zu entnehmen.

In allen Fällen, in denen trotz Lagerung eine unabhängige Verschiebung $f_{b,1}$ möglich ist, empfiehlt es sich, diese als Freiheitsgrad im Sinne eines Nebenknotens einzuführen.

Tabelle 3.4 Änderung der Δ_{ik}-Matrix bei gelenkiger Lagerung.

Lagerung	Δ_{ik}-Matrix	δ_{r0}
$\varphi_1 \neq \alpha_1$ 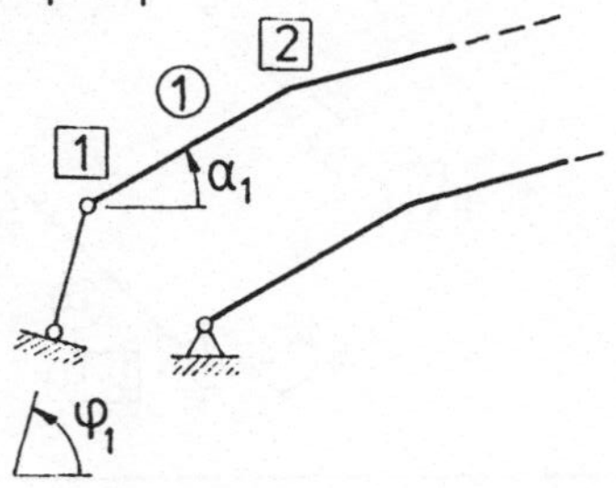	$\begin{matrix} & 1 & 2 & 3 \\ 1 & & & \\ 2 & & \frac{b_1}{3K_1} + \frac{b_2}{3K_2} & \frac{b_2}{6K_2} \\ 3 & & \frac{b_2}{6K_2} & \end{matrix}$	$\begin{matrix} 1 \\ \delta_{20} \quad 2 \\ 3 \end{matrix}$
$\varphi_{n+1} \neq \alpha_n$ 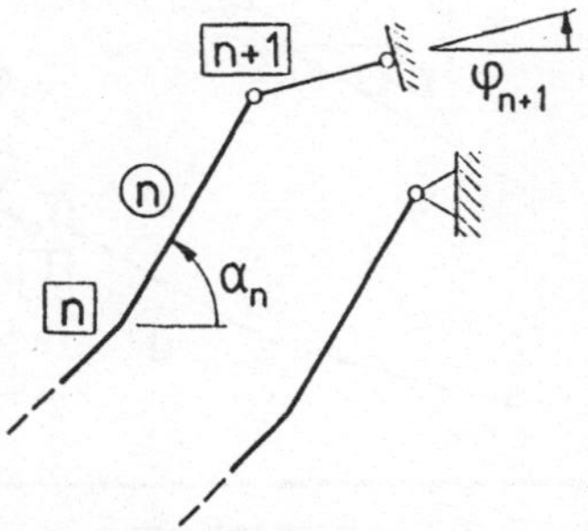	$\begin{matrix} & n-1 & n & n+1 \\ n-1 & & \frac{b_{n-1}}{6K_{n-1}} & \\ n & \frac{b_{n-1}}{6K_{n-1}} & \frac{b_{n-1}}{3K_{n-1}} + \frac{b_n}{3K_n} & \\ n+1 & & & \end{matrix}$	$\begin{matrix} n-1 \\ \delta_{n0} \quad n \\ n+1 \end{matrix}$

mit $\delta_{20} = \Delta f_{\vartheta,2}$
$\quad\;\; \delta_{n0} = \Delta f_{\vartheta,n}$

Tabelle 3.5   Änderung der Δ_{ik}–Matrix bei Einspannung ohne Behinderung der Querverschiebung

Lagerung	Δ_{ik} Matrix	δ_{r0}
$\varphi_1 = \alpha_1$	$\begin{array}{c c c c} & 1 & 2 & 3 \\ 1 & \frac{b_1}{K_1} + \frac{b_2}{3K_2} & & \frac{b_2}{6K_2} \\ 2 & & & \\ 3 & \frac{b_2}{6K_2} & & \end{array}$	$\begin{array}{c c} & 1 \\ \delta_{10} & \\ & 2 \\ & 3 \end{array}$
$\varphi_{n+1} = \alpha_n$	$\begin{array}{c c c c} & n-1 & n & n+1 \\ n-1 & & & \frac{b_{n-1}}{6K_{n-1}} \\ n & & & \\ n+1 & \frac{b_{n-1}}{6K_{n-1}} & & \frac{b_{n-1}}{3K_{n-1}} + \frac{b_n}{K_n} \end{array}$	$\begin{array}{c c} & n-1 \\ & n \\ \delta_{n+1,0} & n+1 \end{array}$

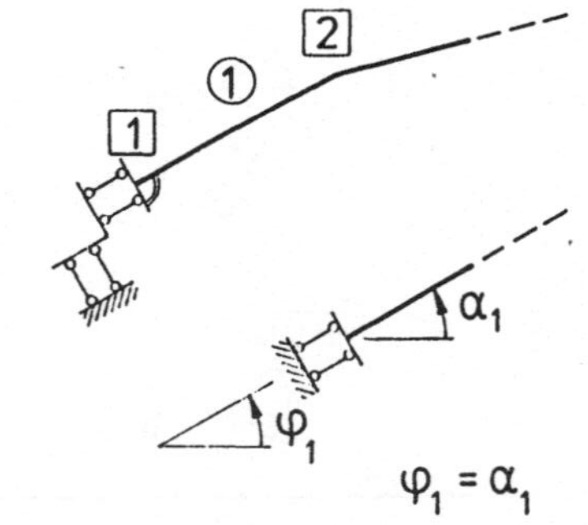

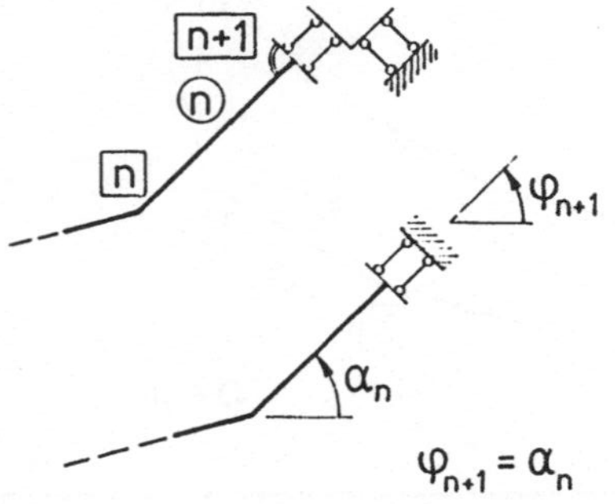

mit $\delta_{10} = f_{\vartheta,1}$
$\delta_{n+1,0} = -f_{\vartheta,n}$

Tabelle 3.6 Änderung der Δ_{ik}-Matrix bei Einspannung mit Behinderung der Querverschiebung

Lagerung	Δ_{ik}-Matrix	δ_{r0}

	1	2	3
1	$\dfrac{b_1}{3K_1}$	$\dfrac{b_1}{6K_1}$	
2	$\dfrac{b_1}{6K_1}$	$\dfrac{b_1}{3K_1}+\dfrac{b_2}{3K_2}$	$\dfrac{b_2}{6K_2}$
3		$\dfrac{b_2}{6K_2}$	

δ_{10}	1
δ_{20}	2
	3

	$n-1$	n	$n+1$	
		$\dfrac{b_{n-1}}{6K_{n-1}}$		n_1
	$\dfrac{b_{n-1}}{6K_{n-1}}$	$\dfrac{b_{n-1}}{3K_{n-1}}+\dfrac{b_n}{3K_n}$	$\dfrac{b_n}{6K_n}$	n
		$\dfrac{b_n}{6K_n}$	$\dfrac{b_n}{3K_n}$	$n+1$

δ_{n0}	$n-1$
	n
$\delta_{n+1,0}$	$n+1$

$$\text{mit } \delta_{10} = f_{\vartheta,1} \quad \text{und } \delta_{n0} = \Delta f_{\vartheta,n}$$
$$\delta_{20} = \Delta f_{\vartheta,2} \qquad \delta_{n+1,0} = -f_{\vartheta,n}$$

Tabelle 3.7 Zusammenstellung der Änderungen in den Freiheitsgraden und Zwangsbedingungen durch die Querschnittslagerungen

Lagerung	Verringerung der Freiheitsgrade, abhängige Wölbordinaten	Zusätzliche Kantenmomente $m_{s,r}$	Zusätzliche Zwangsbedingungen
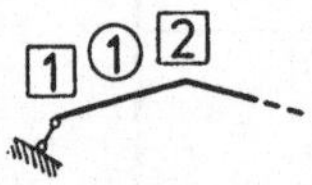	—	1 m_2	1 $f_{b,1} = f_{s,1}/\tan\Delta\varphi_1$
	1 $u_1 = u_2$	— —	1 $f_{s,1} = 0$
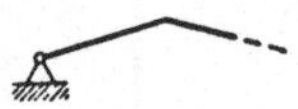	1 $u_1 = u_2$	1 m_2	2 $f_{s,1} = 0,\ f_{b,1} = 0$
	—	2 $m_1 = m_2$	1 s. Matrix $\bar{M}$
	—	2 $m_1,\ m_2$	2 $f_{b,1} = f_{s,1}/\tan\Delta\varphi_1$ s. Matrix $\bar{M}$
	1 $u_1 = u_2$	2 $m_1 = m_2$	2 $f_{s,1} = 0$ s. Matrix $\bar{M}$
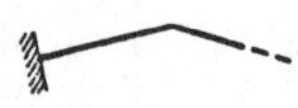	1 $u_1 = u_2$	2 $m_1,\ m_2$	3 $f_{s,1} = 0,\ f_{b,1} = 0$ s. Matrix $\bar{M}$
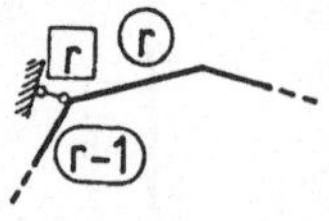	1	— —	1 $\dfrac{f_{s,r}}{\sin\Delta\varphi_r} = \dfrac{f_{s,r-1}}{\sin\Delta\varphi_{r-1}}$
	1 $u_r = u_{r+1}$	— —	1 $f_{s,r} = 0$
geschlossener Querschnitt	1 $u_1 = u_{n+1}$	3 m_1, m_2, m_n $(m_{n+1} = m_1)$	1 keine Starrkörperverdrehung

Tabelle 3.8a Querverschiebungen der Anfangs– und Endscheibe bei frei verschieblichem Rand ohne Einspannung

Lagerung	Anfangs- und Endquerverschiebung
(Lagerung 1: Scheiben ①②, ③, φ₁ = α₁)	$f'_{b,1} = f'_{e,1} - \left(f'_{\vartheta,2} + \dfrac{b_2}{6K_2} m'_{s,3} \right) b_1$ $f'_{e,1} = -\dfrac{t_{\alpha 2}}{b_1} u_1 + \left(\dfrac{t_{\alpha 2}}{b_1} + \dfrac{s_{\alpha 2}}{b_2} \right) u_2 - \dfrac{s_{\alpha 2}}{b_2} u_3$
(Lagerung n: Scheiben [n+1], Ⓝ, [n], φₙ₊₁ = αₙ)	$f'_{b,n} = -\dfrac{s_{\alpha n}}{b_n - 1} u_{n-1} + \left(\dfrac{s_{\alpha n}}{b_n - 1} + \dfrac{t_{\alpha n}}{b_n} \right) u_n - \dfrac{t_{\alpha n}}{b_n} u_{n+1}$ $f'_{e,n} = f'_{b,n} - \left(f'_{\vartheta,n-1} + \dfrac{b_n - 1}{6K_n - 1} m'_{s,n-1} \right) b_n$

mit den Abkürzungen $s_{\alpha r} = 1/\sin \Delta\alpha_r$ und $t_{\alpha r} = 1/\tan \Delta\alpha_r$

Tabelle 3.8b   Querverschiebungen der Anfangs– und Endscheibe bei frei verschieblichem Rand mit Einspannung

Lagerung	Anfangs- und Endquerverschiebung
	$f'_{b,1} = f'_{e,1} - \left(f'_{\vartheta,2} + \dfrac{b_1}{2K_1} m'_{s,1} + \dfrac{b_2}{6K_2}(2m'_{s,2} + m'_{s,3}) \right) b_1$ $f'_{e,1} = -\dfrac{t_{\alpha 2}}{b_1} u_1 + \left(\dfrac{t_{\alpha 2}}{b_1} + \dfrac{s_{\alpha 2}}{b_2} \right) u_2 - \dfrac{s_{\alpha 2}}{b_2} u_3$
	$f'_{b,n} = -\dfrac{s_{\alpha n}}{b_n - 1} u_{n-1} + \left(\dfrac{s_{\alpha n}}{b_n - 1} + \dfrac{t_{\alpha n}}{b_n} \right) u_n - \dfrac{t_{\alpha n}}{b_n} u_{n+1}$ $f'_{e,n} = f'_{b,n} - \left(f'_{\vartheta,n-1} - \dfrac{b_n}{2K_n} m'_{s,n+1} - \dfrac{b_n - 1}{6K_n - 1}(m'_{s,n-1} + 2m'_n) \right) b_n$

mit den Abkürzungen $s_{\alpha r} = 1/\sin \Delta \alpha_r$ und $t_{\alpha r} = 1/\tan \Delta \alpha_r$

3.3.2 Lagerung an den Innenknoten

Als Beispiel wird eine Lagerung durch einen Pendelstab mit der Neigung φ_r betrachtet, der die Verschiebungsrichtung des Knotens r vorschreibt (Bild 3.15). Damit haben die Umfangsverschiebungen $f_{s,r-1}$ und $f_{s,r}$ das vorgegebene Verhältnis

$$\frac{f_{s,r}}{f_{s,r-1}} = \frac{\sin(\varphi_r - \alpha_r)}{\sin(\varphi_r - \alpha_{r-1})} \ . \tag{3.34}$$

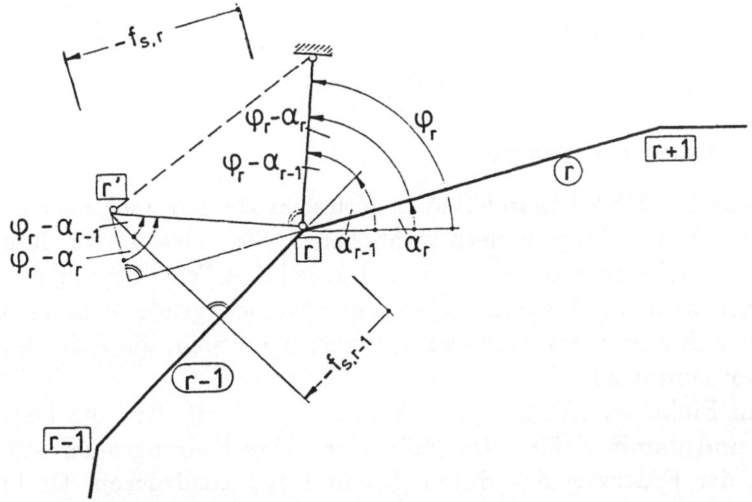

Bild 3.15   Pendelstab am Knoten r

Nach Einsetzen der Wölbordinaten gemäß (2.14) erhält man aus (3.34) eine homogene Gleichung, die sich nach der Wölbordinate u_r auflösen läßt:

$$u_r = \frac{e_r}{e_r + d_r} \cdot u_{r-1} + \frac{d_r}{e_r + d_r} \cdot u_{r+1} \ , \tag{3.35}$$

mit der Abkürzung

$$\begin{aligned} d_r &= \sin(\varphi_r - \alpha_{r-1})b_{r-1} \ , \\ e_r &= \sin(\varphi_r - \alpha_r)b_r \ . \end{aligned} \tag{3.36}$$

Mit Hilfe der Beziehung (3.35) wird die abhängige Wölbordinate $\bar{u}_r$ aus der Matrix $\bar{U}$ eliminiert. Die Spalte r entfällt, wodurch die restlichen Spalten aufrücken. Die Matrix $\bar{U}$ hat sich somit folgendermaßen verändert :

$$\bar{U} = \begin{array}{c} \\ 1 \\ \vdots \\ r-1 \\ r \\ r+1 \\ \vdots \\ n+1 \end{array} \begin{array}{ccccc} 1 & \cdots & r-1 & r+1 & n \\ \left(\begin{array}{ccccc} 1 & & & & \\ & \ddots & & & \\ & & 1 & & \\ & & \dfrac{e_r}{e_r+d_r} & \dfrac{d_r}{e_r+d_r} & \\ & & & 1 & \\ & & & & \ddots \\ & & & & 1 \end{array}\right) \end{array} \qquad (3.37)$$

3.3.3 Elastische Lagerungen

Alle in Abschn. 3.3.2 behandelten Lagerungen können auch elastisch sein. Sie werden wie üblich durch Federn symbolisiert. Sie müssen aber dann in unterschiedlicher Weise eingebracht werden. Da sie keine Verschiebungskomponenten verhindern, wird durch sie die Anzahl der Freiheitsgrade nicht verändert. Die Anzahl der Starrkörperverschiebungen verringert sich, die Zahl der Profilverformungen nimmt zu.

In den Einheitsverformungszuständen $^r\bar{V} = \bar{1}$ erhalten die Federn Verformungen und damit Kräfte. Im Falle einer Verschiebungsfeder am Knoten r läßt sich der Federweg $\delta_{c,r}$ durch $f_{s,r}$ und $f_{b,r}$ ausdrücken. Drehfedern, die den Knotendrehwinkel behindern, sind etwas umständlicher zu behandeln. Die Knotenverdrehungen müssen erst aus der Sehnenverdrehung und dem Sehnentangentenwinkel, der sich aus den Querbiegemomenten m_s ergibt, zusammengesetzt werden. In diesem Falle würde sich die Herleitung der Querbiegemomente mit dem Weggrößenverfahren besser eignen.

Als häufig vorkommende Lagerungsart wird für die vollständige Herleitung die Drehbettung ausgewählt, die proportional zur Sehnenverdrehung einer Scheibe wirkt, wie das bei der Verbindung von Stäben mit biegsamen Flächenelementen vorkommt. Im Zahlenbeispiel Abschn. 3.3.5 wird eine Kaltprofilpfette mit Z-Querschnitt berechnet, die durch die Verbindung mit einer Dacheindeckung aus Trapezblechen eine seitliche starre Stützung und eine elastische Drehbettung am Obergurt erfährt.

Wir nehmen an, daß die Drehbettung mit der Federkonstanten $c_{\vartheta,r}$ gegen den Sehnenwinkel $f_{\vartheta,r}$ der Querschnittsscheibe r wirkt (Bild 3.16).

In der Drehfeder entsteht ein Moment

$$m_{\vartheta,r} = c_{\vartheta,r} \cdot f_{\vartheta,r} \,. \qquad (3.38)$$

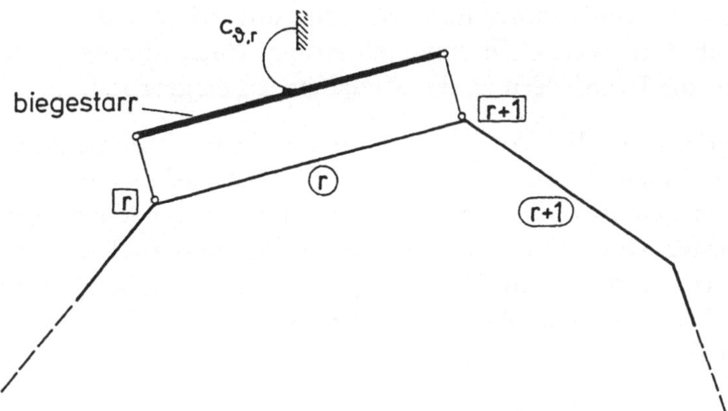

Bild 3.16   Drehfeder an der Sehnenverdrehung einer Scheibe

Bei den Gleichgewichtsbedingungen muß die Arbeit dieses Momentes an der virtuellen Verrückung $^r\bar{V} = \bar{1}$ berücksichtigt werden. Enthalten mehrere Scheiben elastische Drehbettungen, so läßt sich eine Matrix $\bar{M}_\vartheta$ angeben, welche die Federmomente in den Grundzuständen $^r\bar{V} = \bar{1}$ enthält:

$$\bar{M}_\vartheta = H_\vartheta \cdot \bar{F}_\vartheta \ . \tag{3.39}$$

Drehbettungen der Endscheiben können auf diese einfache Weise nur dann behandelt werden, wenn die Querverschiebungen der Randknoten als Freiheitsgrade eingeführt worden sind. Die Federmatrix H_ϑ enthält auf der Hauptdiagonalen die Federkonstanten der zugehörigen Scheiben:

$$H_\vartheta = \begin{pmatrix} c_{\vartheta,1} & & & \\ & c_{\vartheta,2} & & \\ & & \ddots & \\ & & & c_{\vartheta,n} \end{pmatrix} \tag{3.40}$$

Die Ermittlung der virtuellen Arbeit geschieht durch Vormultiplikation mit den Arbeitskomplementen von m_ϑ, also mit der Transponierten von $\bar{F}_\vartheta$

$$\bar{B}_\vartheta = \bar{F}_\vartheta{}^T \cdot \bar{M}_\vartheta \ . \tag{3.41}$$

Im Eigenwertproblem (2.65) erhält also die Matrix $\bar{B}$ mit der Arbeit der Querbiegemomente die Ergänzung $\bar{B}_\vartheta$. Eine Starrkörperverdrehung ist nun nicht mehr möglich. Die Verdrehung ist mit Querbiegung verbunden und gehört damit zu den Profilverformungszuständen mit $^4\widetilde{B} \neq 0$. Bei der Entmischung entfällt daher die zweite Orthogonalisierung. Nach Lösung des Eigenwertproblems sind die Drehfedern in die Modalformen eingearbeitet.

Wir erläutern die Vorgehensweise bei Querschnittslagerungen an zwei Beispielen. Zunächst wird wieder das Stahlbeton-Faltwerk aus Kap. 2 verwendet, bei dem wir nun die Symmetrie mit Hilfe entsprechender Lagerung des halbierten Querschnittes ausnutzen wollen und zugleich Nebenknoten im Querschnitt anordnen, um den Querbiegemomentenverlauf besser anzunähern. In Absch. 3.3.5 wird eine Anwendung der Drehbettung bei der Berechnung von Kaltprofil-Dachpfetten gezeigt.

3.3.4 Zahlenbeispiel zu Nebenknoten und Symmetriebedingung

Die Einteilung des Stahlbeton-Querschnitts ist aus Bild 3.17 und Tabelle 3.9 ersichtlich. In der Wahl der Anordnung der Unbekannten ist man zunächst frei. Wir ordnen sie entsprechend dem Vorschlag b) des Abschn. 3.2, d.h. zunächst kommt der Block der Wölbfreiheitsgrade, dann die Querverschiebungen der Nebenknoten. Der Unbekannten-Vektor lautet also:

$$\bar{x} = \{u_1, u_2, u_4, u_6, f_1, f_3, f_5\}$$
$$= \{x_1, x_2, \ldots, x_7\} \ .$$

Als Hilfe für den mitrechnenden Leser geben wir alle wichtigen Zwischenmatrizen im Berechnungsablauf an.

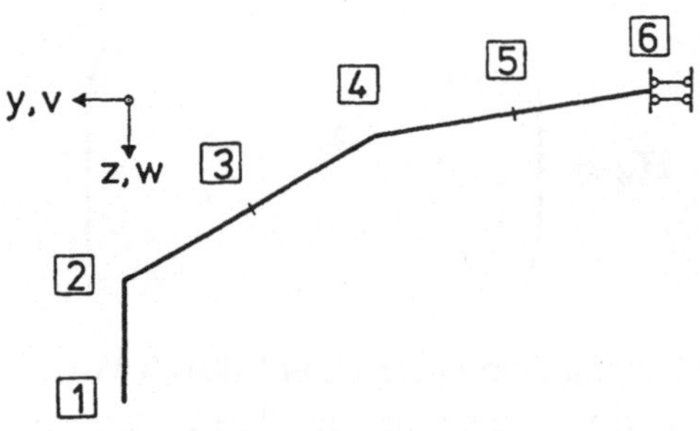

Bild 3.17   Stahlbetonquerschnitt nach [17] mit Symmetriebedingung und Nebenknoten

Alle Hauptknoten haben unabhängige Wölbfreiheitsgrade, so daß keine Eliminationen notwendig sind. In der $\bar{U}$–Matrix, in der nur die vier Spalten

Tabelle 3.9   Geometrie des Beispielquerschnittes (in m). Der E-Modul
beträgt $21\,000\,\mathrm{MN/m^2}$, die Querdehnungszahl ist $\mu = 0$

r	b_r	t_r	α_r
1	1,2	0,18	90
2	1,4	0,08	30
3	1,4	0,08	30
4	1,4	0,08	10
5	1,4	0,08	10

der Wölbfreiheitsgrade geführt werden, müssen in den Zeilen 3 und 5 der
Nebenknoten die abhängigen Wölbordinaten eingetragen werden:

$$
\bar{U} = \begin{pmatrix}
1,000 & 0 & 0 & 0 \\
0 & 1,000 & 0 & 0 \\
0 & 0,500 & 0,500 & 0 \\
0 & 0 & 1,000 & 0 \\
0 & 0 & 0,500 & 0,500 \\
0 & 0 & 0 & 1,000
\end{pmatrix}
$$

Aus der Geometrie des Querschnitts ergeben sich wieder, wie bekannt, die
Matrizen $\bar{F}_b$ und $\bar{F}_e$, die für jeden Grundverformungszustand die Querverschiebungen der Anfangs bzw. Endknoten jeder Scheibe angeben. Jede Spalte
der Matrizen enthält diese Werte zeilenweise fortlaufend für den betreffenden
Grundverformungszustand, bei dem alle Freiheitsgrade bis auf den mit 1
vorgegebenen Null gesetzt werden. So stehen beispielsweise in der ersten Spalte
die Querverschiebungen der Anfangs- bzw. Endknoten der Scheiben, wenn der
Knoten 1 im ersten Grundverformungszustand der Verwölbung $u_1 = 1$ unterworfen wird, in der fünften Spalte die entsprechenden Werte für den Grundverformungszustand $f_1 = 1$.

Durch die Einführung des zur Verwölbung zusätzlichen Freiheitsgrades am
ersten Knoten bleibt die erste Zeile von $\bar{F}_b$ nicht mehr unbestimmt, wie das im
zweiten Kapitel der Fall war. Dort mußten die betroffenen Werte nachträglich
aufgrund des Querbiegemomentenverlaufs zurückgerechnet werden. Auch die
letzte Zeile in $\bar{F}_e$ wird durch die Verkopplung der Querverschiebung des
Endknotens mit den Verwölbungen der Knoten 4 und 6 festgelegt.

$$
\bar{F}_b = \begin{pmatrix}
0 & 0 & 0 & 0 & 1,000 & 0 & 0 \\
-0,962 & 1,168 & -0,206 & 0 & 0 & 0 & 0 \\
0 & 0 & 0 & 0 & 0 & 1,000 & 0 \\
0 & -1,044 & 2,025 & -0,981 & 0 & 0 & 0 \\
0 & 0 & 0 & 0 & 0 & 0 & 1,000
\end{pmatrix} .
$$

$$\bar{F}_e = \begin{pmatrix} -0,481 & 0,894 & -0,412 & 0 & 0 & 0 & 0 \\ 0 & 0 & 0 & 0 & 0 & 1,000 & 0 \\ 0 & -0,981 & 2,025 & -1,044 & 0 & 0 & 0 \\ 0 & 0 & 0 & 0 & 0 & 0 & 1,000 \\ 0 & 0 & -2,025 & 2,025 & 0 & 0 & 0 \end{pmatrix}.$$

Die Matrix $\bar{F}_\vartheta$ erhält man gemäß (2.23), wobei auch die erste und letzte Zeile schon endgültig besetzt werden können. Die Elemente von $\Delta\bar{F}_\vartheta$ ergeben sich nach (2.25) durch einfache Differenzbildungen aus den Zeilen von $\bar{F}_\vartheta$. Die letzte Zeile von $\Delta\bar{F}_\vartheta$ enthält die Relativverdrehung am Endknoten, die gleich der negativen Verdrehung der letzten Scheibe ist.

$$\bar{F}_\vartheta = \begin{pmatrix} -0,401 & 0,745 & -0,344 & 0 & -0,833 & 0 & 0 \\ 0,687 & -0,835 & 0,147 & 0 & 0 & 0,714 & 0 \\ 0 & -0,701 & 1,447 & -0,746 & 0 & -0,714 & 0 \\ 0 & 0,746 & -1,447 & 0,701 & 0 & 0 & 0,714 \\ 0 & 0 & -1,447 & 1,447 & 0 & 0 & -0,714 \end{pmatrix}$$

$$\Delta\bar{F}_\vartheta = \begin{pmatrix} 0 & 0 & 0 & 0 & 0 & 0 & 0 \\ 1,088 & -1,579 & 0,491 & 0 & 0,833 & 0,714 & 0 \\ -0,687 & 0,134 & 1,299 & -0,746 & 0 & -1,429 & 0 \\ 0 & 1,447 & -2,894 & 1,447 & 0 & 0,714 & 0,714 \\ 0 & -0,746 & 0 & 0,746 & 0 & 0 & -1,429 \\ 0 & 0 & 1,447 & -1,447 & 0 & 0 & 0,714 \end{pmatrix}.$$

Für die statisch unbestimmte Rechnung zur Ermittlung der Querbiegemomente muß nun die Matrix Δ_{ik} über ihren Kernbereich hinaus erweitert werden, da im vorliegenden Fall Kantenmomente auch am zweiten sowie am letzten und vorletzten Knoten auftreten können. Durch das Auffüllen der Hauptdiagonale mit einer Eins an der Stelle (1,1) wird verhindert, daß die Matrix singulär wird. Damit kann der Algorithmus zur Invertierung auf die gesamte Matrix angewendet werden.

$$\Delta_{ik} = \begin{pmatrix} 1,000 & 0 & 0 & 0 & 0 & 0 \\ 0 & 0,560 & 0,260 & 0 & 0 & 0 \\ 0 & 0,260 & 1,042 & 0,260 & 0 & 0 \\ 0 & 0 & 0,260 & 1,042 & 0,260 & 0 \\ 0 & 0 & 0 & 0,260 & 1,042 & 0,260 \\ 0 & 0 & 0 & 0 & 0,260 & 0,521 \end{pmatrix}.$$

Inversion von Δ_{ik} liefert die Matrix der Einflußzahlen für die Kantenmomente. Die Eins auf Platz $(1,1)$ wird für die folgende Multiplikation wieder gelöscht:

$$\Delta_{ik}{}^{-1} = \begin{pmatrix} 0 & 0 & 0 & 0 & 0 & 0 \\ 0 & 2,040 & -0,547 & 0,147 & -0,042 & 0,021 \\ 0 & -0,547 & 1,176 & -0,317 & 0,090 & -0,045 \\ 0 & 0,147 & -0,317 & 1,119 & -0,320 & 0,160 \\ 0 & -0,042 & 0,090 & -0,320 & 1,188 & -0,594 \\ 0 & 0,021 & -0,045 & 0,160 & -0,594 & 2,217 \end{pmatrix} .$$

Somit ergeben sich die Querbiegemomente in den Grundzuständen einfach durch Multiplikation der Matrix $\Delta_{ik}{}^{-1}$ mit $-\Delta\bar{F}_\vartheta$. Die Spalten geben die Kantenmomente in je einem Grundzustand an:

$$\bar{M} = \begin{pmatrix} 0 & 0 & 0 & 0 & 0 & 0 & 0 \\ -2,596 & 3,050 & 0,105 & -0,559 & -1,700 & -2,343 & -0,180 \\ 1,403 & -0,495 & -2,110 & 1,202 & 0,456 & 2,296 & 0,388 \\ -0,378 & -1,583 & 3,346 & -1,385 & -0,123 & -1,357 & -1,370 \\ 0,108 & 1,271 & -0,162 & -1,216 & 0,035 & 0,388 & 2,351 \\ -0,054 & -0,635 & -2,697 & 3,386 & -0,018 & -0,194 & -2,547 \end{pmatrix} .$$

Die Arbeit der Querbiegemomente an den Grundverformungszuständen wird durch das Vormultiplizieren der Transponierten von $\Delta\bar{F}_\vartheta$ mit $\bar{M}$ gebildet.

$$\bar{B} = \begin{pmatrix} 3,789 & -3,660 & -1,564 & 1,435 & 2,163 & 4,129 & 0,463 \\ -3,660 & 8,120 & -4,514 & 0,054 & -2,542 & -1,756 & 3,399 \\ -1,564 & -4,514 & 16,273 & -10,195 & -0,087 & -5,479 & -0,696 \\ 1,435 & 0,054 & -10,195 & 8,707 & 0,466 & 3,106 & -3,166 \\ 2,163 & -2,542 & -0,087 & 0,466 & 1,417 & 1,953 & 0,150 \\ 4,129 & -1,756 & -5,479 & 3,106 & 1,953 & 5,924 & 1,661 \\ 0,463 & 3,399 & -0,696 & -3,166 & 0,150 & 1,661 & 6,156 \end{pmatrix} .$$

Die Arbeiten der Wölbspannungen setzen sich aus einem Membrananteil $\bar{C}^M$ und einem Plattenanteil $\bar{C}^B$ zusammen, die getrennt ausgegeben werden. Der Membrananteil weist für die Freiheitsgrade der Nebenknoten Nullzeilen und -spalten auf, da diese Freiheitsgrade nur Plattenanteile liefern. Die Plattenanteile sind zwar i. allg. klein gegenüber den Membrananteilen, dürfen aber keineswegs weggelassen werden, da sonst die Matrix singulär würde.

$$E\bar{C}^M = \begin{pmatrix} 1512 & 756 & 0 & 0 & 0 & 0 & 0 \\ 756 & 3080 & 784 & 0 & 0 & 0 & 0 \\ 0 & 784 & 3136 & 784 & 0 & 0 & 0 \\ 0 & 0 & 784 & 1568 & 0 & 0 & 0 \\ 0 & 0 & 0 & 0 & 0 & 0 & 0 \\ 0 & 0 & 0 & 0 & 0 & 0 & 0 \\ 0 & 0 & 0 & 0 & 0 & 0 & 0 \end{pmatrix} .$$

$$E\bar{C}^{B} = \begin{pmatrix} 1,628 & -2,724 & 1,146 & -0,050 & -0,934 & -0,101 & -0,033 \\ -2,724 & 5,724 & -4,314 & 1,314 & 1,713 & -0,047 & -0,128 \\ 1,146 & -4,314 & 8,071 & -4,903 & -0,743 & 0,249 & 0,057 \\ -0,050 & 1,314 & -4,903 & 3,638 & -0,035 & -0,100 & 0,104 \\ -0,934 & 1,713 & -0,743 & -0,035 & 3,991 & -0,110 & -0,017 \\ -0,101 & -0,047 & 0,249 & -0,100 & -0,110 & 1,035 & -0,091 \\ -0,033 & -0,128 & 0,057 & 0,104 & -0,017 & -0,091 & 1,025 \end{pmatrix} .$$

Die Orthogonalisierung mit Hilfe des Jacobi-Verfahrens liefert die folgenden diagonalen Matrizen $\widetilde{C}$ und $\widetilde{B}$ sowie die Matrix $\widetilde{X}$ der Eigenvektoren.

$$E\widetilde{C} = \begin{pmatrix} 3491 & 0 & 0 & 0 & 0 & 0 & 0 \\ 0 & 5093 & 0 & 0 & 0 & 0 & 0 \\ 0 & 0 & 593 & 0 & 0 & 0 & 0 \\ 0 & 0 & 0 & 118 & 0 & 0 & 0 \\ 0 & 0 & 0 & 0 & 4,405 & 0 & 0 \\ 0 & 0 & 0 & 0 & 0 & 2,238 & 0 \\ 0 & 0 & 0 & 0 & 0 & 0 & 1,870 \end{pmatrix}$$

$$\widetilde{B} = \begin{pmatrix} 0 & 0 & 0 & 0 & 0 & 0 & 0 \\ 0 & 0 & 0 & 0 & 0 & 0 & 0 \\ 0 & 0 & 0,029 & 0 & 0 & 0 & 0 \\ 0 & 0 & 0 & 0,947 & 0 & 0 & 0 \\ 0 & 0 & 0 & 0 & 0,822 & 0 & 0 \\ 0 & 0 & 0 & 0 & 0 & 9,082 & 0 \\ 0 & 0 & 0 & 0 & 0 & 0 & 15,657 \end{pmatrix}$$

$$\widetilde{X} = \begin{pmatrix} 1,000 & -0,398 & -0,487 & -0,061 & 0,0067 & -0,0011 & 0,0005 \\ 0,575 & 0,145 & 0,356 & 0,096 & -0,0071 & 0,0007 & 0,0000 \\ 0,078 & 0,780 & 0,0090 & -0,176 & 0,0073 & 0,0006 & -0,0004 \\ -0,094 & 1,000 & -0,248 & 0,222 & -0,0071 & -0,0014 & 0,0002 \\ 0 & 0 & 1,000 & 1,000 & 1,000 & -0,144 & 0,098 \\ -0,307 & 0,392 & 0,368 & -0,589 & -0,363 & -0,971 & 0,988 \\ -0,349 & 0,446 & -0,410 & 0,181 & 0,077 & 1,000 & 1,000 \end{pmatrix}$$

Es fällt auf, daß nur zwei Nulleigenwerte $^{k}\widetilde{B}/(E\,^{k}\widetilde{C})$ auftreten. Die damit verbundene geringere Anzahl von Starrkörperzuständen, die beim ungelagerten Querschnitt vier beträgt, erklärt sich aus der Lagerung des Querschnitts, die sowohl die Starrkörperverdrehung wie auch die Biegung um die vertikale Achse verhindert. Nachfolgend brauchen nur noch die verbleibenden zwei Starrkörperzustände Längung und Biegung um die horizontale Achse entmischt zu werden. Dies geschieht wieder mittels einer Orthogonalitätsforderung bezüglich der Kappawerte $^{ik}\kappa$ (2.79). Die dafür aufzustellende Matrix K lautet

$$K_{2\times 2} = \begin{pmatrix} -0,126 & 0,161 \\ 0,161 & -0,205 \end{pmatrix}$$

Nach der Orthogonalisierung und Normierung haben die beteiligten Matrizen die Belegung

$$E\widetilde{C}_{2\times 2} = \begin{pmatrix} 13944 & 0 \\ 0 & 13106 \end{pmatrix}$$

$$K_{2\times 2} = \begin{pmatrix} 0 & 0 \\ 0 & -1,000 \end{pmatrix}$$

Mit dieser zweiten Orthogonalisierung werden die ersten beiden Eigenvektoren so transformiert, daß sie die klassischen Zustände Längung und Biegung darstellen. Wir geben nun die komplette Matrix $\widetilde{X}$ der Eigenvektoren an. Die Eigenvektoren ^{k}u sind für $k \geq 3$ so normiert, daß die betragsgrößte Komponente gleich eins wird. Der erste Eigenvektor ist auf -1 normiert, und der zweite so, daß $^{22}\kappa = -1$ wird. Die Eigenvektoren sind wegen der zusätzlichen Zwischenknoten-Freiheitsgrade nicht mehr identisch mit den Wölbvektoren, aber diese sind in den entsprechenden Komponenten immer wieder zu erkennen.

$$\widetilde{X} = \begin{pmatrix} -1,000 & -1,795 & -0,487 & -0,061 & 0,0067 & -0,0011 & 0,0005 \\ -1,000 & -0,595 & 0,356 & 0,096 & -0,0071 & 0,0007 & 0,0000 \\ -1,000 & 0,805 & 0,009 & -0,176 & 0,0073 & 0,0006 & -0,0004 \\ -1,000 & 1,291 & -0,248 & 0,222 & -0,0071 & -0,0014 & 0,0002 \\ 0 & 0 & 1,000 & 1,000 & 1,000 & -0,144 & 0,098 \\ 0 & 0,866 & 0,368 & -0,589 & -0,363 & -0,971 & 0,988 \\ 0 & 0,985 & -0,410 & 0,181 & 0,077 & 1,000 & 1,000 \end{pmatrix}.$$

Der Vollständigkeit halber geben wir auch die komplette Matrix $\widetilde{D}$ der Drillwiderstände an, denn in den Querschnittswertetabellen wird nur das zum jeweiligen Zustand gehörende Diagonalelement $^{k}\widetilde{D}$ angegeben. Wegen der auf den Wölb- und Querbiegewiderstand bezogenen Orthogonalisierung bleibt die Drillwiderstandsmatrix im allgemeinen vollbesetzt mit deutlicher Betonung der Hauptdiagonalelemente. Wir werden jedoch an den Ergebnissen im Lastfall Eigengewicht die Bedeutung der verkoppelnden Außerdiagonalelemente erkennen.

$$\tilde{D} = \begin{pmatrix} 0 & 0 & 0 & 0 & 0 & 0 & 0 \\ 0 & 0 & 0 & 0 & 0 & 0 & 0 \\ 0 & 0 & 3.993 & 6.094 & 7.408 & -1.204 & 0.397 \\ 0 & 0 & 6.094 & 13.101 & 13.609 & -0.760 & 0.725 \\ 0 & 0 & 7.408 & 13.609 & 17.184 & -1.282 & 0.913 \\ 0 & 0 & -1.204 & -0.760 & -1.282 & 6.445 & -0.156 \\ 0 & 0 & 0.397 & 0.725 & 0.913 & -0.156 & 5.986 \end{pmatrix} \cdot 10^{-4} \; .$$

Schließlich erhalten wir die Querschnittswerte nach Bild 3.18 und Tabelle 3.10.

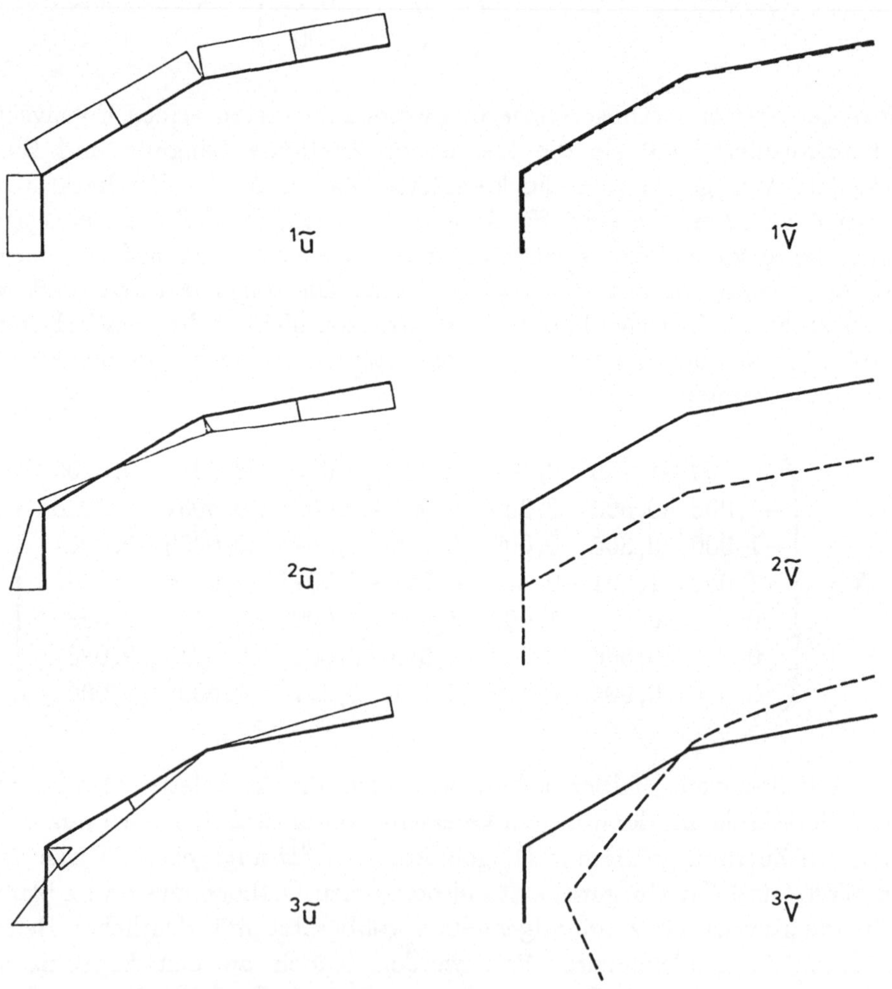

Bild 3.18a   Einheitsverwölbungen und Einheitsverformungen für $k = 1$ bis 3

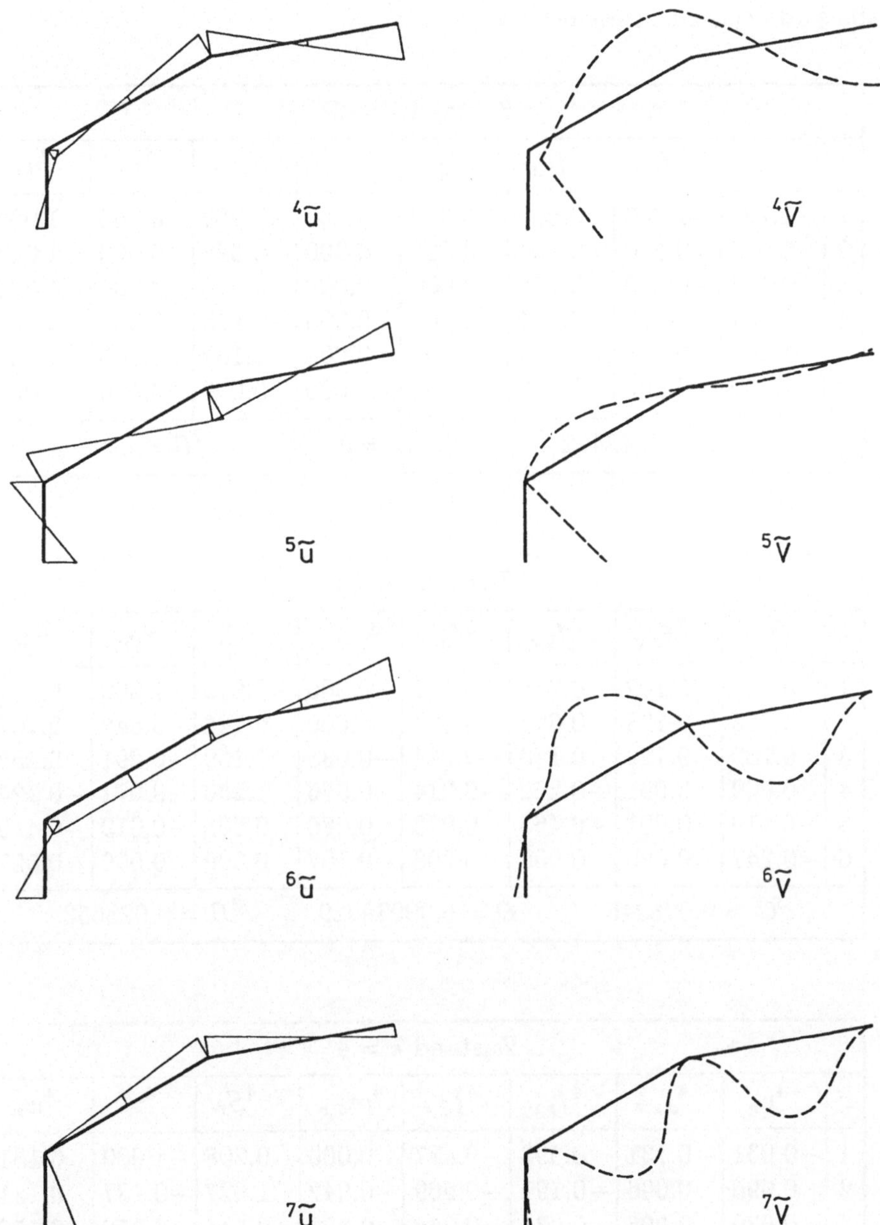

Bild 3.18b Einheitsverwölbungen und Einheitsverformungen für $k = 4$ bis 7

Tabelle 3.10   Querschnittswerte für $k = 2$ bis 4

				Zustand $k = 2$				
r	^2u_r	$^2f_{s,r}$	$^2f_{\bar{s},r}$	$^2f_{\vartheta,r}$	$^2m_{s,r}$	^2S_r	^2v_r	^2w_r
1	-1.795	-1.000	0.000	0.000	0.000	-0.289	0.000	1.000
2	-0.595	-0.500	0.866	0.000	0.000	-0.624	0.000	1.000
3	0.104	-0.500	0.866	0.000	0.000	-0.598	0.000	1.000
4	0.804	-0.173	0.984	0.000	0.000	-0.415	0.000	1.000
5	1.047	-0.173	0.984	0.000	0.000	-0.152	0.000	1.000
6	1.290	0.000	0.000	0.000	0.000	0.000	0.000	1.000

$$^2C = 0.62412 \qquad ^2D = 0 \qquad ^2B = 0$$

				Zustand $k = 3$				
r	^3u_r	$^3f_{s,r}$	$^3f_{\bar{s},r}$	$^3f_{\vartheta,r}$	$^3m_{s,r}$	^3S_r	^3v_r	^3w_r
1	-0.487	-0.702	0.774	-0.376	0.000	-0.945	-1.000	0.702
2	0.355	0.123	0.625	-0.367	0.000	0.126	-0.548	0.702
3	0.182	0.123	0.148	-0.314	-0.033	1.139	-0.291	0.257
4	0.009	0.091	-0.260	-0.214	-0.066	1.230	-0.071	-0.124
5	-0.119	0.091	-0.465	-0.078	-0.086	0.568	-0.019	-0.419
6	-0.247	0.000	0.000	0.000	-0.107	0.000	0.000	-0.527

$$^3C = 0.028245 \qquad ^3D = 0.00039929 \qquad ^3B = 0.028658$$

				Zustand $k = 4$				
r	^4u_r	$^4f_{s,r}$	$^4f_{\bar{s},r}$	$^4f_{\vartheta,r}$	$^4m_{s,r}$	^4S_r	^4v_r	^4w_r
1	-0.061	-0.131	0.593	-0.677	0.000	-0.208	-1.000	0.131
2	0.095	0.096	-0.191	-0.569	-0.042	1.627	-0.187	0.131
3	-0.039	0.096	-0.635	-0.066	-0.323	0.514	0.210	-0.558
4	-0.175	-0.142	-0.246	0.610	-0.595	-2.825	0.257	-0.639
5	0.023	-0.142	0.493	0.446	0.105	-2.174	0.108	0.203
6	0.222	0.000	0.000	0.000	0.804	0.000	0.000	0.818

$$^4C = 0.0056264 \qquad ^4D = 0.0013101 \qquad ^4B = 0.94672$$

Tabelle 3.10   (Fortsetzung) Querschnittswerte für $k = 5$ bis 7

				Zustand $k = 5$				
r	${}^5u_r$	${}^5f_{s,r}$	${}^5f_{\bar{s},r}$	${}^5f_{\vartheta,r}$	${}^5m_{s,r}$	${}^5S_r$	${}^5v_r$	${}^5w_r$
1	0.006	0.011	0.493	−0.843	0.000	1.299	−1.000	−0.011
2	−0.007	−0.005	−0.189	−0.247	−0.897	−2.032	0.012	−0.011
3	0.000	−0.005	−0.166	0.280	−0.359	−1.952	0.185	−0.311
4	0.007	0.005	0.053	0.034	0.307	1.708	−0.010	0.027
5	0.000	0.005	0.023	−0.075	0.074	1.769	−0.018	0.075
6	−0.007	0.000	0.000	0.000	−0.183	0.000	0.000	−0.029

$${}^5C = 0.00020977 \qquad {}^5D = 0.0017184 \qquad {}^5B = 0.82224$$

				Zustand $k = 6$				
r	${}^6u_r$	${}^6f_{s,r}$	${}^6f_{\bar{s},r}$	${}^6f_{\vartheta,r}$	${}^6m_{s,r}$	${}^6S_r$	${}^6v_r$	${}^6w_r$
1	−0.001	−0.001	−0.071	0.120	0.000	−0.616	0.143	0.001
2	0.000	0.000	−0.484	−0.694	2.344	−0.126	0.000	0.001
3	0.000	0.000	−0.484	0.694	−1.911	0.784	0.485	−0.840
4	0.000	0.000	0.500	0.713	−0.032	1.395	−0.001	0.001
5	0.000	0.000	0.498	−0.717	1.971	0.787	−0.174	0.984
6	−0.001	0.000	0.000	0.000	−2.362	0.000	0.000	−0.004

$${}^6C = 0.00010656 \qquad {}^6D = 0.0006445 \qquad {}^6B = 9.0817$$

				Zustand $k = 7$				
r	${}^7u_r$	${}^7f_{s,r}$	${}^7f_{\bar{s},r}$	${}^7f_{\vartheta,r}$	${}^7m_{s,r}$	${}^7S_r$	${}^7v_r$	${}^7w_r$
1	0.000	0.000	0.049	−0.081	0.000	0.508	−0.098	0.000
2	0.000	0.000	0.494	0.706	−2.664	0.871	0.000	0.000
3	0.000	0.000	0.493	−0.706	2.703	0.578	−0.494	0.855
4	0.000	0.000	0.499	0.714	−2.724	0.087	0.000	0.000
5	0.000	0.000	0.500	−0.713	2.737	−0.073	−0.173	0.984
6	0.000	0.000	0.000	0.000	−2.738	0.000	0.000	0.001

$${}^7C = 0.000089062 \qquad {}^7D = 0.00059865 \qquad {}^7B = 15.657$$

Damit kann der Lastfall Eigengewicht gerechnet werden. Dazu werden die Eigengewichtsflächenlasten auf die Querschnittsknoten (Haupt- und Nebenknoten) als Linienlasten konzentriert. Die Belastungsglieder $^k\tilde{q}$ werden wie in Kap. 2 als Arbeiten der Knotenlasten an den virtuellen Wegen der Einheitsverformungen formuliert.

Die Lösung des Differentialgleichungssystems erfolgt einmal entkoppelt, d.h. jeder Vorgang $k = 1, \ldots, 7$ wird für sich gelöst. Zum Vergleich wird auch eine Rechnung unter Berücksichtigung der verkoppelnden Glieder durchgeführt. Die Ergebnisse werden mit denen in [17] verglichen.

Aus den Spannungsresultanten ergeben sich mit den Einheitsverwölbungen die Membranspannungen, die hier ohne Zwischenergebnisse in Bild 3.19 angegeben werden.

Ein Vergleich der Ergebnisse mit denen aus Kap. 2 zeigt, daß die Längsspannungen bei entkoppelter Lösung geringfügig ungenauer sind als auf der einfachen Stufe. Die Erklärung findet man in der Vernachlässigung der gemischten Drillwiderstände, welche die einzelnen Differentialgleichungen miteinander verkoppeln. Dieser Einfluß ist auf der einfachen Stufe kaum festzustellen. Die Zwischenknotenfreiheitsgrade hingegen haben neben dem Querbiege- auch einen größeren Drillanteil, der bei der Orthogonalisierung nicht beachtet wird. Damit sammeln sich die wesentlichen Arbeitsanteile nicht ausschließlich auf der Hauptdiagonalen.

Bei verkoppelter Rechnung stimmen die Längsspannungen mit den Ergebnissen in [17] gut überein und werden durch verfeinerte Diskretisierung nur noch unwesentlich verbessert.

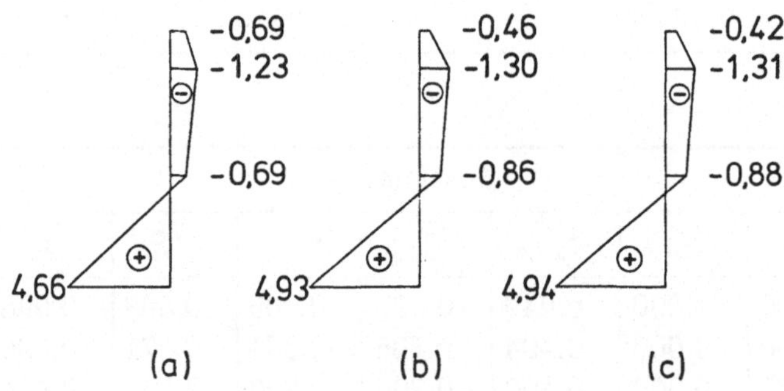

Bild 3.19   Spannungen σ_x in Feldmitte: (a) bezüglich der Drillwiderstände zwangsentkoppelt gerechnet, (b) verkoppelt gerechnet, (c) nach [17]

Die Querbiegemomente werden aus den Verformungsresultanten in Feldmitte unter Verwendung der Einheitsquerbiegemomente zurückgerechnet und sind in Bild 3.21 angegeben. Entsprechend den Annahmen der VTB ist der

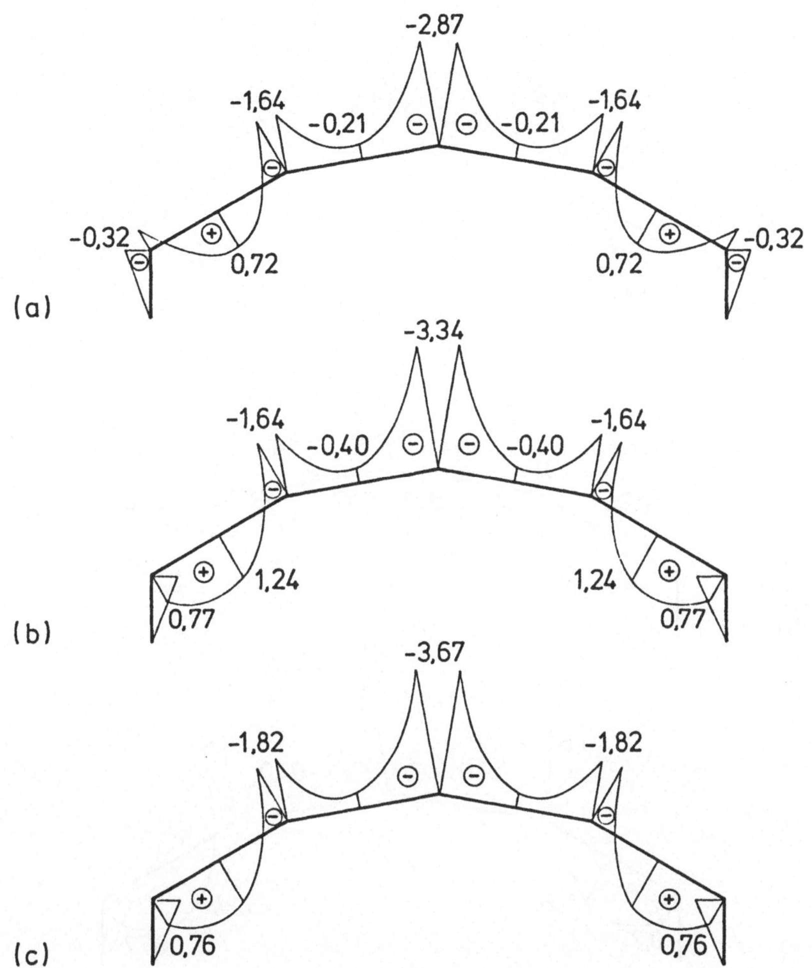

Bild 3.20   Querbiegemomente m_s in Feldmitte: (a) bezüglich der Drillwiderstände zwangsentkoppelt gerechnet, (b) verkoppelt gerechnet, (c) nach [17]

Verlauf über die Querschnittsscheiben linear.

Man kann jedoch den Querbiegemomentenverlauf in einer einfachen Nachrechnung noch verbessern:

Durch die Konzentration der Flächen- in Knotenlasten wird nur die Arbeit der verteilten Lasten an der Sehnenverformung des Faltwerks berücksichtigt, was für die Starrkörperanteile genau ist. Mit zunehmendem Index k der Profilverformung nimmt der Fehler zu, den man mit der Ermittlung der Lastglieder $^k q$ allein aus den Knotenlasten und –verschiebungen macht. Um die Verformung von der Sehne aus mit einzubeziehen, ermittelt man sich die M–Linie des als Durchlaufträgers abgewickelten Faltwerksstreifens der

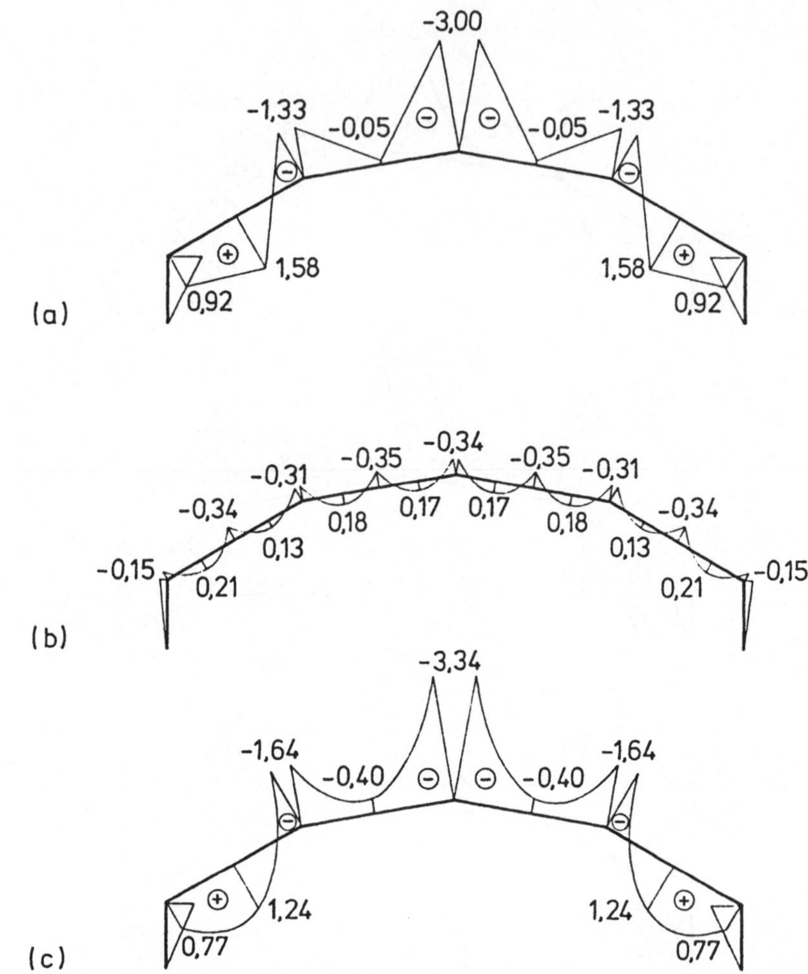

Bild 3.21   Korrektur des Querbiegemomentenverlaufs in Feldmitte: Dem polygonförmigen
Verlauf (a) (hier aus der Lösung der verkoppelten Differentialgleichungen)
wird die am Durchlaufträger ermittelte M-Linie (b) unter verteilter Last
überlagert (c).

Breite $\Delta x = 1$ unter diesen Lasten. Die Überlagerung der so gewonnenen
Querbiegemomente mit denen aus der Rückrechnung aus der Differentialglei-
chungslösung liefert eine sehr gute Approximation des Momentenverlaufs in
Feldmitte (Bild 3.21). Der Verlauf der Korrektur über die Längsachse kann aus
den oben erwähnten Gründen der Verformung $^{7}\widetilde{V}$ angelehnt werden.

Den gekrümmten Momentenverlauf in Scheibe 1, wie er bei Girkmann
[17] zu finden ist, kann die VTB-Lösung nur bei Anordnung weiterer
Zwischenknoten in dieser Scheibe polygonal annähern. Girkmann erhält diesen
Verlauf unter Betrachtung der ersten Scheibe als dreiseitig gelagerte Platte.

Bereits die entkoppelte Lösung liefert auf Grund der eingeschalteten Zwischenknoten wesentlich bessere Werte für die Querbiegemomente als die einfache Stufe in Kap. 2. Die Berücksichtigung der Verkopplungen im Differentialgleichungssystem verbessert die Ergebnisse noch einmal.

Durch Anordnung von mehr Zwischenknoten kann die Lösung weiter verbessert werden. Wir haben uns aus Gründen der Übersichtlichkeit auf zwei Zwischenknoten beschränkt.

3.3.5 Zahlenbeispiel zu Knotenlagerung und Drehbettung

Dachpfetten aus Kaltprofilen beziehen einen wesentlichen Teil ihrer Tragfähigkeit aus der stützenden Wirkung der Dachhaut [46]. Am Beispiel einer Pfette mit Z–Querschnitt soll der Zuwachs an Tragfähigkeit aufgezeigt werden. Dabei beschränken wir uns hier auf die Theorie I. Ordnung. (Die Querschnittswerte für diesen Sonderfall können näherungsweise auch mit Hilfe der geschlossenen Formeln des Abschnitts 5.1.3 berechnet werden.) Die notwendigen Systemwerte sind in Bild 3.22 und Tabelle 3.11 angegeben.

Tabelle 3.11   Geometrie der Z–Pfette (in cm). Der E-Modul
beträgt $21\,000\,\text{kN/cm}$, die Querdehnungszahl ist $\mu = 0,3$

r	b_r	t_r	α_r
1	2	0,15	−90
2	6,5	0,15	0
3	20	0,15	90
4	6,5	0,15	0
5	2	0,15	−90

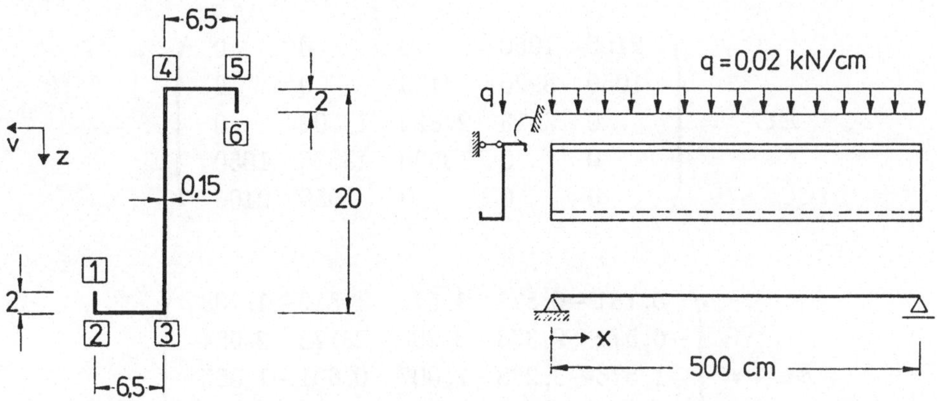

Bild 3.22   Systemwerte des Zahlenbeispiels zu Querschnittslagerungen

Die seitliche Stützung des Obergurtes wird mit guter Näherung als starr angenommen. Die Wirkungsrichtung der Pendelstütze fällt in die Ebene der vierten Scheibe. Damit ist die Umfangsverschiebung $f_{s,4}$ der Obergurtscheibe vollständig verhindert und die beiden Wölbordinaten u_4 und u_5 müssen in allen Zuständen jeweils gleich sein. In der $\bar{U}$-Matrix wird das dadurch ausgedrückt, daß die Spalte 5 zur Spalte 4 addiert und anschließend gestrichen wird:

$$
\bar{U} = \begin{pmatrix}
1{,}000 & 0 & 0 & 0 & 0 \\
0 & 1{,}000 & 0 & 0 & 0 \\
0 & 0 & 1{,}000 & 0 & 0 \\
0 & 0 & 0 & 1{,}000 & 0 \\
0 & 0 & 0 & 1{,}000 & 0 \\
0 & 0 & 0 & 0 & 1{,}000
\end{pmatrix} .
$$

Bei der Berechnung aller übrigen Matrizen für die Grundzustände können wir im vorliegenden Fall folgende Vorgehensweise wählen: Wir berechnen zunächst die Matrizen so, als wäre keine Lagerung des Querschnitts vorhanden. Anschließend wird in jeder Matrix die fünfte Spalte zur vierten addiert und anschließend gestrichen. Bei den Matrizen $\bar{C}$ und $\bar{B}$ wird noch in gleicher Weise die Zeilenzahl reduziert. Damit ist die Verkopplung der Wölbordinaten in alle Matrizen eingearbeitet. Dieses einfache Vorgehen gilt allerdings nur für Querschnitte ohne Nebenknoten und nur dann, wenn bei der Ermittlung der Querbiegemomente keine Änderungen auftreten.

Die Drehbettung setzt sich aus einem Anteil aus der Biegesteifigkeit der Dachhaut und einer Anschlußsteifigkeit zusammen. Letztere ist rechnerisch schwer zu ermitteln und wird am besten durch Versuche bestimmt. Aus [46] wird ein Wert von $c_{\vartheta,4} = 1{,}0\,\text{kNm/m}$ entnommen.

Für die $\bar{C}$-Matrix ergeben sich die beiden Anteile

$$
E\bar{C}^M = \begin{pmatrix}
2100 & 1050 & 0 & 0 & 0 \\
1050 & 8925 & 3413 & 0 & 0 \\
0 & 3413 & 27825 & 10500 & 0 \\
0 & 0 & 10500 & 43575 & 1050 \\
0 & 0 & 0 & 1050 & 2100
\end{pmatrix} ,
$$

$$
E\bar{C}^B = \begin{pmatrix}
5{,}181 & -6{,}572 & 1{,}576 & 1{,}519 & -1{,}703 \\
-6{,}572 & 9{,}368 & -3{,}208 & -2{,}172 & 2{,}584 \\
1{,}576 & -3{,}208 & 2{,}007 & 0{,}691 & -1{,}065 \\
1{,}519 & -2{,}172 & 0{,}691 & 4{,}959 & -4{,}996 \\
-1{,}703 & 2{,}584 & -1{,}065 & -4{,}996 & 5{,}181
\end{pmatrix} .
$$

Der Zusatzanteil $\bar{B}_\vartheta$ aus der Drehbettung in $\bar{B}$ ergibt sich nach (3.41) zu

$$
\bar{B}_\vartheta = \begin{pmatrix}
0 & 0 & 0 & 0 & 0 \\
0 & 0 & 0 & 0 & 0 \\
0 & 0 & -5,92 & -53,3 & 59,2 \\
0 & 0 & -53,3 & -479 & 533 \\
0 & 0 & 59,2 & 533 & -592
\end{pmatrix} \cdot 10^{-5} \ .
$$

Damit gilt für die Matrix der Arbeit der Querbiegemomente

$$
\bar{B} = \begin{pmatrix}
5,07 & -5,77 & 1,01 & -2,23 & 1,91 \\
-5,77 & 6,61 & -1,15 & 2,93 & -2,61 \\
1,01 & -1,15 & 0,20 & -0,44 & 0,38 \\
-2,23 & 2,93 & -0,44 & 4,50 & -4,75 \\
1,91 & -2,61 & 0,38 & -4,75 & 5,07
\end{pmatrix} \cdot 10^{-3} \ .
$$

Die Aussiebung der konstanten Verdrehung (2. Jacobi) entfällt. Es gibt nur noch zwei Starrkörperverformungen, die Längung und die Biegung um die y-Achse, durch die die Lagerungen nicht aktiviert werden. Die Ergebnisse der Querschnittswerteberechnung sind für $k = 2$ bis 6 in Tabelle 3.12 und Bild 3.23 zusammengestellt.

Tabelle 3.12   Querschnittswerte der Z–Pfette aus Bild 3.22

Zustand $k = 2$							
r	^2u_r	$^2f_{s,r}$	$^2f_{\bar{s},r}$	$^2f_{\vartheta,r}$	$^2m_{s,r}$	^2S_r	^2v_r	^2w_r
1	$-8,000$	$1,000$	$0,000$	$0,000$	$0,000$	$-0,007$	$0,000$	$1,000$
2	$-10,00$	$0,000$	$1,000$	$0,000$	$0,000$	$-0,143$	$0,000$	$1,000$
3	$-10,00$	$-1,000$	$0,000$	$0,000$	$0,000$	$-1,015$	$0,000$	$1,000$
4	$10,00$	$0,000$	$1,000$	$0,000$	$0,000$	$-0,143$	$0,000$	$1,000$
5	$10,00$	$1,000$	$0,000$	$0,000$	$0,000$	$-0,007$	$0,000$	$1,000$
6	$8,000$	$0,000$	$0,000$	$0,000$	$0,000$	$0,000$	$0,000$	$1,000$
$^2C = 343,8$			$^2D = 0$			$^2B = 0$		

Tabelle 3.12 (Fortsetzung) Querschnittswerte der Z–Pfette aus Bild 3.22

				Zustand $k = 3$				
r	^3u_r	$^3f_{s,r}$	$^3f_{\bar{s},r}$	$^3f_{\vartheta,r}$	$^3m_{s,r}$	^3S_r	^3v_r	^3w_r
1	$103,8$	$-10,92$	$18,76$	$1,235$	$0,000$	$-0,004$	$17,53$	$-10,92$
2	$-81,93$	$-20,00$	$-6,911$	$1,233$	$0,000$	$-0,048$	$20,00$	$-10,92$
3	$48,07$	$2,904$	$-10,00$	$1,000$	$0,012$	$-0,004$	$20,00$	$-2,904$
4	$-10,01$	$0,000$	$-1,534$	$0,421$	$0,420$	$0,008$	$0,000$	$-2,904$
5	$-10,01$	$-0,164$	$0,351$	$0,351$	$0,000$	$0,000$	$0,000$	$-0,164$
6	$-9,686$	$0,000$	$0,000$	$0,000$	$0,000$	$0,000$	$0,702$	$-0,164$

$$^3C = 6308,3 \qquad ^3D = 0,037114 \qquad ^3B = 0,42374$$

				Zustand $k = 4$				
r	^4u_r	$^4f_{s,r}$	$^4f_{\bar{s},r}$	$^4f_{\vartheta,r}$	$^4m_{s,r}$	^4S_r	^4v_r	^4w_r
1	$1,000$	$0,674$	$0,177$	$-0,116$	$0,000$	$1,057$	$0,294$	$0,674$
2	$-0,348$	$-0,061$	$0,336$	$-0,103$	$0,000$	$-0,310$	$0,061$	$0,674$
3	$0,049$	$0,001$	$-0,030$	$0,003$	$-0,076$	$1,856$	$0,061$	$-0,001$
4	$0,026$	$0,000$	$0,163$	$0,050$	$-0,006$	$3,250$	$0,000$	$-0,001$
5	$0,026$	$0,328$	$0,051$	$0,051$	$0,000$	$0,792$	$0,000$	$0,328$
6	$-0,631$	$0,000$	$0,000$	$0,000$	$0,000$	$0,000$	$0,103$	$0,328$

$$^4C = 0,15615 \qquad ^4D = 0,0001655 \qquad ^4B = 0,011031$$

				Zustand $k = 5$				
r	^5u_r	$^5f_{s,r}$	$^5f_{\bar{s},r}$	$^5f_{\vartheta,r}$	$^5m_{s,r}$	^5S_r	^5v_r	^5w_r
1	$0,547$	$0,380$	$0,115$	$-0,073$	$0,000$	$0,631$	$0,188$	$0,380$
2	$-0,213$	$-0,042$	$0,186$	$-0,059$	$0,000$	$-0,441$	$0,042$	$0,380$
3	$0,060$	$0,007$	$-0,021$	$0,002$	$-0,080$	$-0,745$	$0,042$	$-0,007$
4	$-0,082$	$0,000$	$-0,274$	$-0,082$	$0,092$	$-4,545$	$0,000$	$-0,007$
5	$-0,082$	$-0,541$	$-0,097$	$-0,097$	$0,000$	$-1,375$	$0,000$	$-0,541$
6	$1,000$	$0,000$	$0,000$	$0,000$	$0,000$	$0,000$	$-0,195$	$-0,541$

$$^5C = 0,13942 \qquad ^5D = 0,0001149 \qquad ^5B = 0,019457$$

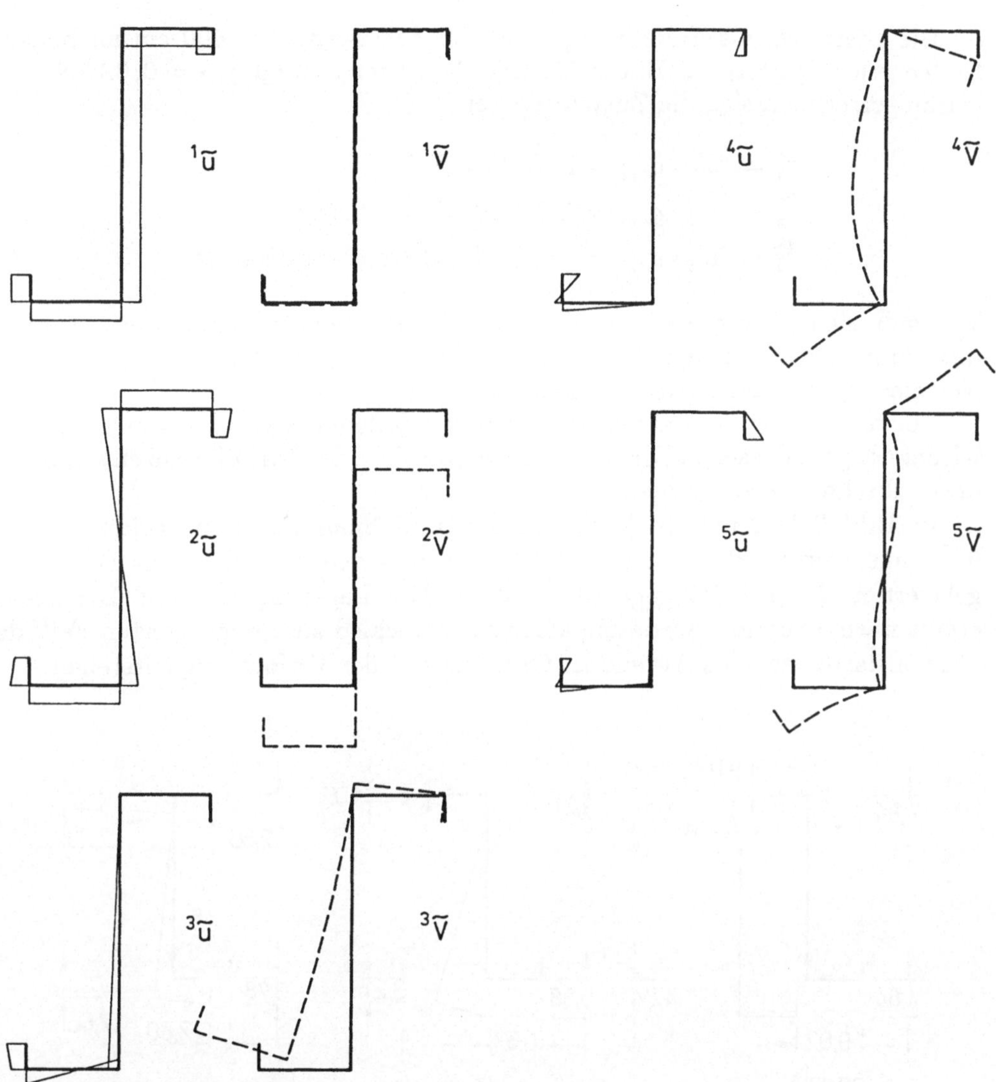

Bild 3.23   Einheitsverwölbungen und -verformungen der Z–Pfette

Die Pfette sei als Einfeldträger mit der Stützweite $l = 500$ cm an beiden Enden gelenkig gelagert (Bild 3.22). Die Belastung beträgt $q_{z,4} = 0,02$ kN/cm. Daraus errechnen sich die Zustandslasten

$$^2\tilde{q} = {}^2\tilde{w}_4 \cdot q_{z,4} = 1 \cdot 0,02 = 0,02 \; ,$$

$$^3\tilde{q} = {}^3\tilde{w}_4 \cdot q_{z,4} = 0,028 \cdot 0,02 = 0,00056 \; ,$$

$$^4\tilde{q} = {}^4\tilde{w}_4 \cdot q_{z,4} = -0,00117 \cdot 0,02 = -0,0000234 \; .$$

Wie man sieht, bringt der Zustand $k = 4$ keinen nennenswerten Beitrag mehr und kann daher entfallen. (Bei dieser Entscheidung ist allerdings auch auf die Normierung der Einheitszustände zu achten.)

Für die Lösung der beiden verbleibenden Differentialgleichungen kann man wieder die geschlossenen Formeln aus Abschn. 8.1 oder das Differenzenverfahren nach Abschn. 8.2 anwenden.

In Bild 3.24 sind die Verformungen und Spannungen in Feldmitte für den ungelagerten, den nur mit Pendelstab und den zusätzlich mit Drehfeder gelagerten Querschnitt gegenübergestellt. Die Lagerung nur mit Drehfeder ergibt nach Theorie I. Ordnung keinen Unterschied zum ungelagerten Fall, da Torsionslasten erst als Anteile II. Ordnung mit der Verformung entstehen.

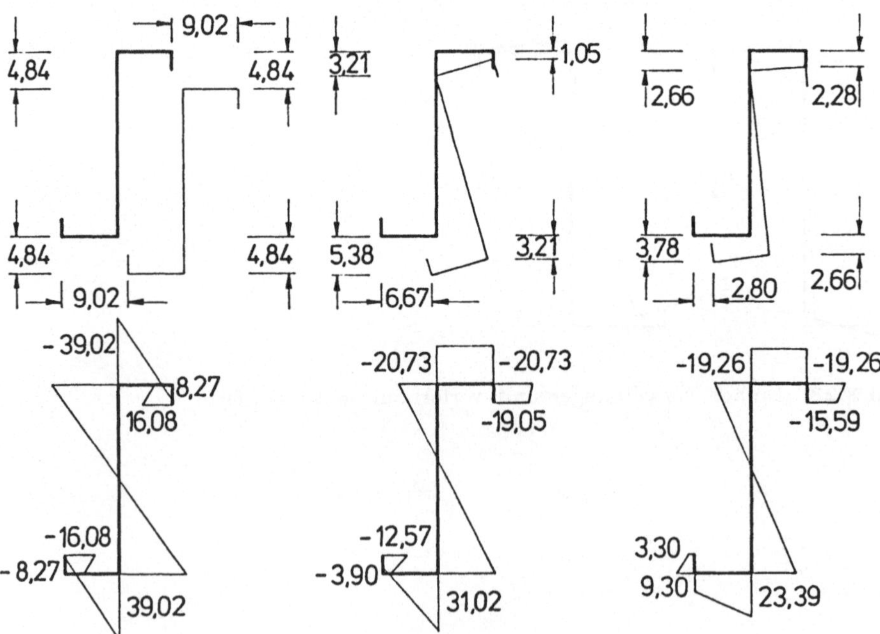

Bild 3.24   Ergebnisse in Stabmitte (oben Verformung in cm, unten Spannung in kN/cm²). Links: ungelagerte Pfette, Mitte: Pfette mit Pendelstab am Obergurt, rechts: Pfette mit Pendelstab und Drehfeder am Obergurt.

3.4 Der geschlossene einzellige Querschnitt

Beim geschlossenen Querschnitt gibt es keinen natürlichen Anfangspunkt für die Knotennumerierung, er muß willkürlich gewählt werden. Der Endpunkt $n+1$ ist dann identisch mit dem Anfangspunkt, so daß bei den Freiheitsgraden die Wölbordinate u_{n+1} entfällt. Bleibt man bei der Voraussetzung (V2), daß die Membranschubverzerrungen null sind, so verringert sich die Zahl der Freiheitsgrade und damit die der Differentialgleichungen auf n. Mit ihnen kann die übliche Torsion geschlossener Querschnitte nicht beschrieben werden. Für symmetrische Querschnitte mit symmetrischer Belastung z.B. wäre dies ausreichend. Daher werden die hierfür notwendigen Änderungen und Ergänzungen zunächst behandelt.

3.4.1 Der torsionsfreie Fall

Die Änderungen beschänken sich in diesem Falle im wesentlichen auf die Formulierung der Matrizen $\bar{C}$ und $\bar{B}$ des Eigenwertproblems.

Beim Aufstellen der Matrix $\bar{C}$ ist folgendes Vorgehen möglich: Zunächst wird $\bar{C}$ wie für den offenen Querschnitt als $(n+1) \times (n+1)$-Matrix gebildet. Dann werden die Elemente der letzten Spalte zu denen der ersten addiert und die letzte Spalte gestrichen. In gleicher Weise wird mit der ersten und letzten Zeile verfahren. So entsteht eine symmetrische $n \times n$-Matrix mit zyklischer Struktur. Hierin beschreibt die erste Zeile die virtuelle Arbeit der Schubkräfte der ersten und der n-ten Scheibe an der Verrückung $^1\bar{V} = \bar{1}$.

Die Änderungen an der $\bar{B}$-Matrix sind umfangreicher. Sie entsteht als Produkt aus den Matrizen $\Delta \bar{F}_\vartheta$ und Δ_{ik}, wobei Δ_{ik} direkt gebildet wird und $\Delta \bar{F}_\vartheta$ aus den Matrizen $\bar{F}_b$ und $\bar{F}_e$ entsteht (vgl. (2.60)).

Die Änderungen in $\Delta \bar{F}_\vartheta$ werden zweckmäßigerweise schon bei den Ausgangsmatrizen $\bar{F}_b$ und $\bar{F}_e$ vorgenommen. Während beim offenen Querschnitt die erste bzw. letzte Zeile dieser Matrizen erst nach Ermittlung der Einheitsquerbiegemomente angegeben werden können, liegen die Verschiebungen der Endscheiben beim geschlossenen Querschnitt schon ohne die Kenntnis der Momente fest (Bild 3.25), so daß es möglich ist, diese Matrizen gleich komplett aufzustellen.

Wir erhalten sie aus den Formeln (2.19) für die Innenknoten durch zyklische Indizierung. Formel (2.19a) wird für $r = 1$ und mit $(r-1) \to n$ zu

$$f'_{b,1} = -\frac{1}{b_n \sin \Delta\alpha_1} u_n + \left(\frac{1}{b_n \sin \Delta\alpha_1} + \frac{1}{b_1 \tan \Delta\alpha_1} \right) u_1 - \frac{1}{b_1 \tan \Delta\alpha_1} u_2 \,. \quad (3.42)$$

Die drei Koeffizienten von u_r sind die Matrixelemente 1, 2 und n der ersten Zeile von $\bar{F}_b$. Aus Formel (2.19b) erhalten wir mit $r = n$ und $r+1 \to 1$ den Ausdruck

$$f'_{e,n} = -\frac{1}{b_n \tan \Delta\alpha_1} u_n + \left(\frac{1}{b_n \tan \Delta\alpha_1} + \frac{1}{b_1 \sin \Delta\alpha_1} \right) u_1 - \frac{1}{b_1 \sin \Delta\alpha_1} u_2 \,, \quad (3.43)$$

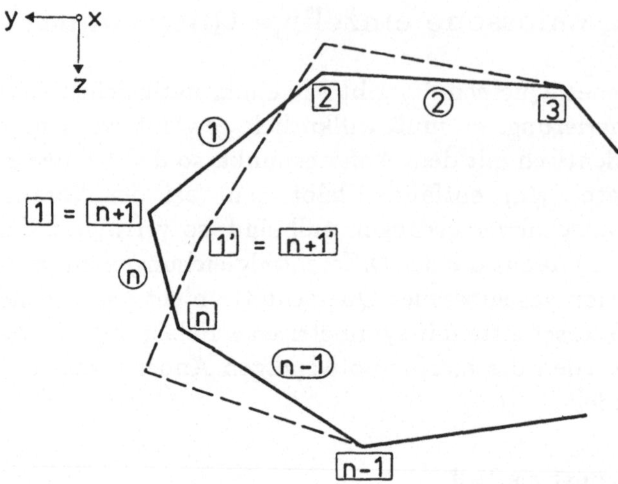

Bild 3.25   Verschiebungen am Knoten 1

woraus die Elemente 1, 2 und n der letzten Zeile von $\bar{F}_e$ abgelesen werden
können. Um die Bedingung $u_{n+1} = u_1$ zu erfüllen und die Dimension auf $n \times n$
zu reduzieren, wird mit den Spalten von $MFbq$ und $\bar{F}_e$ wie bei der Bildung der
Matrix $\bar{C}$ verfahren.

Die Berechnung der Matrix $\bar{F}_\vartheta$ erfolgt wie beim offenen Querschnitt. Bei
$\Delta \bar{F}_\vartheta$ ist im Unterschied zum offenen Querschnitt nun auch die erste Zeile belegt
und ergibt sich als Differenz der ersten und letzten Zeile von $\bar{F}_\vartheta$.

Die Δ_{ik}-Matrix für die statisch unbestimmte Berechnung der Querbiegemomente in den Einheitszuständen wird zunächst als $(n + 1) \times (n + 1)$-Matrix
wie für den offenen Querschnitt gebildet und dann analog zum Vorgehen bei
der Matrix $\bar{C}$ auf je n Zeilen und Spalten reduziert, wobei dann ebenfalls eine
zyklische Form entsteht (Tabelle 3.13)

Will man im Programm offene und geschlossene Querschnitte mit denselben
Dimensionen der Matrizen, nämlich $(n + 1) \times (n + 1)$ behandeln, so wird
nach dem Löschen der letzten Zeile und der letzten Spalte in allen beteiligten
Matrizen das letzte Hauptdiagonalglied gleich 1 gesetzt.

Damit sind alle erforderlichen Änderungen vorgenommen. Nach der Lösung
des Eigenwertproblems entfällt beim Entmischen die Trennung des Verdrehzustandes, weil er gemäß Voraussetzung nicht enthalten ist. Es gibt nur drei
Starrkörperanteile. Bei einem geschlossenen Vier-Scheiben-Querschnitt tritt
beispielsweise neben diesen noch ein Profilverformungszustand auf.

Tabelle 3.13 Änderung der Δ_{ik}-Matrix bei geschlossenem Querschnitt

Δ_{ik} Matrix							δ_{r0}	
	1	2	3	$n-1$	n	$n+1$		
1	$\frac{b_n}{3K_n}+\frac{b_1}{3K_1}$	$\frac{b_1}{6K_1}$			$\frac{b_n}{6K_n}$		δ_{10}	1
2	$\frac{b_1}{6K_1}$	$\frac{b_1}{3K_1}+\frac{b_2}{3K_2}$	$\frac{b_2}{6K_2}$				δ_{20}	2
3		$\frac{b_2}{6K_2}$						3
$n-1$					$\frac{b_{n-1}}{6K_{n-1}}$			$n-1$
n	$\frac{b_n}{6K_n}$			$\frac{b_{n-1}}{6K_{n-1}}$	$\frac{b_{n-1}}{3K_{n-1}}+\frac{b_n}{3K_n}$		δ_{n0}	n
$n+1$								$n+1$

mit $\delta_{10} = \Delta f_{\vartheta,1} = f_{\vartheta,1} - f_{\vartheta,n}$
$\delta_{20} = \Delta f_{\vartheta,2}$
$\delta_{n0} = \Delta f_{\vartheta,n}$

3.4.2 Berücksichtigung der Torsion

Um die Torsion berücksichtigen zu können, müssen wir einen neuen Verformungszustand einführen, der entgegen den bisher getroffenen Voraussetzungen zusätzlich eine über den Querschnitt festgelegte Membranschubverzerrung der Scheiben zuläßt. Dieser Verformungszustand wird beim Querschnitt mit n Knoten als $(n+1)$-ter Grundverformungszustand eingeführt.

Für seine Festlegung bieten sich drei Möglichkeiten an:

a) Der Schubfluß wird als konstant über den Querschnitt verlaufend angenommen, ohne daß sich Verwölbungen einstellen. Die zugehörigen Umfangsverschiebungen f_s der einzelnen Scheiben sind dann umgekehrt proportional zu ihrer Dicke und legen die Grundverformung des Querschnitts fest. Die Querschnittsform bleibt nur bei wölbfreien Profilen erhalten. Die zugehörigen Schubkräfte bilden ein Torsionsmoment.

b) Die Verdrehung wird für den gesamten Querschnitt konstant angesetzt. Dabei bleibt die Querschnittsform erhalten. Verwölbungen werden ausgeschlossen. Die Umfangsverschiebungen der Scheiben sind proportional zum Abstand vom Drehpunkt. Der Schubfluß ist i. allg. nicht konstant, d.h. an den Knoten besteht kein Gleichgewicht. Der Drehpunkt muß erst durch die Bedingung, daß die Schubkräfte um diesen nur ein resultierendes Torsionsmoment bilden, gefunden werden.

c) Der Schubfluß wird wie unter a) angesetzt und eine Wölbfunktion so überlagert, daß die Profilverformung verschwindet. Dieser Ansatz ist eine Kombination von a) und b) und stellt das übliche Vorgehen bei der Behandlung der Wölbkrafttorsion geschlossener Querschnitte dar.

Im folgenden wird von der Möglichkeit a) Gebrauch gemacht, da das Gleichgewicht erfüllt wird und die Grundverformung unmittelbar bestimmbar ist. Die zum neuen Freiheitsgrad gehörende Verformungsresultante $^{n+1}\bar{V}$ soll im folgenden kurz als $^{\Theta}\bar{V}$ bezeichnet werden, um die Bedeutung als Verdrehungsfreiheitsgrad kenntlich zu machen. Er steht im Vektor $\bar{V}$ an $(n+1)$-ter Stelle. Die $\bar{X}$-Matrix hat nun wieder die Dimension $(n+1) \times (n+1)$ und enthält auf der letzten Hauptdiagonalstelle eine Eins.

Verwölbungen sind laut Definition dieses Grundverformungszustands nicht vorhanden. Die zugehörigen Verschiebungen werden durch den konstanten Schubfluß $\tau \cdot t$ erzeugt, dessen Größe beliebig vorgegeben werden kann. Wir wählen ihn so, daß sich in der dünnsten Scheibe gerade die Schubverzerrung $\gamma = 1$ einstellt:

$$\tau_r \cdot t_r = \text{const} = G \cdot t_{\min} \,. \tag{3.44}$$

Damit ist gewährleistet, daß die entstehenden Querschnittsverformungen dieselbe Größenordnung haben wie diejenigen, welche aus den Verwölbungen resultieren.

Der so festgelegte Schubfluß erzeugt in jeder Scheibe in Abhängigkeit von ihrer Dicke eine Schubverzerrung

$$\gamma_r = \frac{\tau_r}{G} = \frac{1}{t_r^*} \qquad \text{mit } t_r^* = \frac{t_r}{t_{min}} \; . \tag{3.45}$$

In der Entfernung $dx = 1$ entsteht dann aus den Umfangsverschiebungen

$$^\Theta \bar{f}_{s,r} = \gamma_r \cdot 1 = \frac{1}{t_r^*} \tag{3.46}$$

das Bild der Grundverformungen für $^\Theta \bar{V} = 1$. In Bild 3.26 ist das am Beispiel eines doppeltsymmetrischen Kastenprofils gezeigt.

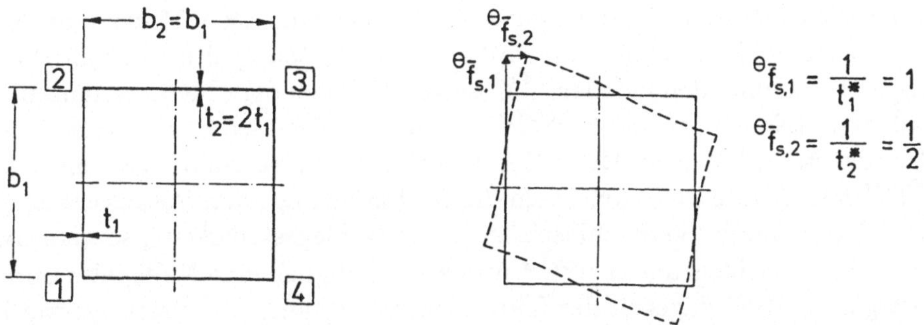

Bild 3.26   Verformung im Grundzustand $^\Theta \bar{V} = 1$ am Beispiel eines doppeltsymmetrischen Kastenprofils.

Die Matrizen $\bar{F}_b$ und $\bar{F}_e$ erhalten jeweils eine $(n + 1)$-te Spalte, welche die Anfangs– bzw. Endverschiebungen der Scheiben im Grundzustand $^\Theta \bar{V} = 1$ enthält und i. allg. voll besetzt ist. Die ersten n Spalten werden wie im torsionsfreien Fall gebildet.

Die Querverschiebungen $^\Theta \bar{f}_{b,r}$ aus $^\Theta \bar{V} = 1$ am Anfang der Scheiben erhalten wir durch Einsetzen der speziellen Umfangsverschiebungen (3.46) in die Beziehung (2.18b):

$$^\Theta \bar{f}_{b,r} = \frac{^\Theta \bar{f}_{s,r}}{\tan \Delta \alpha_r} - \frac{^\Theta \bar{f}_{s,r-1}}{\sin \Delta \alpha_r}$$
$$= \frac{1}{t_r^* \cdot \tan \Delta \alpha_r} - \frac{1}{t_{r-1}^* \cdot \sin \Delta \alpha_r} \; . \tag{3.47}$$

Am Ende der Scheiben ergibt sich entsprechend

$$^\Theta \bar{f}_{e,r} = \frac{^\Theta \bar{f}_{s,r+1}}{\sin \Delta \alpha_{r+1}} - \frac{^\Theta \bar{f}_{s,r}}{\tan \Delta \alpha_{r+1}}$$
$$= \frac{1}{t_{r+1}^* \sin \Delta \alpha_{r+1}} - \frac{1}{t_r^* \tan \Delta \alpha_{r+1}} \; . \tag{3.48}$$

Im Falle $r = 1$ muß wegen des zyklischen Charakters der Indizierung $r - 1 = n$ gesetzt werden. Die angegebenen Werte bilden die jeweils letzte Spalte der Matrizen $\bar{F}_b$ und $\bar{F}_e$. Aus ihnen ergeben sich die Matrizen $\bar{F}_\vartheta$ und $\Delta\bar{F}_\vartheta$ wie im torsionsfreien Fall.

Die durch den Torsionszustand erzeugten Schubkräfte sind proportional zur Ableitung $^\Theta\bar{V}'$ (im Unterschied zu den Schubkräften aus der Verwölbung, die proportional zur dritten Ableitung der Verformung sind) und werden durch Multiplikation des Einheitsschubflusses mit der Scheibenbreite erhalten:

$$^\Theta S_r = G \cdot t_{\min} \cdot b_r \cdot {}^\Theta\bar{V}' \ . \tag{3.49}$$

Für die Formulierung des Eigenwertproblems sind die Matrizen $\bar{C}$ und $\bar{B}$ zu bilden. Wir erhalten $\bar{C}$, indem wir die entsprechende $n \times n$–Matrix aus dem torsionsfreien Fall übernehmen und mit einer $(n+1)$–ten Spalte und Zeile ergänzen. Die hinzukommenden Glieder $^{i,\Theta}\bar{C}$ setzen sich aus dem Membrananteil $^{i,\Theta}\bar{C}^M$ und dem Längsbiegeanteil $^{i,\Theta}\bar{C}^B$ zusammen. Da der neu hinzugekommene Grundzustand $^\Theta\bar{V}$ nach Definition keine Membranverwölbungen enthält, wird $^{i,\Theta}\bar{C}^M$ null. Führen wir außerdem die Rechnung nach den Voraussetzungen der Grundstufe durch (Vernachlässigen der Längsbiegesteifigkeit), so verschwindet auch der Längsbiegeanteil $^{i,\Theta}\bar{C}^B$ und es ist lediglich eine Nullspalte und –zeile zu ergänzen. Soll dagegen der Längsbiegewiderstand berücksichtigt werden, so sind die Elemente $^{i,\Theta}\bar{C}^B$ aus den Einheitsverformungen in gewohnter Weise gemäß Abschnitt 3.1 zu ermitteln.

Die Δ_{ik}–Matrix ändert sich gegenüber dem torsionsfreien Fall nicht. Damit kann die $\bar{B}$–Matrix nach (2.60) gebildet werden. Da $\Delta\bar{F}_\vartheta$ jetzt $n + 1$ Spalten besitzt, erhält $\bar{B}$ die Dimension $(n + 1) \times (n + 1)$.

Die erste Orthogonalisierung zwischen $\bar{C}$ und $\bar{B}$ liefert wie beim offenen Querschnitt vier Nulleigenwerte, da durch den zusätzlich eingeführten Verformungszustand nun auch eine Starrkörperverdrehung ermöglicht wird. Die Starrkörperzustände sind damit von den Profilverformungen getrennt.

Zur Isolierung der Verdrehung aus den vier Starrkörperzuständen muß die Matrix $\widetilde{D}_{4\times4}$ aufgestellt werden. Wie wir weiter unten sehen werden, enthält sie nun zusätzlich Anteile, die aus den Schubkräften des Torsionszustandes kommen. Für die Entmischung genügt es jedoch, lediglich die Anteile aus den Sehnenverdrehungen zu berücksichtigen und wie gewohnt zu schreiben

$$^{ik}\widetilde{D} = \frac{1}{3} \sum_{r=1}^{n} {}^i\widetilde{f}_{\vartheta,r} \cdot {}^k\widetilde{f}_{\vartheta,r} \cdot t_r^3 \cdot b_r \ . \tag{3.50}$$

Nach der zweiten Orthogonalisierung sind die klassischen ersten drei Verschiebungszustände von der Starrkörperdrehung getrennt. Da diese keinen Schubverzerrungsanteil mehr enthalten, können sie, wie in Abschnitt 2.7.2 gezeigt, mit Hilfe der κ-Werte entmischt werden.

Den Einheitsverformungszustand $^4\widetilde{V}$, welcher die Torsion repräsentiert, ist nicht identisch mit dem Torsions–Grundzustand $^\Theta\bar{V}$. Bei $^4\widetilde{V}$ handelt es sich ja um einen Starrkörperverdrehzustand, während $^\Theta\bar{V}$ bei nicht wölbfreien Querschnitten mit Profilverformungen verbunden ist. Man kann sich $^4\widetilde{V}$ so zustandegekommen denken, daß dem Grundzustand $^\Theta\bar{V}$ eine Wölbfunktion derart überlagert wird, daß die Querschnittsverformungen verschwinden. Die Profilverformungszustände $k = 5, \ldots n + 1$ können durch den Orthogonalisierungsprozess ebenfalls Anteile aus dem Grundzustand $^\Theta\bar{V}$ enthalten.

Nach der Orthogonalisierung können die Querschnittswerte $^k\widetilde{C}$ und $^k\widetilde{B}$ in gewohnter Weise ermittelt werden. Bei den Elementen der Matrix $\widetilde{D}$ ergibt sich ein zusätzlicher Anteil, der im folgenden Abschnitt diskutiert werden soll.

3.4.3 Der Bredt'sche Anteil

Der neu hinzugekommene Grundzustand wirkt sich über die Querbiegemomente auf die Matrix B und über die Drillmomente auf die Matrix D aus. Diese Anteile gehen auf die in Kap. 2 beschriebene Weise in die Bilanz der virtuellen Arbeiten ein und bedürfen somit keiner besonderen Betrachtung. Anders verhält es sich mit den Schubkräften: Nach (3.49) sind die Schubkräfte aus der Torsion proportional zu Ableitung der Verformungsresultante. An der prismatischen Verrückungsfigur (vgl. Bild 2.11) heben sich die Arbeiten an den beiden Schnittufern bis auf den Zuwachs $dS = S'\,dx$ gegenseitig auf. Daraus folgt, daß dieser Arbeitsanteil mit der zweiten Ableitung von ^kV in die Differentialgleichung eingeht und somit als Zusatzterm in den Elementen $^{ik}\widetilde{D}$ berücksichtigt werden muß.

Wie wir gesehen haben, existieren nun zwei Arten von Schubkräften: Die primären (aus der Torsion) und die sekundären (aus der Verwölbung). Die primären Schubkräfte stehen über das Elastizitätsgesetz mit den Schubverzerrungen in Beziehung, während die sekundären Schubkräfte über das Gleichgewicht mit den Längsspannungen zusammenhängen.

Auch die Umfangsverschiebungen setzen sich aus zwei Anteilen zusammen, nämlich einem Anteil aus den Verwölbungen ("Wölbanteil") und einem, der durch die Vermischung mit dem Verdrehzustand hineingekommen ist ("Schubverzerrungsanteil"). Für eine einzelne Scheibe ist das in Bild 3.27 verdeutlicht.

Der Zusatzterm (Bredt'scher Anteil) in den Elementen $^{ik}\widetilde{D}$ ist die Arbeit der primären Schubkräfte $\widetilde{S}_I$ des Einheitszustandes i an den Umfangsverschiebungen $\widetilde{f}_s$(aus γ) des Einheitszustandes k:

$$^{ik}\widetilde{D}_{\mathrm{Bredt}} = \sum_{r=1}^{n} {}^i\widetilde{S}_{I,r} \cdot {}^k\widetilde{f}_{s,r}(\text{aus } \gamma)\,. \tag{3.51}$$

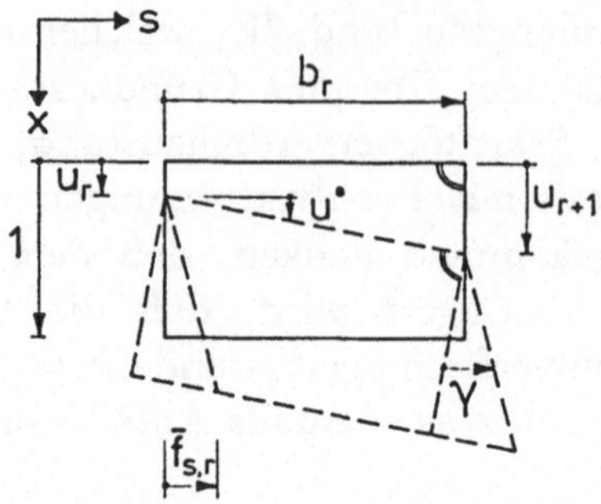

Bild 3.27   Aufteilung der Umfangsverschiebungen $f_{s,r}$ in einen Anteil aus den Verwölbungen und einen Anteil aus der Schubverzerrung.

Zur Auswertung dieser Gleichung ist zunächst der Ausdruck für die Umfangsverschiebungen $^{k}\widetilde{f}_{s,r}(\text{aus } \gamma)$ herzuleiten. Dazu führen wir uns noch einmal vor Augen, wie der Vektor $^{k}\widetilde{f}_{s}$ zustandekommt, nämlich durch Multiplikation der Matrix $\bar{F}_{\tilde{s}}$ mit der k-ten Spalte der Modalmatrix $\tilde{X}$:

$$^{k}\widetilde{f}_{s} = \bar{F}_{\tilde{s}} \cdot {}^{k}\widetilde{x} \ . \tag{3.52}$$

In der letzten Spalte von $\bar{F}_{\tilde{s}}$ stehen die Umfangsverschiebungen des Verdrehzustandes $^{\Theta}\bar{V}$, die sich nach (3.46) berechnen. Wollen wir nun wissen, wie stark dieser Anteil in die k-te Eigenform eingeht, so haben wir lediglich die letzte Spalte von $\bar{F}_{\tilde{s}}$ mit dem letzten Element aus $^{k}\widetilde{x}$ zu multiplizieren. Die einzelnen Glieder lauten

$$^{k}\widetilde{f}_{s,r}(\text{aus } \gamma) = \frac{1}{t_r^*} \cdot {}^{n+1,k}\widetilde{x} \ . \tag{3.53}$$

Nun lassen sich über das Elastizitätsgesetz auch die primären Schubkräfte $^{i}\widetilde{S}_{I,r}$ berechnen. Es gilt nämlich

$$\begin{aligned}
^{i}\widetilde{S}_{I,r} &= b_r \cdot \tau_{I,r} \cdot t_r \\
&= b_r \cdot G \cdot \gamma_r \cdot t_r \\
&= b_r \cdot G \cdot {}^{i}\widetilde{f}_{s,r}(\text{aus } \gamma) \cdot t_r \\
&= b_r \cdot G \cdot t_{\min} \cdot {}^{n+1,i}\widetilde{x} \ .
\end{aligned} \tag{3.54}$$

Einsetzen von (3.54) und (3.53) in (3.51) ergibt damit

$$
\begin{aligned}
{}^{ik}\widetilde{D}_{\text{Bredt}} &= \sum_{r=1}^{n} {}^{i}\widetilde{S}_{I,r} \cdot {}^{k}\widetilde{f}_{s,r}(\text{aus } \gamma) \\
&= \sum_{r=1}^{n} (b_r \cdot G \cdot t_{\min} \cdot {}^{n+1,i}\widetilde{x}) \cdot \left(\frac{1}{t_r^*} \cdot {}^{n+1,k}\widetilde{x} \right) \\
&= G \cdot t_{\min}^2 \cdot \sum_{r=1}^{n} \frac{b_r}{t_r} \cdot {}^{n+1,i}\widetilde{x} \cdot {}^{n+1,k}\widetilde{x} \;.
\end{aligned}
\tag{3.55}
$$

Damit haben wir eine Darstellung für den Bredt'schen Anteil hergeleitet. Für die Glieder der $\widetilde{D}$–Matrix gilt:

$$
{}^{ik}\widetilde{D} = \frac{1}{3} \sum_{r=1}^{n} {}^{i}\widetilde{f}_{\vartheta,r} \cdot {}^{k}\widetilde{f}_{\vartheta,r} \cdot t_r^3 \cdot b_r + G \cdot t_{\min}^2 \cdot \left(\sum_{r=1}^{n} \frac{b_r}{t_r} \right) \cdot {}^{n+1,i}\widetilde{x} \cdot {}^{n+1,k}\widetilde{x} \;.
\tag{3.56}
$$

Zuletzt müssen wir noch einmal zu Gleichung (3.51) zurückkehren. Dort ist nämlich stillschweigend vorausgesetzt, daß die primären Schubkräfte an den Umfangsverschiebungen ${}^{k}\widetilde{f}_{s,r}$(aus u) keine Arbeit leisten. Die Richtigkeit dieser Annahme soll im Rest dieses Abschnitts gezeigt werden. Gehen wir dazu noch einmal zu den Grundzuständen zurück.

Gemäß (3.49) sind die primären Schubkräfte ${}^{\Theta}S_r$ proportional zur Scheibenbreite b_r. Andererseits sind die $\bar{f}_s$-Verschiebungen der Grundzustände $1, \ldots, n$ — sie enthalten ja nur den Wölbanteil — umgekehrt proportional zu b_r, so daß sich wegen

$$
b_{r-1} \left(-\frac{1}{b_{r-1}} \right) + b_r \frac{1}{b_r} = 0
\tag{3.57}
$$

die Arbeit der primären Schubkräfte an den Wölbanteilen weghebt. Dieselbe Aussage kann man nun für die Einheitszustände treffen. Zum einen ist nämlich die Verteilung der primären Schubkräfte in allen Einheitszuständen bis auf einen Faktor dieselbe wie im Grundzustand ${}^{\Theta}V$. Zum anderen entsteht der Wölbanteil in den Einheitszuständen aus der Überlagerung der Grundzustände. Wenn nun die Arbeit der primären Schubkräfte an den Wölbanteilen für jeden einzelnen Grundzustand verschwindet, dann muß das auch für beliebige Überlagerungen gelten.

3.4.4 Das Problem der Orthogonalisierung

Bei den offenen Querschnitten besaß die $\tilde{D}$-Matrix noch annähernd Diagonalgestalt. Durch Nullsetzen der Außerdiagonalelemente konnten die Differentialgleichungen auf einfache Weise entkoppelt werden, ohne daß damit ein unzulässiger Fehler erzeugt wurde. Dies ist nun nicht mehr möglich. Der in (3.56) hinzugekommene Bredt'sche Anteil hat zur Folge, daß die Außerdiagonalelemente von $\tilde{D}$ nicht mehr vernachlässigbar klein sind. Somit tritt eine starke Verkopplung auf, die bei der Lösung der Differentialgleichungen berücksichtigt werden muß. Hierzu bietet sich ein Verfahren der geschlossenen Lösung an, das in [56] dargestellt ist. Selbstverständlich kann auch das in Abschn. 8.2 beschriebene Differenzenverfahren auf die verkoppelte Form hin erweitert werden [50].

Hat man kein derartiges Lösungsverfahren zur Verfügung, so ist es durch geschickte Wahl der Orthogonalisierung dennoch möglich, die Verkopplung auf solche Elemente zu übertragen, bei denen eine Vernachlässigung nicht zu schwerwiegenden Ergebnisverfälschungen führt.

Da bei geschlossenen Profilen der Wölbwiderstand keine so dominierende Rolle spielt wie bei den offenen, bietet es sich an, die Eigenformen so zu bestimmen, daß die Verkopplung von der $\tilde{D}$- auf die $\tilde{C}$-Matrix übergeht. Die $\tilde{C}$-Matrix steht mit der vierten Ableitung von V in der Differentialgleichung und wirkt sich nur an Stellen mit starker Störung aus (Lager, stark veränderliche Lasten).

Eine naheliegende Möglichkeit ist es, bei der ersten Anwendung des Jacobiverfahrens an Stelle von $\tilde{C}$ die Matrix $\tilde{D}$ zu verwenden. Damit bekommt man $\tilde{D}$ und $\tilde{B}$ in Diagonalform, während $\tilde{C}$ verkoppelt wird.

Bei einem Querschnitt mit nur einem einzigen Profilverformungszustand bietet sich als andere Möglichkeit ein Kompromiß an, bei dem zunächst in gewohnter Weise bezüglich C und B orthogonalisiert wird und dann durch nachträgliche Manipulation der Bredt'sche Anteil aus den Außerdiagonalelementen der $\tilde{D}$-Matrix entfernt wird.

Das Jacobiverfahren ist hierzu nicht geeignet, da es die Außerdiagonalglieder nur gänzlich zu null machen kann, während wir ja nur den Bredt'schen Anteil (d.h. den zweiten Summanden in (3.56)) eliminieren wollen. Ein einfacher Weg, dieses Ziel zu erreichen, ist es, im Eigenvektor ^5x das letzte Element, das ja den Schubverzerrungsanteil repräsentiert, null zu setzen.

Wir ändern also nach der Orthogonalisierung die fünfte Eigenform, indem wir den Schubverzerrungsanteil aus dem Profilverformungszustand herausnehmen. Der geänderte Eigenvektor besitzt natürlich nicht mehr dieselben Orthogonalitätseigenschaften wie vorher. Das bedeutet, daß bei der Berechnung der Matrix $\tilde{C}$ nun auch ein Element $^{4,5}\tilde{C}$ auftreten kann. Da aber bei der Herausnahme des Schubanteils die Verwölbungen keine Veränderungen erfahren haben, bleibt die Orthogonalität bezüglich des Membrananteils in $\tilde{C}$ bestehen, so daß die nun auftretenden Verkopplungen nicht so gravierend sind.

Würde man dieses Vorgehen auf einen Querschnitt mit mehr Profilverformungszuständen anwenden, so träten zusätzlich Verkopplungen zwischen diesen in der $\widetilde{B}$-Matrix auf, die keinesfalls vernachlässigt werden dürften. Deswegen bleibt dieses Vorgehen auf den Sonderfall des Querschnitts mit einem Profilverformungszustand beschränkt.

3.4.5 Zahlenbeispiel zum geschlossenen Querschnitt

Als Beispiel wählen wir einen stark vereinfachten Brückenquerschnitt, den wir mit den vorhandenen Mitteln berechnen können. Uns interessieren dabei nur die Spannungen aus Wölbkrafttorsion und der einfachsten Querschnittsdeformation, also aus den Zuständen $k = 4$ und 5. Die Lastverteilung auf der Gurtplatte des Kastenquerschnitts ruft in der Regel zusätzliche Querbiegung hervor, die wir hier nicht betrachten wollen. Ebensowenig werden Umlagerungen von Membranspannnungen infolge Schubverformungen ("shear lag") untersucht. Auch Beulerscheinungen bleiben hier außer Betracht. Auf Kragteile am Querschnitt und veränderliche Dicken im Längssystem muß in diesem Rahmen verzichtet werden. Die gewählten Abmessungen sowie Werkstoffeigenschaften sind Bild 3.28 und Tabelle 3.14 zu entnehmen.

Tabelle 3.14   Geometrie des Beispielquerschnittes (in m). Der E-Modul
beträgt $30\,000\,\text{MN/m}^2$, die Querdehnungszahl ist $\mu = 0,2$

r	b_r	t_r	α_r
1	2,5	0,30	$-53,13$
2	3,0	0,15	0
3	2,5	0,30	53,13
4	6,0	0,20	180

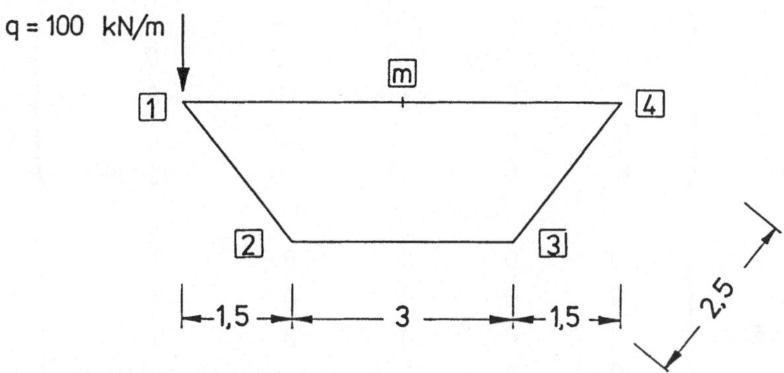

Bild 3.28   Geometrie und Belastung des Brückenquerschnitts

Als Längssystem wird ein Einfeldträger von 80m Länge gewählt. In der Mitte des Trägers wirkt auf einer Länge von 8m eine Linienlast von $q = 100\text{kN/m}$, die auf dem Eckknoten 1 senkrecht angreift. Wegen der Symmetrie in x–Richtung braucht man nur das halbe System zu untersuchen, so daß sich das in Bild 3.29 dargestellte Längssystem ergibt.

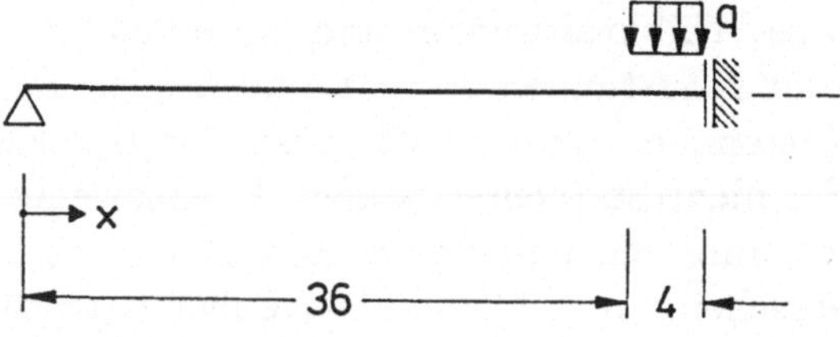

Bild 3.29   Längssystem mit Belastung

Da uns hier nur die Torsion und die Querschnittsverformung interessieren, werden im folgenden die Verformungen und Spannungen aus Balkenbiegung (Zustand 2) nicht wiedergegeben.

Wir führen die Berechnung auf zwei Wegen durch:

a)   Wir verwenden die Querschnittswerte, wie sie sich ohne nachträgliche Manipulation aus der Orthogonalisierung bzgl. der Matrizen $\bar{C}$ und $\bar{B}$ ergeben. Sie sind in Tabelle 3.15 angegeben. Die zugehörigen Einheitsverwölbungen und -verformungen zeigt Bild 3.30

      Die vollständigen Querschnittswertematrizen für diesen Fall lauten

$$\tilde{C} = \begin{pmatrix} 3,15 & 0 & 0 & 0 & 0 \\ 0 & 11,820 & 0 & 0 & 0 \\ 0 & 0 & 1,9807 & 0 & 0 \\ 0 & 0 & 0 & 1,2277 & 0 \\ 0 & 0 & 0 & 0 & 0,00666 \end{pmatrix},$$

$$\tilde{D} = \begin{pmatrix} 0 & 0 & 0 & 0 & 0 \\ 0 & 0 & 0 & 0 & 0 \\ 0 & 0 & 0 & 0 & 0 \\ 0 & 0 & 0 & 4,92436 & -2,74442 \\ 0 & 0 & 0 & -2,74442 & 1,53897 \end{pmatrix},$$

Tabelle 3.15 Querschnittswerte des Brückenquerschnitts für $k = 4$ und 5

			Zustand $k = 4$					
r	${}^4u_r$	${}^4f_{s,r}$	${}^4f_{\bar{s},r}$	${}^4f_{\vartheta,r}$	${}^4m_{s,r}$	${}^4S_r$	${}^4v_r$	${}^4w_r$
1	$-0,759$	$-1,741$	$-1,427$	$1,000$	$0,000$	$-0,368$	$-1,097$	$-3,000$
2	$1,345$	$-0,903$	$0,000$	$1,000$	$0,000$	$0,395$	$0,903$	$-1,500$
3	$-1,345$	$-1,741$	$1,427$	$1,000$	$0,000$	$-0,368$	$0,903$	$1,500$
4	$0,759$	$-1,097$	$0,000$	$1,000$	$0,000$	$-0,036$	$-1,097$	$3,000$
	${}^4C = 1,2277$			${}^4D = 4,9244$			${}^4B = 0$	

			Zustand $k = 5$					
r	${}^5u_r$	${}^5f_{s,r}$	${}^5f_{\bar{s},r}$	${}^5f_{\vartheta,r}$	${}^5m_{s,r}$	${}^5S_r$	${}^5v_r$	${}^5w_r$
1	$-0,007$	$0,491$	$0,208$	$-0,880$	$9,642$	$-0,673$	$0,752$	$1,178$
2	$0,014$	$1,009$	$0,000$	$0,095$	$-15,03$	$0,844$	$-1,009$	$-0,142$
3	$-0,014$	$0,491$	$-0,208$	$-0,880$	$15,03$	$-0,673$	$-1,009$	$0,142$
4	$0,007$	$0,752$	$0,000$	$-0,392$	$-9,642$	$-0,228$	$0,752$	$-1,178$
	${}^5C = 0,006665$			${}^5D = 1,539$			${}^5B = 38,755$	

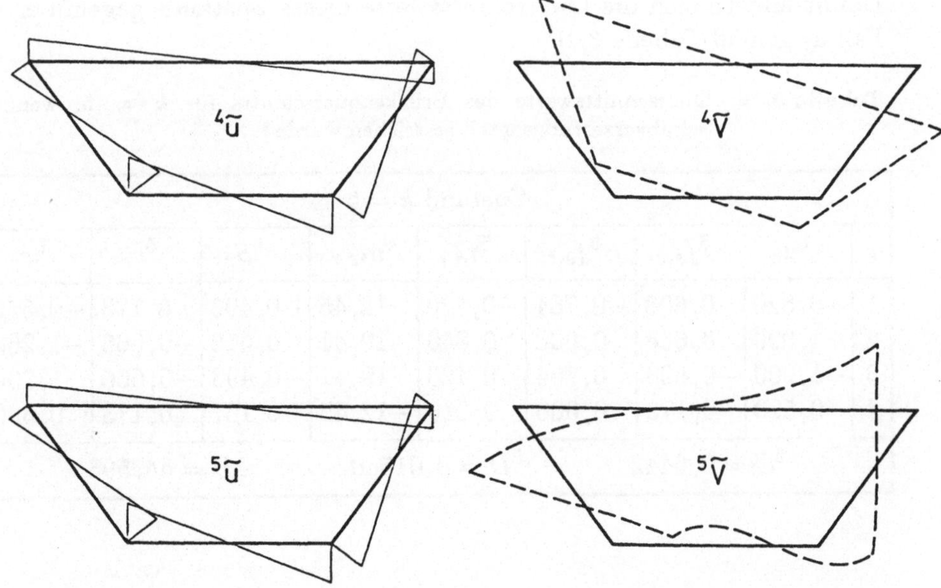

Bild 3.30 Einheitsverwölbungen und -verformungen des Brückenquerschnitts für $k =$ 4 und 5

$$\tilde{B} = \begin{pmatrix} 0 & 0 & 0 & 0 & 0 \\ 0 & 0 & 0 & 0 & 0 \\ 0 & 0 & 0 & 0 & 0 \\ 0 & 0 & 0 & 0 & 0 \\ 0 & 0 & 0 & 0 & -38,755 \end{pmatrix}.$$

Die primären Einheitsschubkräfte lauten

$$S_I = \begin{pmatrix} 0 & 0 & 0 & -8437,5 & 4687,5 \\ 0 & 0 & 0 & -10125,0 & 5625,0 \\ 0 & 0 & 0 & -8437,5 & 4687,5 \\ 0 & 0 & 0 & -20250,0 & 11250,0 \end{pmatrix}.$$

Der Profilverformungszustand $k = 5$ enthält dann auch einen Anteil der Membranschubverzerrung infolge konstanten Schubflusses, wodurch dieser in der Matrix $\tilde{D}$ mit dem Verdrehzustand $k = 4$ stark verkoppelt wird. Die Zwangsentkoppplung (Vernachlässigung der gemischten Drillwiderstände) würde zu völlig falschen Ergebnissen führen; deshalb wird ein exaktes Lösungsverfahren verwendet, wie es in [56] beschrieben ist.

Die sekundären Einheitsschubflüsse im Punkt m ergeben sich für $k = 4$ zu $\tau_{II} \cdot t = 0,0559$ und für $k = 5$ zu $\tau_{II} \cdot t = 0,0721$

b)   Aus dem Profilverformungszustand $k = 5$ wird — wie in Abschn. 3.4.3 beschrieben wurde — der Membranschubverzerrungsanteil eliminiert. Damit ändern sich die Querschnittswerte dieses Zustands gegenüber dem Fall a) gemäß Tabelle 3.16.

Tabelle 3.16 Querschnittswerte des Brückenquerschnitts für $k = 5$, wenn der Schubverzerrungsanteil gestrichen wurde

				Zustand $k = 5$				
r	^5u_r	$^5f_{s,r}$	$^5f_{\bar{s},r}$	$^5f_{\vartheta,r}$	$^5m_{s,r}$	^5S_r	^5v_r	^5w_r
1	$-0,520$	$-0,608$	$-0,764$	$-0,420$	$12,45$	$-0,493$	$0,173$	$-0,630$
2	$1,000$	$0,666$	$0,000$	$0,840$	$-19,41$	$0,618$	$-0,666$	$-1,260$
3	$-1,000$	$-0,608$	$0,764$	$-0,420$	$19,41$	$-0,493$	$-0,666$	$1,260$
4	$0,520$	$0,173$	$0,000$	$0,210$	$-12,45$	$-0,167$	$0,173$	$0,630$
$^5C = 0,6442$			$^5D = 0,01580$			$^5B = 64,593$		

Die Verkopplung in $\widetilde{D}$, die sich im Fall a) ergeben hatte, entfällt weitgehend:

$$\widetilde{D} = \begin{pmatrix} 0 & 0 & 0 & 0 & 0 \\ 0 & 0 & 0 & 0 & 0 \\ 0 & 0 & 0 & 0 & 0 \\ 0 & 0 & 0 & 4,92436 & -0,01118 \\ 0 & 0 & 0 & -0,01118 & 0,01581 \end{pmatrix} .$$

Dagegen tritt in $\widetilde{C}$ eine entsprechende Kopplung auf:

$$\widetilde{C} = \begin{pmatrix} 3,15 & 0 & 0 & 0 & 0 \\ 0 & 11,820 & 0 & 0 & 0,13253 \\ 0 & 0 & 1,9807 & 0 & 0 \\ 0 & 0 & 0 & 1,22774 & 0,88057 \\ 0 & 0,13253 & 0 & 0,88057 & 0,64417 \end{pmatrix} .$$

Diese wirkt sich jedoch nur an lokalen Störstellen aus und darf sonst vernachlässigt werden, wie auch die Ergebnisse unten zeigen.

In der Matrix $\widetilde{B}$ steht jetzt an der fünften Hauptdiagonalstelle der Wert 64,59.

Die Matrix der primären Schubkräfte $^k S_I$ aus dem konstant umlaufenden Schubfluß sieht nun folgendermaßen aus

$$S_I = \begin{pmatrix} 0 & 0 & 0 & -8437,5 & 0 \\ 0 & 0 & 0 & -10125,0 & 0 \\ 0 & 0 & 0 & -8437,5 & 0 \\ 0 & 0 & 0 & -20250,0 & 0 \end{pmatrix} .$$

Sie unterscheidet sich von der Matrix im des Falls a) nur durch die letzte Zeile.

Die sekundären Einheitsschubflüsse, die ja nur von den Verwölbungen abhängen, müßten die gleichen sein wie im Fall a), denn durch die Herausnahme des Schubanteils aus Zustand 5 wurden die Wölbfunktionen nicht geändert.

Tatsächlich ergibt aber nur für $k = 4$ Übereinstimmung. Im Zustand $k = 5$ dagegen erhält man am Punkt m einen sekundärern Schubfluß von $\tau_{II} \cdot t = 0,05288$. Der Grund dafür ist folgender: Der sekundäre Einheitschubfluß ist (vgl. Abschn. 7.3) auf $^k W'$ bezogen. Damit kommt eine Abhängigkeit von $^k \widetilde{C}$ hinein. Da aber der Plattenanteil von $^k \widetilde{C}$ durch die Änderung der Querschnittsverformung beeinflußt wird, hat das letztlich auch Auswirkungen auf den sekundären Einheitsschubfluß.

In den Bildern 3.31 und 3.32 sind die Ergebnisse der Spannungsberechnungen im Vergleich aufgetragen.

Die durchgezogenen Linien sind nach Methode a) berechnet. Sie geben die Ergebnisse bei Berücksichtigung aller Verkopplungen im Differentialgleichungssystem wieder. Die strichlierten Linien repräsentieren die Ergebnisse nach Methode b), wo die Verkopplung bezüglich der Matrix $\widetilde{C}$ durch Nullsetzen der Außerdiagonalelemente aufgehoben wurde.

Bild 3.31 zeigt die Wölbmembranspannungen infolge Torsion und Querschnittsverformung im Eckpunkt 1.

Den konstant umlaufenden Schubfluß sowie den sekundären Schubfluß, für den der Punkt m in der Mitte der oberen Gurtscheibe ausgewählt wurde, zeigt das Bild 3.32.

In allen Fällen sind die Übereinstimmungen zwischen genauer und vereinfachter Lösung ausreichend. Lediglich im Bereich der Lastränder schlägt die genäherte Lösung für die sekundären Schubflüsse nennenswert über die genauen Werte aus, da sich dort die Wölbmomente des Profilverformungszustandes stark ändern und sich die vernachlässigte Verkopplung in der $\widetilde{C}$-Matrix auswirkt.

Die Querschnittsverformung in der Mitte des Feldes ($x = 40\text{m}$) aus der Überlagerung von Torsion und Profilverformung zeigt Bild 3.33. Die w-Verschiebung aufgrund der Durchbiegung des Trägers sind nicht mit aufgetragen. Sie sind etwa um den Faktor 50 größer.

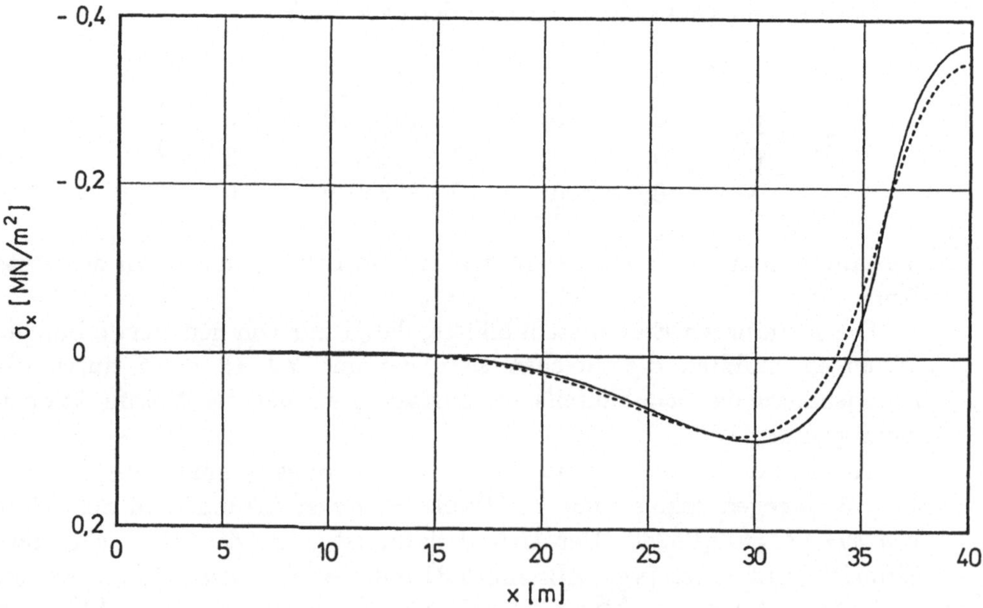

Bild 3.31   Wölbspannungen σ_x im Punkt 1 infolge Torsion und Profilverformung
——— genaue Rechnung nach a), - - - - Näherung nach b)

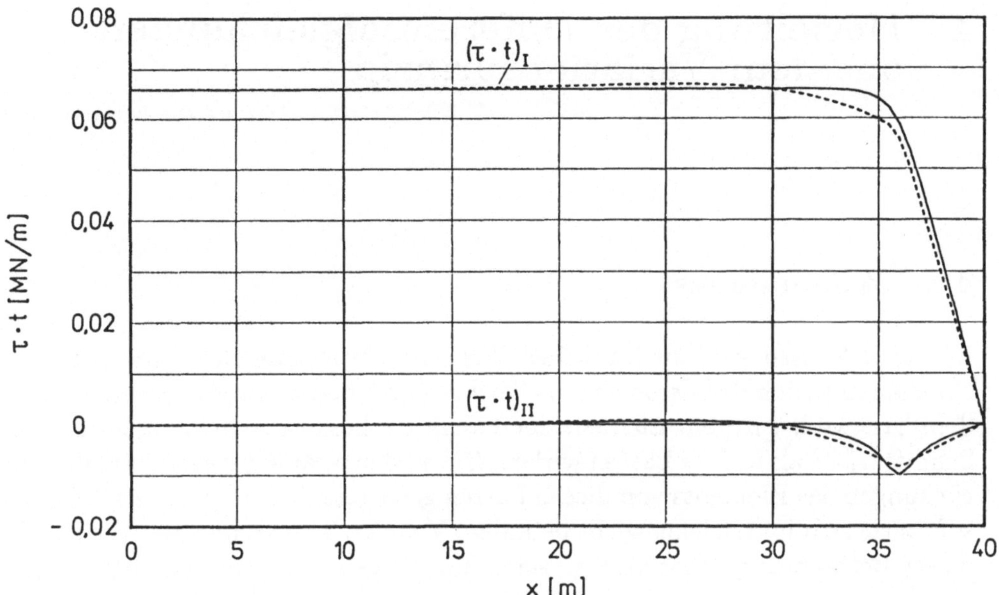

Bild 3.32   Primärer und sekundärer Schubfluß in Punkt m infolge Torsion und Profilverformung, ——— genaue Rechnung nach a), - - - - Näherung nach b)

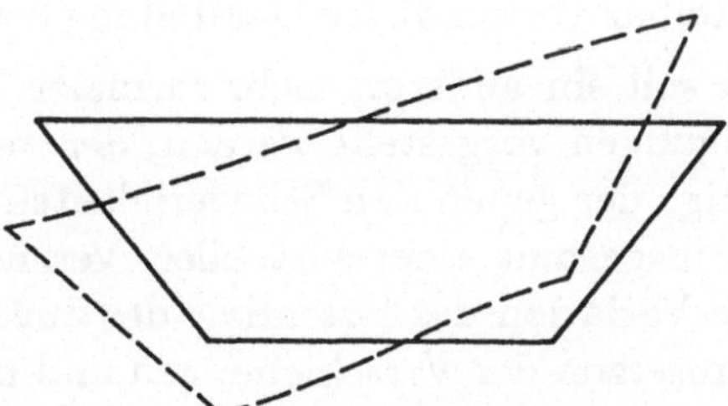

Bild 3.33   Querschnittsverformung aus Torsion und Profilverformung in Feldmitte ($x =$
40m). Die Profilverformung wurde maßstäblich überhöht, da sie sonst nicht
erkennbar wäre.

4 Herleitung der Differentialgleichungen aus dem Variationsprinzip

4.1 Allgemeines

Im Kap. 2 wird ein anschaulicher Weg zur Herleitung der Differentialgleichungen mit Hilfe der elementaren Gleichgewichtsbedingungen beschritten. Aus dem Tragwerk wird ein Element der Länge dx herausgeschnitten, an dem die Schnittkräfte als äußere Lasten wirken. Die an den unabhängigen virtuellen Verrückungen des Elements von diesen Lasten geleistete Arbeit muß verschwinden, sofern sie sich im Gleichgewicht befinden. Von den Schwierigkeiten, die sich bei dieser Betrachtungsweise auftun, seien nur einige stellvertretend aufgezählt:

Es muß darauf geachtet werden, welche differentielle Größenordnung die einzelnen Arbeitsanteile haben und ob die Spannungen selbst oder ihre Inkremente Arbeit leisten. Ferner sind zwei Typen von virtuellen Verrückungszuständen notwendig, um sämtliche Arbeitsanteile zu erfassen. Für die Ermittlung der Randbedingungen bei $x = $ const müssen gesonderte Überlegungen angestellt werden. Dafür wird aber die unstetige Querschnittsgeometrie durch die Matrizenformulierung erfaßt und eine für die Programmierung unmittelbar verwendbare Darstellung erreicht.

In diesem Kapitel soll ein anderer, mehr formaler Weg der Herleitung der Gleichgewichtsbedingungen vorgestellt werden, der zwar weniger anschaulich ist, bei dem aber einige der genannten Schwierigkeiten umgangen werden. Das Tragwerk wird nun insgesamt einer virtuellen Verrückung unterworfen und der Ausdruck für die Variation des Potentials der äußeren und inneren Kräfte aufgestellt. Durch Einsetzen der Verschiebungen und mehrfache partielle Integration ergeben sich die Gleichgewichtsbedingungen in Form eines entkoppelten Differentialgleichungssystems. Die Randbedingungen fallen dabei automatisch mit ab.

Während der in Kap. 2 und 3 beschrittene Weg speziell auf die Faltwerksgeometrie zugeschnitten ist, läßt sich das hier vorgestellte Verfahren auf beliebige Tragwerke anwenden. Dafür liefert es allerdings keine programmierfertigen Formeln. Ein entscheidender Vorteil — der in diesem Band noch nicht zum Tragen kommt — ist die Tatsache, daß sich mit demselben Formalismus auch statisch und geometrisch nichtlineare Probleme behandeln lassen. Eine Herleitung der Gleichungen für Theorie II. Ordnung auf dem Wege elementarer Gleichgewichtsbetrachtungen stößt dagegen schnell an die Grenzen der Anschaulichkeit.

Die hier hergeleiteten Gleichungen fassen die Grundstufe des Kap. 2 und die im Abschn. 3.1 vorgenommene Erweiterung für den Längsbiegewiderstand zusammen. Die in Abschn. 3.2 eingeführten Nebenknoten könnten hier auch mit berücksichtigt werden. Da der Sinn dieses Kapitels jedoch nicht in der nochmaligen kompletten Herleitung der Differentialgleichungen liegt, sondern in der Vorstellung eines alternativen, gleichberechtigten Weges, soll hierauf zugunsten einer übersichtlicheren Darstellung verzichtet werden.

Das Kapitel ist so geschrieben, daß es im wesentlichen unabhängig vom Kap. 2 gelesen werden kann (Andernfalls wird auf die betreffenden Stellen verwiesen). Jedoch sollten die Bezeichnungen und Voraussetzungen (Abschn. 2.1 und 2.2) bekannt sein.

Das Prinzip der virtuellen Verrückungen in der Variationsformulierung besagt, daß sich das System genau dann im Gleichgewicht befindet, wenn die Variation des Potentials der inneren und äußern Lasten für jede zulässige virtuelle Verrückung verschwindet:

$$\delta \Pi = \delta \Pi_i + \delta \Pi_a = 0 \ . \tag{4.1a}$$

Eine gleichwertige Aussage kann man erhalten, wenn man an Stelle des Begriffs der "Variation des Potentials" den der "virtuellen Arbeiten" verwendet. Die an einer virtuellen Verrückung geleistete Arbeit entspricht einer Änderung des Potentials, wobei zwischen der Betrachtung der inneren und äußere Kräfte ein Unterschied im Vorzeichen besteht: Leisten die inneren Kräfte positive virtuelle Arbeit, so nimmt das innere Potential entsprechend zu ($\delta W_i = \delta \Pi_i$). Erfahren dagegen die Angriffspunkte der äußeren Lasten eine virtuelle Verschiebung in ihrer positiven Wirkungsrichtung, so führt die dabei geleistete Arbeit zu einer Abnahme des Potentials der Lasten ($\delta W_a = -\delta \Pi_a$). Es kann also statt (4.1a) auch geschrieben werden:

$$\delta W_i = \delta W_a \tag{4.1b}$$

Im folgenden Abschnitt soll zunächst nur die innere Arbeit behandelt werden, um daraus das homogene Differentialgleichungssystem herzuleiten. Mit der Kenntnis dieses Systems sind wir im darauf folgenden Abschnitt in der Lage, eine Orthogonalisierung durchzuführen, welche zu einer weitgehenden Entkopplung des Differentialgleichungssystems führt und die orthogonalen Wölbfunktionen ${}^k\tilde{u}$ liefert. Diese dienen im weiteren als Grundlage der Beschreibung. Abschließend werden die äußeren Lasten eingearbeitet, welche die rechte Seite des Gleichungssystems liefern. Die Einarbeitung der Lasten könnte auch vor der Orthogonalisierung erfolgen, jedoch müßte die rechte Seite dann mit transformiert werden, was bei der hier gewählten Abfolge entfällt.

4.2　Die Arbeit der inneren Kräfte

Die virtuelle innere Arbeit δW_i ergibt sich aus dem Produkt der Spannungen mit den zugeordneten virtuellen Verzerrungen integriert über das Volumen:

$$\delta W_i = \int_0^l \int_A (\sigma_x \delta\varepsilon_x + \sigma_s \delta\varepsilon_s + \tau_{sx} \delta\gamma_{sx})\, \mathrm{d}A\, \mathrm{d}x\ . \qquad (4.2)$$

Die Spannungen und Verzerrungen können in konstant bzw. linear über die Dicke verlaufende Anteile (Membran– und Biegeanteil) aufgespalten werden ($\varepsilon_x = \varepsilon_x^M + \varepsilon_x^B$, etc.), wobei wegen der Orthogonalität nur jeweils die Biegespannungen an den Krümmungen und die Membranspannungen an den Membranverzerrungen Arbeit leisten. Wegen den geometrischen Voraussetzungen $\varepsilon_s^M = 0$ und $\gamma_{sx}^M = 0$ verschwinden außerdem zwei der sechs Arbeitsanteile, so daß man aus (4.2) erhält:

$$\delta W_i = \int_0^l \int_A \left(\underbrace{\sigma_x^M \delta\varepsilon_x^M}_{\text{1.Anteil}} + \underbrace{\sigma_x^B \delta\varepsilon_x^B}_{\text{2.Anteil}} + \underbrace{\sigma_s^M \delta\varepsilon_s^M}_{=0} + \underbrace{\sigma_s^B \delta\varepsilon_s^B}_{\text{3.Anteil}} + \underbrace{\tau_{sx}^M \delta\gamma_{sx}^M}_{=0} + \underbrace{\tau_{sx}^B \delta\gamma_{sx}^B}_{\text{4.Anteil}} \right) \mathrm{d}A\, \mathrm{d}x\ .$$

$$(4.3)$$

Nun soll der Integrand durch die Verschiebungen u, f, und f_s bzw. deren Ableitungen ausgedrückt werden. Dazu benötigen wir die Verzerrungs–Verschiebungs–Gleichungen

$$\begin{aligned}
\varepsilon_x^M &= u'\ , \\
\varepsilon_x^B &= -f''\,\bar{s}\ , \\
\varepsilon_s^B &= -\ddot{f}\,\bar{s}\ , \\
\gamma_{xs}^B &= \gamma_{sx}^B = -2\dot{f}'\,\bar{s}
\end{aligned} \qquad (4.4)$$

und die Elastizitätsgesetze

$$\begin{aligned}
\sigma_x^M &= E\varepsilon_x^M & &= Eu'\ , \\
\sigma_x^B &= \frac{E}{1-\mu^2}(\varepsilon_x^B + \mu\varepsilon_s^B) &&= -\frac{E}{1-\mu^2}(f'' + \mu\ddot{f})\bar{s}\ , \\
\sigma_s^B &= \frac{E}{1-\mu^2}(\varepsilon_s^B + \mu\varepsilon_x^B) &&= -\frac{E}{1-\mu^2}(\ddot{f} + \mu f'')\bar{s}\ , \\
\tau_{sx}^B &= G\gamma_{sx}^B &&= -2G\dot{f}'\,\bar{s}\ .
\end{aligned} \qquad (4.5)$$

Die Verschiebungen werden nun durch Produktansätze ausgedrückt, was immer dann sinnvoll ist, wenn eine Struktur prismatische Gestalt hat. Außerdem dient dies als Ausgangspunkt für eine Vereinfachung des Problems. Indem nämlich in einer Richtung (hier: in s–Richtung) bekannte Funktionen zur Beschreibung herangezogen werden, ist es möglich, das zweidimensionale

Problem auf ein eindimensionales zu reduzieren. Außerdem können etwaige Zwangsbedingungen — sofern sie unveränderlich über die Länge wirken — bei der Wahl der Ansätze berücksichtigt werden, so daß auf deren Erfüllung im weiteren nicht mehr geachtet werden muß.

Wir wollen die Verschiebungsansätze so wählen, daß die Bedingungen (V1) und (V2) automatisch erfüllt sind. Als Grundlage der Beschreibung wählen wir die Wölbfunktion $u(x,s)$. Sie muß wegen der nicht zugelassenen Schubverzerrungen (V2) zwischen den Knotenpunkten linear über s verlaufen und ist somit durch die Werte in den Knoten (Wölbordinaten) eindeutig festgelegt. Die Anzahl der Freiheitsgrade der Wölbfunktion jeder Stelle x des Tragwerks ist damit gleich der Anzahl der Knotenpunkte, also $n + 1$. Gibt man nun eine Basis von $n + 1$ linear unabhängigen, stückweise linearen (aber sonst zunächst beliebigen) Wölbfunktionen ${}^k u(s)$ vor, so läßt sich jede beliebige zulässige Wölbfunktion $u(s)$ als Überlagerung dieser ${}^k u(s)$ schreiben.

Wegen der Voraussetzungen (V1) und (V2) sind die Verschiebungen miteinander verkoppelt und wir können für alle Grundverwölbungen ${}^k u(s)$ zugehörige ${}^k f(s)$ und ${}^k f_s(s)$ finden, mit denen die Voraussetzungen automatisch erfüllt werden.

Für die ${}^k f_s$ überlegen wir folgendes: Wegen $\varepsilon_s^M = 0$ und $\dot{f}_s = 0$ muß f_s in jeder Scheibe konstant über s verlaufen und kann somit durch diskrete Werte $f_{s,r}$ $(r = 1, \ldots, n)$ beschrieben werden. Aus $\gamma_{sx}^M = f_s' + \dot{u} = 0$ folgt zwischen u und f_s die Verkopplung $f_s' = -\dot{u}$ (s. Bild 2.5). Berechnen wir Funktionen ${}^k f_s$ für jede Scheibe aus den ${}^k u$ gemäß ${}^k f_{s,r} = -({}^k u_{r+1} - {}^k u_r)/b_r$, dann erfüllt ein Ansatz der Form

$$u(s,x) = \sum_{k=1}^{n+1} {}^k u(s)\, {}^k V'(x)\,,$$

$$f_s(s,x) = \sum_{k=1}^{n+1} {}^k f_s(s)\, {}^k V(x) \tag{4.6}$$

diese beiden Bedingungen automatisch.

Die Verschiebung $f(s,x)$ läßt sich ebenfalls in dieser Form darstellen:

$$f(s,x) = \sum_{k=1}^{n+1} {}^k f(s)\, {}^k V(x)\,. \tag{4.7}$$

Auch hier sind die ${}^k f$ nicht frei wählbar, sondern werden durch die ${}^k f_s$ und damit letztlich durch die ${}^k u$ festgelegt.

Die betreffenden Beziehungen sind allerdings komplizierter als diejenigen zwischen ${}^k f_s$ und ${}^k u$, weshalb sie auch nur in kurzen Worten beschrieben werden sollen:

Damit die Scheiben trotz der Längsverschiebungen $f_{s,r}$ an den Knoten zusammenpassen, müssen sie Querverschiebungen und Verdrehungen erfahren.

Damit ändern sich die Kontingenzwinkel um $\Delta\vartheta_r$, wodurch an den Kanten Momente m_r erzeugt werden. Nimmt man den Momentenverlauf zwischen den Kanten als linear an (Flächenlasten sind nicht zugelassenen), so ergibt sich daraus ein f–Verlauf für die einzelnen Scheiben in Form von kubischen Parabeln[1].

Hat man also einmal die Funktionen ^{k}u festgelegt, so sind die ^{k}f und $^{k}f_s$ durch die Forderungen (V1) und (V2) ebenfalls bestimmt, und es bleiben als Freiwerte des Verformungszustandes nur noch die Funktionen $^{k}V(x)$. Bei der Durchführung der Variation bedeutet das, daß lediglich bezüglich der $^{k}V(x)$ variiert werden muß.

Die Variation ist allgemein wie ein vollständiges Differential zu berechnen:

$$\delta\varepsilon(\,^{k}V,\,^{k}V',\,^{k}V'') = \frac{\partial\varepsilon}{\partial\,^{k}V}\cdot\delta\,^{k}V + \frac{\partial\varepsilon}{\partial\,^{k}V'}\cdot\delta\,^{k}V' + \frac{\partial\varepsilon}{\partial\,^{k}V''}\cdot\delta\,^{k}V'' \,. \tag{4.8}$$

In der Theorie I. Ordnung erscheinen die zu variierenden Größen ^{k}V, $^{k}V'$ und $^{k}V''$ nur linear. Zusammen mit (4.8) bedeutet das, daß das Variationssymbol direkt vor die betreffenden Größen gezogen werden kann, z.B.:

$$\delta\left(\sum_{k=1}^{n+1}{}^{k}u\,^{k}V'\right) = \sum_{k=1}^{n+1}{}^{k}u\,\delta\,^{k}V' \,. \tag{4.9}$$

Nun sind alle Vorbereitungen getroffen, um die Variation der vier Anteile durchzuführen. Für den ersten soll das ausführlich erfolgen:

1.Anteil (Arbeit der Längsmembranspannungen):

$$\int_0^l\int_A \sigma_x^M \delta\varepsilon_x^M \,\mathrm{d}A\,\mathrm{d}x = \int_0^l\int_A E u'\delta u'\,\mathrm{d}A\,\mathrm{d}x \,.$$

Durch Einsetzen der Produktdarstellung der Verschiebungen, Vorziehen der Summen vor die Integrale und Variation nur bezüglich ^{k}V ergibt sich zunächst

$$E\sum_{i=1}^{n+1}\sum_{k=1}^{n+1}\int_0^l\int_A {}^{i}u\,^{k}u\,^{i}V''\delta\,^{k}V''\,\mathrm{d}A\,\mathrm{d}x \,.$$

Da die ^{k}u als gewählte Freiheitsgrade bekannt sind, kann die Integration über die Querschnittsfläche schon durchgeführt werden. Wir führen dafür die Abkürzung

$$^{ik}C^M = \int_A {}^{i}u\,^{k}u\,\mathrm{d}A \tag{4.10}$$

---

[1] Eine explizite Darstellung dieser Beziehungen wird nicht benötigt. Statt dessen genügt die Kenntnis der Sehnenverlagerung der Scheibe (vgl. Abschn. 2.4.2) sowie des Verlaufes der Querbiegemomente. Damit kann eine explizite Berechnung der $^{k}f(s)$ umgangen werden (vgl. Kap. 7).

ein und können damit schreiben:

$$E \sum_{i=1}^{n+1} \sum_{k=1}^{n+1} \int_0^l {}^{ik}C^M \, {}^iV'' \delta \, {}^kV'' \, \mathrm{d}x \ .$$

Zweifache partielle Integration ergibt schließlich

$$E \sum_{i=1}^{n+1} \sum_{k=1}^{n+1} \left({}^{ik}C^M \, {}^iV'' \delta \, {}^kV' \Big|_0^l - {}^{ik}C^M \, {}^iV''' \delta \, {}^kV \Big|_0^l + \int_0^l {}^{ik}C^M \, {}^iV'''' \delta \, {}^kV \, \mathrm{d}x \right) \ .$$

2.Anteil (Arbeit der Längsbiegespannungen):

$$\int_0^l \int_A \sigma_x^B \delta \varepsilon_x^B \, \mathrm{d}A \, \mathrm{d}x = \frac{E}{1-\mu^2} \int_0^l \int_A \sum_{i=1}^{n+1} \left({}^if \, {}^iV'' + \mu \, {}^{\ddot{i}}f \, {}^iV \right) \bar{s} \delta \sum_{k=1}^{n+1} ({}^kf \, {}^kV'') \bar{s} \, \mathrm{d}A \, \mathrm{d}x$$

$$= \frac{E}{1-\mu^2} \sum_{i=1}^{n+1} \sum_{k=1}^{n+1} \int_0^l \int_s \int_{-t/2}^{+t/2} \bar{s}^2 \, \mathrm{d}\bar{s} \left({}^if \, {}^kf \, {}^iV'' + \mu \, {}^{\ddot{i}}f \, {}^kf \, {}^iV \right) \delta \, {}^kV'' \, \mathrm{d}s \, \mathrm{d}x$$

$$= E \sum_{i=1}^{n+1} \sum_{k=1}^{n+1} \int_0^l \left({}^{ik}C^B \, {}^iV'' + \mu \, {}^{ik}D_2 \, {}^iV \right) \delta \, {}^kV'' \, \mathrm{d}x$$

$$= E \sum_{i=1}^{n+1} \sum_{k=1}^{n+1} \left(\left({}^{ik}C^B \, {}^iV'' + \mu \, {}^{ik}D_2 \, {}^iV \right) \delta \, {}^kV' \Big|_0^l - \left({}^{ik}C^B \, {}^iV''' + \mu \, {}^{ik}D_2 \, {}^iV' \right) \delta \, {}^kV \Big|_0^l \right.$$

$$\left. + \int_0^l \left({}^{ik}C^B \, {}^iV'''' + \mu \, {}^{ik}D_2 \, {}^iV'' \right) \delta \, {}^kV \, \mathrm{d}x \right) \ ,$$

mit

$$ {}^{ik}C^B = \frac{1}{E} \int_s K \, {}^if \, {}^kf \, \mathrm{d}s \qquad \text{und} \qquad {}^{ik}D_2 = \frac{1}{E} \int_s K \, {}^{\ddot{i}}f \, {}^kf \, \mathrm{d}s \ . \qquad (4.11,12)$$

3.Anteil (Arbeit der Querbiegespannungen):

$$\int_0^l \int_A \sigma_s^B \delta \varepsilon_s^B \, \mathrm{d}A \, \mathrm{d}x = \frac{E}{1-\mu^2} \int_0^l \int_A \sum_{i=1}^{n+1} \left({}^{\ddot{i}}f \, {}^iV + \mu \, {}^if \, {}^iV'' \right) \bar{s} \delta \sum_{k=1}^{n+1} \left({}^{k}\ddot{f} \, {}^kV \right) \bar{s} \mathrm{d}A \, \mathrm{d}x$$

$$= \sum_{k=1}^{n+1} \sum_{i=1}^{n+1} \int_0^l \int_s K \left({}^{\ddot{i}}f \, {}^{k}\ddot{f} \, {}^iV + \mu \, {}^if \, {}^{k}\ddot{f} \, {}^iV'' \right) \delta \, {}^kV \, \mathrm{d}s \, \mathrm{d}x$$

$$= \sum_{k=1}^{n+1} \sum_{i=1}^{n+1} \int_0^l \left({}^{ik}B \, {}^iV + \mu E \, {}^{ki}D_2 \, {}^iV'' \right) \delta \, {}^kV \, \mathrm{d}x \ ,$$

mit $^{ik}B = \int_s K\,^{i\dot{j}}\,^{k\dot{j}}\,\mathrm{d}s$, wofür wegen $^k\dot{j} = -\,^k m_s/K$ auch

$$^{ik}B = \int_s \frac{1}{K}\,^k m_s\,^i m_s\,\mathrm{d}s \tag{4.13}$$

geschrieben werden kann.

4.Anteil (Arbeit der Plattenanteile der Schubspannungen):

$$\int_0^l \int_A \tau_{sx}^B \delta\gamma_{sx}^B\,\mathrm{d}A\,\mathrm{d}x = 4G \int_0^l \int_A \sum_{i=1}^{n+1}\,^i\dot{f}\,^iV'\bar{s}\delta \sum_{k=1}^{n+1}\left(^k\dot{f}\,^kV'\right)\bar{s}\,\mathrm{d}A\,\mathrm{d}x$$

$$= 4G \int_0^l \int_s \sum_{i=1}^{n+1}\sum_{k=1}^{n+1}\,^i\dot{f}\,^k\dot{f}\,^iV'\delta\,^kV' \int_{-t/2}^{+t/2} \bar{s}^2\,\mathrm{d}\bar{s}\,\mathrm{d}s\,\mathrm{d}x$$

$$= G \sum_{i=1}^{n+1}\sum_{k=1}^{n+1} \int_0^l\,^{ik}D_1\,^iV'\delta\,^kV'\,\mathrm{d}x$$

$$= G \sum_{i=1}^{n+1}\sum_{k=1}^{n+1}\left(^{ik}D_1\,^iV'\delta\,^kV\Big|_0^l - \int_0^l\,^{ik}D_1\,^iV''\delta\,^kV\,\mathrm{d}x\right),$$

mit

$$^{ik}D_1 = \frac{1}{3}\int_s t^3\,^i\dot{f}\,^k\dot{f}\,\mathrm{d}s\,. \tag{4.14}$$

Faßt man nun die vier Anteile wieder zusammen und führt für die verschiedenen Querschnittsintegrale noch die Abkürzungen

$$^{ik}C = {}^{ik}C^M + {}^{ik}C^B \quad \text{und} \tag{4.15}$$

und

$$^{ik}D = {}^{ik}D_1 - \frac{\mu E}{G}\left(^{ik}D_2 + {}^{ki}D_2\right), \tag{4.16}$$

ein, so ergibt sich schließlich der Ausdruck

$$\delta W_i = \sum_{i=1}^{n+1}\sum_{k=1}^{n+1}\left(\int_0^l \left(E\,^{ik}C\,^iV'''' - G\,^{ik}D\,^iV'' + {}^{ik}B\,^iV\right)\delta\,^kV\,\mathrm{d}x\right.$$

$$\left. + \left(E\,^{ik}C\,^iV'' + \mu E\,^{ik}D_2\,^iV\right)\delta\,^kV'\Big|_0^l \right. \tag{4.17}$$

$$\left. + \left(-E\,^{ik}C\,^iV''' - \mu E\,^{ik}D_2\,^iV' + G\,^{ik}D_1\,^iV'\right)\delta\,^kV\Big|_0^l\right).$$

In diesem Abschnitt wollen wir die virtuelle Arbeit der Lasten außer Betracht lassen. Die Gleichung (4.1) reduziert sich dann auf die Forderung $\delta\Pi_i = 0$. Nach Voraussetzung sind die $^k u$ unabhängig voneinander und damit ebenfalls die virtuellen Verrückungen $\delta\,^k V$. Da sie zudem beliebig gewählt sein können, kann der gesamte Ausdruck (4.17) nur dann Null werden, wenn für jedes k der im Integranden zu $\delta\,^k V$ gehörige Klammerausdruck identisch verschwindet und ebenso für alle k die Randausdrücke unabhängig voneinander verschwinden. Schreibt man diese Bedingungen auf, so ergibt sich ein verkoppeltes System von $n+1$ linearen, gewöhnlichen Differentialgleichungn vierter Ordnung für die Funktionen $^k V(x)$ mit je $2(n+1)$ Randbedingungen bei $x = 0$ und $x = l$:

$$\sum_{i=1}^{n+1}\left(E\,^{ik}C\,^i V'''' - G\,^{ik}D\,^i V'' + {}^{ik}B\,^i V\right) = 0$$

$$\sum_{i=1}^{n+1}\left(E\,^{ik}C\,^i V'' + \mu E\,^{ik}D_2\,^i V\right)\delta\,^k V'\bigg|_0^l = 0$$

$$\sum_{i=1}^{n+1}\left(-E\,^{ik}C\,^i V''' - \mu E\,^{ik}D_2\,^i V' + G\,^{ik}D_1\,^i V'\right)\delta\,^k V\bigg|_0^l = 0$$

$$\text{für } k = 1,\dots,n+1$$

$$(4.18\text{a-c})$$

4.3 Transformation auf Diagonalgestalt

Zur Vereinfachung der folgenden Betrachtungen wollen wir das System noch einmal in Matrizenform aufschreiben.

$$ECV'''' - GDV'' + BV = 0\,, \qquad\qquad (4.19)$$

mit

$$C = \begin{pmatrix} ^{11}C & \dots & ^{1,n+1}C \\ \vdots & \ddots & \vdots \\ ^{n+1,1}C & \dots & ^{n+1,n+1}C \end{pmatrix} \qquad V = \begin{pmatrix} ^1 V \\ \vdots \\ ^{n+1}V \end{pmatrix} \qquad \text{usw.}.$$

Die Matrixelemente ^{ik}C, ^{ik}D und ^{ik}B sind Querschnittsintegrale über Produkte der Verwölbungen $^k u$, die wir als Basis gewählt haben, bzw. der aus den $^k u$ resultierenden Verschiebungen $^k f$ und deren Ableitungen. Da wir bis hier die $^k u$ nicht näher festgelegt haben, können wir noch keine Aussage über die Gestalt der drei Matrizen machen.

Es liegt nun nahe, nach einem System von Wölbfunktionen zu suchen, mit denen die Matrizen eine möglichst einfache Gestalt erhalten. Der Weg dahin sei kurz skizziert:

Ausgehend von einem bestimmten System von Wölbfunktionen ("Grundverwölbungen") stellen wir die Matrizen des Gleichungssystems (4.19) auf. Mit zweien davon, nämlich C und B formulieren wir ein verallgemeinertes Eigenwertproblem der Form $(B - \lambda EC)u = 0$. Die Matrizen erfüllen die Voraussetzungen zur Anwendung des Jacobi–Verfahrens, welches sie auf Diagonalgestalt bringt und außerdem die gesuchten Wölbvektoren ("Einheitsverwölbungen") als Eigenvektoren liefert. Die Matrix der Einheitsverwölbungen ist auch gleichzeitig die Transformationsmatrix, mit der das auf den Grundverwölbungen basierende Gleichungssystem in die neue, in C und B diagonale Form überführt wird.

Um die einzelnen Schritte verstehen zu können, ist es notwendig klarzumachen, auf welche Weise die Wölbfunktionen in die Matrizen C, D und B eingehen. Obwohl die Matrixelemente aus kompliziert erscheinenden Querschnittsintegralen bestehen, läßt sich eine einfache Darstellung in Form eines Matrizenproduktes angeben.

In einem ersten Schritt soll gezeigt werden, daß sämtliche zuvor definierten Querschnittsintegrale als Produkt zweier Wölbvektoren ^{i}u und ^{k}u mit einer Koppelmatrix K (nicht zu verwechseln mit der Plattensteifigkeit K), also in der Form $^{i}u^{T}K\,^{k}u$ darstellbar sind. Hierzu überlegen wir, daß alle Querschnittsfunktionen durch eine endliche Anzahl von Größen festgelegt sind: Die ^{k}u werden als stückweise lineare Funktionen durch die Werte in den Knoten bestimmt, ebenso die Querbiegemomente $^{k}m_s$, welche nach Voraussetzung ja ebenfalls linear verlaufen. Die ^{k}f und ihre Ableitungen sind als Polynome maximal dritten Grades z.B. durch die Koeffizienten der verschiedenen Anteile festgelegt[2].

Alle Querschnittsfunktionen sind somit durch diskrete Werte in Form von Vektoren darstellbar. Das Integral über ein Produkt solcher Funktionen kann mittels sogenannter Koppeltafeln ausgewertet werden. Dies läuft darauf hinaus, daß eine Matrix, in welcher die Koppelwerte zusammengefaßt sind, von links und rechts mit den zu koppelnden Vektoren multipliziert wird. Bezeichnen wir beispielsweise die Matrix, welche zu einer Kopplung linearer Funktionen gehört, mit K_{lin}, so können wir für den Membrananteil des Wölbwiderstandes schreiben:

$$^{ik}C^{M} = \int_{A} {}^{i}u\,{}^{k}u\,\mathrm{d}A = {}^{i}u^{T}K_{lin}\,{}^{k}u \;. \tag{4.20}$$

Wie in Abschn. 4.2 gezeigt wurde, sind alle Querschnittsfunktionen von den Wölbfunktionen ^{k}u abhängig. Da sie als Vektoren dargestellt werden können, läßt sich diese Abhängigkeit durch eine Matrix beschreiben. Es gilt z.B. für den

---

[2] vgl. Abschn. 7.1.

Vektor der Kantenmomente

$$^k m_s = M\,{}^k u \ . \tag{4.21}$$

Somit lassen sich alle Querschnittsintegrale durch Kopplung der Wölbvektoren berechnen, z.B.

$$^{ik}B = \frac{1}{K} \int_s {}^i m_s(s)\,{}^k m_s(s)\,\mathrm{d}s = \frac{1}{K}\,{}^i m_s^T K_{lin}\,{}^k m_s$$
$$= {}^i u^T M^T K_{lin} M\,{}^k u = {}^i u^T K_B\,{}^k u \ . \tag{4.22}$$

In der zur Abkürzung eingeführten Matrix K_B sind die Integration und die Umrechnung zwischen Momenten– und Wölbvektor zusammengefaßt. Sie ist daher keine Koppelmatrix im eigentlichen Sinne, soll der Einfachheit halber aber im weiteren so bezeichnet werden.

Nachdem wir nun eine einheitliche Darstellung der Querschnittswerte gewonnen haben, ist es leicht zu sehen, daß sich auch für die Matrizen in (4.19) eine analoge Darstellung angeben läßt:

$$C = U^T K_C U \qquad D = U^T K_D U \qquad B = U^T K_B U \tag{4.23}$$

Dabei sind Wölbvektoren zur Wölbmatrix U zusammengefaßt worden. Als nächstes wollen wir herausfinden, wie die Koppelmatrizen in (4.23) aussehen. Das läßt sich folgendermaßen zeigen:

Wir wählen ein bestimmtes System von Wölbfunktionen aus, nämlich diejenigen, die jeweils an einem Knotenpunkt den Wert Eins und an allen anderen den Wert Null haben. Sie werden durch einen Querstrich gekennzeichnet (Bild 2.7)

$$^k \bar{u}_r = \begin{cases} 1 & \text{für } k = r \\ 0 & \text{für } k \neq r \end{cases} . \tag{4.24}$$

Daraus ermitteln wir über die geometrischen Beziehungen die Querschnittsfunktionen, welche zum Auswerten der Querschnittsintegrale benötigt werden ($^k \bar{f}$, $^k \bar{m}_s$, ...). Durch Ausrechnen der Integrale kommen wir auf die Matrizen $\bar{C}$, $\bar{D}$ und $\bar{B}$. Die zugehörige Wölbmatrix $\bar{U}$ ist die Einheitsmatrix. Damit läßt sich folgende Gleichung anschreiben:

$$\bar{C} = \bar{U}^T K_C \bar{U} = K_C. \tag{4.25}$$

Die Koppelmatrix K_C ist also gerade die Matrix $\bar{C}$, welche sich auf der Grundlage der Wölbfunktionen (4.24) ergibt. In gleicher Weise gilt $\bar{D} = K_D$ und $\bar{B} = K_B$.

Haben wir also das Gleichungssystem (d.h. die drei Koeffizientenmatrizen) auf der Basis der Wölbfunktionen (4.24) hergeleitet, dann kann es mit den

Beziehungen (4.23) auf jede andere Basis von Wölbfunktionen transformiert werden. Eine Transformation, die alle drei Matrizen gleichzeitig auf Diagonalgestalt bringt, ist im Allgemeinen nicht möglich. Jedoch läßt sich eine Diagonalisierung auf jeden Fall für zwei davon erreichen.

Wir wählen dafür die beiden aus, welche die Hauptarbeitsanteile enthalten. Das sind bei offenen Profilen der Wölbwiderstand und der Querbiegewiderstand. In diesen Anteilen wird sich dann das Gleichungssystem entkoppeln, während die Verkopplung durch die Glieder ^{ik}D bestehen bleibt.

$\bar{C}$ und $\bar{B}$ sind reell–symmetrisch, $\bar{C}$ positiv definit und $\bar{B}$ positiv semidefinit, so die Voraussetzungen für die Anwendung des Jacobi–Verfahrens erfüllt sind. Dieses liefert als Lösungen des verallgemeinerten Eigenwertproblems

$$(B - \lambda EC)u = 0 \tag{4.26}$$

eine Matrix $\widetilde{U}$, deren Spalten die Eigenvektoren des Systems sind. Sie besitzt die Eigenschaft, die Ausgangsmatrizen auf Diagonalgestalt zu transformieren. Es sind also

$$\widetilde{C} = \widetilde{U}^T \bar{C} \widetilde{U} \quad \text{und} \quad \widetilde{B} = \widetilde{U}^T \bar{B} \widetilde{U} \tag{4.27}$$

Diagonalmatrizen. Mit (4.27) ist sofort klar, daß die Eigenvektoren die gesuchten Wölbvektoren sind. Damit das transformierte System vollständig ist, muß schließlich noch die Matrix der Drillwiderstände $\widetilde{D} = \widetilde{U}^T \bar{D} \widetilde{U}$ berechnet werden.

Bezeichnen wir die zu den orthogonalen Einheitsverwölbungen gehörenden Betonungsfunktionen mit $^k\widetilde{V}$, so haben wir nach der Orthogonalisierung das Gleichungssystem

$$E\widetilde{C}\widetilde{V}'''' - G\widetilde{D}\widetilde{V}'' + \widetilde{B}\widetilde{V} = 0 \, , \tag{4.28}$$

wobei die Matrizen $\widetilde{C}$ und $\widetilde{B}$ Diagonalgestalt besitzten.

Die Tragwirkung von offenen Profilen beruht in erster Linie auf dem Wölbwiderstand und dem Querbiegewiderstand, weshalb diese beiden Anteile für die Entkopplung gewählt wurden. Der Drillwiderstand ist dagegen von geringerer Bedeutung, so daß kein großer Fehler entsteht, wenn die Außerdiagonalelemente der Drillmatrix D zu vernachlässigt werden.

Dann entkoppelt sich das System vollständig und wir können für jedes $^k\widetilde{V}$ eine Differentialgleichung der Form

$$E\,^k\widetilde{C}\,^k\widetilde{V}'''' - G\,^k\widetilde{D}\,^k\widetilde{V}'' + \,^k\widetilde{B}\,^k\widetilde{V} = 0 \tag{4.29}$$

angeben. Eine Berücksichtigung der Außerdiagonalelemente ist im Rahmen einer geschlossenen Lösung ([56]) oder auch iterativ möglich.

4.4 Die Arbeit der äußeren Lasten

Bei den äußeren Lasten müssen wir unterscheiden zwischen denen, die in axialer Richtung wirken, und denen, die in der Querschnittsebene wirken. Sie gehen nämlich auf verschiedene Weise in die Differentialgleichungen ein. Flächenlasten müssen zunächst in Linienlasten, die an den Knoten angreifen, umgesetzt werden. Die in der Querschnittsebene wirkenden Lasten sind zwei gleichwertige Darstellungen möglich, die leicht ineinander überführt werden können: Bei einer Zerlegung des Lastvektors in Richtung der angrenzenden Scheiben sprechen wir von Scheibenlasten, bei einer Zerlegung in Koordinatenrichtung sprechen wir von Knotenlasten (vgl. Bild 2.19)

Da es hier nur um die Darstellung des Prinzips der Herleitung der rechten Seite geht, wollen wir hier nur eine der beiden möglichen Formulierungen berücksichtigen, nämlich Scheibenlasten $q_{s,r}(x)$.

Die Scheibenlast $q_{s,r}(x)$ leistet Arbeit an der virtuellen Verschiebung $\delta f_{s,r}(x)$ der Scheibe r. Die Knotenlängslast $q_{x,r}(x)$ leistet Arbeit an der virtuellen Verschiebung $\delta u_r(x)$ des Knotens r.

Die Gesamtarbeit erhalten wir durch Summation über die einzelnen Scheiben bzw. Knoten und Integration über die Länge.

Die im vorangegangenen Abschnitt ermittelten Einheitsverwölbungen ${}^k\widetilde{u}$ wollen wir nun als Basis für die virtuellen Verrückungen wählen. Bezeichnen wir die aus den ${}^k\widetilde{u}$ resultierenden Einheitsverschiebungen mit ${}^k\widetilde{f}_s$, so lassen sich die im Arbeitsausdruck benötigten virtuelle Verrückung folgendermaßen schreiben:

$$\delta f_{s,r}(x) = \delta \sum_{k=1}^{n+1} {}^k\widetilde{V}(x)\,{}^k\widetilde{f}_{s,r}\ ,$$

$$\delta u_r(x) = \delta \sum_{k=1}^{n+1} {}^k\widetilde{V}'(x)\,{}^k\widetilde{u}_r\ . \tag{4.30}$$

Wir erhalten damit für die äußere Arbeit den Ausdruck

$$\delta W_a = \int_0^l \left(\sum_{r=1}^{n} q_{s,r}(x)\delta f_{s,r}(x) + \sum_{r=1}^{n+1} q_{x,r}(x)\delta u_r(x) \right)\,\mathrm{d}x$$

$$= \sum_{k=1}^{n+1} \int_0^l \left(\sum_{r=1}^{n} q_{s,r}(x)\,\delta\,{}^k\widetilde{V}(x)\,{}^k\widetilde{f}_{s,r} + \sum_{r=1}^{n+1} q_{x,r}(x)\,\delta\,{}^k\widetilde{V}'(x)\,{}^k\widetilde{u}_r \right)\,\mathrm{d}x\ . \tag{4.31}$$

Die $^k\widetilde{u}$ und $^k\widetilde{f}_s$ sind bekannt und können mit den Scheiben- bzw. Längslasten zu den verallgemeinerten Lasten

$$^k\widetilde{q}(x) = \sum_{r=1}^{n} q_{s,r}(x)\,^k\widetilde{f}_{s,r}$$

$$^k\widetilde{q}_x(x) = -\sum_{r=1}^{n+1} q_{x,r}(x)\,^k\widetilde{u}_r \tag{4.32}$$

zusammengefaßt werden. Dabei ist ein in Längsrichtung affiner Verlauf der $q_{s,r}(x)$ bzw. $q_{x,r}(x)$ vorausgesetzt, da ansonsten keine Summation über diese Funktionen möglich ist. Eine Einschränkung ist damit nicht verbunden, denn jedes Lastbild läßt sich durch geeignete Aufspaltung in affine Anteile zerlegen.

Die verallgemeinerten Lasten sind ein Maß für die Arbeit der Lasten an den Einheitsverschiebungen des Zustandes k. Wir erhalten auf diese Weise

$$\delta W_a = \int_0^l \sum_{k=1}^{n+1} \left({}^k\widetilde{q}\,\delta^k\widetilde{V} - {}^k\widetilde{q}_x\,\delta^k\widetilde{V}' \right) \mathrm{d}x \ . \tag{4.33}$$

Nun muß noch der zweite Summand durch partielle Integration so umgeformt werden, daß die Ableitung der Variation verschwindet:

$$\delta W_a = \int_0^l \sum_{k=1}^{n+1} \left({}^k\widetilde{q}\,\delta^k\widetilde{V} + {}^k\widetilde{q}_x'\,\delta^k\widetilde{V} \right) \mathrm{d}x - \sum_{k=1}^{n+1} {}^k\widetilde{q}_x\,\delta^k\widetilde{V}\bigg|_0^l \ . \tag{4.34}$$

Ergänzen wir gemäß (4.1b) den Ausdruck (4.34) in Gleichung (4.17) so erhalten wir nun die vollständige Differentialgleichung

$$E\,^k\widetilde{C}\,^k\widetilde{V}'''' - G\,^k\widetilde{D}\,^k\widetilde{V}'' + {}^k\widetilde{B}\,^k\widetilde{V} = {}^k\widetilde{q} + {}^k\widetilde{q}_x' \ . \tag{4.35}$$

Was bei der anschaulichen Herleitung in Abschn. 2.8.3 Verständnisschwierigkeiten bereiten kann, nämlich die Tatsache, daß die Längslasten mit der ersten Ableitung in die Differentialgleichung eingehen, ergibt sich bei der hier vorgenommenen formalen Herleitung automatisch und läßt sich leicht nachvollziehen:

Die Längslasten leisten Arbeit an den virtuellen u–Verschiebungen, diese werden nur durch $^k\widetilde{V}'$ erzeugt, so daß eine partielle Integration erforderlich ist, durch welche die Ableitung auf das Lastglied übergeht.

Gleichzeitig ergibt sich auch, daß konstante Längslastanteile nicht in die Differentialgleichung eingehen, sondern über die Randbedingungen eingearbeitet werden müssen.

4.5 Randbedingungen

Die Randbedingungen (4.18b,c) sind noch nicht die endgültige Form, denn zum einen stellen sie sich nach der Orthogonalisierung in vereinfachter Form dar und zum anderen müssen sie mit konkreten Lagerbedingungen in Verbindung gebracht werden. Nach der Orthogonalisierung entfallen in den Summen alle Glieder mit ^{ik}C für $i \neq k$, lediglich in den ^{ik}D bleibt die Verkopplung bestehen. Setzen wir noch gemäß Abschn. 2.8.4 die Schnittgröße $^{k}W = -E\,^{k}C\,^{k}V''$ ein, so erhalten wir aus (4.18b,c) nach der Orthogonalisierung

$$\left({}^{k}W - \mu E \sum_{i=1}^{n+1} {}^{ik}D_2\,{}^{i}V \right) \delta\,{}^{k}V' \bigg|_0^l = 0$$

$$\left({}^{k}W' + G \sum_{i=1}^{n+1} \left({}^{ik}D_1 - \frac{E\mu}{G}\,{}^{ik}D_2 \right) {}^{i}V' \right) \delta\,{}^{k}V \bigg|_0^l = 0 \qquad (4.36a,b)$$

$$\text{für } k = 1,\dots,n+1$$

Anders als bei der Herleitung der Differentialgleichung (dort mußte der Klammerausdruck im Integranden identisch verschwinden) können die Randausdrücke auf zwei Arten zu Null gemacht werden.

Einerseits kann das Verschwinden der Variation der Verformungsgröße bzw. ihrer Ableitung gefordert werden, womit geometrische Lagerbedingungen erfüllt werden. Für den ersten Randterm heißt das $\delta\,{}^{k}V' = 0$. Damit ist eine geometrische Bedingung erfüllt, die sich aus starrer oder verschieblicher Einspannung ergibt. Beim zweiten Term wird mit $\delta\,{}^{k}V = 0$ eine starre Einspannung oder eine starre Querlagerung beschrieben.

Andererseits kann auch das Verschwinden der Klammerausdrücke, welche die aus den Schnittkräften herrührenden Terme enthalten, gefordert werden. Auf diese Weise werden statische Randbedingungen erfüllt.

Durch Kombination dieser beiden Möglichkeiten können die möglichen konkreten Lagerungsfälle abgebildet werden.

Während bei geometrisch bestimmter Lagerung keine Verkopplung in den Randbedingungen auftritt, kommt sie bei statisch bestimmter Lagerung über die Summenausdrücke hinein. Allerdings kann sich in konkreten Fällen die Verkopplung wieder herausheben, was im folgenden kurz diskutiert werden soll.

Der einfachste Fall ist die starre Einspannung, hier wird $\delta\,{}^{k}V = \delta\,{}^{k}V' = 0$ gefordert. Eine Verkopplung tritt nicht auf.

Bei gelenkiger Lagerung verschwindet ^{k}V am Lager und $^{k}V'$ ist zugelassen. Deshalb muß in (4.36a) der Klammerausdruck Null werden. Wegen $^{k}V = 0$ verschwindet hierin der Summenausdruck, so daß als statische Randbedingung die Forderung $^{k}W = 0$ ausreicht.

In gleicher Weise entfällt die Verkopplung bei verschieblicher Einspannung und es ergeben sich als geometrische Bedingung ${}^kV' = 0$ und als statische ${}^kW' = 0$.

Die drei genannten Randbedingungspaare entsprechen denjenigen, die aus der Technischen Biegetheorie bekannt sind. Lediglich im vierten Standardfall — dem freien Ende — bleibt die Verkopplung bestehen, da hier weder ${}^kV$ noch ${}^kV'$ am Lager verschwinden. Hier müssen beide Klammerausdrücke Null gesetzt werden.

Die vier besprochenen Lagerungsfälle sind am Beispiel des linken Randes in Tabelle 4.1 aufgeführt. Am rechten Rand gilt entsprechendes, womit für jede Differentialgleichung die vier notwendigen Randbedingungen vorliegen.

Tabelle 4.1 Randbedingungen für die vier Standardlagerungen (ohne Randlasten)

Lagerart bei $x = 0$	geometrische Randbedingung	statische Randbedingung
	${}^kV(0) = 0$ ${}^kV'(0) = 0$	— —
	${}^kV(0) = 0$ —	${}^kW(0) = 0$ —
	— ${}^kV'(0) = 0$	— ${}^kW'(0) = 0$
	— —	${}^kW(0) - \mu E \sum\limits_{i=1}^{n+1} {}^{ik}D_2\,{}^kV(0) = 0$ ${}^kW'(0) + \sum\limits_{i=1}^{n+1} (G^{ik}D_1 - \mu E^{ik}D_2)\,{}^kV'(0) = 0$

Für den vierten Fall soll eine vereinfachte Formel angegeben werden, mit welcher eine entkoppelte Rechnung ermöglicht wird. Um die dabei vorzunehmenden Vernachlässigungen beurteilen zu können, vergegenwärtigen wir uns noch einmal die Bedeutung der einzelnen Terme.

In (4.36a) gehen in die Schnittgröße ${}^kW$ die σ_x-Spannungen aus den Längsdehnungen u' und –krümmungen f'' ein. Über die Querdehnungszahl μ kommt außerdem ein Anteil aus den Umfangskrümmungen $\ddot{f}$ hinzu. In denjenigen Fällen, in denen die Biegespannungen nicht die entscheidende Rolle spielen, kann dieser Anteil weggelassen werden. Damit reduziert sich die Forderung auf ${}^kW = 0$.

Die in (4.36b) vorkommenden Terme beschreiben die Wirkung von Schubspannungen. Diese entstehen einerseits über das Gleichgewicht aus der

Ableitung der Längsspannungen, was sich in den Termen $^kW'$ sowie dem ersten Teil der Summe äußert, und zum andern aus den Verdrillungen $\dot{f}'$ (zweiter Teil der Summe). In der Praxis hat sich gezeigt, daß die Summe in guter Näherung durch den Ausdruck $G^kD\,^kV'$ ersetzt werden kann. Damit haben wir als vereinfachte Bedingungen des freien Randes

$$^kW(0) = 0 \quad \text{und} \quad ^kW'(0) + G^kD\,^kV'(0) = 0 \,. \tag{4.37a,b}$$

In der Analogie des querbelasteten Zugstabes ist die Bedeutung des zweiten Terms einfach zu zeigen: Reicht es beim freien Ende ohne Zugkraft nämlich aus, ein Verschwinden der Querkraft zu fordern, so kommt nun durch die Zugkraft H eine Querkraftkomponente $Q_H = -Hw'$ dazu (Bild 4.1). Für einen querkraftfreien Rand ist somit zu fordern $Q + Hw' = 0$, was die zu (4.37b) analoge Gleichung ist.

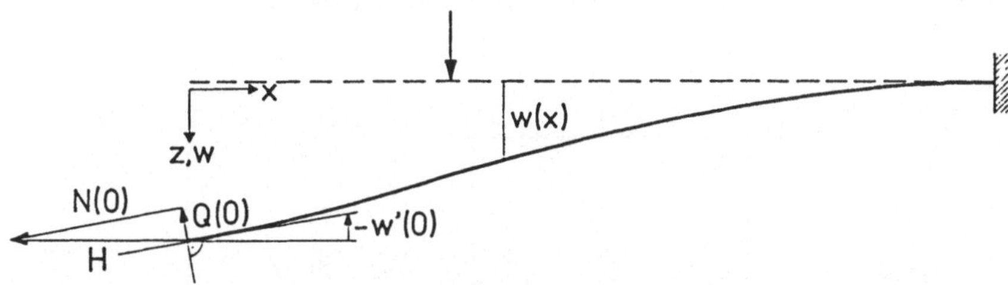

Bild 4.1   Freies Ende des querbelasteten Zugstabes

Gleiches gilt für die Wölbkrafttorsion, bei der am freien Rand wegen $\vartheta' \neq 0$ das St. Venant'sche Torsionsmoment $M_{D1} = GI_D\vartheta'$ nicht Null werden kann. Das pauschale Gleichgewicht für den Querschnitt wird durch das gleich große, entgegengesetzt wirkende sekundäre Torsionsmoment $M_{D2} = -EC_M\vartheta'''$ erfüllt. Aus M_{D1} bleiben Plattendrillmomente, aus M_{D2} Membranschub- und Plattenquerkräfte auf dem Randquerschnitt übrig. Die Beseitigung der Oberflächenspannungen erfolgt durch eine Randstörung (St. Venant'scher Effekt), die mit den gewählten Voraussetzungen nicht erfaßbar ist.

Bei den vorstehenden Betrachtungen wurden evt. auftretende Randlasten nicht berücksichtigt. Sie können eingearbeitet werden, indem in (4.2) ein Randintegral ergänzt wird, welches die Arbeit der Randlasten an den zugehörigen virtuellen Verschiebungen bzw. Verdrehungen der Ränder enthält. Analog zur Einführung der verallgemeinerten Lasten (4.32) können dann entsprechende Randlastglieder definiert werden, welche schließlich die Klammerausdrücke in (4.36a,b) ergänzen.

Außerdem ist bei Längslasten ein aus der partiellen Integration stammender Randterm zu berücksichtigen (vgl. (4.34)).

5 Spezielle Querschnitte

5.1 Hut-, C- und Z-Profile

Im Stahlleichtbau spielen die Hut- und C-Profile als Standardquerschnitte eine bedeutende Rolle. Sie sind den vielfältigen Einsatzbedingungen durch die freie Wahl der Lippen-, Flansch- und Stegabmessungen leicht anzupassen und bieten in konstruktiver Hinsicht günstige Anschlußmöglichkeiten. Kaltprofile mit Z–Querschnitt werden bevorzugt als Dachpfetten und Wandriegel eingesetzt.

Lasteinleitungen, die nicht affin zu den Schubkraftverteilungen der Technischen Biegetheorie erfolgen, führen wegen der Dünnwandigkeit der Profile zu zusätzlichen Längsspannungen, die mit Profilverformungen verbunden sind.

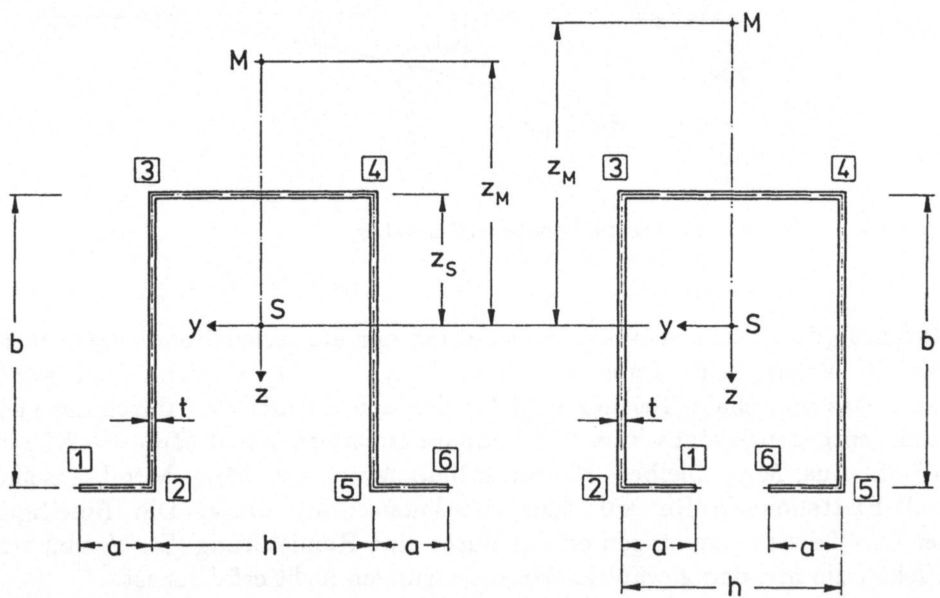

Bild 5.1   Bezeichnungen am Hut- und C-Querschnitt

Neben der Möglichkeit, mit dem in den Kap. 2 und 4 hergeleiteten Eigenwertproblem und einem zugehörigen Rechenprogramm die Querschnittswerte zu ermitteln, lassen sich für diese speziellen Querschnitte auch explizite Formeln angeben, die mit einem Taschenrechner ausgewertet oder innerhalb anderer Programme verwendet werden können. Die Formeln enthalten nur den Membrananteil des Wölbwiderstandes und eignen sich daher nur für dünnwandige Querschnitte. Beim Drillwiderstand sind nur die Sehnenanteile berücksichtigt.

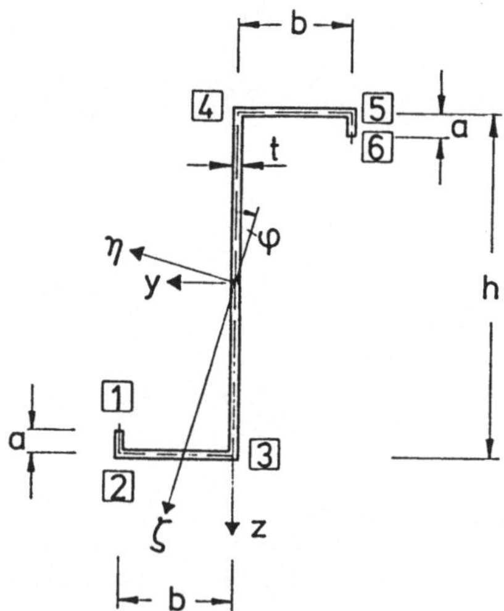

Bild 5.2   Bezeichnungen am Z-Querschnitt

Die Bezeichnungen der Abmessungen sind in den Bildern 5.1 und 5.2 angegeben. Der Vollständigkeit halber werden die Querschnittswerte für die vier Starrkörperverschiebungen ($k = 1$ bis $k = 4$) beigefügt, die man sich natürlich auch mit den konventionellen Methoden beschaffen könnte.

5.1.1   Formeln für die Querschnittswerte der C- und Hut-Profile

Will man bei Verwendung der folgenden Formeln die Ergebnisse in den Dimensionen gemäß Abschn. 2.9.4 erhalten, dann ist zu beachten, daß die Formeln die Faktoren "Länge" oder Potenzen von "Länge" nicht beinhalten. Zum Beispiel lautet die Formel für $^1u_1$: $^1u_1 = -1$ und nicht $^1u_1 = -1\cdot$"Länge". Für die praktische Anwendung der Formeln empfiehlt es sich, alle Querschnittsabmessungen mit derselben Dimension in die Formeln einzusetzen und dann die Endergebnisse mit der richtigen Dimension zu versehen, ohne bei den Zwischenergebnissen die Dimension weiter zu verfolgen.

Selbstverständlich können die Formeln auch konventionell, d.h. als dimensionstreue Gleichungen benutzt werden. Dann erhält man aber die Verwölbungen in unterschiedlichen Dimensionen.

Vorwerte: $\alpha = a/h$, $\beta = b/h$

Abkürzungen:
(oberes Vorzeichen für C–, unteres für Hut–Profil)

$$K_1 = 1 + 2(\alpha + \beta)$$
$$K_2 = \beta(2\alpha + \beta)/K_1$$

$$K_3 = (1 + 6\beta + 6\alpha \mp 12\alpha^2 + 8\alpha^3)/12$$

$$K_4 = \frac{\beta^3}{6} + K_2^2 + 2\alpha(\beta - K_2)^2 + 2\beta(\frac{\beta}{2} - K_2)^2$$

$$K_5 = \beta(6\alpha + 3\beta - 8\alpha^3)\frac{1}{12K_3} \tag{5.1}$$

$$K_6 = \beta - K_5$$

$$K_7 = K_6 \pm 2\alpha(\beta + K_5)$$

$$K_8 = \frac{K_5^2}{12} + (K_5^2 + K_6^2 - K_5 K_6)\frac{\beta}{6} + (K_6^2 + K_7^2 + K_6 K_7)\frac{\alpha}{6}$$

$$\Delta^5 N = \beta[3\alpha + 2\beta + \beta(2\alpha + \beta)]$$

$$\Delta^6 N = \alpha(3\beta + 1)[K_5(1 \mp 2\alpha) + K_7] + 3\beta^2(\alpha + \beta) + 2\beta^2 + 2\alpha\beta(1 \pm \alpha\beta)$$

<u>Für die Starrkörperanteile ($k = 1$ bis $k = 4$) gilt:</u>

Schwerpunkts- und Schubmittelpunktslage:

$$z_S = K_2 h$$

$$z_M = (K_2 + K_5)h \tag{5.2}$$

Wölbwiderstände:

$$\begin{aligned}
A \;\;\; &= K_1 h t \;\; = {}^1C \\
I_z \;\; &= K_3 h^3 t = {}^2C \\
I_y \;\; &= K_4 h^3 t = {}^3C \\
C_M &= K_8 h^5 t = {}^4C
\end{aligned} \tag{5.3}$$

Drillwiderstände:

$$^1D = {}^2D = {}^3D = 0$$

$$^4D = \frac{1}{3} K_1 h t^3 = I_D \tag{5.4}$$

Wölbordinaten:
(oberes Vorzeichen für C-, unteres für Hut–Profil)

$$
\begin{aligned}
k = 1: \qquad & {}^1u_1 = {}^1u_2 = {}^1u_3 = {}^1u_4 = {}^1u_5 = {}^1u_6 = -1 \\
k = 2: \qquad & {}^2u_1 = -{}^2u_6 &&= -(\tfrac{1}{2} \mp \alpha)h \\
& {}^2u_2 = {}^2u_3 = -{}^2u_4 = -{}^2u_5 &&= -\tfrac{1}{2}h \\
k = 3: \qquad & {}^3u_1 = {}^3u_2 = {}^3u_5 = {}^3u_6 &&= -(\beta - K_2)h \\
& {}^3u_3 = {}^3u_4 &&= K_2 h \\
k = 4: \qquad & {}^4u_1 = -{}^4u_6 &&= K_7\tfrac{1}{2}h^2 \\
& {}^4u_2 = -{}^4u_5 &&= (\beta - K_5)\tfrac{1}{2}h^2 \\
& {}^4u_3 = -{}^4u_4 &&= -K_5\tfrac{1}{2}h^2
\end{aligned}
\tag{5.5}
$$

<u>Für den symmetrischen Profilverformungszustand $(k = 5)$ gilt:</u>

Wölbordinaten:

$$
\begin{aligned}
{}^5u_1 &= {}^5u_6 = 1 \\
{}^5u_2 &= {}^5u_5 = -\alpha\beta(3 + 2\beta)\frac{1}{\Delta\,{}^5N} \\
{}^5u_3 &= {}^5u_4 = \alpha\beta^2 \frac{1}{\Delta\,{}^5N}
\end{aligned}
\tag{5.6}
$$

Scheibenverdrehungen:
(oberes Vorzeichen für C-, unteres für Hut–Profil)

$$
\begin{aligned}
{}^5f_{\vartheta,1} &= -{}^5f_{\vartheta,5} = \pm(1 - {}^5u_2)\left(\frac{1}{\alpha\beta} + \frac{1}{\alpha(3 + 2\beta)}\right)\frac{1}{h^2} \\
{}^5f_{\vartheta,2} &= -{}^5f_{\vartheta,4} = \pm\left(\frac{1 - {}^5u_2}{\alpha\beta}\right)\frac{1}{h^2} \\
{}^5f_{\vartheta,3} &= 0
\end{aligned}
\tag{5.7}
$$

Querbiegemoment:

$$
{}^5m_{s,3} = \frac{2\cdot{}^5f_{\vartheta,2}}{(\tfrac{2}{3}\beta + 1)h}K \qquad (K \text{ ist die Plattensteifigkeit})
\tag{5.8}
$$

Wölbwiderstand, Querbiegewiderstand und Drillwiderstand:

$$
\begin{aligned}
{}^5C &= \int_s {}^5u^2 t\,\mathrm{d}s \\
&= \frac{2}{3}\left(\alpha(1 + {}^5u_2 + {}^5u_2^2) + \beta({}^5u_2^2 + {}^5u_2\cdot{}^5u_3 + {}^5u_3^2) + \frac{3}{2}\cdot{}^5u_3^2\right)ht \\
{}^5B &= \left(\frac{2}{3}\beta + 1\right)\frac{{}^5m_3^2}{K}h \\
{}^5D &= \frac{2}{3}\left(\alpha\cdot{}^5f_{\vartheta,1}^2 + \beta\cdot{}^5f_{\vartheta,2}^2\right)ht^3
\end{aligned}
\tag{5.9}
$$

Für den antimetrischen Profilverformungszustand ($k = 6$) gilt:

Wölbordinaten:
(oberes Vorzeichen für C–, unteres für Hut–Profil)

$$
\begin{aligned}
{}^6u_1 &= -\,{}^6u_6 = 1 \\
{}^6u_2 &= -\,{}^6u_5 = \left(\pm 2\alpha(1+3\beta)[K_5(2\alpha \mp 1) \mp K_7] \mp \alpha\beta(4\alpha\beta \pm 1)\right)\frac{1}{\Delta\,{}^6N} \\
{}^6u_3 &= -\,{}^6u_4 = \frac{-1}{1+3\beta}[\alpha(3 \mp 4\alpha) + {}^6u_2(3\alpha \mp 2\alpha^2 + 3\beta)]
\end{aligned}
\qquad (5.10)
$$

Scheibenverdrehungen:
(oberes Vorzeichen für C–, unteres für Hut–Profil)

$$
\begin{aligned}
{}^6f_{\vartheta,1} = {}^6f_{\vartheta,5} &= \left(\pm\frac{1 - {}^6u_2 \pm 2\alpha\cdot{}^6u_3}{\alpha\beta} + \frac{\pm 1 - {}^6u_2(2\alpha \pm 1) + 4\alpha\cdot{}^6u_3}{\alpha(1+2\beta)}\right)\frac{1}{h^2} \\
{}^6f_{\vartheta,2} = {}^6f_{\vartheta,4} &= \pm\frac{1}{\alpha\beta}(1 - {}^6u_2 \pm 2\alpha\cdot{}^6u_3)\frac{1}{h^2} \\
{}^6f_{\vartheta,3} &= \frac{2}{\beta}({}^6u_2 - {}^6u_3)\frac{1}{h^2}
\end{aligned}
$$

$$(5.11)$$

Querbiegemoment:

$$
{}^6m_{s,3} = \frac{3({}^6f_{\vartheta,2} - {}^6f_{\vartheta,3})}{(\beta + \frac{1}{2})h}K
\qquad (5.12)
$$

Wölbwiderstand, Querbiegewiderstand und Drillwiderstand:

$$
{}^6C = \int_s {}^6u^2 t\,\mathrm{d}s
$$

$$
\begin{aligned}
&= \frac{2}{3}\left(\alpha(1 + {}^6u_2 + {}^6u_2^2) + \beta({}^6u_2^2 + {}^6u_2\cdot{}^6u_3 + {}^6u_3^2) + \frac{1}{2}\cdot{}^6u_3^2\right)ht \\
{}^6B &= \frac{1}{3}(2\beta + 1)\frac{{}^6m_3^2}{K}h \\
{}^6D &= \frac{2}{3}\left(\alpha\cdot{}^6f_{\vartheta,1}^2 + \beta\cdot{}^6f_{\vartheta,2}^2 + \frac{1}{2}\cdot{}^6f_{\vartheta,3}^2\right)ht^3
\end{aligned}
\qquad (5.13)
$$

Die Einheitswölbfunktionen des C– und Hut–Profils sind in den Bildern 5.3 und 5.4 dargestellt. Die Anwendung der Formeln wird an einem Zahlenbeispiel in Abschn. 8.3.3 vorgeführt.

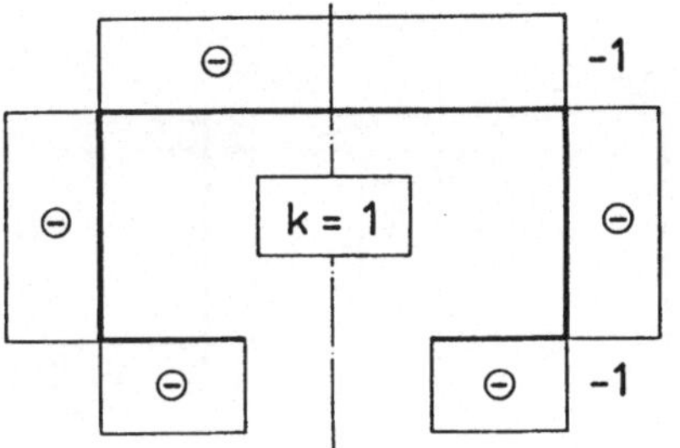
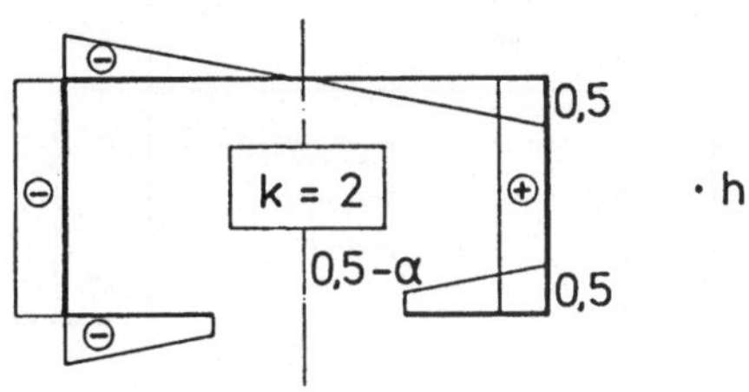
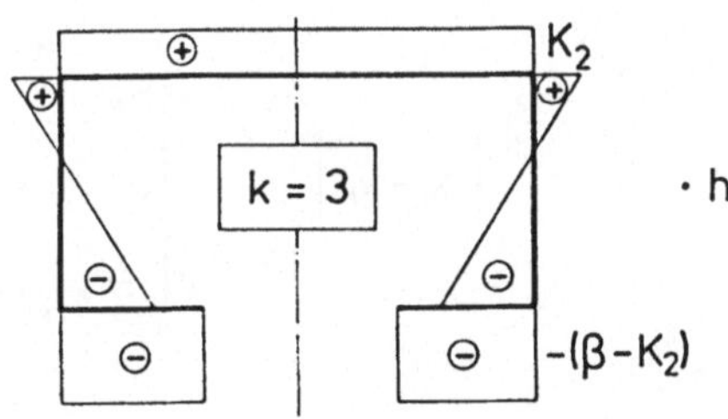
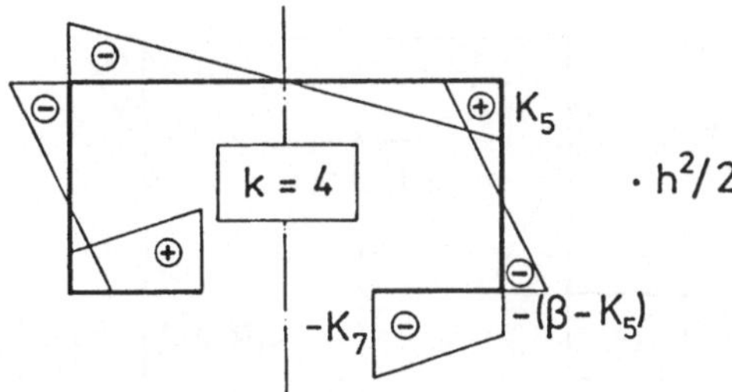
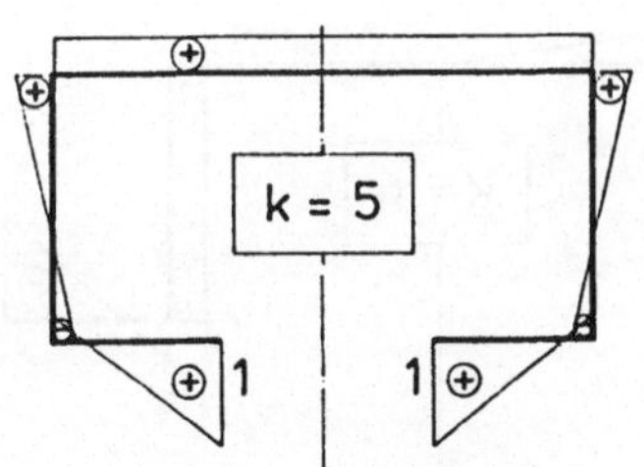
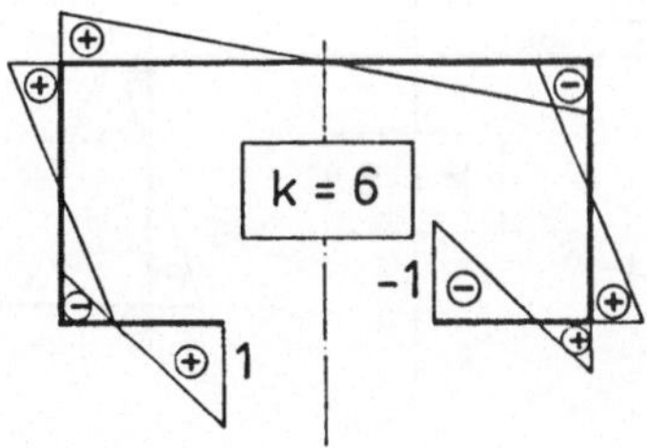

Bild 5.3   Einheitswölbfunktionen des C–Profils

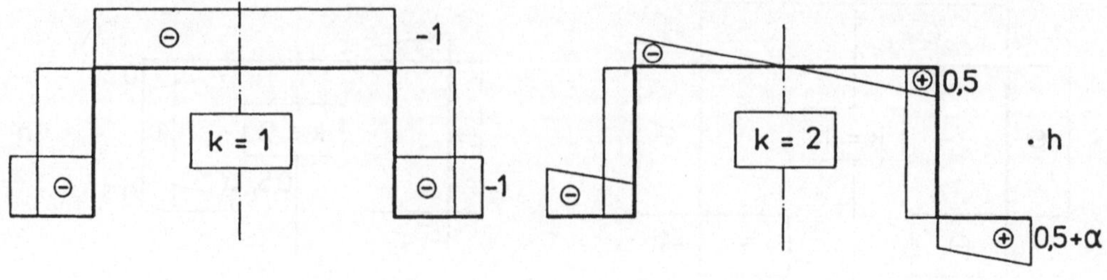

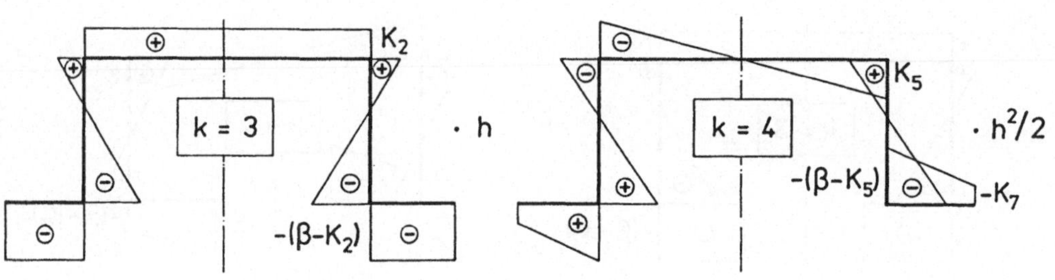

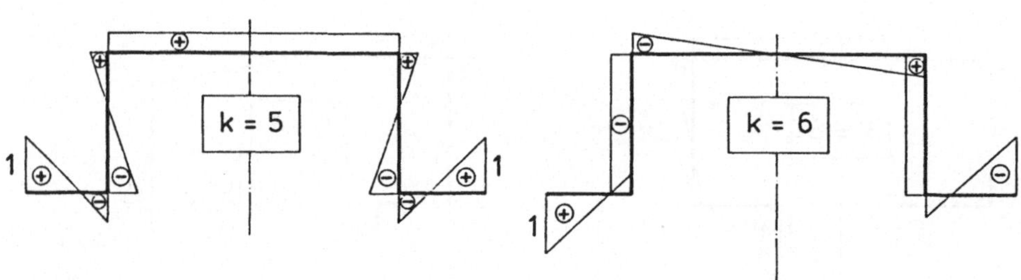

Bild 5.4   Einheitswölbfunktionen des Hut–Profils

5.1.2 Formeln für die Querschnittswerte des Z–Profils

Vorwerte: $\alpha = a/h$, $\beta = b/h$

Abkürzungen:

$$K_1 = 1 + 2(\alpha + \beta)$$

$$K_2 = \frac{1}{12}(1 + 6\beta + 6\alpha - 12\alpha^2 + 8\alpha^3)$$

$$K_3 = 2\beta^2(\alpha + \frac{1}{3}\beta)$$

$$K_4 = \beta(\frac{1}{2}\beta + \alpha - \alpha^2)$$

$$K_6 = \frac{\beta}{K_1}(\frac{1}{2}\beta + \alpha + \alpha^2)$$

$$K_7 = \frac{1}{6}\beta^2[\alpha + \beta + 2\alpha(1+\alpha)(1+2\alpha)] - K_6\beta[\beta + 2\alpha(1+\alpha)] + K_1 K_6^2$$

$$\Delta^5 N = -\beta[\frac{3}{2}\alpha + \beta(1 + 3\alpha + \frac{3}{2}\beta + \alpha^2)]$$

$$\Delta^6 N = \beta\left(\frac{1}{2}\beta(\alpha + \beta) - (1+\beta)[\beta + \alpha(\frac{3}{2} + \alpha)]\right)$$

$$(5.14)$$

Für die Starrkörperanteile ($k = 1$ bis $k = 4$) gilt:

Querschnittsfläche:

$$^1C = K_1 h t = A \tag{5.15}$$

Axiale Trägheitsmomente:

$$I_y = K_2 h^3 t$$
$$I_z = K_3 h^3 t \tag{5.16}$$
$$I_{yz} = K_4 h^3 t$$

Hauptachsenneigung:

$$\varphi = \frac{1}{2}\arctan\frac{2I_{yz}}{I_y - I_z} = \frac{1}{2}\arctan\frac{2K_4}{K_2 - K_3} \tag{5.17}$$

Hauptträgheitsmomente:

$$^2C = I_\eta = I_y \cos^2\varphi + I_z \sin^2\varphi + I_{yz}\sin 2\varphi$$
$$^3C = I_\zeta = I_y \sin^2\varphi + I_z \cos^2\varphi - I_{yz}\sin 2\varphi \tag{5.18}$$

Wölbwiderstand:

$$^4C = K_7 h^5 t = C_M \tag{5.19}$$

Drillwiderstände:

$$^1D = {}^2D = {}^3D = 0$$

$$^4D = \frac{1}{3} K_1 h t^3 = I_D \tag{5.20}$$

Wölbordinaten:

$$
\begin{aligned}
k = 1: \quad & {}^1u_1 = {}^1u_2 = {}^1u_3 = {}^1u_4 = {}^1u_5 = {}^1u_6 = -1 \\
k = 2: \quad & {}^2u_1 = -{}^2u_6 = -(\tfrac{1}{2}\cos\varphi + \beta\sin\varphi - \alpha\cos\varphi)h \\
& {}^2u_2 = -{}^2u_5 = -(\tfrac{1}{2}\cos\varphi + \beta\sin\varphi)h \\
& {}^2u_3 = -{}^2u_4 = -(\tfrac{1}{2}\cos\varphi)h \\
k = 3: \quad & {}^3u_1 = -{}^3u_6 = (\tfrac{1}{2}\sin\varphi - \beta\cos\varphi - \alpha\sin\varphi)h \\
& {}^3u_2 = -{}^3u_5 = (\tfrac{1}{2}\sin\varphi - \beta\cos\varphi)h \\
& {}^3u_3 = -{}^3u_4 = (\tfrac{1}{2}\sin\varphi)h \\
k = 4: \quad & {}^4u_1 = {}^4u_6 = (K_6 - \tfrac{1}{2}\beta - \alpha\beta)h^2 \\
& {}^4u_2 = {}^4u_5 = (K_6 - \tfrac{1}{2}\beta)h^2 \\
& {}^4u_3 = {}^4u_4 = K_6 h^2
\end{aligned}
\tag{5.21}
$$

Für den antimetrischen Profilverformungszustand ($k = 5$) gilt:

Wölbordinaten:

$$
\begin{aligned}
{}^5u_1 &= -{}^5u_6 = 1 \\
{}^5u_2 &= -{}^5u_5 = \alpha\beta[\tfrac{3}{2} + \beta(3 + 2\alpha)]\frac{1}{\Delta^5 N} \\
{}^5u_3 &= -{}^5u_4 = -\alpha\beta(4\alpha\beta + 3\alpha^2 + \tfrac{3}{2}\beta)\frac{1}{\Delta^5 N}
\end{aligned}
\tag{5.22}
$$

Scheibenverdrehungen:

$$^5f_{\vartheta,2} = -{}^5f_{\vartheta,4} = -\frac{1}{\beta}\left(2 \cdot {}^5u_3 - \tfrac{1}{\alpha}({}^5u_2 - 1)\right)\frac{1}{h^2}$$

$$^5f_{\vartheta,1} = -{}^5f_{\vartheta,5} = {}^5f_{\vartheta,2} - \frac{1 + 2\beta}{4(1+\beta)^2 - 1}\left(2 \cdot {}^5u_3 - \tfrac{1}{\alpha}({}^5u_2 - 1)\right)\frac{1}{h^2} \tag{5.23}$$

$$^5f_{\vartheta,3} = 0$$

Querbiegemoment:

$$^5m_{s,3} = \frac{2 \cdot {}^5f_{\vartheta,2}}{(\tfrac{2}{3}\beta + 1)h} K \tag{5.24}$$

Wölbwiderstand, Querbiegewiderstand und Drillwiderstand:

$$^5C = \frac{2}{3}\left(\alpha(1 + {}^5u_2 + {}^5u_2^2) + \beta({}^5u_2^2 + {}^5u_2 \cdot {}^5u_3 + {}^5u_3^2) + \frac{1}{2}\cdot {}^5u_3^2\right)\cdot ht$$

$$^5B = \left(\frac{2}{3}\beta + 1\right)\frac{{}^5m_3^2}{K}h \tag{5.25}$$

$$^5D = \frac{2}{3}\left(\alpha \cdot {}^5f_{\vartheta,1}^2 + \beta \cdot {}^5f_{\vartheta,2}^2\right)ht^3$$

Für den symmetrischen Profilverformungszustand ($k = 6$) gilt:

Wölbordinaten:

$$^6u_1 = {}^6u_6 = 1$$
$$^6u_2 = {}^6u_5 = \tfrac{1}{2}\alpha\beta[-\beta + (1 + \beta)(3 + 4\alpha)]\frac{1}{\Delta^6 N} \tag{5.26}$$
$$^6u_3 = {}^6u_4 = \alpha\beta[-\tfrac{1}{2}(\alpha + \beta)(3 + 4\alpha) + \beta + \tfrac{3}{2}\alpha + \alpha^2]\frac{1}{\Delta^6 N}$$

Scheibenverdrehungen:

$$^6f_{\vartheta,2} = {}^6f_{\vartheta,4} = -\frac{1}{\alpha\beta}(1 - {}^6u_2)\frac{1}{h^2}$$

$$^6f_{\vartheta,1} = {}^6f_{\vartheta,5} = {}^6f_{\vartheta,2} - \frac{3 + 2\beta}{4(1 + \beta)^2 - 1}\left(\frac{1}{\alpha}(1 - {}^6u_2) - 2({}^6u_2 - {}^6u_3)\right)\frac{1}{h^2}$$

$$^6f_{\vartheta,3} \quad\quad = -\frac{2}{\beta}({}^6u_2 - {}^6u_3)\frac{1}{h^2}$$

$$\tag{5.27}$$

Querbiegemoment:

$$^6m_{s,3} = \frac{3({}^6f_{\vartheta,2} - {}^6f_{\vartheta,3})}{(\beta + \frac{1}{2})h}K \tag{5.28}$$

Wölbwiderstand, Querbiegewiderstand und Drillwiderstand:

$$^6C = \frac{2}{3}\left(\alpha(1 + {}^6u_2 + {}^6u_2^2) + \beta({}^6u_2^2 + {}^6u_2 \cdot {}^6u_3 + {}^6u_3^2) + \frac{3}{2}\cdot {}^6u_3^2\right)ht$$

$$^6B = \frac{1}{3}(2\beta + 1)\frac{{}^6m_3^2}{K}h \tag{5.29}$$

$$^6D = \frac{2}{3}\left(\alpha \cdot {}^6f_{\vartheta,1}^2 + \beta \cdot {}^6f_{\vartheta,2}^2 + \frac{1}{2}{}^6f_{\vartheta,3}^2\right)ht^3$$

5.1.3 Einarbeiten von Querschnittslagerungen

Bei der Verwendung von Kaltprofilen als Dachpfetten müssen Querschnittslagerungen berücksichtigt werden. Durch die Dachhaut ist i. allg. der Obergurt horizontal gehalten und drehgebettet. Diese Lagerungsbedingungen werden mittels Pendelstab und Drehfeder idealisiert. Dazu kann man wie in Abschnitt 3.3.5 vorgehen oder für spezielle Querschnitte geschlossene Formeln verwenden, wie sie im folgenden angegeben werden.

Wir bezeichnen im folgenden die genäherten Größen des gelagerten Querschnitts mit einem Stern ($^2V^*$, $^2u^*$ etc.).

Es reicht aus, wenn man sich auf die beiden Verformungen $^2V^*$ und $^3V^*$ beschränkt, welche die Biegung und Verdrehung des gelagerten Querschnitts darstellen. Sie sollen aus den drei Verformungen $^2V = w$, $^3V = v$ und $^4V = \vartheta$ des ungelagerten Querschnitts mittels Linearkombination zusammengesetzt werden. Obwohl für den Z–Querschnitt die beiden Verformungen v und w bezüglich der Verwölbungen nicht orthogonal sind, wird die Beschreibung der Modalformen des gelagerten Querschnitts mit ihrer Hilfe einfacher als bei Verwendung der Hauptachsenverschiebungen. Die Bilder 5.5 und 5.6 zeigen für das Z– und das C–Profil die drei Ansatzverformungen des freien Querschnitts und die daraus gebildeten beiden orthogonalen Verformungen, welche die Lagerungsbedingungen erfüllen.

Die durch Linearkombination konstruierten Verformungen $^2V^*$ und $^3V^*$ sollen folgende Bedingungen erfüllen:

1) die Einheitsverwölbungen sind zueinander orthogonal und
2) die Horizontalverschiebung des gelagerten Obergurts verschwindet.

Die Verformung $^2V = w$ erfüllt schon die Bedingung, daß sich der obere Gurt horizontal nicht verschiebt, so daß wir direkt $^2V^* = {}^2V = w$ setzen können. Für $^3V^*$ bleibt dann noch ein linearer Ansatz mit den zunächst unbekannten Faktoren g_2 und g_3 :

$$
\begin{aligned}
{}^2V^* &= w \, , \\
{}^3V^* &= g_2 \cdot w + g_3 \cdot v + \vartheta \, , \\
{}^2u^* &= -z \, , \\
{}^3u^* &= -g_2 \cdot z - g_3 \cdot y + {}^4u \, .
\end{aligned}
\tag{5.30}
$$

Aus der Orthogonalitätsbedingung $\int_A {}^2u^* \cdot {}^3u^* \, \mathrm{d}A = 0$ ergibt sich

$$
\int_A -z(-g_2 \cdot z - g_3 \cdot y + {}^4u)\,\mathrm{d}A = g_2 \cdot I_y + g_3 \cdot I_{yz} = 0
\tag{5.31}
$$

und man erhält

$$
g_2 = -g_3 \cdot \frac{I_{yz}}{I_y} \, .
\tag{5.32}
$$

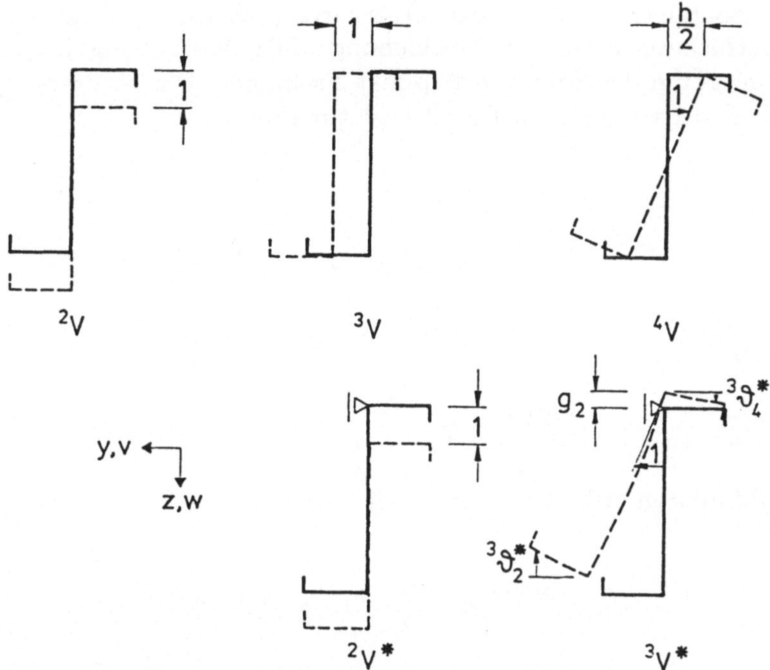

Bild 5.5   Modalformen des freien und des gelagerten Z–Profils

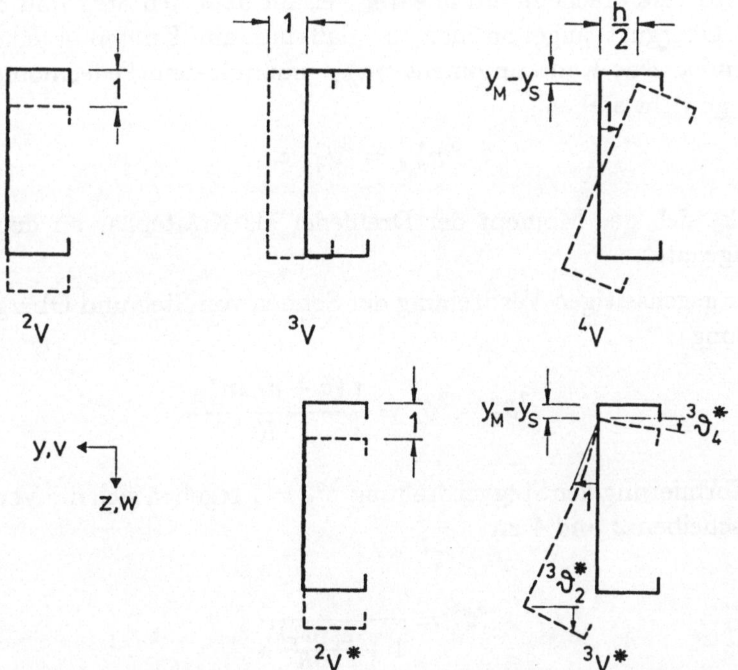

Bild 5.5   Modalformen des freien und des gelagerten C–Profils

Die Horizontalverschiebung des Obergurts (Scheibe 4) setzt sich aus der Querverschiebung v und der Verschiebung infolge Verdrehung des ungelagerten Querschnitts um den Schubmittelpunkt zusammen. Die Verdrehung des Stegs wird mit $\vartheta = 1$ vorgegeben. Damit erhält man mit

$$^3f_{s,4}^* = 0$$

$$= g_2 \cdot 0 - g_3 \cdot 1 + \frac{h}{2} \cdot 1 \tag{5.33}$$

schließlich

$$g_2 = -\frac{h}{2} \cdot \frac{I_{yz}}{I_y} , \qquad g_3 = \frac{h}{2} . \tag{5.34}$$

Die Wölbfunktion $^3u^*$ ist nun ebenfalls bestimmt:

$$^3u^* = \frac{h}{2} \cdot \frac{I_{yz}}{I_y} \cdot z - \frac{h}{2} \cdot y + \,^4u . \tag{5.35}$$

Der Verdrehvorgang $k = 3$ ist wegen der Drehbettung mit einer Querschnittsverformung verbunden. Für den Verlauf des Querbiegemomentes $^3m_s^*(s)$ wird vereinfachend ein linearer Verlauf über den Steg und den drehgebetteten Obergurt angenommen, so daß nur am Knoten 4 eine Ordinate vorhanden ist. Das Kantenmoment $^3m_{s,4}^*$ muß mit dem Federmoment $^3\vartheta_4^* \cdot c_\vartheta$ im Gleichgewicht stehen:

$$^3m_{s,4}^* = \,^3\vartheta_4^* \cdot c_\vartheta . \tag{5.36}$$

Man denke sich das Moment der Drehfeder als Kräftepaar an den Knoten 4 und 5 eingeleitet.

Aus der gegenseitigen Verdrehung der Sehnen von Steg und Obergurt infolge Querbiegung

$$^3\vartheta_3^* - \,^3\vartheta_4^* = \frac{1}{3} \frac{(h + b)\,^3m_{s,4}^*}{K}$$

und der Normierung der Stegverdrehung $^3\vartheta_3^* = 1$ ergeben sich die Verdrehungen der Gurtscheiben 2 und 4 zu

$$^3\vartheta_4^* = \frac{1}{1 + \frac{c_\vartheta(h+b)}{3K}} ,$$

$$^3\vartheta_2^* = 1 + \frac{h}{6K}\,^3m_{s,4}^* . \tag{5.37}$$

Nun können die Querschnittswerte durch Superposition gebildet werden

$$^2C^* = I_y$$

$$^3C^* = \int_A {}^3u^* \cdot {}^3u^* \, \mathrm{d}A$$

$$= g_2^2 \cdot I_y + 2 \cdot g_2 \cdot g_3 \cdot I_{yz} + g_3^2 \cdot I_z + C_M$$

$$^3D^* = I_D$$

$$^3B^* = \frac{1}{K} \int_s ({}^3m^*(s))^2 \, \mathrm{d}s + ({}^3\vartheta_4^*)^2 \cdot c_\vartheta$$

$$= {}^3\vartheta_3^* \cdot {}^3\vartheta_4^* \cdot c_\vartheta = {}^3\vartheta_3^* \cdot {}^3m_{s,4}^*$$

$$(5.38)$$

Der Ausdruck für $^3B^*$ ergibt wegen $^3\vartheta_3^* = 1$ gerade das Kantenbiegemoment $^3m_{s,4}^*$. Die Linearkombination (5.30) enthält den Profilverformungsanteil nicht. Dieser Anteil aus Querbiegung wird erst nachträglich dem Verdrehungsvorgang überlagert. Die daraus resultierenden Querverschiebungs- und Wölbanteile können bei Bedarf mit der Kenntnis der beiden Gurtverdrehungen nachgetragen werden, sind jedoch in der Regel von untergeordneter Bedeutung.

Für das Zahlenbeispiel aus Abschnitt 3.3.5 erhält man mit dem Plattenmodul $K = 6{,}490\,\mathrm{kNcm}$ die Querschnittswerte (in Klammern sind zum Vergleich die Werte nach der genauen Rechnung angegeben).

$$^2C^* = I_y = 343{,}8\,\mathrm{cm}^4$$

$$I_{yz} = 98{,}475\,\mathrm{cm}^4$$

$$g_3 = \frac{h}{2} = 10$$

$$g_2 = -g_3 \cdot \frac{I_{yz}}{I_y} = -10 \cdot \frac{98{,}475}{343{,}8} = -2{,}8643$$

$$^3\vartheta_4^* = \frac{1}{1 + \frac{1(20+6{,}5)}{3 \cdot 6{,}49}} = 0{,}4235 \; (0{,}4215)\,/\mathrm{cm}$$

$$^3m_{s,4}^* = 0{,}4235 \cdot 1 = 0{,}4235 \; (0{,}4237)\,\mathrm{kN/cm}$$

$$^3C^* = (-2{,}8643)^2 \cdot 343{,}8 + 2 \cdot (-2{,}8643) \cdot 10 \cdot 98{,}475$$

$$+ \, 10^2 \cdot 52{,}812 + 3787$$

$$= 6247{,}6 \; (6308{,}3)\,\mathrm{cm}^4$$

$$^3D^* = I_D = 0{,}0416 \; (0{,}0375)\,\mathrm{cm}^2$$

$$^3B^* = {}^3m_{s,4}^* = 0{,}4235 \; (0{,}4237)\,\mathrm{kN/cm}^2$$

5.2 Platten

Platten werden gewöhnlich nach der Kirchhoffschen Plattentheorie berechnet,
indem man die für dünne Platten unter Vernachlässigung der Schubelastizität
hergeleitete Bipotentialgleichung löst oder eine Näherungslösung mit Hilfe von
Energieprinzipien sucht. Dazu steht eine große Anzahl von Standardwerken zur
Verfügung, die hier nicht erwähnt werden brauchen.

Anstatt in komplizierteren Fällen zu Finit-Element-Methoden zu greifen,
kann man im Falle von rechteckigen Platten mit in einer Richtung konstantem
Dickenverlauf auch die VTB anwenden, mit der man recht übersichtlich und
mit vergleichsweise geringem Aufwand zu guten Ergebnissen kommt.

Betrachtet man Platten als prismatische Tragwerke, so fällt auf, daß sie
keinen echten Faltwerks-Querschnitt besitzen, da jegliche Kanten fehlen.
Ihr Querschnitt ist entartet. Da es nur zwei Hauptknoten gibt, sind auch
nur maximal zwei unabhängige Wölbordinaten möglich. Diese stellen nach
der Orthogonalisierung die Längung und die Biegung um die starke Achse
(Scheibenbiegung) dar. Bei bestimmten Lagerungen entfallen auch diese Wölbfreiheitsgrade noch. Es bleiben nur die Verschiebungen f der Zwischenknoten als Plattenfreiheitsgrade eines Faltwerks übrig, wenn man den gesamten
Plattenquerschnitt als einzige Hauptscheibe mittels Zwischenknoten unterteilt.
Der Vektor der Freiheitsgrade enthält dann nur noch die Verschiebungen der
Zwischenknoten:

$$x = \{f_1, f_2, \ldots, f_{n+1}\} \, . \tag{5.39}$$

Die Platte besitzt als prismatisches Tragwerk in der VTB eine ausgezeich-
nete Längsrichtung, die wir wieder mit der Koordinate x bezeichnen. Die Plattenränder parallel dazu werden entsprechend Längsränder genannt, während
die rechtwinklig dazu verlaufenden Ränder der Rechteckplatte die Querränder
sind. Wie bei der Platte üblich, wird die bisher verwendete Koordinate s im
Querschnitt durch y ersetzt. Die Breite der gesamten Platte ist b und die Länge
ist l. Die Bezeichnungen sind im Bild 5.7 wiederzufinden.

Sind sowohl Geometrie als auch Lagerung in beide Richtungen prismatisch, so
bleibt es freigestellt, in welche der beiden Richtungen die x–Achse gelegt wird.
Bei der Wahl ist es oft vorteilhaft, wenn man beachtet, daß die Lagerungsbedingungen der Längsränder in die Querschnittswerteermittlung eingehen,
während sich aus der Lagerung der Querränder die Randbedingungen der Differentialgleichung ergeben. Außerdem ist bei der Wahl die Lastanordnung zu
berücksichtigen.

Für die Formulierung eines Plattenproblems im Rahmen der VTB stehen
grundsätzlich zwei Möglichkeiten zur Verfügung:

a) Die Platte wird als entartetes Faltwerk behandelt. Je nach Art der Last und
    gewünschter Genauigkeit wird der Querschnitt durch eine entsprechende
    Anzahl von Zwischenknoten unterteilt. Die Formulierung unterscheidet

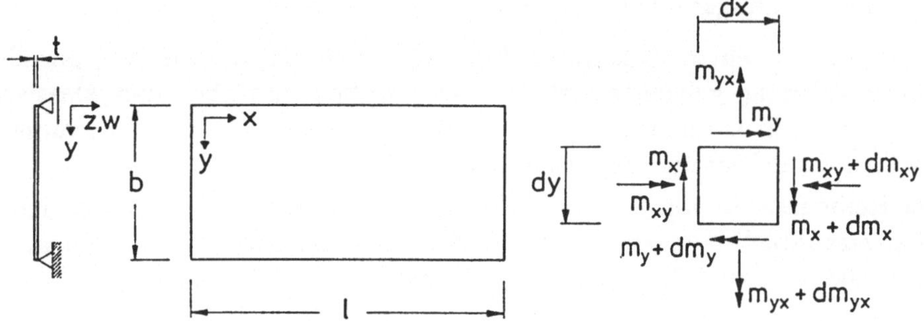

Bild 5.7   Bezeichnungen an der Rechteckplatte

sich dann nicht von der des Faltwerks. Für die Auffindung der orthogonalen Einheitsverformungen muß das Matrizeneigenwertproblem (2.68) gelöst werden. Die Eigenfunktionen sind abschnittsweise stetige Querschnittsfunktionen (lineare Momente, kubische Verschiebungen etc.). Die Formeln des Faltwerks können direkt übernommen werden. Auf diese Weise können Querschnitte mit veränderlicher Dicke und Querschnittslagerungen problemlos erfaßt werden.

b)   Auf eine Unterteilung des Querschnitts wird verzichtet. Statt dessen werden stetige Eigenfunktionen $^{k}f(y)$ gesucht, welche die beiden Orthogonalitätsbedingungen

$$\int_{A} {}^{i}f\,{}^{k}f\,\mathrm{d}A = 0$$

$$\int_{A} {}^{i}\ddot{f}\,{}^{k}\ddot{f}\,\mathrm{d}A = 0$$

für $i \neq k$ (5.40a,b)

erfüllen. In einigen Fällen (konstante Dicke, einfache Lagerung) können diese direkt angegeben werden. Es handelt sich um die Eigenschwingungsformen des Balkens mit entsprechenden Randbedingungen (die Orthogonalitätsbedingungen sind nämlich dieselben wie diejenigen, mit welchen man die Entkopplung bezüglich der potentiellen und kinetischen Energie des Balkens formuliert). Damit entfallen die durch die Diskretisierung entstehenden Unstetigkeiten (vgl. auch Kap. 6).

5.2.1 An den Längsrändern gelenkig gelagerte Platten

Wenden wir uns einem bekannten Plattenproblem zu, der an zwei parallelen Rändern gelenkig gelagerten Platte. Wir wollen zunächst den klassischen Lösungsansatz in Erinnerung rufen, um dann die entsprechende Gleichung mit der VTB herzuleiten und gegenüberzustellen.

Der Reihenansatz von Sinusfunktionen in Querrichtung erfüllt von sich aus die Längsrandbedingungen und führt das zweidimensionale Problem auf ein eindimensionales zurück. Die partielle Plattendifferentialgleichung

$$\Delta\Delta w = q/K \tag{5.41}$$

wird durch Entwicklung der Verschiebung $w(x,y)$ und der Belastung $q(x,y)$ gemäß

$$w(x,y) = \sum_{k=1}^{n} X_k \sin\frac{k\pi y}{b} \ ,$$

$$q(x,y) = \sum_{k=1}^{n} q_k \sin\frac{k\pi y}{b} \tag{5.42}$$

in Querrichtung gelöst. Dies führt auf eine Reihe gewöhnlicher entkoppelter Differentialgleichungen 4. Ordnung:

$$X_k'''' - 2\left(\frac{k\pi}{b}\right)^2 X_k'' + \left(\frac{k\pi}{b}\right)^4 X_k = \frac{1}{K}q_k \ . \tag{5.43}$$

Die partielle Differentialgleichung(5.41) wird auf eine Reihe von gewöhnlichen Differentialgleichungn vierter Ordnung reduziert.

Wollen wir nun zum Vergleich die Differentialgleichungen der VTB nach Methode b), d.h. mit stetigen Ansatzfunktionen, aufstellen, so ist festzustellen, daß die oben verwendeten Ansatzfunktionen nicht nur die Längsrandbedingungen sondern zugleich auch die Orthogonalitätsbedingungen der VTB erfüllen und somit stetige Lösungen des zugehörigen Querschnittswerteproblems sind. Wir können sie demnach als Eigenfunktionen $^k f(y)$ übernehmen:

$$^k f(y) = \sin\frac{k\pi y}{b} \ . \tag{5.44}$$

Das Eigenwertproblem ist damit bereits gelöst. Für die Aufstellung der Differentialgleichung sind die Querschnittswerte und Lastglieder aus den orthogonalen Einheitsverformungen $^k f$ durch Integration über y zu bestimmen. Mit den Beziehungen

$$^k \dot{f} = \frac{k\pi}{b} \cdot \cos\frac{k\pi y}{b} \ ,$$

$$^k \ddot{f} = -\left(\frac{k\pi}{b}\right)^2 \cdot \sin\frac{k\pi y}{b} \tag{5.45}$$

erhält man (vgl. (4.10) bis (4.16)) die Steifigkeitswerte

$$E^k C = K \int_0^b {}^k\!f^2 \, dy = \frac{1}{2} \cdot Kb \, ,$$

$$G^k D = K \cdot 2(1-\mu) \int_0^b {}^k\!\dot{f}^2 \, dy - K \cdot 2\mu \int_0^b {}^k\!\ddot{f}\,{}^k\!f \, dy$$

$$= K \left(2(1-\mu) \left(\frac{k\pi}{b}\right)^2 \cdot \frac{b}{2} + 2\mu \left(\frac{k\pi}{b}\right)^2 \cdot \frac{b}{2} \right) \tag{5.46}$$

$$= Kb \cdot \left(\frac{k\pi}{b}\right)^2 ,$$

$$^k B = K \int_0^b {}^k\!\ddot{f}^2 \, dy = K \left(\frac{k\pi}{b}\right)^4 \cdot \frac{b}{2} \, .$$

Wegen der vollständigen Orthogonalität der Ansatzfunktionen $^k\!f$ treten keine gemischten Glieder ^{ik}C usw. auf, so daß in den Matrizen C, D, und B alle Außerdiagonalelemente verschwinden. Deshalb genügt es, die Steifigkeitswerte mit nur einem Index k zu kennzeichnen.

Für die Berechnung der Zustandslast $^k q$ ist bei allgemeiner Lastanordnung das Integral

$$^k q(x) = \int_0^b q(x,y) \cdot {}^k\!f(y) \cdot dy \tag{5.47}$$

auszuwerten. Damit sind alle Koeffizienten und die rechte Seite der Differentialgleichungen bereitgestellt. Man erhält für jeden Zustand eine entkoppelte Differentialgleichung der Form

$$E^k C \, {}^k V'''' - G^k D \, {}^k V'' + {}^k B \, {}^k V = {}^k q \, . \tag{5.48}$$

Zwischen der Zustandslast $^k q$ und dem Lastkoeffizient q_k in (5.42) besteht die Beziehung $^k q = q_k \cdot b/2$. Setzt man die Ausdrücke für die Querschnittswerte (5.46) in (5.48) ein, so erkennt man, daß die beiden Differentialgleichungen (5.43) und (5.48) äquivalent sind.

An den Querrändern $x = 0$ und $x = l$ kann über die Lagerbedingungen noch frei verfügt werden. Sie beeinflussen nur die Funktionen $^k V(x)$.

Für die Lösung der Differentialgleichungen können geschlossene Lösungen (Abschn. 8.1) oder das Differenzenverfahren (Abschn. 8.2) angewendet werden. Die Wahl trifft man je nach Art der Lastanordnung in x–Richtung und der Lagerungsbedingungen.

Ist die Differentialgleichung gelöst und sind damit die Verformungsresultanten $^k V$ ermittelt, so bleibt noch die Aufgabe, Verschiebungen und Schnittkräfte auszurechnen. Bei der Platte interessieren die Durchbiegung w sowie die Biegemomente m_x, m_y und m_{xy}. Die Plattenverformung $w(x,y)$ schreibt sich

$$w(x,y) = \sum_{k=1}^{n} {}^k f(y) \cdot {}^k V(x) \,. \tag{5.49}$$

Bei der Ermittlung der Plattenbiegemomente gehen die Krümmungen in beiden Koordinatenrichtungen über die Querdehnung ein:

$$m_x(x,y) = -K \cdot \sum_{k=1}^{n} ({}^k f \cdot {}^k V'' + \mu \cdot {}^k \ddot{f} \cdot {}^k V) \,,$$

$$m_y(x,y) = -K \cdot \sum_{k=1}^{n} ({}^k \ddot{f} \cdot {}^k V + \mu \cdot {}^k f \cdot {}^k V'') \,, \tag{5.50}$$

$$m_{xy}(x,y) = -K \cdot (1-\mu) \sum_{k=1}^{n} {}^k \dot{f} \cdot {}^k V' \,.$$

Es ist zu beachten, daß das Einheitsquerbiegemoment ${}^k m_s$ nicht identisch ist mit dem allgemeinen Plattenquerbiegemoment m_y. Es ist das spezielle Moment m_y, das sich im Einheitsverformungszustand ${}^k V = 1$, also bei fehlender Längskrümmung einstellt, und ergibt sich aus dem Elastizitätsgesetz zu

$$ {}^k m_s = -K \cdot {}^k \ddot{f}^2 = K \cdot \left(\frac{k\pi}{b}\right)^2 \cdot \sin\frac{k\pi y}{b} \,. \tag{5.51}$$

In dem hier vorgeführten einfachsten Fall führen die klassische Methode und die VTB auf dieselbe Differentialgleichung. Der Unterschied besteht in dem Verständnis der Ansatzfunktionen. Während beim herkömmlichen Sinusansatz die Orthogonalität der Ansatzfunktionen als rein mathematische Eigenschaft verstanden wird, kommt ihr bei der VTB eine physikalische Bedeutung zu, indem sie nämlich als Bedingung für die Entkopplung der Differentialgleichungen bezüglich der Anteile aus den Arbeiten von Wölb– und Querbiegespanungen gesehen wird. Daß die Differentialgleichungen darüber hinaus auch in den restlichen Anteilen entkoppelt sind, ist eine Folge der speziellen, einfachen Struktur des Problems.

5.2.2 Allgemeine Lagerung der Plattenquerschnitte

Im vorangehenden Abschnitt konnten für den Sonderfall beidseitiger Navier–
Längsränder die Sinus–Funktionen als Eigenschwingungsformen vorteilhaft
verwendet werden.

Bei anderer Lagerung des Plattenquerschnittes können ebenfalls die Modalformen eines gleichartig gelagerten Balkens als geschlossene Funktionen verwendet werden. Sie besitzen jedoch eine ungleich kompliziertere Darstellung,
was die Berechnung der Steifigkeitswerte erschwert.

Diese Modalformen sind immer wegen ihrer Orthogonalitätsbedingungen
bezüglich der kinetischen und potentiellen Energie im dynamischen Problem
auch in Bezug auf den Plattenwölb– und den Querbiegewiderstand entkoppelt,
aber es tritt im allgemeinen eine Verkopplung zwischen den Ansatzfunktionen
über den Drillwiderstand auf.

Da außerdem bei singulären Lasten mit den stetigen Ansatzfunktionen keine
gute Konvergenz zu erreichen ist, bieten sie keine wesentlichen Vorteile und
werden deshalb hier nicht weiter ausgeführt.

Wir kehren daher wieder zu den Ansätzen zurück, die aus kubischen Ver-
formungsverläufen über die Scheiben des mittels Zwischenknoten eingeteilten
Plattenquerschnittes gebildet werden.

Lagerungen des Querschnitts können an Innen– und an Randknoten auftreten. Sie verhindern das Auftreten entsprechender, den Knoten ursprünglich zu-
geordneter Freiheitsgrade. Einspannungen müssen bei der statisch unbestimm-
ten Rechnung für die Ermittlung der Querbiegemomente der Einheitszustände
berücksichtigt werden.

Besondere Betrachtungen sind für freie Plattenränder notwendig. Wie bei
der Besprechung der Randbedingungen in Abschn. 2.8.5 erwähnt wurde, sind
die in Analogie zum freien Ende beim Balken aufgestellten Formulierungen

$$
\begin{aligned}
{}^{k}W(0) &= 0 \,, \\
{}^{k}W'(0) &= 0
\end{aligned}
\tag{5.52}
$$

zu ungenau, da hier lediglich die Arbeit der Wölb– und Schubspannungen
eingeht, während Terme aus den Drill– und Biegemomenten nicht erscheinen.
In Kap. 4 wurden die vollständigen Ausdrucke aufgestellt und daraus eine
verbesserte Formel abgeleitet:

$$
\begin{aligned}
{}^{k}W(0) &= 0 \,, \\
{}^{k}W'(0) - G\,{}^{k}D\,{}^{k}V'(0) &= 0 \,.
\end{aligned}
\tag{5.53}
$$

Da bei Faltwerken das Tragverhalten zu einem Hauptteil auf den Verwölbungen
beruht, ist die Formulierung (5.52) in vielen Fällen ausreichend genau. Bei
Platten hingegen treten Membranverwölbungen überhaupt nicht auf und die

potentielle Energie geht allein in die Biegespannungen. Damit ist auch klar, daß die Verwendung der Randbedingungen in der vereinfachten Form zu erheblichen Fehlern bei der Plattenlösung führen würde. Es ist somit erforderlich, die vollständigen Randbedingungen (5.53) zu benutzen.

Um den Zusammenhang mit der klassischen Plattentheorie herzustellen, wollen wir sie noch einmal auf anderem Wege herleiten.

Die Kirchhoffsche Plattentheorie fordert entlang dem freien Rand das Verschwinden des Plattenbiegemomentes, das sich über die Querdehnung aus Längs- und Querkrümmung zusammensetzt, und der Ersatzquerkraft als Summe aus Querkraft und Gradienten des Torsionsmomentes.

Wir wollen zunächst die Querränder betrachten. Sie liefern die Randbedingungen für die Differentialgleichungen. Für den Querrand $x = $ const gelten die Bedingungen

$$m_x = - K(w'' + \mu \cdot \ddot{w}) = 0 \, ,$$
$$\bar{q}_x = - K(w''' + (2 - \mu) \cdot \ddot{w}') = 0 \, . \tag{5.54}$$

wobei $\bar{q}_x$ die Kirchhoffsche Ersatzquerkraft bezeichnet. Diese Gleichungen sollen nun in die Schreibweise der VTB überführt, d.h. als Bedingungen für die Funktionen ^kV und ^kW geschrieben werden. Dazu wird zuerst die Verschiebung w durch den Reihenansatz

$$w(x,y) = \sum_{k=1}^{n+1} {}^kf(y)\,{}^kV(x) \tag{5.55}$$

ersetzt, was auf die Gleichungen

$$-K \sum_{k=1}^{n+1} \left({}^kf\,{}^kV''(0) + \mu\,{}^k\ddot{f}\,{}^kV(0) \right) = 0 \, ,$$
$$-K \sum_{k=1}^{n+1} \left({}^kf\,{}^kV'''(0) + (2 - \mu)\,{}^k\ddot{f}\,{}^kV'(0) \right) = 0 \tag{5.56}$$

führt. Um eine Formulierung als Zustandslagerung zu erhalten, bei der die Randbedingungen für die einzelnen Zustände unabhängig voneinander sind, müssten in (5.56) die Summen beseitigt werden. Dazu erinnern wir uns an die Orthogonalitätseigenschaft der Funktion ^kf, nämlich $\int_A {}^if\,{}^kf\,\mathrm{d}s = 0$ für $i \neq k$. Indem wir (5.56) mit ^if multiplizieren und über den Querschnitt integrieren erhalten wir

$$^kW(0) - \mu E \sum_{i=1}^{n+1} {}^{ik}D_2 \cdot {}^iV(0) = 0 \, ,$$
$$^kW'(0) + \sum_{i=1}^{n+1} \left(\mu E\,{}^{ik}D_2 - G\,{}^{ik}D_1 \right) {}^iV'(0) = 0 \, . \tag{5.57}$$

wobei die in Abschn. 4.1 eingeführten Abkürzungen

$$^{ik}D_1 = \frac{1}{3} \int_0^b t^3\, {}^if\, {}^kf \, \mathrm{d}y \quad \text{und} \quad {}^{ik}D_2 = \frac{1}{E} \int_0^b K\, {}^if\, {}^kf \, \mathrm{d}y \qquad (5.58)$$

verwendet wurden. Wie sich ersehen läßt, gelingt die Entkopplung der Randbedingungen nur teilweise, nämlich nur für die "klassischen" Anteile ^kW bzw.
$^kW'$.

Die praktische Rechnung kann wie bei der Behandlung der Drillmatrix so
durchgeführt werden, daß die Außerdiagonalelemente ($i \neq k$) in den Summen
jeweils vernachlässigt werden (zwangsentkoppelten Rechnung). Damit erfolgt
eine vereinfachte Erfassung der Plattenanteile in den Randbedingungen. Für
eine exakte Erfassung ist die Berücksichtigung der verkoppelten Randbedingungen notwendig.

Die Bedingungen für freie Ränder in Längsrichtung lauten

$$m_y = -K(\ddot{w} + \mu w'') = 0\ ,$$
$$\bar{q}_y = -K(\dddot{w} + (2-\mu)\dot{w}'') = 0\ . \qquad (5.59)$$

Diese können nur in die Ermittlung der Einheitsverformungen einfließen und
müssen von diesen vorab erfüllt werden. Da die Ermittlung der Einheitsmo-
mente an der prismatischen Verrückungsfigur vorgenommen wird und bei dieser
keine Längskrümmungen auftreten, ist es auf diesem Wege auch nicht möglich,
eine Verkopplung der Längs- und Querkrümmungen zu berücksichtigen. Die
Ansatzfunktionen ^kf können daher lediglich die Randbedingungen

$$^k\ddot{f} = 0 \text{ und } {}^k\dddot{f} = 0 \qquad (5.60)$$

erfüllen. Dieser Fehler wirkt sich allerdings nicht stark aus.

5.2.3 Beispiel

Als Beispiel wird eine zweifeldrige Stahlbetonplatte mit der VTB berechnet
und den Ergebnissen von Finit–Element–Rechnungen gegenübergestellt.

Die Geometrie der Struktur und die Materialkennwerte sind dem Bild 5.8
zu entnehmen. Der Querschnitt wird zu Vergleichszwecken in vier, sechs oder
acht Scheiben aufgeteilt. Die Diskretisierung für das Differenzenverfahren ist
gemeinsam mit den Querschnittsteilungen in Bild 5.9 dargestellt. Die Querschnittswerte für die 6–Scheiben–Teilung sind in Tabelle 5.1 aufgeführt. Als
Lastfälle werden angesetzt :

a) Einzellast F in Mitte von Feld 1
b) gleichmäßig verteilte konstante Flächenlast q auf Feld 2

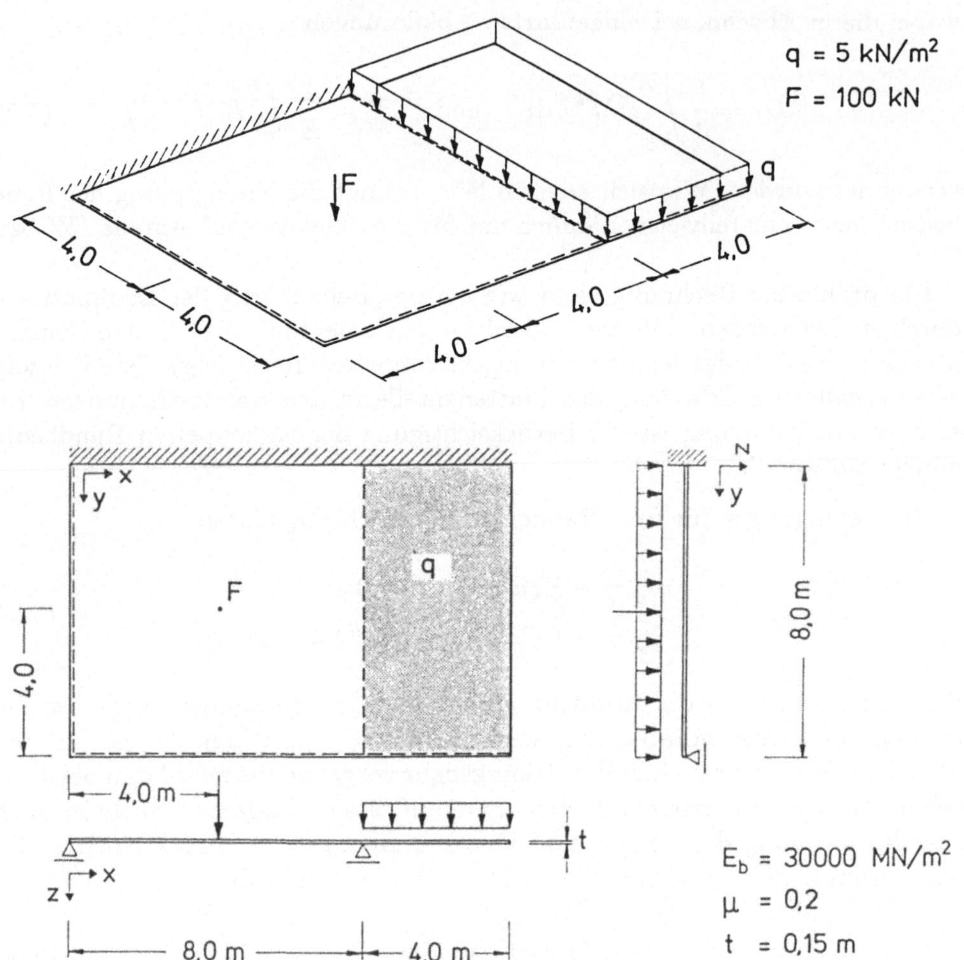

Bild 5.8   Geometrie und Materialkennwerte des Plattensystems im Beispiel

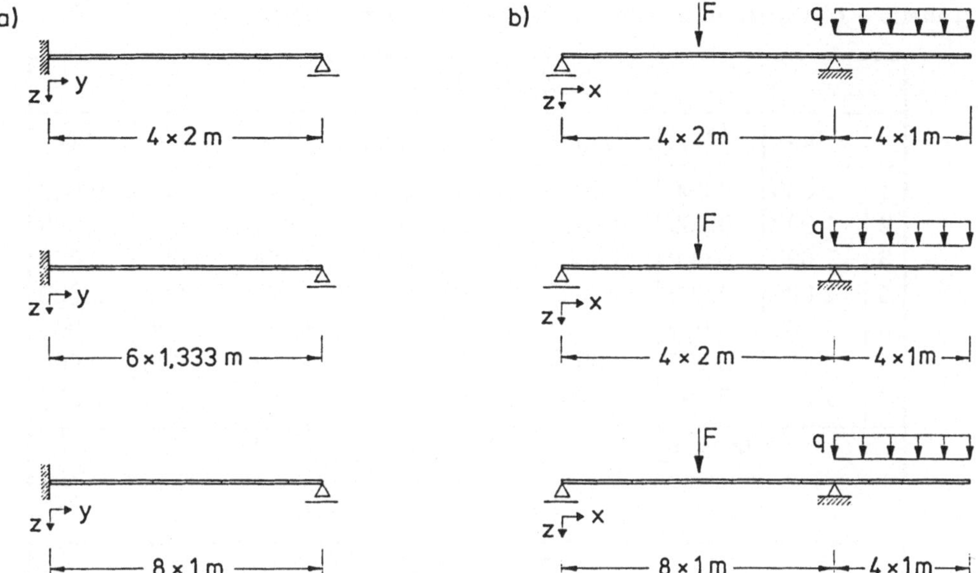

Bild 5.9   Querschnittsteilungen (a) und Teilungen in Längsrichtung für das Differenzenverfahren (b)

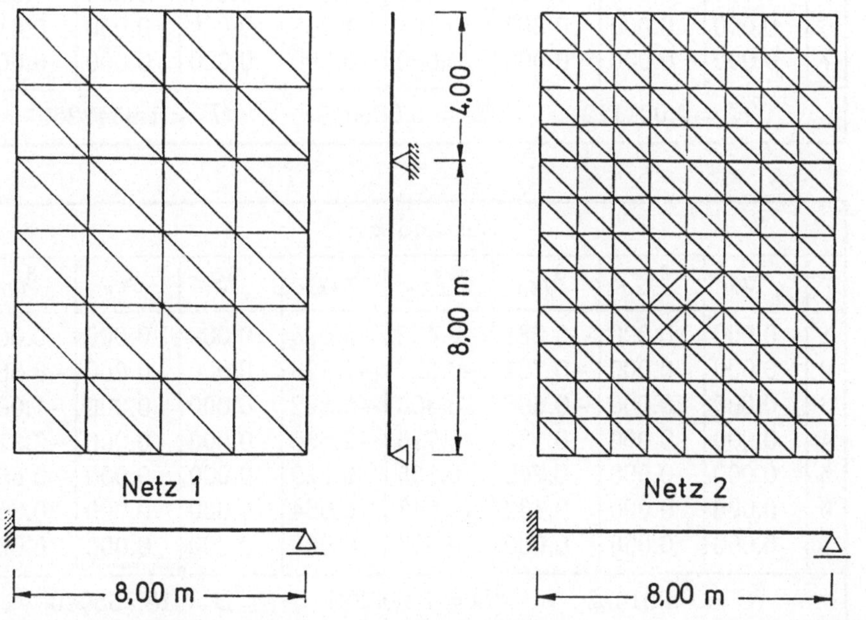

Bild 5.10   Elementeinteilungen für die FE-Berechnung

Tabelle 5.1 Querschnittswerte der Platte mit 5 Zwischenknoten

<table>
<tr><td colspan="9" align="center">Zustand $k = 1$</td></tr>
<tr><td>r</td><td>^1u_r</td><td>$^1f_{s,r}$</td><td>$^1f_{\bar{s},r}$</td><td>$^1f_{\vartheta,r}$</td><td>$^1m_{s,r}$</td><td>^1S_r</td><td>^1v_r</td><td>^1w_r</td></tr>
<tr><td>1</td><td>1.000</td><td>0.000</td><td>0.000</td><td>0.000</td><td>0.000</td><td>0.000</td><td>0.000</td><td>0.000</td></tr>
<tr><td>2</td><td>1.000</td><td>0.000</td><td>0.000</td><td>0.000</td><td>0.000</td><td>0.000</td><td>0.000</td><td>0.000</td></tr>
<tr><td>3</td><td>1.000</td><td>0.000</td><td>0.000</td><td>0.000</td><td>0.000</td><td>0.000</td><td>0.000</td><td>0.000</td></tr>
<tr><td>4</td><td>1.000</td><td>0.000</td><td>0.000</td><td>0.000</td><td>0.000</td><td>0.000</td><td>0.000</td><td>0.000</td></tr>
<tr><td>5</td><td>1.000</td><td>0.000</td><td>0.000</td><td>0.000</td><td>0.000</td><td>0.000</td><td>0.000</td><td>0.000</td></tr>
<tr><td>6</td><td>1.000</td><td>0.000</td><td>0.000</td><td>0.000</td><td>0.000</td><td>0.000</td><td>0.000</td><td>0.000</td></tr>
<tr><td>7</td><td>1.000</td><td>0.000</td><td>0.000</td><td>0.000</td><td>0.000</td><td>0.000</td><td>0.000</td><td>0.000</td></tr>
<tr><td colspan="9" align="center">$^1C = 12.$ $^1D = 0$ $^1B = 0$</td></tr>
</table>

<table>
<tr><td colspan="9" align="center">Zustand $k = 2$</td></tr>
<tr><td>r</td><td>^2u_r</td><td>$^2f_{s,r}$</td><td>$^2f_{\bar{s},r}$</td><td>$^2f_{\vartheta,r}$</td><td>$^2m_{s,r}$</td><td>^2S_r</td><td>^2v_r</td><td>^2w_r</td></tr>
<tr><td>1</td><td>0.000</td><td>0.000</td><td>0.115</td><td>0.173</td><td>−2.931</td><td>0.000</td><td>0.000</td><td>0.000</td></tr>
<tr><td>2</td><td>0.000</td><td>0.000</td><td>0.453</td><td>0.333</td><td>−1.014</td><td>0.000</td><td>0.000</td><td>0.231</td></tr>
<tr><td>3</td><td>0.000</td><td>0.000</td><td>0.837</td><td>0.243</td><td>0.694</td><td>0.000</td><td>0.000</td><td>0.675</td></tr>
<tr><td>4</td><td>0.000</td><td>0.000</td><td>0.996</td><td>−0.005</td><td>1.790</td><td>0.000</td><td>0.000</td><td>1.000</td></tr>
<tr><td>5</td><td>0.000</td><td>0.000</td><td>0.803</td><td>−0.283</td><td>1.979</td><td>0.000</td><td>0.000</td><td>0.992</td></tr>
<tr><td>6</td><td>0.000</td><td>0.000</td><td>0.307</td><td>−0.461</td><td>1.268</td><td>0.000</td><td>0.000</td><td>0.615</td></tr>
<tr><td>7</td><td>0.000</td><td>0.000</td><td>0.000</td><td>0.000</td><td>0.000</td><td>0.000</td><td>0.000</td><td>0.000</td></tr>
<tr><td colspan="9" align="center">$^2C = 0.001122$ $^2D = 0.000969$ $^2B = 1.954225$</td></tr>
</table>

<table>
<tr><td colspan="9" align="center">Zustand $k = 3$</td></tr>
<tr><td>r</td><td>^3u_r</td><td>$^3f_{s,r}$</td><td>$^3f_{\bar{s},r}$</td><td>$^3f_{\vartheta,r}$</td><td>$^3m_{s,r}$</td><td>^3S_r</td><td>^3v_r</td><td>^3w_r</td></tr>
<tr><td>1</td><td>0.000</td><td>0.000</td><td>−0.281</td><td>−0.422</td><td>9.095</td><td>0.000</td><td>0.000</td><td>0.000</td></tr>
<tr><td>2</td><td>0.000</td><td>0.000</td><td>−0.781</td><td>−0.327</td><td>−1.498</td><td>0.000</td><td>0.000</td><td>−0.562</td></tr>
<tr><td>3</td><td>0.000</td><td>0.000</td><td>−0.688</td><td>0.466</td><td>−6.822</td><td>0.000</td><td>0.000</td><td>−1.000</td></tr>
<tr><td>4</td><td>0.000</td><td>0.000</td><td>0.139</td><td>0.776</td><td>−2.636</td><td>0.000</td><td>0.000</td><td>−0.377</td></tr>
<tr><td>5</td><td>0.000</td><td>0.000</td><td>0.760</td><td>0.155</td><td>5.129</td><td>0.000</td><td>0.000</td><td>0.656</td></tr>
<tr><td>6</td><td>0.000</td><td>0.000</td><td>0.432</td><td>−0.648</td><td>6.664</td><td>0.000</td><td>0.000</td><td>0.864</td></tr>
<tr><td>7</td><td>0.000</td><td>0.000</td><td>0.000</td><td>0.000</td><td>0.000</td><td>0.000</td><td>0.000</td><td>0.000</td></tr>
<tr><td colspan="9" align="center">$^3C = 0.001022$ $^3D = 0.003287$ $^3B = 18.755940$</td></tr>
</table>

Tabelle 5.1 (Fortsetzung) Querschnittswerte der Platte mit 5 Zwischenknoten

Zustand $k = 4$

r	^4u_r	$^4f_{s,r}$	$^4f_{\bar{s},r}$	$^4f_{\vartheta,r}$	$^4m_{s,r}$	^4S_r	^4v_r	^4w_r
1	0.000	0.000	−0.465	−0.698	20.178	0.000	0.000	0.000
2	0.000	0.000	−0.728	0.303	−12.751	0.000	0.000	−0.930
3	0.000	0.000	0.201	1.090	−8.784	0.000	0.000	−0.525
4	0.000	0.000	0.593	−0.501	16.769	0.000	0.000	0.928
5	0.000	0.000	−0.370	−0.944	4.668	0.000	0.000	0.259
6	0.000	0.000	−0.500	0.750	−17.921	0.000	0.000	−1.000
7	0.000	0.000	0.000	0.000	0.000	0.000	0.000	0.000

$$^4C = 0.001144 \qquad ^4D = 0.008062 \qquad ^4B = 92.898337$$

Zustand $k = 5$

r	^5u_r	$^5f_{s,r}$	$^5f_{\bar{s},r}$	$^5f_{\vartheta,r}$	$^5m_{s,r}$	^5S_r	^5v_r	^5w_r
1	0.000	0.000	−0.500	−0.750	29.788	0.000	0.000	0.000
2	0.000	0.000	−0.262	1.106	−29.914	0.000	0.000	−1.000
3	0.000	0.000	0.410	−0.098	16.426	0.000	0.000	0.475
4	0.000	0.000	−0.278	−0.935	11.863	0.000	0.000	0.345
5	0.000	0.000	−0.078	1.234	−30.773	0.000	0.000	−0.901
6	0.000	0.000	0.372	−0.558	25.423	0.000	0.000	0.744
7	0.000	0.000	0.000	0.000	0.000	0.000	0.000	0.000

$$^5C = 0.0008753 \qquad ^5D = 0.010944 \qquad ^5B = 219.967254$$

Zustand $k = 6$

r	^6u_r	$^6f_{s,r}$	$^6f_{\bar{s},r}$	$^6f_{\vartheta,r}$	$^6m_{s,r}$	^6S_r	^6v_r	^6w_r
1	0.000	0.000	0.448	0.673	−34.458	0.000	0.000	0.000
2	0.000	0.000	−0.051	−1.423	42.291	0.000	0.000	0.897
3	0.000	0.000	−0.016	1.475	−51.794	0.000	0.000	−1.000
4	0.000	0.000	0.103	−1.296	50.238	0.000	0.000	0.967
5	0.000	0.000	−0.171	0.883	−39.540	0.000	0.000	−0.760
6	0.000	0.000	0.208	−0.313	21.719	0.000	0.000	0.417
7	0.000	0.000	0.000	0.000	0.000	0.000	0.000	0.000

$$^6C = 0.000819 \qquad ^6D = 0.016722 \qquad ^6B = 513.412581$$

Die Lösung des Differentialgleichungssystems erfolgt mit dem in Kap. 8 beschriebenen Differenzenverfahren, wobei die Verkopplung der Differentialgleichungen über die Matrix D vernachlässigt wird. Damit ist jede Differentialgleichung isoliert lösbar, was für den ersten Querbiegezustand $k = 2$ im Abschn. 8.2.4 an einem Vier–Scheiben–Querschnitt vorgeführt wird.

An dieser Stelle werden nur die Ergebnisse an ausgewählten Punkten der Struktur wiedergegeben. Dabei zeigt sich sehr deutlich, wie die genauen Resultate bei Berechnung mit der VTB stufenweise mit der Verfeinerung der Querschnittsteilung vom Vier–Scheiben–Querschnitt zu dem mit acht Scheiben angenähert werden. Auf jeder Diskretisierungsstufe kann der Anwender erkennen, wie er seine Ergebnisse einzuschätzen hat und wo verfeinerte Querschnittsteilungen diese noch nennenswert verändern. Der Iterationsprozeß läuft hier mit vergleichsweise geringem Aufwand ab, insbesondere wenn Rechenprogramme vorliegen, die durch Ausnutzen der speziellen Struktur der Probleme den Beschreibungsaufwand möglichst gering halten. Bereits beim Vier–Scheiben–Querschnitt sind die endgültigen Ergebnisse mit sehr wenig Aufwand so gut angenähert, daß man sich in vielen Fällen damit begnügen kann.

Die Vergleichsrechnungen mit finiten Plattenelementen wurden mit dem Programm ADINA [26] durchgeführt. Dazu wurden Dreiecksplattenelemente verwendet, die bessere Ergebnisse liefern als die viereckigen Schalenelemente.

Die Elementeinteilung ist dem Bild 5.10 zu entnehmen. Dabei wurde im Bereich der Einzellast verfeinert diskretisiert und diese Einteilung der Einfachheit halber beim Lastfall Gleichstreckenlast übernommen.

Die Gegenüberstellung von Ergebnissen an ausgewählten Punkten für die beiden Lastfälle ist auf den folgenden Bildern und Tabellen zu sehen.

Für den Vergleich des Rechenaufwandes bei Anwendung der FE–Methode und der VTB eignet sich die schematische Darstellung in Bild 5.15. Der Vergleich wird anhand des Vier–Scheiben–Querschnitts und der FE–Berechnung mit Netz 1 gezeigt, da beide Verfahren hier ähnlich genaue Ergebnisse bei grober Diskretisierung liefern. Bei der VTB ist in Betracht zu ziehen, daß am Anfang der Rechnung die Lösung eines allgemeinen symmetrischen Eigenwertproblems der Ordnung 5 steht. Danach ist für jeden der drei beteiligten Grundzustände ein unsymmetrisches Gleichungssystem im Sechser–Band für 18 Unbekannte zu lösen. Die FE–Berechnung erfordert dagegen die Lösung eines symmetrischen Gleichungssystem mit der halben mittleren Bandbreite 12 (maximal 16) für 56 Unbekannte.

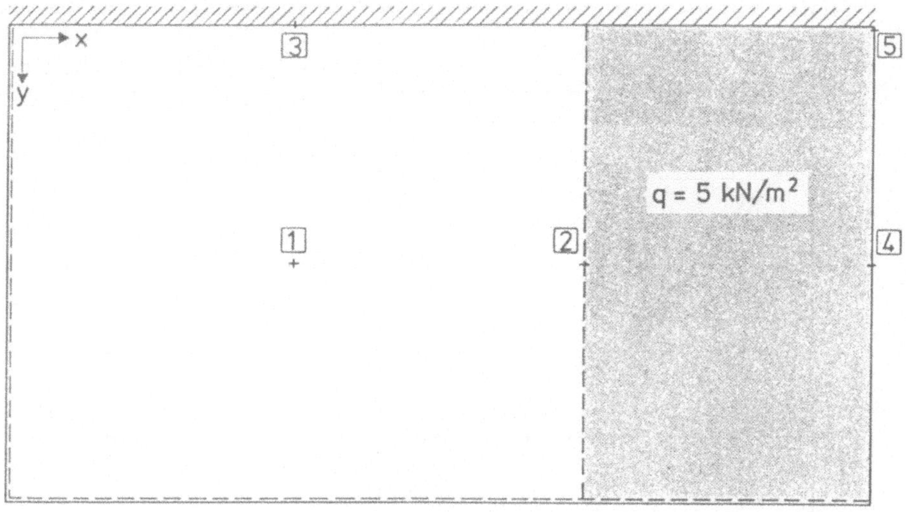

Bild 5.11   Lastfall Gleichstreckenlast q mit Kennzeichnung der ausgewählten Punkte

Tabelle 5.2   Gegenüberstellung der Ergebnisse aus VTB– und FEM–Rechnung an ausgewählten Punkten (Lastfall Gleichstreckenlast)

		VTB			FEM	
		Anzahl der Scheiben			Anzahl der Elemente	
Pkt		4	6	8	48	200
1	w	-0.072	-0.073	-0.076	-0.069	-0.076
	m_y	-1.38	-1.33	-1.36	-1.37	-1.32
	m_x	-0.39	-0.39	-0.41	-0.41	-0.42
2	m_x	-9.94	-10.09	-10.43	-10.14	-10.25
3	m_y	2.14	2.17	2.27	2.32	2.54
4	w	0.72	0.73	0.73	0.76	0.75
	m_y	12.04	11.67	11.38	13.18	11.86
5	m_y	-24.08	-25.34	-25.47	-31.71	-33.63

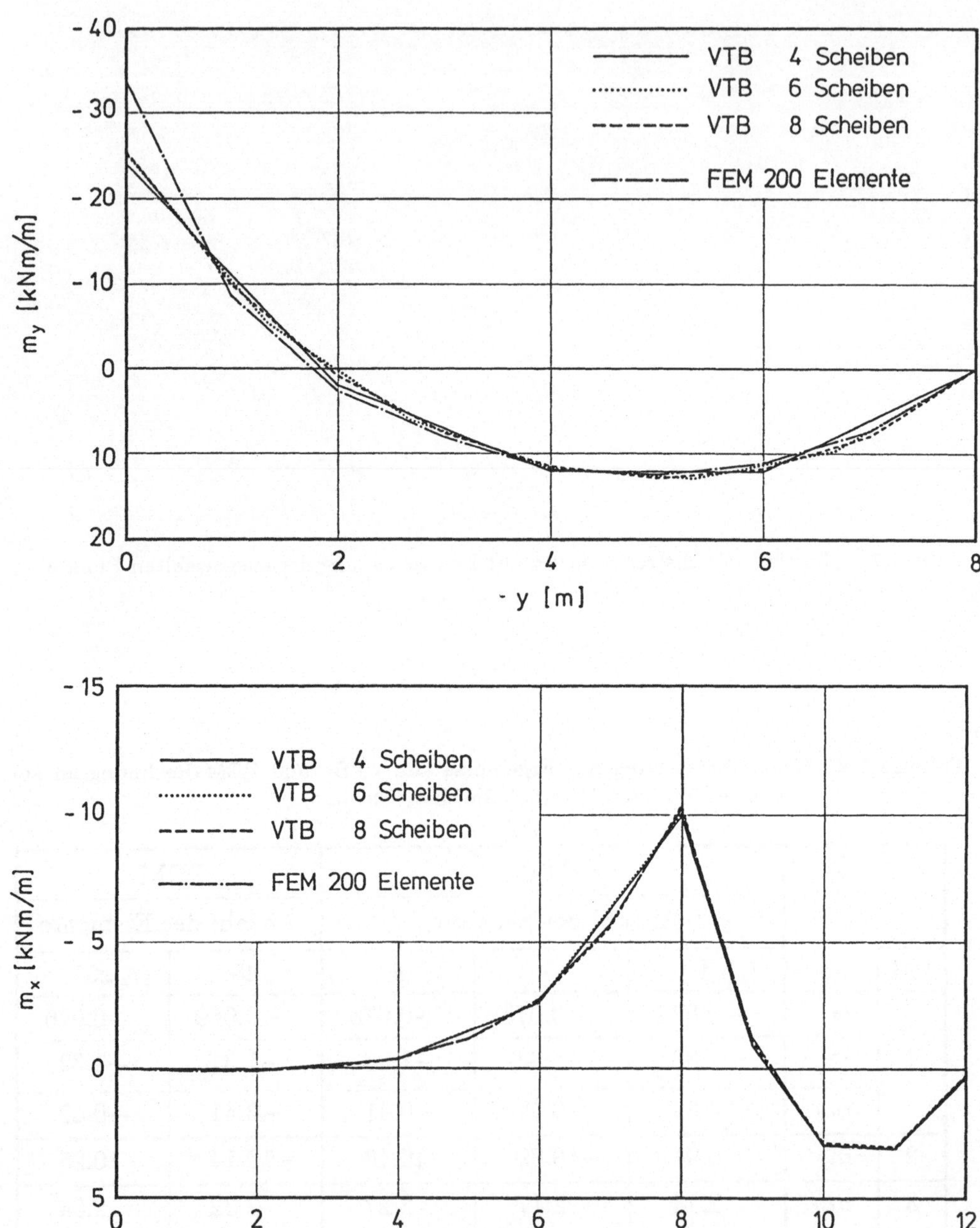

Bild 5.12   Verlauf der Plattenbiegemomente (Lastfall Gleichstreckenlast)
oben: m_y über die Plattenbreite bei $x = 4$m
unten: m_x über die Länge bei $y = 4$m

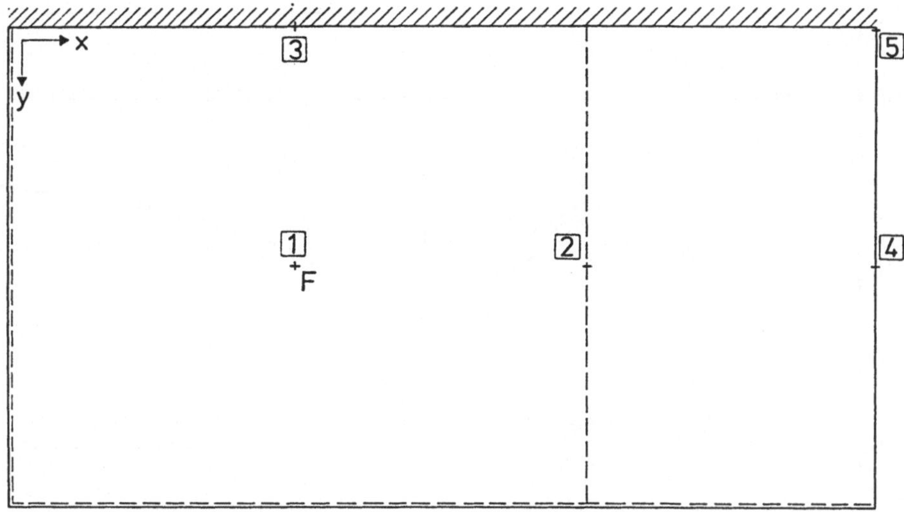

Bild 5.13 Lastfall Einzellast F

Tabelle 5.3 Gegenüberstellung der Ergebnisse aus VTB– und FEM–Berechnung an ausgewählten Punkten (Lastfall Einzellast)

Pkt		VTB			FEM	
		Anzahl der Scheiben			Anzahl der Elemente	
		4	6	8	48	200
1	w	0.574	0.576	0.588	0.656	0.606
	m_y	22.59	25.62	29.30	24.08	31.60
	m_x	27.96	34.73	34.91	23.31	30.87
2	m_x	−7.19	−6.94	−7.38	−7.33	−7.39
3	m_y	−13.95	−14.35	−14.17	−15.5	−17.4
4	w	−0.11	−0.11	−0.11	−0.11	−0.11
	m_y	−2.02	−1.91	−1.90	−2.20	−1.97
5	m_y	3.28	3.27	3.31	3.99	3.57

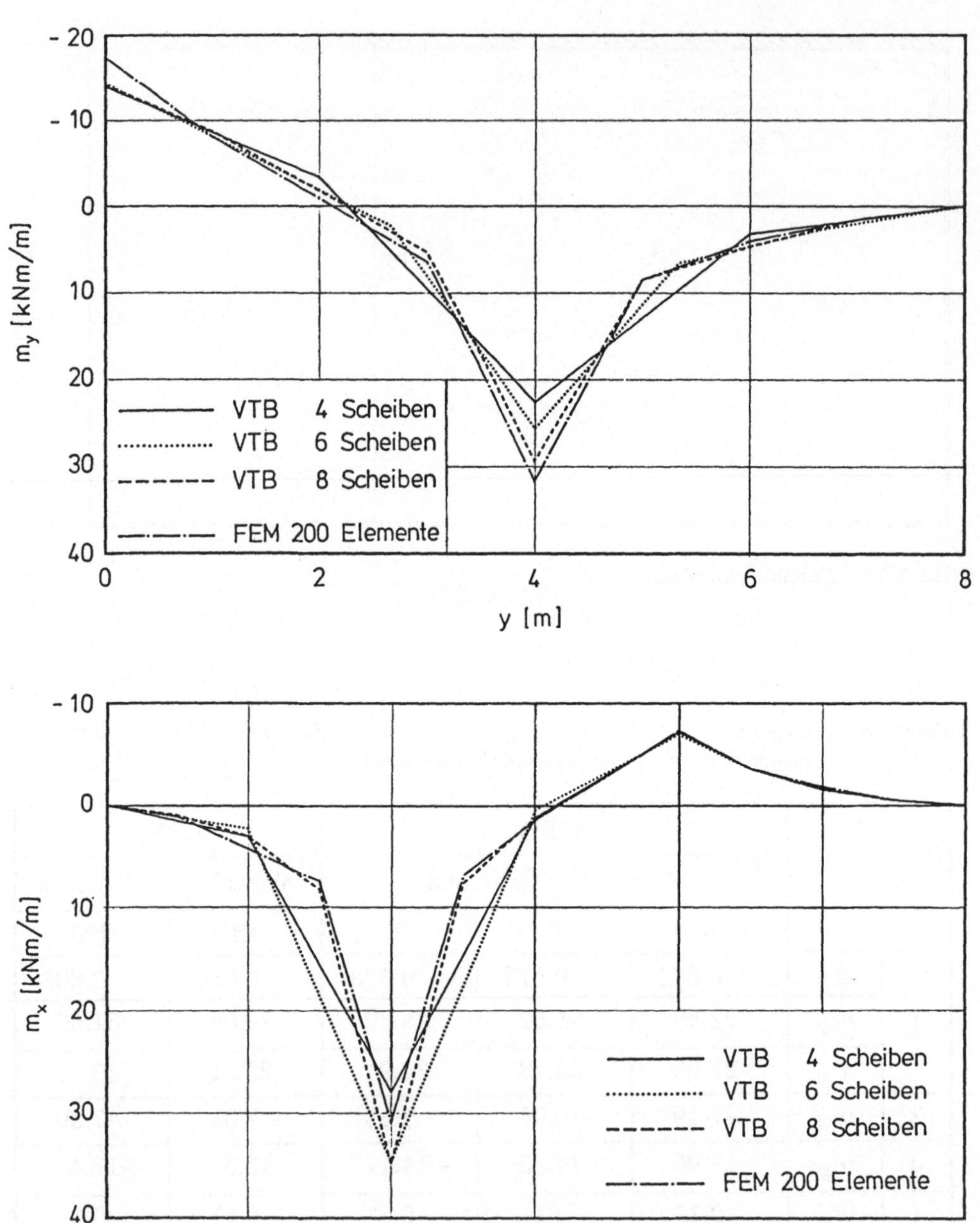

Bild 5.14   Verlauf der Plattenbiegemomente (Lastfall Einzellast)
oben: m_y über die Plattenbreite entlang des freien Randes
unten: m_x über die Länge bei $y = 4$m

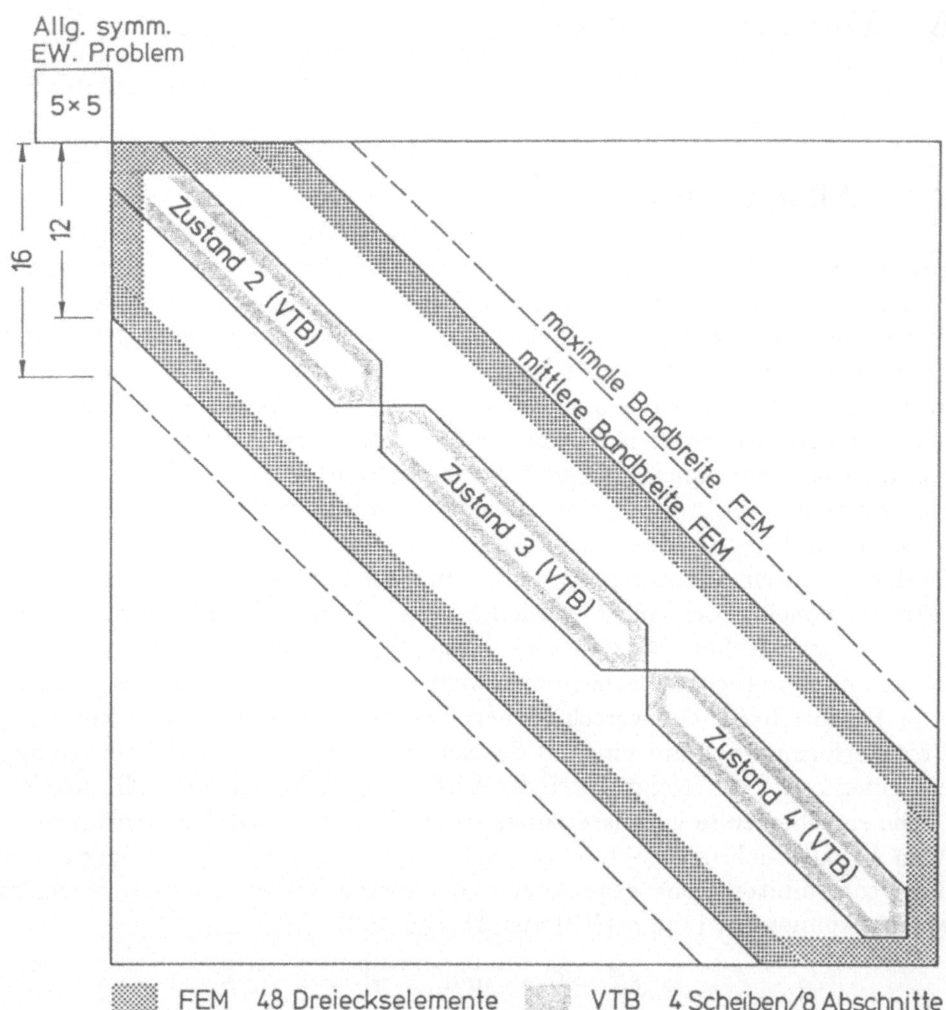

Bild 5.15   Vergleich des Rechenaufwandes bei VTB mit 4 Scheiben und FEM mit 48 Elementen anhand der Belegung der Gleichungssysteme

6 Die Kreiszylinderschale

6.1 Allgemeines

Die VTB wurde zunächst am Beispiel der Faltwerke – also dünnwandiger prismatischer Stäbe mit polygonalem Querschnitt – hergeleitet, aber sie ist in gleicher Weise auf prismatische Flächentragwerke mit stetig gekrümmtem Querschnitt (d.h. zylindrische Schalen im allgemeinen Sinne) anwendbar, da an die Querschnittsform keine Voraussetzungen gestellt werden müssen. Unter den zylindrischen Schalen nimmt die Kreiszylinderschale eine Sonderstellung ein, denn sie findet mannigfache Anwendung in der Praxis und gestattet wegen der konstanten Krümmung eine einfache rechnerische Behandlung.

Die grundlegende Idee der VTB besteht einmal in der Vereinfachung des Problems durch die Aufspaltung in einzelne orthogonale Vorgänge, welche getrennt voneinander gelöst werden können. Zum anderen verwendet sie die aus der technischen Biegetheorie bekannten Begriffe, für die jedoch eine neue, vereinheitlichte Bezeichnungsweise entwickelt wird. Diese ermöglicht eine Beschreibung der verschiedenen Vorgänge (Starrkörperverschiebungen, Profilverformungen) mit ein und demselben Formalismus. Die Ermittlung der einzelnen Zustände erfolgt durch die Auffindung orthogonaler Wölbfunktionen.

Die entscheidende Voraussetzung, welche über die in der Schalentheorie üblichen Annahmen hinausgeht, ist die, daß Schubverzerrung und Umfangsdehnung der Schalenmittelfläche gegenüber den anderen Verzerrungen vernachlässigt werden können ((V1) und (V2) aus Abschn. 2.2)

$$\varepsilon_{\vartheta}^{M} = 0 \quad \text{und} \quad \gamma^{M} = 0 \, .$$

Die Formulierung der geometrischen Beziehungen vereinfacht sich gegenüber den Faltwerken erheblich: Während die Querschnittsfunktionen beim Faltwerk über Vektoren ausgedrückt und durch Matrizenausdrücke miteinander in Beziehung gesetzt wurden, haben wir es jetzt mit stetigen Funktionen zu tun, die über Differentialbeziehungen miteinander verknüpft sind.

Die Bezeichnungen wurden so gewählt, daß sie in Übereinstimmung mit den Konventionen der Schalentheorie stehen, und unterscheiden sich deswegen teilweise von den entsprechenden des Faltwerks (Tabelle 6.1).

Die Festlegungen der Koordinaten, positiven Spannungen und Schnittkräfte sind den Bildern 6.1 und 6.2 zu entnehmen.

Es gelten die in der Schalentheorie üblichen Voraussetzungen: Der Werkstoff ist homogen, isotrop und unbegrenzt linear elastisch. Die Schalendicke t ist klein gegen den Radius r. Verzerrungen in Dickenrichtung werden vernachlässigt. Es gilt die Kirchhoffsche Normalenhypothese.

Tabelle 6.1   Bezeichnungen bei der Kreiszylinderschale

$x,\ y_g,\ z_g$	globale Koordinaten
$\vartheta,\ z$	lokale Koordinaten
$u,\ v,\ w$	Verschiebungen
$\varepsilon_x,\ \varepsilon_\vartheta,\ \gamma$	Verzerrungen
$\kappa_x,\ \kappa_\vartheta,\ \kappa_{x\vartheta}$	Krümmungen
$' = \partial/\partial x,\ \ \dot{} = \partial/\partial\vartheta$	Ableitungen
$(\ldots)^{(n)}$	n–te Punktableitung
$N_x,\ N_\vartheta,\ N_{x\vartheta}$	Membranschnittkräfte
$M_x,\ M_\vartheta,\ M_{x\vartheta}$	Plattenschnittkräfte
$Q_x,\ Q_\vartheta$	Querkräfte

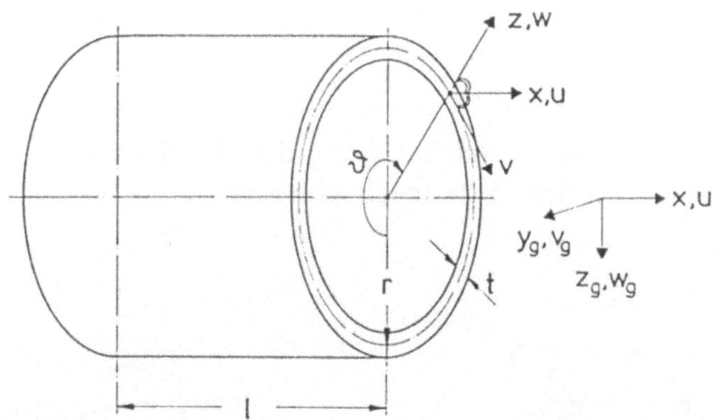

Bild 6.1   Abmessungen, Koordinaten

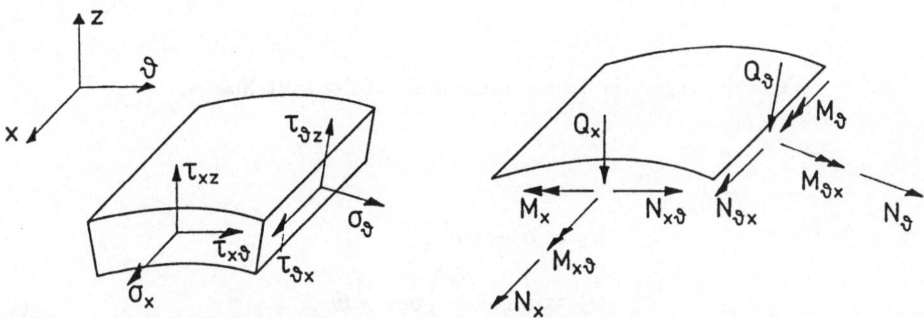

Bild 6.2   Positive Spannungen und Schnittkräfte am Element

6.2   Die grundlegenden Beziehungen

6.2.1   Geometrische Beziehungen

Wegen der Normalenhypothese ($\gamma_{xz} = 0$) und der vernachlässigten Dickenverzerrung ($\varepsilon_z = 0$) sind die Verschiebungen und Verzerrungen im Schalenraum eindeutig durch die Verschiebungen der Schalenmittelfläche bestimmt.

Für die Herleitung der betreffenden Beziehungen bezeichnen wir die Verschiebungen eines Punktes P im Abstand z zur Mittelfläche mit u_z, v_z und w_z. Die Verzerrungs–Verschiebungs–Gleichungen in P lauten dann:

$$\varepsilon_x = u_z' \,,$$

$$\varepsilon_\vartheta = \frac{1}{r+z}(\dot{v}_z + w_z) \,, \tag{6.1}$$

$$\gamma = v_z' + \frac{1}{r+z}\dot{u}_z \,.$$

In Bild 6.3 ist zu sehen, in welcher Weise die Verschiebungen in P von denen des Fußpunktes Q auf der Mittelfläche abhängen:

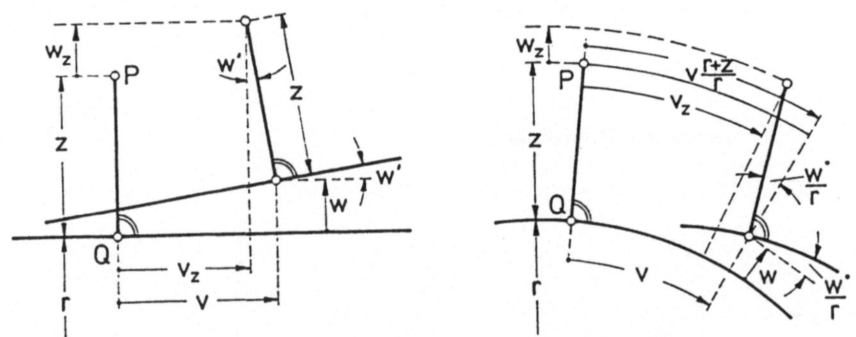

Bild 6.3   Verschiebungen im Schalenraum und auf der Mittelfläche

$$u_z = u - zw' \,,$$

$$v_z = \left(1 + \frac{z}{r}\right)v - \frac{z}{r}\dot{w} \,, \tag{6.2}$$

$$w_z = w \,.$$

Setzt man (6.2) in (6.1) ein, so erhält man die Verzerrungen im Schalenraum ausgedrückt durch die Verschiebungen der Mittelfläche:

$$\varepsilon_x = u' - zw'' \, ,$$

$$\varepsilon_\vartheta = \frac{1}{r}\left(\dot{v} + \frac{1}{1+z/r}w - \frac{z}{r}\frac{1}{1+z/r}\ddot{w} \right) \, ,$$

$$\gamma = \frac{1}{r}\frac{1}{1+z/r}\dot{u} + \left(1 + \frac{z}{r}\right)v' - \frac{z}{r}\left(1 + \frac{1}{1+z/r}\right)\dot{w}' \, .$$

(6.3)

Da die Schale als dünnwandig vorausgesetzt ist, kann angenommen werden, daß der Verzerrungsverlauf in z–Richtung linear ist und sich durch einen konstanten und einen linearen Anteil beschreiben läßt, nämlich

$$\varepsilon_x = \varepsilon_x^M - z\kappa_x \, ,$$

$$\varepsilon_\vartheta = \varepsilon_\vartheta^M - z\kappa_\vartheta \, ,$$

$$\gamma = \gamma^M - z\kappa_{x\vartheta} \, .$$

(6.4)

Die Ausdrücke für die durch (6.4) definierten konstanten und linearen Verzerrungsanteile erhält man durch Reihenentwicklung von (6.3) nach z und Koeffizientenvergleich mit (6.4). Auf diese Weise ergibt sich

$$\varepsilon_x^M = u' \qquad\qquad \kappa_x = w'' \, ,$$

$$\varepsilon_\vartheta^M = \frac{\dot{v}+w}{r} \qquad\qquad \kappa_\vartheta = \frac{w+\ddot{w}}{r^2} \, ,$$

$$\gamma^M = \frac{\dot{u}}{r} + v' \qquad\qquad \kappa_{x\vartheta} = \frac{2r\dot{w}' - rv' + \dot{u}}{r^2} \, .$$

(6.5)

An dieser Stelle kann man bereits erkennen, daß die Voraussetzungen (V1) und (V2) eine Verkopplung der Verschiebungen mit sich bringen.

Wegen $\qquad \varepsilon_\vartheta^M = 0 \qquad$ muß gelten: $\qquad \dot{v} = -w$ (6.6a)

und wegen $\qquad \gamma^M = 0 \qquad$ muß gelten: $\qquad \dot{u} = -rv' \, .$ (6.6b)

Man erkennt, daß nach Vorgabe einer der drei Verschiebungen die anderen beiden festgelegt sind. Durch die Voraussetzungen (V1) und (V2) wurden die ursprünglich drei Verschiebungsfreiheitsgrade für die Punkte der Mittelfläche auf einen reduziert. Dies spielt bei der Aufstellung der Verschiebungsansätze in Abschn. 6.2.3 eine maßgebende Rolle.

6.2.2 Elastizitätsgesetz der Schnittkräfte

Auch die Spannungen werden durch die Einführung von Schnittkräften
auf die Mittelfläche bezogen. Nur für vier Schnittkräfte kann ein Elastizitätsgesetz angegeben werden, da für die Querkräfte Q_x und Q_ϑ wegen
der Normalenhypothese, und für N_ϑ und $N_{x\vartheta}$ aufgrund der kinematischen
Hypothesen die zugehörigen Verzerrungsgrößen nicht zugelassen sind. Diese
Schnittkräfte müssen über Gleichgewichtsbedingungen errechnet werden. Die
anderen Schnittkräfte sind definiert durch

$$
\begin{aligned}
N_x &= \int_{-t/2}^{+t/2} \sigma_x \, \mathrm{d}z \quad , & M_x &= -\int_{-t/2}^{+t/2} \sigma_x z \, \mathrm{d}z \ , \\
M_\vartheta &= -\int_{-t/2}^{+t/2} \sigma_\vartheta z \, \mathrm{d}z \ , & M_{x\vartheta} &= -\int_{-t/2}^{+t/2} \tau z \, \mathrm{d}z \ .
\end{aligned}
\tag{6.7}
$$

Hier ist wieder im Hinblick auf die Dünnwandigkeit der Schale die unterschiedliche Form der Flächenelemente in den Schnittufern $x = $ const und
$\vartheta = $ const vernachlässigt worden. Um die Spannungen durch die Verzerrungen
auszudrücken benötigt man das Elastizitätsgesetz

$$
\sigma_x = \frac{E}{1 - \mu^2}(\varepsilon_x + \mu \varepsilon_\vartheta) \ , \qquad
\sigma_\vartheta = \frac{E}{1 - \mu^2}(\varepsilon_\vartheta + \mu \varepsilon_x) \ , \qquad \tau = G\gamma \ .
\tag{6.8}
$$

Für die Längsnormalkraft N_x soll das einachsige Elastizitätsgesetz gelten:

$$
\sigma_x = E\,\varepsilon_x \ .
\tag{6.9}
$$

Einsetzen der Elastizitätsgesetze sowie der Verzerrungs–Verschiebungs–Gleichungen (6.6) in die Definitionen (6.7) und anschließende Integration über die
Dicke liefert das Elastizitätsgesetz der Schnittkräfte:

$$
\begin{aligned}
N_x &= Etu' & &= Et\varepsilon_x^M \ , \\
M_x &= K\left(w'' + \mu \frac{\ddot{w} + w}{r^2}\right) & &= K(\kappa_x + \mu\kappa_\vartheta) \ , \\
M_\vartheta &= K\left(\frac{\ddot{w} + w}{r^2} + \mu w''\right) & &= K(\kappa_\vartheta + \mu\kappa_x) \ , \\
M_{x\vartheta} &= K\frac{(1-\mu)}{2}\frac{2r\dot{w}' - rv' + \dot{u}}{r^2} & &= K\frac{(1-\mu)}{2}\kappa_{x\vartheta} \ ,
\end{aligned}
\tag{6.10}
$$

mit $K = Et^3/12(1 - \mu^2)$.

6.2.3 Produktansätze für die Verschiebungen

Wie bei allen Strukturen, deren Querschnitt sich längs einer Erzeugenden nicht ändert, können die Verschiebungen durch einen Produktreihenansatz ausgedrückt werden. Geht man von einem System von Einheitsverwölbungen $^ku(\vartheta)$ aus, so kann durch Multiplikation mit zugehörigen, nur von x abhängigen Betonungsfunktionen ^kV und Summation über k jeder beliebige Verwölbungszustand beschrieben werden. Im Hinblick auf die Verkopplung der Verschiebungen erweist es sich als zweckmäßig, wenn die Betonungsfunktionen gleich auf der ersten Ableitungsstufe eingeführt werden.

Da die Anzahl der Wölbfreiheitsgrade beim stetig gekrümmten Querschnitt unendlich ist (Im Gegensatz zu den Faltwerken, bei denen sie durch die Anzahl der Kanten begrenzt ist), wird zur exakten Darstellung ein unendliches System von linear unabhängige Grundverwölbungen benötigt. Wir erhalten für $u(x,\vartheta)$ somit den Ansatz

$$u(x,\vartheta) = \sum_{k=1}^{\infty} {}^kV'(x)\,{}^ku(\vartheta) \ . \tag{6.11a}$$

Wegen der Voraussetzungen (V1) und (V2) sind die Verschiebungen u, v und w nicht unabhängig voneinander sondern über die Gleichungen (6.6a,b) miteinander verkoppelt. Wir wählen die Ansätze für v und w so, daß die Verkopplungsbedingungen vorab befriedigt werden. Wie man durch Einsetzen bestätigt, werden mit den Ansätzen

$$v(x,\vartheta) = -\frac{1}{r} \sum_{k=1}^{\infty} {}^kV(x)\,{}^k\dot{u}(\vartheta) \ , \tag{6.11b}$$

$$w(x,\vartheta) = \ \frac{1}{r} \sum_{k=1}^{\infty} {}^kV(x)\,{}^k\ddot{u}(\vartheta) \tag{6.11c}$$

die Gleichungen (6.6) für alle k erfüllt.

Die Wahl der Einheitsverwölbungen ist nicht beliebig sondern unterliegt bestimmten Bedingungen:

Der Eindeutigkeit der Darstellung wegen müssen sie linear unabhängig sein. Außerdem müssen sie so gewählt sein, daß die Randbedingungen an den Rändern $\vartheta = \mathrm{const}$ (für Teilzylinderschalen) bzw. die Kontinuitätsbedingungen (für geschlossene Zylinderschalen) erfüllt sind.

Mit diesen beiden Forderungen ist das System der ^ku für einen gegebenen Querschnitt jedoch noch nicht eindeutig festgelegt, sondern es sind noch beliebig viele verschiedene Systeme als Basis denkbar. Erst wenn noch weitere Bedingungen für die ^ku aufgestellt werden, wird ihre Wahl eindeutig. Diese Bedingungen sind Orthogonalitätsbeziehungen, die im Abschn. 6.3.1 formuliert werden und zu einer Entkopplung der Differentialgleichungen führen.

6.3 Aufstellung der Gleichgewichtsbedingungen für den geschlossenen Zylinder

Die Aufstellung der Gleichgewichtsbedingungen ist grundsätzlich auf zwei verschiedene Arten möglich: Zum einen durch Betrachtung der Schnittkräfte, welche auf ein im Gleichgewicht befindliches differentielles Schalenelement wirken. Zum anderen durch die Variation des Potentials der inneren und äußeren Kräfte.

Der zweite Weg ist zwar weniger anschaulich, hat aber den Vorteil, daß die Randbedingungen ohne Zusatzüberlegungen mit erhalten werden und komplexere Gleichgewichtsaussagen möglich sind. Hier wird er gewählt, weil er darüber hinaus noch die Orthogonalitätsbedingungen für die Einheitsverwölbungen ^{k}u liefert.

Der Gleichgewichtszustand des Systems ist dadurch charakterisiert, daß die Variation des Potentials der inneren und äußeren Kräfte verschwindet, daß also für eine beliebige virtuelle Verrückung gilt

$$\delta \Pi = \delta \Pi_i + \delta \Pi_a = 0 \ . \tag{6.12}$$

6.3.1 Arbeit der inneren Kräfte — Die Ermittlung der orthogonalen Einheitsverwölbungen

Die Variation des Potentials der inneren Kräfte ist gleich der Arbeit der Spannungen an den zugehörigen virtuellen Verzerrungen integriert über das Volumen:

$$\delta \Pi_i = \int_0^l \oint \int_{-\frac{t}{2}}^{\frac{t}{2}} (\sigma_x \delta \varepsilon_x \ + \ \sigma_\vartheta \delta \varepsilon_\vartheta \ + \tau \delta \gamma) \, dz \, r \, d\vartheta \, dx \ . \tag{6.13}$$

Aufspalten in lineare und konstante Anteile sowie Durchführung der Integration über die Wanddicke führt auf

$$\delta \Pi_i = \int_0^l \oint \left(N_x \ \delta \varepsilon_x^M \ + \ M_x \ \delta \kappa_x \ + \ M_\vartheta \ \delta \kappa_\vartheta \ + \ M_{x\vartheta} \ \delta \kappa_{x\vartheta} \ \right) r \, d\vartheta \, dx \ . \tag{6.14}$$

Unter Verwendung der Beziehungen (6.10) und (6.5) kann der Integrand durch die Verschiebungen ausgedrückt werden:

$$\begin{aligned}
\delta \Pi_i = \int_0^l \oint \Bigg(& Etru'\delta u' + Kr\left(w'' + \mu \frac{w + \ddot{w}}{r^2}\right)\delta w'' \\
& + \frac{K}{r}\left(\frac{w + \ddot{w}}{r^2} + \mu w''\right)\delta(w + \ddot{w}) \\
& + \frac{K}{r^3}\frac{1 - \mu}{2}(\dot{u} - rv' + 2r\dot{w}')\delta(\dot{u} - rv' + 2r\dot{w}')\Bigg) \, d\vartheta \, dx \ .
\end{aligned} \tag{6.15}$$

Nun werden die Verschiebungen durch die Reihendarstellungen (6.11) ersetzt. Da die $^k u$ fest vorgegebene Einheitsverwölbungen sind, betrifft die Variation nur noch die Betonungsfunktionen $^k V$. Nach einiger Umordnung erhält man

$$\delta \Pi_i = \sum_{k=1}^{\infty} \sum_{i=1}^{\infty} \int_0^l \Bigg(Etr\,{}^k V'' \oint {}^i u\,{}^k u\,\mathrm{d}\vartheta\,\delta\,{}^i V'' + \frac{K}{r}\,{}^k V'' \oint {}^i\ddot{u}\,{}^k\ddot{u}\,\mathrm{d}\vartheta\,\delta\,{}^i V''$$

$$+ \frac{K}{r^5}\,{}^k V \oint ({}^i\ddot{u} + {}^i\!\overset{\cdots}{u})({}^k\ddot{u} + {}^k\!\overset{\cdots}{u})\,\mathrm{d}\vartheta\;\delta\,{}^i V$$

$$+ 2\frac{K}{r^3}(1-\mu)\,{}^k V' \oint ({}^i\dot{u} + {}^i\!\overset{\cdots}{u})({}^k\dot{u} + {}^k\!\overset{\cdots}{u})\,\mathrm{d}\vartheta\,\delta\,{}^i V'$$

$$+ \mu\frac{K}{r^3}\Big({}^k V \oint {}^i\ddot{u}({}^k\ddot{u} + {}^k\!\overset{\cdots}{u})\,\mathrm{d}\vartheta\,\delta\,{}^i V''$$

$$+ {}^k V'' \oint ({}^i\ddot{u} + {}^i\!\overset{\cdots}{u})\,{}^k\ddot{u}\,\mathrm{d}\vartheta\,\delta\,{}^i V\Big) \Bigg)\,\mathrm{d}x\;.$$

$$(6.16)$$

An dieser Stelle wollen wir die zusätzlichen Bedingungen für die Einheitsverwölbungen $^k u$ aufstellen: Die beiden unterklammerten Querschnittsintegrale sollen verschwinden für $i \neq k$.

$$\oint {}^i u\,{}^k u\,\mathrm{d}\vartheta = 0 \quad \text{und} \quad \oint ({}^i\ddot{u} + {}^i\!\overset{\cdots}{u})({}^k\ddot{u} + {}^k\!\overset{\cdots}{u})\,\mathrm{d}\vartheta = 0 \qquad \text{für } i \neq k\,. \quad (6.17)$$

Mechanisch bedeuten diese verallgemeinerten Orthogonalitätsbedingungen, daß die Längsmembran- und Querbiegespannungen im Zustand i an den entsprechenden Verzerrungen des Zustandes k über den Querschnitt integriert keine Arbeit leisten. Wegen des Betti'schen Satzes gilt das dann auch umgekehrt.

Für den allgemeinen Fall der Teilzylinderschale ergeben sich die orthogonalen Wölbfunktionen als Lösungen einer Eigenwert–Differentialgleichung, die den Bedingungen (6.17) zugeordnet ist (vgl. Abschn. 6.7).

Für den speziellen Fall der geschlossenen Kreiszylinderschale können die Lösungen explizit angegeben werden, es sind die Kreisfunktionen, die wir nach aufsteigender Wellenzahl m gemäß Tabelle 6.2 durchnumerieren und normieren. Die Normierung wurde dabei so gewählt, daß sich für $k = 1$ bis 3 Übereinstimmung mit den Begriffen der Technischen Biegetheorie ergibt, wie in Abschn. 6.4 noch gezeigt wird.

Nun gehen die Orthogonalitätseigenschaften der Kreisfunktionen über die in (6.17) verlangten weit hinaus, was dazu führt, daß sämtliche in (6.16) erscheinende Umfangsintegrale für $i \neq k$ verschwinden. Damit bleiben von der Doppelsumme nur noch die Diagonalglieder übrig. Die Umfangsintegrale für

Tabelle 6.2   Einheitsverwölbungen des geschlossenen Kreiszylinders

k	m	$^k u$
1	0	-1
2	1	$r \sin \vartheta$
3	1	$r \cos \vartheta$
4	2	$r \sin 2\vartheta$
5	2	$r \cos 2\vartheta$
$\vdots$	$\vdots$	$\vdots$
$2m$	m	$r \sin m\vartheta$
$2m + 1$	m	$r \cos m\vartheta$

$i = k$ können leicht errechnet werden, es sind Funktionen der Umfangswellenzahl m. Wir führen für sie folgende Abkürzungen ein:

$$
^k C = {}^k C^M + {}^k C^B = \oint \left(tr\, {}^k u^2 + \frac{K}{Er} {}^k \ddot{u}^2 \right) d\vartheta
$$

$$
= \begin{cases} 2\pi tr & \text{für } k = 1 \\[2mm] \pi tr^3 \left(1 + \frac{t^2}{r^2} \cdot \frac{m^4}{12(1 - \mu^2)} \right) & \text{für } k > 1 \end{cases} ,
$$

$$
^k D_1 = 2 \frac{K}{Gr^3}(1 - \mu) \oint ({}^k \dot{u} + {}^k \dddot{u})^2 \, d\vartheta = \pi \frac{t^3}{3r} m^2 (m^2 - 1)^2 \ ,
$$

$$
^k D_2 = \frac{K}{Gr^3} \oint {}^k \ddot{u} ({}^k \ddot{u} + {}^k \ddddot{u}) \, d\vartheta = \pi \frac{t^3}{r} \frac{1}{6(1 - \mu)} m^4 (1 - m^2) \ ,
$$

$$
^k D = {}^k D_1 - 2\mu\, {}^k D_2 = \pi \frac{t^3}{3r} m^2 (m^2 - 1) \left(\frac{m^2}{1 - \mu} - 1 \right) \ ,
$$

$$
^k B = \frac{K}{r^5} \oint ({}^k \ddot{u} + {}^k \ddddot{u})^2 \, d\vartheta = \pi \frac{K}{r^3} m^4 (m^2 - 1)^2 \ .
$$

$$\tag{6.18}$$

Damit kann man für (6.16) jetzt schreiben:

$$
\delta \Pi_i = \sum_{k=1}^{\infty} \int_0^l \Big(E\, {}^k C\, {}^k V'' \delta\, {}^k V'' + \mu G\, {}^k D_2 ({}^k V'' \delta\, {}^k V + {}^k V \delta\, {}^k V'')
$$

$$
+ G\, {}^k D_1\, {}^k V' \delta\, {}^k V' + {}^k B\, {}^k V \delta\, {}^k V \Big) \, dx \ . \tag{6.19}
$$

Um eine Gleichgewichtsaussage gewinnen zu können, müssen die Variationen
$\delta\, {}^k V$ alle auf derselben Ableitungsstufe stehen. Dies wird durch partielle

Integration der einzelnen Terme erreicht. Aus (6.19) wird dann

$$
\begin{aligned}
\delta \Pi_i = \sum_{k=1}^{\infty} \Bigg(&\int_0^l (E\,{}^kC\,{}^kV'''' - G\,{}^kD\,{}^kV'' + {}^kB\,{}^kV)\delta\,{}^kV\,\mathrm{d}x \\
&+ (E\,{}^kC\,{}^kV'' + \mu G\,{}^kD_2\,{}^kV)\delta\,{}^kV'\Big|_0^l \\
&+ (-E\,{}^kC\,{}^kV''' + G\,{}^kD_1\,{}^kV' - \mu G\,{}^kD_2\,{}^kV')\delta\,{}^kV\Big|_0^l \Bigg) = 0 \;.
\end{aligned}
\tag{6.20}
$$

Damit ist der innere Anteil der Variation des Potentials in den Verformungsgrößen formuliert.

6.3.2 Die Arbeit der äußeren Lasten

Die Flächenlasten seien affin über die Länge verteilt, was durch eine Aufspaltung in verschiedene Lastfälle stets erreicht werden kann. Die über ϑ konstanten Anteile von p_ϑ und p_z müssen wegen der Voraussetzungen einer gesonderten Betrachtung unterzogen werden, weshalb sie explizit angegeben werden. Somit gehen wir von folgender Produktdarstellung der Lasten aus:

$$
\begin{aligned}
p_x(x,\vartheta) &= f_x(x)q_x(\vartheta) \;, \\
p_\vartheta(x,\vartheta) &= f_\vartheta(x)q_\vartheta(\vartheta) + {}^1f_\vartheta(x) \;, \\
p_z(x,\vartheta) &= f_z(x)q_z(\vartheta) + {}^1f_z(x) \;.
\end{aligned}
\tag{6.21}
$$

Die von den Flächenlasten geleistete Arbeit an den virtuellen Verrückungen δu, δv und δw ist gleich der negativen Änderung des äußeren Potentials:

$$
\delta \Pi_a = - \int_0^l \oint (p_x \delta u + p_\vartheta \delta v + p_z \delta w) r\,\mathrm{d}\vartheta\,\mathrm{d}x \;.
\tag{6.22}
$$

Die Verschiebungen werden durch die Reihenansätze (6.11) ausgedrückt, und die Umfangsintegrale durch die folgenden Abkürzungen ersetzt:

$$
\begin{aligned}
{}^kq_x &= -r \oint q_x\,{}^ku\,\mathrm{d}\vartheta \;, \\
{}^kq_\vartheta &= - \oint q_\vartheta\,{}^k\dot{u}\,\mathrm{d}\vartheta \;, \\
{}^kq_z &= \quad\;\; \oint q_z\,{}^k\ddot{u}\,\mathrm{d}\vartheta \;.
\end{aligned}
\tag{6.23}
$$

Damit erhält man aus (6.22) nach partieller Integration des ersten Summanden

$$\delta \Pi_a = - \sum_{k=1}^{\infty} \left(\int_0^l (f_x'\,{}^kq_x + f_\vartheta\,{}^kq_\vartheta + f_z\,{}^kq_z)\delta\,{}^kV \,\mathrm{d}x - (f_x\,{}^kq_x\delta\,{}^kV)\Big|_0^l \right) \; . \quad (6.24)$$

Die Definitionen (6.23) der Lastglieder zeigen, wieso die Abspaltung der konstanten Anteile erforderlich ist: Da die Verzerrungszustände, an denen sie Arbeit verrichten würden, aufgrund der kinematischen Hypothesen nicht zugelassen sind (nämlich konstante Verdrehung des Querschnitts infolge Schubverzerrungen bzw. konstante Aufweitung des Querschnitts), leisten sie keinen Beitrag zum Gleichgewicht und fallen automatisch weg. Die entsprechenden Arbeitsanteile verschwinden.Will man dennoch die Wirkung dieser Lasten berücksichtigen (z.B. beim Zylinder unter Innendruck) muß dies in einer getrennten Rechnung gemacht werden. Lediglich die konstante Belastung p_x (z.B. stehender Zylinder unter Eigengewicht) fließt ins Gleichgewicht mit ein.

Mit (6.24) und (6.20) kann nun die Gleichgewichtsbedingung (6.12) in den Verformungsgrößen angeschrieben werden:

$$\sum_{k=1}^{\infty} \left(\int_0^l (E\,{}^kC\,{}^kV'''' - G\,{}^kD\,{}^kV'' + {}^kB\,{}^kV - f_x'\,{}^kq_x - f_\vartheta\,{}^kq_\vartheta - f_z\,{}^kq_z)\delta\,{}^kV \,\mathrm{d}x \right.$$

$$+ (E\,{}^kC\,{}^kV'' + \mu G\,{}^kD_2\,{}^kV)\delta\,{}^kV'\Big|_0^l$$

$$\left. + (-E\,{}^kC\,{}^kV''' + G\,{}^kD_1\,{}^kV' - \mu G\,{}^kD_2\,{}^kV' + {}^kq_x f_x)\delta\,{}^kV\Big|_0^l \right) = 0 \; .$$

$$(6.25)$$

Da die Variation beliebig sein soll, kann (6.25) nur gelten, wenn jeder einzelne Summand für sich verschwindet. Daraus erhält man für jeden Zustand k die Differentialgleichung

$$E\,{}^kC\,{}^kV'''' - G\,{}^kD\,{}^kV'' + {}^kB\,{}^kV = f_x'\,{}^kq_x + f_\vartheta\,{}^kq_\vartheta + f_z\,{}^kq_z \; , \qquad (6.26)$$

mit den Randbedingungen

$$(E\,{}^kC\,{}^kV'' + \mu G\,{}^kD_2\,{}^kV)\delta\,{}^kV'\Big|_0^l = 0 \; ,$$

$$(6.27)$$

$$(-E\,{}^kC\,{}^kV''' + G\,{}^kD_1\,{}^kV' - \mu G\,{}^kD_2\,{}^kV' + {}^kq_x f_x)\delta\,{}^kV\Big|_0^l = 0 \; .$$

6.3.3 Rückrechnung der Schnittkräfte aus den Verformungsfunktionen

Hat man die Differentialgleichungen (6.26) gelöst und die Funktionen ${}^{k}V(x)$ gefunden, so bleibt noch die Aufgabe, daraus die interessierenden Verschiebungen und Schnittkräfte zu ermitteln.

Die Verschiebungen werden durch Einsetzen der ${}^{k}V$ in die Reihendarstellungen (6.11) berechnet.

Für die Schnittkräfte sind entsprechende – direkt verwertbare – Formeln noch nicht bereitgestellt und sollen deswegen im folgenden hergeleitet werden.

An einem Schalenelement sind insgesamt zehn verschiedene Schnittkräfte wirksam (vgl. Bild 6.2). Setzen wir die Schubkräfte näherungsweise gleich und tun das gleiche auch für die Drillmomente, so bleiben noch acht Schnittkräfte zu bestimmen. Für vier davon gilt ein Elastizitätsgesetz (6.10), so daß sie direkt durch die ausgerechneten Verformungen ausgedrückt werden können[1]:

$$N_x = Et \sum_{k=1}^{\infty} {}^{k}V'' \, {}^{k}u \, , \tag{6.28}$$

$$M_x = -\frac{K}{r} \sum_{k=2}^{\infty} m^2 \left({}^{k}V'' + \frac{\mu}{r^2}(1 - m^2){}^{k}V \right) {}^{k}u \, , \tag{6.29}$$

$$M_\vartheta = \frac{K}{r} \sum_{k=2}^{\infty} m^2 \left(\frac{1}{r^2}(m^2 - 1){}^{k}V - \mu \, {}^{k}V'' \right) {}^{k}u \, , \tag{6.30}$$

$$M_{x\vartheta} = K\frac{(1 - \mu)}{r^2} \sum_{k=2}^{\infty} (1 - m^2){}^{k}V' \, {}^{k}\dot{u} \, . \tag{6.31}$$

Die anderen vier Schnittkräfte müssen aus Gleichgewichtsbetrachtungen gewonnen werden.

Die beiden Querkräfte können aus dem Momentengleichgewicht in x– bzw. z–Richtung bestimmt werden. Nach [23] gilt

$$Q_x = M'_x + \frac{1}{r}\dot{M}_{x\vartheta} \, ,$$

$$Q_\vartheta = M'_{x\vartheta} + \frac{1}{r}\dot{M}_\vartheta \, . \tag{6.32}$$

Einsetzen der Ausdrücke für die bekannten Schnittkräfte ergibt dann

$$Q_x = -\frac{K}{r}m^2 \sum_{k=1}^{\infty} \left({}^{k}V''' + \frac{1}{r^2}(1 - m^2){}^{k}V' \right) {}^{k}u \, , \tag{6.33}$$

---

[1] Mit der Beziehung ${}^{k}\ddot{u} = -m^2 \, {}^{k}u$ können alle Funktionen ${}^{k}u$ mit höheren Ableitungen auf ${}^{k}u$ bzw. ${}^{k}\dot{u}$ zurückgeführt werden.

$$Q_\vartheta = \frac{K}{r^2} \sum_{k=1}^{\infty} \left((1 - \mu - m^2)\,{}^kV'' + \frac{1}{r^2} m^2 (m^2 - 1)\,{}^kV \right) {}^k\dot{u} \ . \tag{6.34}$$

Für den Schubfluß $N_{x\vartheta}$ und die Umfangsnormalkraft N_ϑ wird das Kräftegleichgewicht in $x-$ bzw. ϑ–Richtung herangezogen

$$N_x' + \frac{1}{r}\dot{N}_{\vartheta x} = p_x \ , \tag{6.35}$$

$$N_{x\vartheta}' + \frac{1}{r}\dot{N}_\vartheta - \frac{1}{r}Q_\vartheta = -p_\vartheta \ . \tag{6.36}$$

Da N_ϑ und $N_{x\vartheta}$ jeweils mit der ersten Punktableitung in die Gleichgewichtsbedingungen eingehen, können auf diese Art keine Anteile erfaßt werden, welche über ϑ konstant sind. Diese Anteile müssen nach der Integration der Gleichungen (6.35) und (6.36) als Konstante ${}^1N_\vartheta(x)$ bzw. ${}^1N_{x\vartheta}(x)$ hinzugefügt werden. Damit aus (6.35) und (6.36) Reihendarstellungen gewonnen werden können, müssen die Lasten nach ${}^ku$ entwickelt werden:

$$q_x = \sum_{k=1}^{\infty} -\frac{{}^kq_x}{\pi r^3}\,{}^ku \ ,$$

$$q_\vartheta = \sum_{k=2}^{\infty} -\frac{{}^kq_\vartheta}{\pi r^2 m^2}\,{}^k\dot{u} \ , \tag{6.37}$$

$$q_z = \sum_{k=2}^{\infty} -\frac{{}^kq_z}{\pi r^2 m^2}\,{}^ku \ .$$

Von der Richtigkeit dieser Beziehungen kann man sich überzeugen, indem man sie mit ${}^ku$ multipliziert und das Umfangsintegral bildet.

Auf diese Art erhält man die Reihendarstellungen für die letzten beiden Schnittkräfte

$$N_{\vartheta x} = {}^1N_{\vartheta x} + \sum_{k=2}^{\infty} \left(\frac{Etr}{m^2}\,{}^kV''' + \frac{{}^kq_x}{\pi r^2 m^2}f_x \right) {}^k\dot{u} \ , \tag{6.38}$$

$$N_\vartheta = {}^1N_\vartheta + \sum_{k=2}^{\infty} \left(\frac{K}{r^4} m^2 (m^2 - 1)\,{}^kV - 2\frac{K}{r^2}\left(m^2 - 1 + \mu - \frac{\mu m^2}{2} \right) {}^kV'' \right.$$

$$\left. - \frac{Etr^2}{m^2}\,{}^kV'''' + \frac{1}{\pi r m^2}({}^kq_\vartheta f_\vartheta - {}^kq_x f_x') \right) {}^ku \ . \tag{6.39}$$

Hierbei wurde bei der Integration von ${}^ku$ die Beziehung $\oint {}^ku\,\mathrm{d}\vartheta = -{}^k\dot{u}/m^2$ verwendet.

6.4 Veranschaulichung der Verformungsfunktionen und Gleichgewichtsbedingungen — Analogie zur Technischen Biegetheorie

Die Verformungsfunktionen ^kV sind nicht elementar interpretierbar ("Verschiebung in z–Richtung" etc.), sondern sie beschreiben komplexe Verformungszustände, welche sich im allgemeinen aus u–, v– und w–Verschiebungen zusammensetzen. Für ein festes k ergeben sich an zwei beliebigen Stellen x_1 und x_2 Verformungszustände, die affin zueinander sind. Das Bild der Verformungen ist also bis auf die Amplitude überall dasselbe. Somit können die Verformungszustände als Vielfache eines Einheitsverformungszustandes aufgefaßt werden. Setzt man in (6.11) $^kV' = 1$ erhält man die Einheitsverwölbungen und mit $^kV = 1$ die Einheitsquerschnittsverschiebungen. Die Amplitude des Verwölbungsbildes ist also durch die Ableitung $^kV'$ (6.11a), die Amplitude des Querschnittsverschiebungsbildes durch ^kV selbst bestimmt.

Ebenso wie die Verformungsfunktionen sind die Gleichgewichtsbedingungen (6.26) von komplexer Natur. Wie aus ihrer Herleitung ersichtlich, sind sie die Bedingungen dafür, daß die aktuellen Schnittgrößen an den virtuellen Verformungszuständen δ^kV keine Arbeit leisten. Sie bilden also das Gleichgewicht "in Richtung" der Verformungsmöglichkeiten, welche durch die Funktionen ^kV gegeben sind.

6.4.1 Die Einheitsverformungszustände

Setzen wir in (6.11) $^kV' = 1$ und $^kV = 1$ ein, so erhalten wir für u, v und w gerade die Einheitsverformungen. Um diese zu veranschaulichen schneiden wir aus dem Zylinder an einer Stelle x einen Ring der Breite $dx = 1$ und prägen ihm durch $^kV'(x) = 1$ gemäß (6.11a) die Einheitsverwölbung ^ku auf. Verhindern wir an der Stelle x die v– und w–Verschiebungen, setzen also $^kV(x) = 0$, so erhalten wir als Querschnittsverschiebungsbild an der Stelle $x + 1$ — also am anderen Rand — gerade die Einheitsverschiebungen denn es ist $^kV(x + 1) = {}^kV(x) + {}^kV'(x) \cdot 1 = 1$. Die dabei auftretenden v– und w–Verschiebungen werden also nach (6.11b,c)

$$^kv(x + 1, \vartheta) = -\frac{1}{r}\,{}^k\dot{u}\,,$$

$$^kw(x + 1, \vartheta) = \frac{1}{r}\,{}^k\ddot{u}\,. \tag{6.40}$$

Für den geschlossenen Kreiszylinder sind die Einheitsverwölbungen ja bekannt und durch Tabelle 6.1 gegeben. Einsetzen in (6.11) liefert die zugehörigen Querschnittsverschiebungen. Für drei Beispiele soll das nun gezeigt werden:

Für $k = 1$ ist $^ku = -1$ und $^k\dot{u} = {}^k\ddot{u} = 0$, so daß keine Querschnittsverschiebungen auftreten. Dies beschreibt eine Verschiebung des Ringes längs der

Erzeugenden um den Betrag r und entspricht der Verformung, die man bei einer Betrachtung des Zylinders als Dehnstab zuläßt (Bild 6.4).

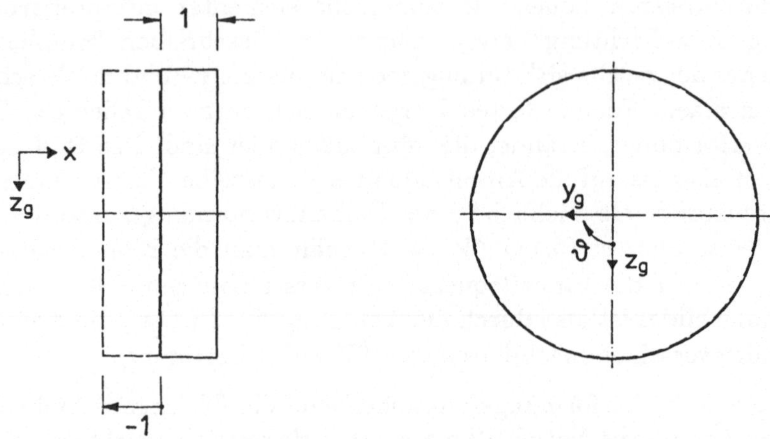

Bild 6.4   Einheitsverformung $^1V' = 1$: $u = -1$, $v = 0$, $w = 0$

Für $k = 3$ ist die Verwölbung der einwellige Cosinus, dessen Projektion auf die Achse $\vartheta = 0$ eine Gerade ist. Die zugehörigen Querschnittsverschiebungen bei $x + 1$ sind $v = \sin\vartheta$ und $w = -\cos\vartheta$. Dies bedeutet eine Verschiebung des Querschnitts um 1 in Richtung $\vartheta = \pi$, wobei die Kreisform erhalten bleibt. Insgesamt wird dadurch eine Drehung des Ringes um den Winkel 1 mit der Drehachse $\vartheta = \pi/2$ beschrieben. Dies ist die Einheitsverformung, welche zu einer Betrachtung des Zylinders als Biegebalken gehört (Bild 6.5).

Für $k = 2$ gilt das gleiche, nur daß die Drehung um die Achse $\vartheta = 0$ stattfindet.

Für $k = 5$ geht die Verwölbung mit dem zweiwelligen Cosinus. Bei $\vartheta = 0$ und $\vartheta = \pi$ ist sie positiv und der Querschnittsrand weicht nach innen aus. Bei $\vartheta = \pi/2$ und $\vartheta = 3\pi/2$ ist es gerade umgekehrt, und der Querschnittsrand wird nach außen verschoben (Bild 6.6).

Insgesamt erfährt der Querschnitt eine Ovalisierung, die Verformungen sind also nicht mehr querschnittstreu. Der Zustand $k = 4$ beschreibt das gleiche Verformungsbild, jedoch um $\pi/4$ gedreht.

In gleicher Weise sind die höheren Zustände zu veranschaulichen. Für $k = 1$ bis 3 stellten die Verformungen Starrkörperverschiebungen des Querschnitts dar. Der vierte aus der technischen Biegelehre bekannte Starrkörperzustand, die Torsion, ist für den geschlossen Kreiszylinder unter der Voraussetzung $\gamma^M = 0$ nicht möglich. Ab $k = 4$ sind die Verformungen nicht mehr querschnittstreu, der Bereich der Technischen Biegetheorie wird hier verlassen.

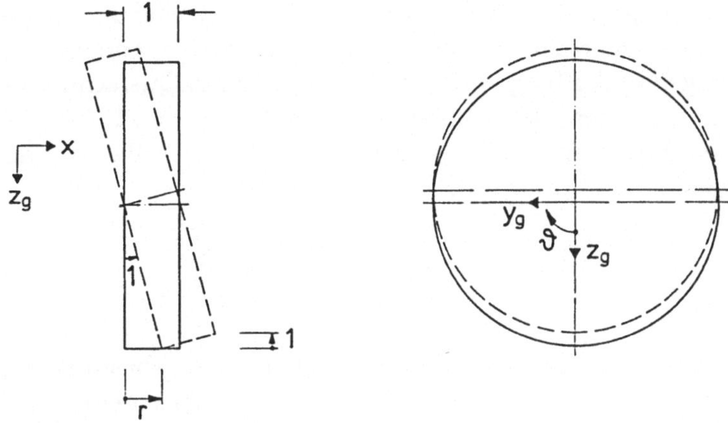

Bild 6.5   Einheitsverformung $^3V' = 1$: $u = r\cos\vartheta$, $v = \sin\vartheta$, $w = -\cos\vartheta$

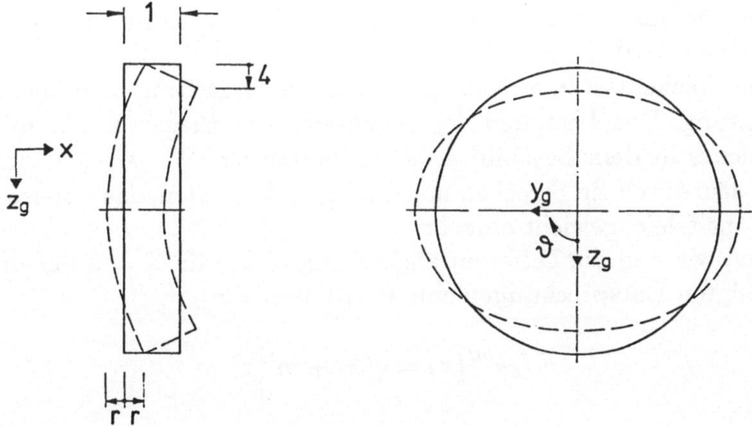

Bild 6.6   Einheitsverformung $^5V' = 1$: $u = r\cos 2\vartheta$, $v = 2\sin 2\vartheta$, $w = -4\cos 2\vartheta$

6.4.2   Die Gleichgewichtsaussagen

Wir haben gesehen, daß durch die ersten drei Zustände die von der technischen
Biegetheorie her bekannten Verformungsmöglichkeiten beschrieben werden.
Demnach ist zu vermuten, daß sich auch die dort gültigen Gleichgewichtsbedingungen in den Gleichungen der VTB wiederfinden lassen. Das soll im folgenden
für $k = 3$ und $k = 1$ gezeigt werden.

Die Verformungsgröße $^3V(x)$ beschreibt eine Verschiebung in y_g-Richtung, welche für alle Querschnittspunkte identisch ist. Sie entspricht damit der Durchbiegung $v(x)$ des Biegebalkens. Die zugehörigen Querschnittswerte erhält man durch Einsetzen der Umfangswellenzahl $m = 1$ in (6.18). Dabei verschwinden der Querbiegewiderstand ^3B und der Drillwiderstand ^3D. Für den Wölbwiderstand ^3C ergibt sich

$$^3C = \pi tr \left(r^2 + \frac{t^2}{12(1-\mu^2)} \right) . \tag{6.41}$$

Der zweite Summand in (6.41) kommt von der Längsbiegung der Zylinderwand und kann für dünnwandige Zylinder gegenüber dem Anteil aus den Längsmembranspannungen vernachlässigt werden. Dann ist ^3C gerade das Flächenträgheitsmoment I_z eines Kreisringes, bei welchem die Fläche auf die Mittellinie konzentriert wird.[2]

Die Bedeutung der Lastglieder kann ebenfalls leicht eingesehen werden: $^3q_\vartheta$ und ^3q_z sind die aus den Flächenlasten $q_\vartheta(\vartheta)$ und $q_z(\vartheta)$ resultierenden Querkräfte in y_g-Richtung. Zusammen mit den über x variierenden Vorfaktoren entsprechen sie einer Streckenlast, die in der Balkentheorie üblicherweise mit $q(x)$ bezeichnet wird.

Auch die Flächenlast in x-Richtung leistet einen Beitrag zum Gleichgewicht in y_g-Richtung. Das Lastglied ^3q_x beschreibt das Biegemoment um die z_g-Achse, welches in dem Lastbild $q_x(\vartheta)$ enthalten ist. Wir können den dritten Lastanteil also durch ein Streckenmoment $m(x)$ darstellen, das mit seiner ersten Ableitung ins Gleichgewicht eingeht.

Schreiben wir nun die Differentialgleichung (6.26) für $k = 3$ auf und setzen die aufgezeigten Entsprechungen ein, so erhalten wir

$$EI_z v''''(x) = q(x) + m'(x) . \tag{6.42}$$

Dies ist die von der technischen Biegelehre her bekannte Differentialgleichung der Balkenbiegung (Bild 6.7).

In Abschn. 2.8.3 wurde die Schnittgröße ^kW als Resultierende der Längsmembranspannungen eingeführt (vgl. Definition (2.89)). Die Schnittgröße ^3W ist das aus den Längsmembranspannungen resultierende Biegemoment um die

---

[2] Das exakte Flächenträgheitsmoment eines Kreisringes mit verteilter Fläche ist $\pi tr(r^2 + t^2/4)$. Der Unterschied zu (6.41) kommt (neben der zweiachsigen Biegung, die den Faktor $(1 - \mu^2)$ bringt) daher, daß bei der Berechnung von ^kC nach (6.18) Membran- und Plattenanteil unverkoppelt berücksichtigt werden, während bei der exakten Integration der quadrierten Wölbfläche zusätzlich ein gemischtes Glied erscheint. Da mit wachsendem k der Biegeanteil immer größer wird, könnte man vermuten, daß hier für die höheren Zustände ein unzulässiger Fehler entsteht. Es läßt sich aber zeigen daß die relative Abweichung von ^kC zum exakten Wölbwiderstand nicht größer als $t/3r$ werden kann.

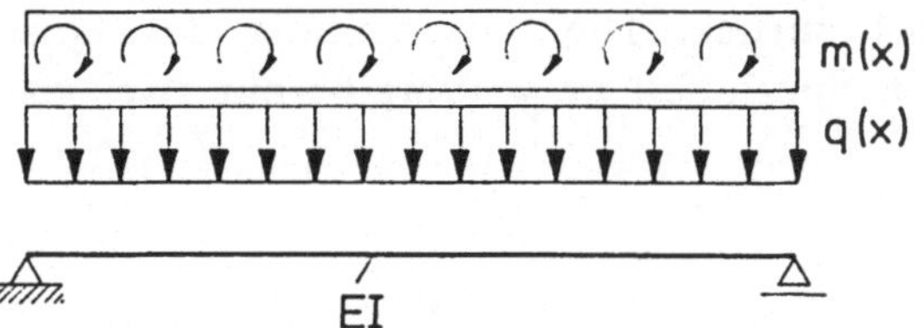

Bild 6.7   System und Belastung zu Gleichung (6.42)

y_g–Achse, was durch eine kleine Umformung der Definition (2.89) gezeigt werden kann

$$
\begin{aligned}
{}^3W(x) &= -\int_A \sigma_x^M(x,\vartheta)\,{}^3u(\vartheta)\,\mathrm{d}A = -\int_A \sigma_x^M(x,\vartheta)r\cos\vartheta\,\mathrm{d}A \\
&= \int_A \sigma_x^M(x,\vartheta)y_g(\vartheta)\,\mathrm{d}A = M_z(x)\ .
\end{aligned}
\tag{6.43}
$$

Ihr Elastizitätsgesetz kann ebenfalls in den Bezeichnungen der technischen Biegetheorie angeschrieben werden

$$
{}^3W = -E\,{}^3C\,{}^3V'' \qquad \Longleftrightarrow \qquad M_z = -EI_z v''\ .
\tag{6.44}
$$

Die Randbedingungen (6.27) werden für $k = 3$:

$$
E\,{}^3C\,{}^3V''\,\delta\,{}^3V'\Big|_0^l = 0 \qquad \text{und} \qquad E\,{}^3C\,{}^3V'''\,\delta\,{}^3V\Big|_0^l = 0\ .
\tag{6.45a,b}
$$

Es ist klar, daß sie im Sinne der technischen Biegelehre gedeutet werden können, nämlich (6.45a) als Verschwinden von Biegemoment oder Querschnittsneigung, bzw. (6.45b) als Verschwinden von Querkraft oder Querschnittsauslenkung.

Für den Zustand $k = 2$ gelten nach Vertauschen von y_g und z_g dieselben Überlegungen wie für $k = 3$.

Der Zustand 1 ist eine Betrachtung des Zylinders als Dehnstab mit Kreisringquerschnitt. Beim Dehnstab ist die zu bestimmende Verformungsgröße $u(x)$ und deren Einheit die Verschiebung 1 in Achsrichtung. Dem entspricht hier die erste Ableitung der Verformungsgröße ${}^1V(x)$, welche aufgrund der Normierung der ${}^ku$ die Einheit "Verschiebung des Querschnitts um -1 in Achsrichtung" besitzt.

Zur genaueren Betrachtung nehmen wir nicht die Differentialgleichung in der Form (6.26) sondern gehen zunächst noch einmal zu dem Variationsausdruck

(6.19) bzw. (6.24) zurück. Die Ausrechnung der Querschnittswerte und Lastglieder für den Spezialfall $m = 0$ ergibt nur zwei von Null verschiedene Werte, nämlich

$$^1C = 2\pi t r \qquad \text{und} \qquad ^1q_x = -r \oint q_x(\vartheta) r \, \mathrm{d}\vartheta \ . \tag{6.46}$$

Man erkennt im Wölbwiderstand ^1C die Querschnittsfläche A, die somit eine Deutung als elastischer Widerstand gegen eine konstante Verwölbung erfährt. Das Lastglied ^1q_x stellt die aus der Flächenlast $q_x(\vartheta)$ resultierende Längskraftbelastung $n_x(x)$ dar. Nach dem Einsetzen von (6.46) in (6.19) und (6.24) sehen wir, daß alle Glieder mit $\delta\,^1V$ verschwinden, so daß bereits mit einmaliger partieller Integration die Gleichgewichtsbedingungen auf der Stufe von $\delta\,^1V'$ erhalten werden können.

$$\begin{aligned}
\delta^1\Pi &= \int_0^l (2Etr^3\pi\,^1V''\delta\,^1V'' + {}^1q_x f_x \delta\,^1V')\,\mathrm{d}x \\
&= \int_0^l (-EA\,^1V''' + {}^1q_x f_x)\delta\,^1V' \, \mathrm{d}x + EA\,^1V''\delta\,^1V'\Big|_0^l \ .
\end{aligned} \tag{6.47}$$

Die Differentialgleichung setzt die differentielle Änderung der aus den σ_x-Spannungen resultierenden Normalkraft mit der Streckenlast $n_x(x)$ ins Gleichgewicht. Sie kann in der folgenden konventionellen Form geschrieben werden (Bild 6.8)

$$EAu''(x) = -n_x(x) \ . \tag{6.48}$$

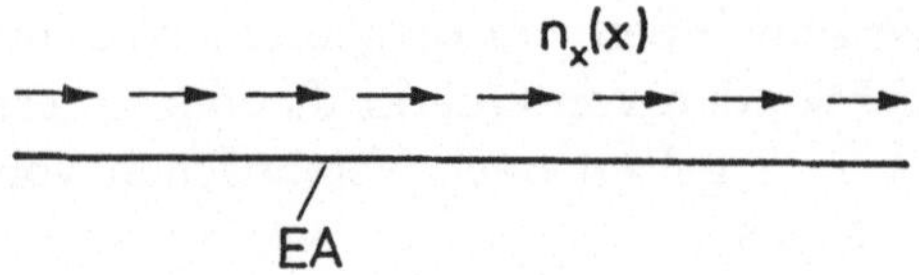

Bild 6.8   System und Belastung zu Gleichung (6.48)

Die Schnittgröße ^1W ist die resultierende Normalkraft N. Das Elastizitätsgesetz und seine herkömmliche Formulierung lauten:

$$^1W = -E\,^1C\,^1V'' \qquad \text{bzw.} \qquad N = EAu' \ . \tag{6.49}$$

Die Randbedingung $^1V''\delta\,^1V' = 0$ fordert ein Verschwinden der Normalkraft oder der Verschiebung an den Enden.

Außer der axialen Dehnung gibt es bei der geschlossenen Kreiszylinderschale noch zwei Vorgänge, die einen in Umfangsrichtung konstanten Verlauf der Feldgrößen aufweisen, nämlich die Torsion und die radiale Aufweitung. Beide sind in dem Zustand 1 der VTB nicht enthalten, was darin zum Ausdruck kommt, daß die betreffenden Verformungen mit den Ansätzen (6.11) nicht beschrieben werden können und die Lastglieder $^1q_\vartheta$ und ^1q_z verschwinden.

Der Grund hierfür liegt in den Voraussetzungen $\varepsilon_x^M = 0$ bzw. $\gamma^M = 0$, welche die genannten Verformungen nicht zulassen. Die in den Flächenlasten q_ϑ und q_z enthaltenen konstanten Anteile finden bei der virtuelle Verrückung $\delta\,^1V$ keine Wege vor, an denen sie Arbeit leisten können und liefern somit keinen Beitrag zum Gleichgewicht. Will man dennoch ihre Wirkung berücksichtigen, so muß das in einer gesonderten Rechnung erfolgen, bei welcher Schubverzerrung bzw. Umfangsdehnung zugelassen werden.

6.5 Ein Beispiel

Als Beispiel führen wir die Berechnung eines waagerecht gelagerten Kunststoffzylinders durch, der an den Enden durch dehnstarre, biegeschlaffe Schotte abgeschlossen und zur Hälfte mit Wasser gefüllt ist. Die Abmessungen und Materialkennwerte sind Bild 6.9 zu entnehmen.

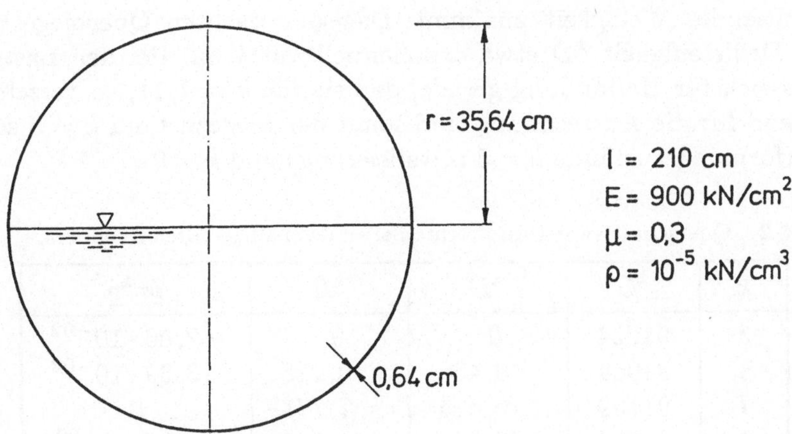

Bild 6.9   Abmessungen und Materialkennwerte des Beispiels

Mit diesen Angaben können bereits die Querschnittswerte ausgerechnet werden. Da der betrachtete Lastfall symmetrisch bezüglich der z-Achse ist, müssen nur die Zustände mit $k = 3, 5, 7, \ldots$ berücksichtigt werden. Um die Lastglieder berechnen zu können, benötigen wir die Formel für den hydrostatischen Druck. Für Halbfüllung lautet sie

$$
p_z(x, \vartheta) = \begin{cases} \varrho r \cos \vartheta & \text{für } |\vartheta| < \pi/2 \\ 0 & \text{für } |\vartheta| \geq \pi/2 \end{cases},
\tag{6.50}
$$

mit der spezifischen Dichte $\varrho = 10^{-5} \text{kN/cm}^3$. Für die Produktdarstellung der äußeren Last nach (6.21) wählen wir $f_z(x) = \varrho r$ und $q_z(\vartheta) = \cos \vartheta$ ($|\vartheta| < \pi/2$). Als Lastglieder gemäß (6.23) erhalten wir somit

$$
{}^k q_z = \begin{cases} -\dfrac{\pi}{2} & \text{für } k = 3 \\ \dfrac{2m^2}{m^2 - 1} \cos m \dfrac{\pi}{2} & \text{für } k = 5, 7, \ldots \end{cases}
\tag{6.51}
$$

Der auf die Schotte wirkende Flüssigkeitsdruck kann von diesen wegen der vorausgesetzten Biegeschlaffheit nicht aufgenommen und auf die Zylinderwand übertragen werden. Er muß daher extern aufgenommen werden. Die Wirkung ist mit der eines im Endquerschnitt sitzenden Kolbens vergleichbar. Bei einem biegesteifen Endschott müßten zunächst dessen Randquerkräfte ermittelt und als Randlängslasten in den Zylinder eingeleitet werden. Im vorliegenden Falle ist der Anteil unbedeutend.

Querschnittswerte und rechte Seiten der Differentialgleichungen sind in Tab. 6.2 angegeben. Die Wölbwiderstände ${}^k C$ bestehen haupsächlich aus dem für alle gleichen Membrananteil, zu welchem ein Biegeanteil kommt, der mit wachsender Welligkeit zunimmt. Dagegen wachsen Querbiegesteifigkeit ${}^k B$ und Drillsteifigkeit ${}^k D$ etwa exponentiell mit k an. Bei den Lastgliedern ergibt es sich für Halbfüllung gerade, daß sie für $k = 7, 11, \ldots$ verschwinden. Maßgebend für die Ausrechnung sind somit der Biegezustand $k = 3$ sowie die Profilverformungszustände $k = 5$ (Ovalisierung) und $k = 9$.

Tabelle 6.2 Querschnittswerte und rechte Seiten des halbgefüllten Zylinders

k	${}^k C$	${}^k D$	${}^k B$	$\varrho r \, {}^k q$
3	91024	0	0	$-2,00 \cdot 10^{-02}$
5	91064	$0,436$	$0,216$	$-3,39 \cdot 10^{-02}$
7	91709	$6,576$	$7,773$	0
9	94504	$40,405$	$86,361$	$2,71 \cdot 10^{-02}$
11	92701	$160,431$	$539,757$	0

Bevor wir an die Lösung der Differentialgleichung gehen können, müssen wir die Randbedingungen formulieren. Da Verwölbungen an den Enden durch die biegeweichen Schotte nicht behindert sind, können keine σ_x-Spannungen aufgebaut werden so daß die Schnittgrößen ${}^kW(0)$ und ${}^kW(l)$ für alle k verschwinden müssen. Da die Schotte dehnstarr sind, lassen sie keine Querschnittsverschiebungen zu. Also muß ebenfalls für alle k gelten ${}^kV(0) = {}^kV(l) = 0$. Wir haben damit für jeden Zustand die Lagerungsbedingungen, welche in der Analogie des gebetteten Balkens einem gelenkigen Lager entsprechen.

Für die Lösung der Differentialgleichung ist es zweckmäßig, sie auf die folgende dimensionslose Form zu bringen:

$$\frac{\partial^4\, {}^kV}{\partial\xi^4} - 2\,{}^k\zeta\frac{\partial^4\, {}^kV}{\partial\xi^4} + {}^k\eta^2\, {}^kV = {}^kp \qquad \text{für } k = 3,5,7,\dots, \tag{6.52}$$

mit

$$ {}^k\zeta = \frac{G\,{}^kD l^2}{2E\,{}^kC}, \quad {}^k\eta^2 = \frac{{}^kB l^4}{E\,{}^kC}, \quad {}^kp = \gamma r\frac{{}^kq_z l^4}{E\,{}^kC} \quad \text{und} \quad \xi = \frac{x}{l}\,. \tag{6.53}$$

Bei der Lösung von (6.52) muß zwischen dem Zustand 3 (bei welchem der Querbiege– und der Drillwiderstand verschwinden) und den höheren Zuständen unterschieden werden. Zustand 3 entspricht der technischen Biegetheorie. Seine Lösung lautet

$$ {}^3V(\xi) = \frac{{}^kp}{24}(\xi^4 - 2\xi^3 + \xi)\,. \tag{6.54}$$

Die Lösung für die höheren Zustände kann mit der Abkürzung

$$ {}^k\nu_{1,2} = \sqrt{({}^k\eta \pm {}^k\zeta)/2} $$

in folgender Form angegeben werden:

$$ {}^kV = \frac{{}^kp}{{}^k\eta^2} + A\cos{}^k\nu_1\xi\cosh{}^k\nu_2\xi + B\cos{}^k\nu_1\xi\sinh{}^k\nu_2\xi $$
$$ + C\sin{}^k\nu_1\xi\cosh{}^k\nu_2\xi + D\sin{}^k\nu_1\xi\sinh{}^k\nu_2\xi\,. \tag{6.55}$$

Die Konstanten A bis D sind aus den Randbedingungen zu ermitteln. Der Verlauf der Lösungsfunktionen ${}^kV$ sowie der Schnittgrößen

$$ {}^kW = -E\,{}^kC\,{}^kV'' $$

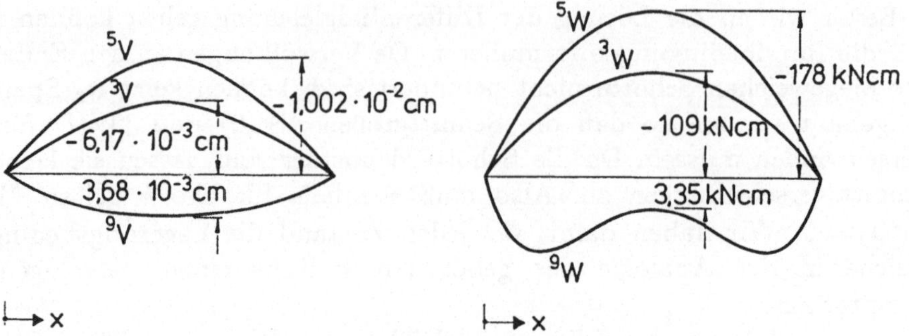

Bild 6.10   Verformungsresultanten und Schnittgröße (maßstäblich verzerrt)

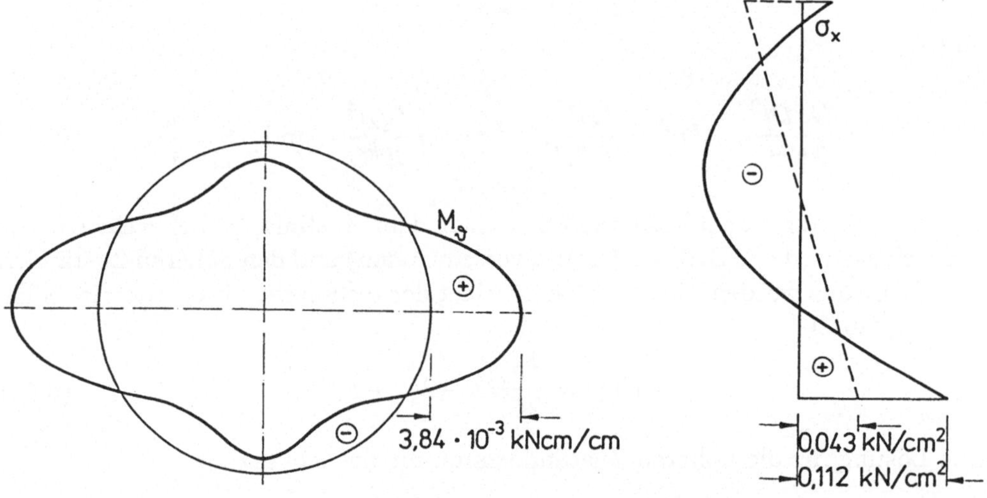

Bild 6.11   Spannungsverteilung (projiziert auf die Querschnittshöhe) und Momenten-
verteilung (aufgetragen über den Umfang) in Feldmitte

ist für $k = 3, 5$ und 9 in den Bildern 6.10a und b zu sehen.

Daraus lassen sich nun die interessierenden Spannungen ermitteln. Bild 6.11 zeigt die Verteilung der σ_x-Spannungen sowie die Umfangsbiegemomente in Feldmitte.

Die Längsspannungsverteilung setzt sich im wesentlichen aus dem linearen Balkenanteil (gestrichelte Linie) und dem von der Ovalisierung stammenden quadratischen Anteil zusammen. Eine Rechnung nach der Balkentheorie hätte hier zu fehlerhaften Ergebnissen geführt, denn die von der Querschnittsverformung kommenden Anteile sind so groß, daß sie in den oberen Fasern zu Zugspannungen führen. Für die Umfangsbiegemomente sind die Zustände 5 und 9 maßgebend.

6.6 Annäherung durch Polygonquerschnitt

Eine andere Möglichkeit der Berechnung von offenen oder geschlossenen Kreiszylinderschalen mit der VTB besteht in der Annäherung durch ein Faltwerk mit polygonförmigen Querschnitt. Bei der Rechnung mit stetig gekrümmten Querschnitt ergibt sich — wie gezeigt worden ist — eine unendliche Folge von Einheitsverformungszuständen, von denen dann in der Rechnung je nach Lastfall nur die ersten, maßgebenden mitgenommen werden müssen. Ab einer bestimmten Nummer liefern die höheren Zustände keinen wesentlichen Beitrag mehr zu den interessierenden Feldgrößen. Man kann also in Abhängigkeit vom Lastfall die Rechnung bis zur gewünschten Genauigkeit führen und dann abbrechen.

Dagegen wird bei der Modellierung des Zylinders als Faltwerk schon vorab die Zahl der Zustände begrenzt und damit für die erzielbare Genauigkeit eine obere Grenze gesetzt. Dies bedeutet, daß für eine sinnvolle Modellierung die Abschätzung des zu erwartenden Lösungsverhaltens notwendig ist. Sind stark variierende Querschnittsfunktionen zu erwarten, so muß die Einteilung des Querschnitts entsprechend feiner sein. Der Lastverlauf in x–Richtung spielt hierbei keine Rolle.

Als Beispiel wollen wir noch einmal das System nach Bild 6.9 heranziehen. Bei der Wahl der Unterteilung werfen wir zunächst noch einmal einen Blick auf die in Abschn. 6.5 erhaltenen Ergebnisse. Die Längsmembranspannungen wurden mit den Zuständen 3 und 5 ausreichend genau beschrieben. Bei den Umfangsbiegemomenten kam jedoch noch ein erheblicher Anteil aus dem Zustand 9 hinzu. Die Einheitsverwölbung ^9u ist der vierwellige Kosinus, sie hat also acht Vorzeichenwechsel. Damit diese hinreichend genau erfaßt werden können, unterteilen wir den Querschnitt in sechzehn Scheiben.

Aufgrund der Symmetrie von System und Belastung kann man die Aufgabe auf die Berechnung der linken oder rechten Hälfte des Querschnitts reduzieren. Die Symmetriebedingungen am oberen und unteren Rand werden erfüllt, indem diese Ränder in vertikaler Richtung frei verschieblich eingespannt werden.

Die Scheibenbreite wurde so gewählt, daß Faltwerks- und Zylinderquerschnitt in der Abwicklung dieselbe Länge besitzen. Damit sind dann allerdings die eingeschlossenen Fläche von unterschiedlicher Größe, so daß die Halbfüllung des

Polygons eine geringere Belastung ergibt. Um das auszugleichen, Multiplizieren wir alle Knotenlasten mit dem Faktor 1,026.

Wir erhalten auf diese Weise den Acht-Scheiben-Querschnitt nach Bild 6.12 mit der Belastung gemäß Tabelle 6.3.

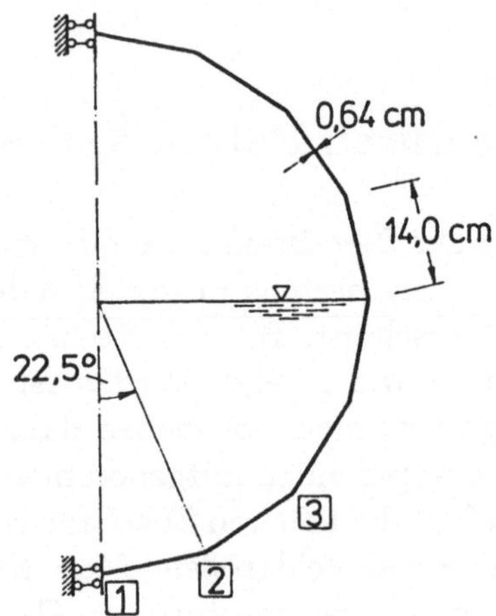

Bild 6.12   Geometrie und Abmessungen des Beispiels

Tabelle 6.3   Knotenlasten aus der Wasserfüllung in kN/cm

r	$q_{y,r}$	$q_{z,r}$
1	0	$2.431 \cdot 10^{-3}$
2	$-1.672 \cdot 10^{-3}$	$4.166 \cdot 10^{-3}$
3	$-2.367 \cdot 10^{-3}$	$2.493 \cdot 10^{-3}$
4	$-1.673 \cdot 10^{-3}$	$8.208 \cdot 10^{-4}$
5	$-3.181 \cdot 10^{-4}$	$6.331 \cdot 10^{-5}$

Die Querschnittswerte sollen hier nicht angegeben werden, da ein Vergleich mit denen aus Abschn. 6.5 aufgrund der unterschiedlichen Formen und Normierungen der Einheitsverwölbungen bei Zylinder und Faltwerk wenig aussagekräftig ist. Aufschluß über die Güte der Annäherung erhält man erst durch die Gegenüberstellung von Schnittkräften und Verformungen, welche in Bild 6.13 vorgenommen ist.

Es zeigt sich, daß mit der gewählten Einteilung das System hinreichend genau beschrieben werden kann.

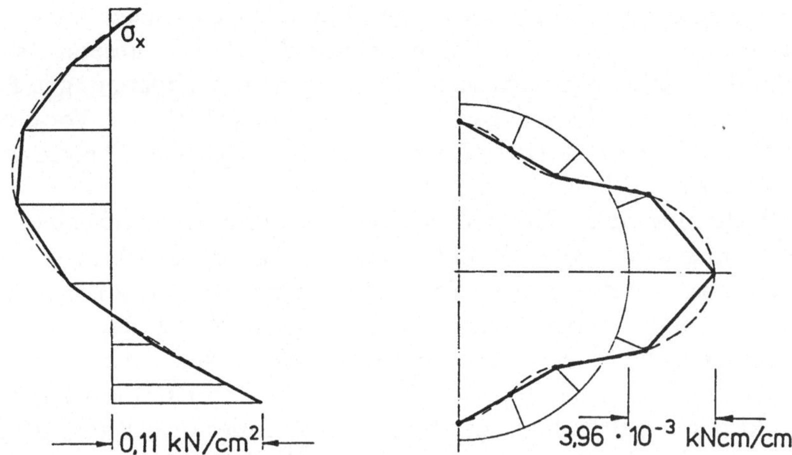

Bild 6.13   Vergleich der Längsspannungen und Querbiegemomente bei $x = l/2$

6.7   Die Teilzylinderschale

In diesem Abschnitt betrachten wir eine Teilzylinderschale mit dem Öffnungswinkel $2\vartheta_0$ (Bild 6.14). Die Lagerungsbedingungen an den Rändern $\vartheta = $ const seien beliebig aber von x unabhängig, so daß sie bei der Berechnung der Querschnittswerte einbezogen werden können.

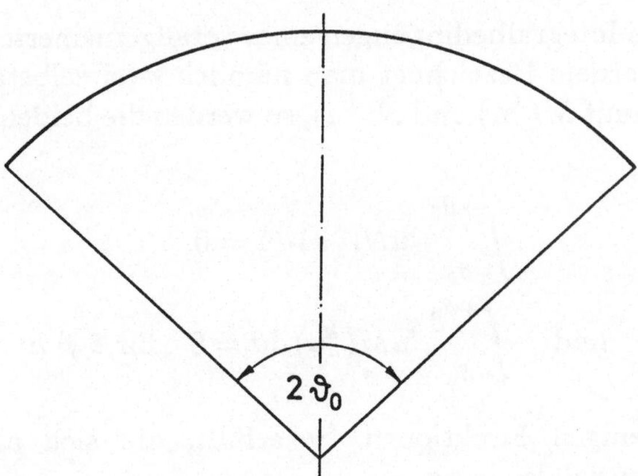

Bild 6.14   Teilzylinderschale mit Öffnungswinkel $2\vartheta_0$

Über die bisherigen Voraussetzungen hinaus werden jetzt auch die Längsbiegemomente M_x und die Drillmomente $M_{x\vartheta}$ Null gesetzt, so daß ein Abtragen der Lasten nur noch über die Längsmembranspannungen N_x und die Querbiegemomente M_ϑ erfolgen kann. Dies entspricht den Voraussetzungen der Halbbiegetheorie ([24]). Der Anwendungsbereich der Theorie wird damit auf mittellange und lange Schalen begrenzt.

Die Herleitung der Gleichgewichtsbedingungen unterscheidet sich nicht von der beim geschlossenen Zylinder. Verzerrungs–Verschiebungs–Gleichungen und Elastizitätsgesetze sowie die Verschiebungsansätze können direkt aus Abschn. 6.2 übernommen werden. Die Durchführung der Variation kann ebenfalls in gleicher Weise vorgenommen werden, sie vereinfacht sich sogar, da zwei Schnittgrößen Null gesetzt wurden. Die Ermittlung der orthogonalen Wölbfunktionen, welche beim geschlossenen Zylinder direkt angegeben werden konnten, erfordert jedoch einige zusätzliche Überlegungen.

Bildet man den Ausdruck für die Variation der inneren Energie, so hat man statt (6.16) jetzt die Gleichung

$$\delta\Pi_i = \sum_{i=1}^{\infty}\sum_{k=1}^{\infty}\int_0^l \Bigg(Etr\,{}^kV'' \int_{-\vartheta_0}^{+\vartheta_0} {}^i u\,{}^k u\,\mathrm{d}\vartheta\,\delta\,{}^iV''$$
$$+ \frac{K}{r^3}\,{}^kV \int_{-\vartheta_0}^{+\vartheta_0} ({}^i\ddot{u} + {}^i\!\overset{....}{u})({}^k\ddot{u} + {}^k\!\overset{....}{u})\,\mathrm{d}\vartheta\,\delta\,{}^iV \Bigg)\,\mathrm{d}x\ . \tag{6.56}$$

Die Bedingungen für das Wegfallen der Außerdiagonalelemente lauten

$$\int_{-\vartheta_0}^{+\vartheta_0} {}^i u\,{}^k u\,\mathrm{d}\vartheta = 0 \tag{6.57}$$

und $\quad\displaystyle\int_{-\vartheta_0}^{+\vartheta_0} ({}^i\ddot{u} + {}^i\!\overset{....}{u})({}^k\ddot{u} + {}^k\!\overset{....}{u})\,\mathrm{d}\vartheta = 0 \quad$ für $i \neq k$. $\qquad$ (6.58)

Sie können als die Integralbedingungen eines verallgemeinerten Eigenwertproblems aufgefaßt werden: Bezeichnet man nämlich zwei selbstadjungierte Differentialoperatorenmit $M({}^k u)$ und $N({}^k u)$, so werden die beiden Orthogonalitätsbedingungen

$$\int_{-\vartheta_0}^{+\vartheta_0} {}^i u\,N({}^k u)\,\mathrm{d}\vartheta = 0 \tag{6.59}$$

und $\quad\displaystyle\int_{-\vartheta_0}^{+\vartheta_0} {}^i u\,M({}^k u)\,\mathrm{d}\vartheta = 0 \quad$ für $i \neq k$ $\qquad$ (6.60)

genau von denjenigen Funktionen ${}^k u$ erfüllt, die sich als Lösungen der Eigenwert–Differentialgleichung

$$M({}^k u) = {}^k\lambda N({}^k u) \tag{6.61}$$

ergeben ([25]). Die Bedingungen (6.57) und (6.58) sollen nun so umgeformt werden, daß sie in die Form (6.59) bzw. (6.60) übergehen. Beim Vergleich von (6.57) und (6.57) sieht man, daß mit $N(^{k}u) = {}^{k}u$ die Form der Gleichungen bereits identisch ist. Das andere Integral muß erst durch mehrmalige partielle Integration umgeformt werden. In [44] wurde gezeigt, daß die dabei anfallenden Randterme genau den Randbedingungen entsprechen, welche an den Rändern $\vartheta = $ const vorgegeben werden können und deswegen in diesen Größen geschrieben werden können. Wir erhalten

$$
\int_{-\vartheta_0}^{+\vartheta_0} ({}^{i}\ddot{u} + {}^{i}\dddot{u})({}^{k}\ddot{u} + {}^{k}\dddot{u})\,\mathrm{d}\vartheta = \frac{r^5}{K}\left\{ \frac{{}^{i}\dot{w}}{r}\,{}^{k}M_\vartheta - {}^{i}w\,{}^{k}Q_\vartheta + {}^{i}v\,{}^{k}N_\vartheta - \frac{1}{r}\,{}^{i}u\,{}^{k}N_{\vartheta x} \right\}\Bigg|_{-\vartheta_0}^{+\vartheta_0}
$$

$$
+ \int_{-\vartheta_0}^{+\vartheta_0} {}^{i}u({}^{k}u^{(8)} + 2\,{}^{k}u^{(6)} + {}^{k}u^{(4)})\,\mathrm{d}\vartheta \ .
$$

$$(6.62)$$

Damit geht für verschwindende Randterme und mit $M(^{k}u) = {}^{k}u^{(8)} + 2\,{}^{k}u^{(6)} + {}^{k}u^{(4)}$ die Bedingung (6.58) in die Form (6.60) über.

Da nun $M(^{k}u)$ und $N(^{k}u)$ bekannt sind, kann die Eigenwertgleichung, aus welcher die Wölbfunktionen ermittelt werden, explizit angegeben werden:

$$
{}^{k}u^{(8)} + 2\,{}^{k}u^{(6)} + {}^{k}u^{(4)} = {}^{k}\lambda\,{}^{k}u \ .
\tag{6.63}
$$

Die Lösung erfolgt über einen $e^{\mu\vartheta}$-Ansatz. Es ergeben sich 8 Integrationskonstanten, durch deren Ermittlung die Randbedingungen befriedigt werden. Dabei wird ein homogenes Gleichungssystem für die 8 Integrationskonstanten aufgestellt, dessen Determinante eine transzendente Funktion des Eigenwertes $^{k}\lambda$ ist. Wenn das Systems lösbar sein soll, muss die Determinante verschwinden. Die Nullstellen der Determinante ergeben eine unendliche Folge von Eigenwerten $^{k}\lambda$ und (durch Berechnung der zugehörigen Integrationskonstanten) Eigenfunktionen ^{k}u.

Nach der Ermittlung der ^{k}u können die Querschnittsintegrale

$$
{}^{k}C = \int_{-\vartheta_0}^{+\vartheta_0} {}^{k}u^2\,\mathrm{d}\vartheta \ ,
$$

$$
{}^{k}B = \frac{K}{r^5 E} \int_{-\vartheta_0}^{+\vartheta_0} ({}^{k}\ddot{u} + {}^{k}\dddot{u})^2\,\mathrm{d}\vartheta
$$

$$(6.64)$$

ausgewertet werden, und auf dem selben Weg wie in Abschn. 6.3.1 erhalten wir die linken Seiten der Differentialgleichungen.

Die Lasten seien nach (6.21) gegeben und die Lastglieder ^{k}q gemäß (6.23) definiert. Damit haben wir insgesamt

$$
E\,{}^{k}C\,{}^{k}V'''' + {}^{k}B\,{}^{k}V = f_x'\,{}^{k}q_x + f_\vartheta\,{}^{k}q_\vartheta + f_z\,{}^{k}q_z \ ,
\tag{6.65}
$$

mit den Randbedingungen

$$E\,{}^{k}C\,{}^{k}V''\delta\,{}^{k}V'\bigg|_{0}^{l} = 0\;,$$

$$(E\,{}^{k}C\,{}^{k}V''' - {}^{k}q_{x}f_{x})\delta\,{}^{k}V\bigg|_{0}^{l} = 0\;.$$

(6.66)

Bei der Berechnung von ${}^{k}B$ kann die Auswertung des Querschnittsintegrals umgangen werden. Wegen (6.61) gilt nämlich für die Eigenfunktionen

$$
{}^{k}B = \int_{-\vartheta_{0}}^{+\vartheta_{0}} {}^{k}u\,M({}^{k}u)\,\mathrm{d}\vartheta = {}^{k}\lambda \int_{-\vartheta_{0}}^{+\vartheta_{0}} {}^{k}u^{2}\,\mathrm{d}\vartheta = {}^{k}\lambda\,{}^{k}C\;.
$$

(6.67)

Der Eigenwert ${}^{k}\lambda$ kann also als Verhältnis von Querbiege– zu Wölbsteifigkeit interpretiert werden.

Trotz aller vereinfachenden Voraussetzungen sind für die Ermittlung der ${}^{k}u$ umfangreiche Ausdrücke auszuwerten. Dieser Rechenaufwand kann durch weitere Vereinfachungen noch wesentlich verringert werden. Eine derartige Methode ist in [44] zu finden, wo außerdem für eine Reihe von technisch interessanten Lagerungsfällen die Wölbfunktionen explizit angegeben werden.

6.8   Zusammenstellung der Formeln

$$\boxed{\text{Einheitsverwölbungen}}$$

$$
{}^{k}u = \begin{cases} r\cos m\vartheta & \text{mit } m = (k-1)/2 & \text{für } k = 1,3,5,\dots \\ r\sin m\vartheta & \text{mit } m = k/2 & \text{für } k = 2,4,6,\dots \end{cases}
$$

$$\boxed{\text{Verschiebungsansätze}}$$

$$
u(x,\vartheta) = \sum_{k=1}^{\infty} {}^{k}V'(x)\,{}^{k}u(\vartheta)
$$

$$
v(x,\vartheta) = -\frac{1}{r}\sum_{k=1}^{\infty} {}^{k}V(x)\,{}^{k}\dot{u}(\vartheta)
$$

$$
w(x,\vartheta) = \frac{1}{r}\sum_{k=1}^{\infty} {}^{k}V(x)\,{}^{k}\ddot{u}(\vartheta)
$$

$\boxed{\text{Schnittgrößen}}$

$$N_x = Et \sum_{k=1}^{\infty} {}^kV'' \, {}^ku$$

$$M_x = -\frac{K}{r} \sum_{k=2}^{\infty} m^2 \left({}^kV'' + \frac{\mu}{r^2}(1-m^2)\,{}^kV \right) {}^ku$$

$$M_\vartheta = \frac{K}{r} \sum_{k=1}^{\infty} m^2 \left(\frac{1}{r^2}(m^2-1)\,{}^kV - \mu\,{}^kV'' \right) {}^ku$$

$$M_{x\vartheta} = K\frac{(1-\mu)}{r^2} \sum_{k=2}^{\infty} (1-m^2)\,{}^kV' \, {}^k\dot{u}$$

$$Q_x = -\frac{K}{r} m^2 \sum_{k=1}^{\infty} \left({}^kV''' + \frac{1}{r^2}(1-m^2)\,{}^kV' \right) {}^ku$$

$$Q_\vartheta = \frac{K}{r^2} \sum_{k=1}^{\infty} \left((1-\mu-m^2)\,{}^kV'' + \frac{1}{r^2}m^2(m^2-1)\,{}^kV \right) {}^k\dot{u}$$

$$N_{\vartheta x} = {}^1N_{\vartheta x} + \sum_{k=2}^{\infty} \left(\frac{Etr}{m^2}\,{}^kV''' + \frac{{}^kq_x}{\pi r^2 m^2} f_x \right) {}^k\dot{u}$$

$$N_\vartheta = {}^1N_\vartheta + \sum_{k=1}^{\infty} \left(\frac{K}{r^4}m^2(m^2-1)\,{}^kV - 2\frac{K}{r^2}\left(m^2-1+\mu-\frac{\mu m^2}{2} \right) {}^kV'' \right.$$
$$\left. - \frac{Etr^2}{m^2}\,{}^kV'''' + \frac{1}{\pi r m^2}({}^kq_\vartheta f_\vartheta - {}^kq_x f_x') \right) {}^ku$$

$\boxed{\text{Zustandslasten}}$

$$^kq_x = -r \oint q_x \, {}^ku \, d\vartheta$$

$$^kq_\vartheta = - \oint q_\vartheta \, {}^k\dot{u} \, d\vartheta$$

$$^kq_z = \oint q_z \, {}^k\ddot{u} \, d\vartheta$$

$\boxed{\text{Querschnittswerte}}$

$$
{}^kC = \begin{cases} 2\pi tr & \text{für } k = 1 \\ \pi tr^3\left(1 + \dfrac{t^2}{r^2}\cdot\dfrac{m^4}{12(1-\mu^2)}\right) & \text{für } k > 1 \end{cases} \, ,
$$

$$
{}^kD = \pi\frac{t^3}{3r}m^2(m^2-1)\left(\frac{m^2}{1-\mu}-1\right) \, ,
$$

$$
{}^kB = \pi\frac{K}{r^3}m^4(m^2-1)^2 \, .
$$

$\boxed{\text{Differentialgleichung}}$

$$
E\,{}^kC\,{}^kV'''' - G\,{}^kD\,{}^kV'' + {}^kB\,{}^kV = f_x'\,{}^kq_x + f_\vartheta\,{}^kq_\vartheta + f_z\,{}^kq_z
$$

$\boxed{\text{Randbedingungen}}$

$$
\left. (E\,{}^kC\,{}^kV'' + G\,{}^kD_2\,{}^kV)\delta\,{}^kV' \right|_0^l = 0
$$

$$
\left. (E\,{}^kC\,{}^kV''' + G\,{}^kD_2\,{}^kV' - G\,{}^kD_1\,{}^kV' - {}^kq_x f_x)\delta\,{}^kV \right|_0^l = 0
$$

7 Integrationshilfen

7.1 Zerlegung der Funktionen in symmetrische und antimetrische Anteile

Bei der Erfassung der inneren virtuellen Arbeit treten Integrale über Produkte von Funktionen auf. Die Funktionen sind zwischen den Knoten stetig und Polynome von höchstens dritter Ordnung, so daß sie für jede Scheibe geschlossen integriert werden können. Den größten Aufwand verlangt der Arbeitsausdruck für die Längsbiegung. Er enthält das Produkt zweier allgemeiner Polynome dritten Grades mit jeweils vier Freiwerten:

$$^{ik}C^B = \frac{1}{E} \int_s K\,{}^if \cdot {}^kf \cdot \mathrm{d}s = \frac{1}{E} \sum_{r=1}^{n} K_r \int_r^{r+1} {}^if \cdot {}^kf \cdot \mathrm{d}s \; . \qquad (7.1)$$

Es erweist sich als zweckmäßig, die Polynome so zu zerlegen, daß einerseits die günstigen Eigenschaften der symmetrischen und antimetrischen Anteile genutzt und andererseits die quadratischen und kubischen Anteile durch die Querbiegemomente ausgedrückt werden können.

Bild 7.1 zeigt die Zerlegung von $f(s)$ in vier Anteile sowie daneben die m_s-Linien, die den quadratischen und kubischen Anteil beschreiben können. Die lokale Scheibenkoordinate s wird durch Bezug auf die Scheibenbreite b_r dimensionslos gemacht:

$$\eta = \frac{s}{b_r} \; .$$

Damit schreibt sich die Verschiebung $f(\eta)$

$$f(\eta) = f_{\bar{s}} \cdot \Phi_1 + f_\vartheta \cdot \Phi_2 \cdot \frac{b}{2} + \bar{m} \cdot \Phi_3 \cdot \frac{b^2}{2K} - \hat{m} \cdot \Phi_4 \cdot \frac{b^2}{6K} \qquad (7.2)$$

mit

$$\Phi_1 = 1$$
$$\Phi_2 = 2\eta - 1$$
$$\Phi_3 = \eta(1 - \eta)$$
$$\Phi_4 = \eta\,(1 - \eta(3 - 2\eta))$$

und

$$\bar{m} = \frac{m_{r+1} + m_r}{2}$$
$$\hat{m} = \frac{m_{r+1} - m_r}{2} \; . \qquad (7.3)$$

Aus Gründen der Übersichtlichkeit wurde der Scheibenindex r bei den Größen b, $f_{\bar{s}}$, f_ϑ, $\bar{m}$ und $\hat{m}$ weggelassen, außerdem wurde für $m_{s,r}$ einfach m_r geschrieben. Die Funktionen Φ_i sind so normiert, daß für Φ_1 und Φ_2 die größte

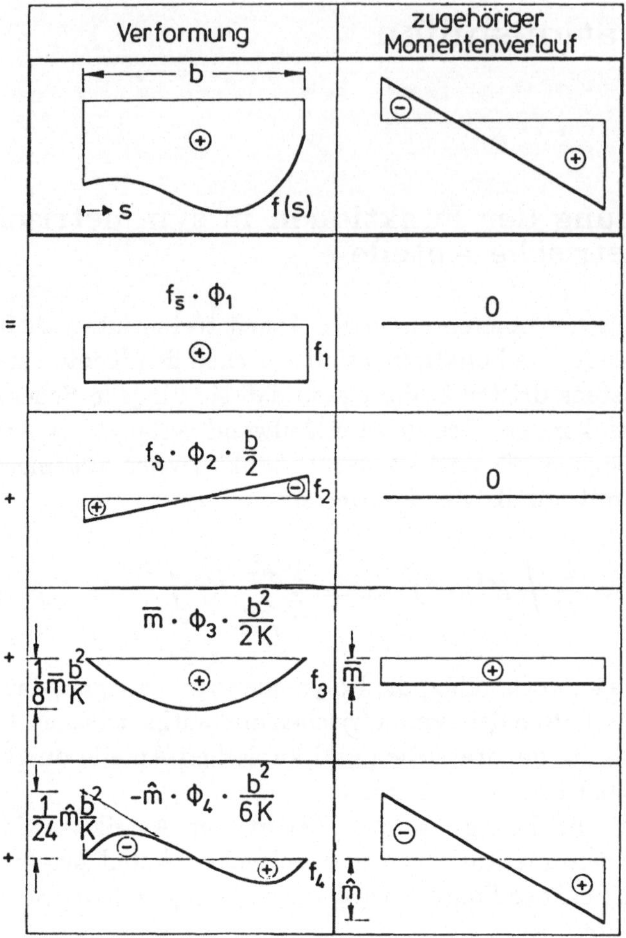

Bild 7.1   Zerlegung der Verformung einer Scheibe in Einheitsfunktionen

Ordinate, für Φ_3 und Φ_4 die Steigung der Randtangente eins gesetzt wird (Bild 7.2).

Für die Anteile des Drillwiderstands ^{ik}D werden auch die erste und zweite Ableitung der Funktionen $f(\eta)$ nach s benötigt:

$$\dot{f}(\eta) = f_{\vartheta} \cdot \dot{\Phi}_2 \cdot \frac{1}{2} + \bar{m} \cdot \dot{\Phi}_3 \cdot \frac{b}{2K} - \hat{m} \cdot \dot{\Phi}_4 \cdot \frac{b}{6K}$$

$$\ddot{f}(\eta) = \bar{m} \cdot \ddot{\Phi}_3 \cdot \frac{1}{2K} - \hat{m} \cdot \ddot{\Phi}_4 \cdot \frac{1}{6K} \tag{7.4}$$

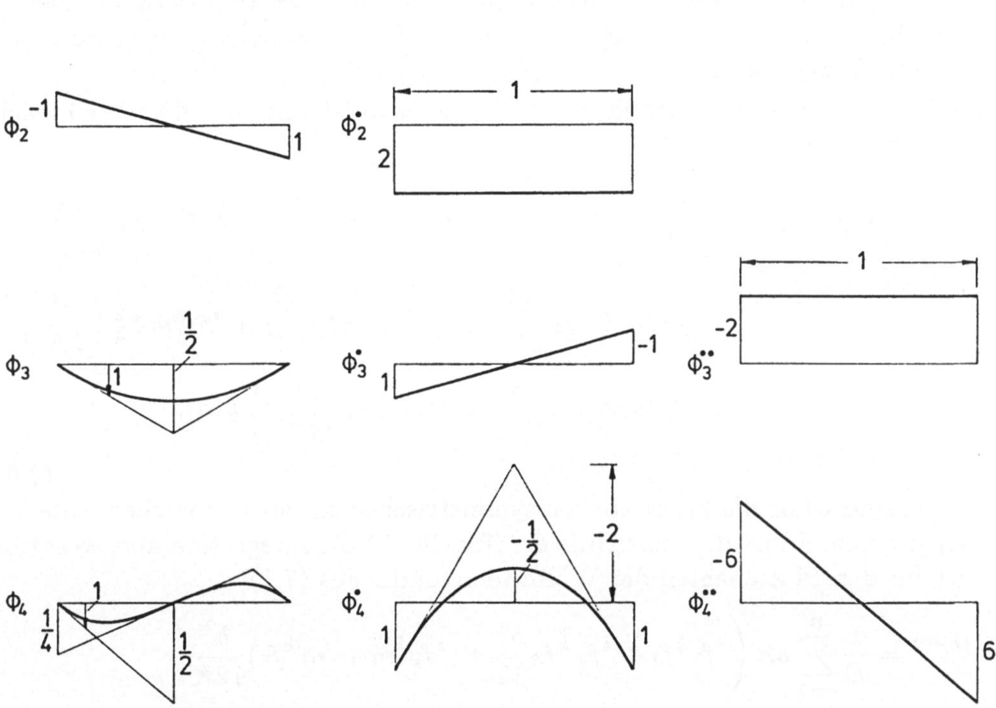

Bild 7.2   Normierte Funktionen Φ_i und deren Ableitungen

mit

$$\dot{\Phi}_2 = 2 = 2 \cdot \Phi_1$$

$$\dot{\Phi}_3 = 1 - 2\eta = -\Phi_2$$

$$\dot{\Phi}_4 = 1 - 6\eta + 6\eta^2 = \Phi_1 - 6\Phi_3 \qquad (7.5)$$

$$\ddot{\Phi}_3 = -2$$

$$\ddot{\Phi}_4 = -6 + 12\eta = 6\Phi_2 \; .$$

Die Punkte über den Φ_i bedeuten Ableitungen nach η.

7.2 Die Integrationswerte der Funktionsprodukte

Das Ergebnis der Integration über den Bereich $\eta = 0$ bis $\eta = 1$ ist für die verschiedenen Kombinationen tabellarisch zusammengestellt (Tabelle 7.1 und 7.2). Mit diesen Hilfswerten können die Querschnittswerte programmierfertig formuliert werden. In den folgenden Formeln ist der Scheibenindex r auch bei b, t und K weggelassen.

<u>1. Plattenanteile im Wölbwiderstand:</u> Mit den Hilfsfunktionen Φ_i schreibt sich das Integral in (7.1)

$$
\int_s {}^i\!f(s)\,{}^k\!f(s)\,\mathrm{d}s = \sum_{r=1}^{n} \int_0^1 \left({}^i\!f_{\bar{s}}\,{}^k\!f_{\bar{s}}\,\Phi_1^2 + {}^i\!f_{\bar{s}}\,{}^k\bar{m}\,\Phi_1\Phi_3\frac{b^2}{2K} + {}^i\!f_\vartheta\,{}^k\!f_\vartheta\,\Phi_2^2\left(\frac{b}{2}\right)^2 \right.
$$

$$
- {}^i\!f_\vartheta\,{}^k\bar{m}\,\Phi_2\Phi_4\frac{b^3}{12K} + {}^i\bar{m}\,{}^k\!f_{\bar{s}}\,\Phi_3\Phi_1\frac{b^2}{2K} + {}^i\bar{m}\,{}^k\bar{m}\,\Phi_3^2\left(\frac{b^2}{2K}\right)^2
$$

$$
\left. - {}^i\hat{m}\,{}^k\!f_\vartheta\,\Phi_4\Phi_2\frac{b^3}{12K} + {}^i\hat{m}\,{}^k\hat{m}\,\Phi_4^2\frac{b^4}{36K^2} \right) b\cdot\mathrm{d}\eta \ .
$$

$$(7.6)$$

Hierin sind schon die Produkte von symmetrischen mit antimetrischen Anteilen weggelassen. Führt man mit Hilfe der Tabelle 7.1 die Integration aus, so ergibt sich für den Plattenanteil des Wölbwiderstandes aus (7.1)

$$
{}^{ik}C^B = \frac{1}{E}\sum_{r=1}^{n} bK\left({}^i\!f_{\bar{s}}\,{}^k\!f_{\bar{s}} + {}^i\!f_\vartheta\,{}^k\!f_\vartheta\frac{b^2}{12} + ({}^i\!f_{\bar{s}}\,{}^k\bar{m} + {}^i\bar{m}\,{}^k\!f_{\bar{s}})\frac{b^2}{12K} \right.
$$

$$
+ ({}^i\!f_\vartheta\,{}^k\hat{m} + {}^i\hat{m}\,{}^k\!f_\vartheta)\frac{b^3}{360K}
$$

$$
\left. + ({}^i\bar{m}\,{}^k\bar{m} + \frac{1}{63}\,{}^i\hat{m}\,{}^k\hat{m})\frac{b^4}{120K^2} \right) .
$$

$$(7.7)$$

Für die Hauptdiagonalglieder ${}^kC^B$, z.B. bei der Rückrechnung, vereinfacht sich die Formel (7.7) zu

$$
{}^kC^B = \frac{1}{E}\sum_{r=1}^{n} bK\left({}^k\!f_{\bar{s}}^2 + {}^k\!f_\vartheta^2\frac{b^2}{12} + {}^k\!f_{\bar{s}}\,{}^k\bar{m}\frac{b^2}{6K} + {}^k\!f_\vartheta\,{}^k\hat{m}\frac{b^3}{180K} \right.
$$

$$
\left. + ({}^k\bar{m}^2 + \frac{1}{63}\,{}^k\hat{m}^2)\frac{b^4}{120K^2} \right) .
$$

$$(7.8)$$

<u>2. Der Drillwiderstand D_1 (St. Venant'scher Anteil):</u> Der vollständige Ausdruck für D_1 wurde in Abschn 4.2 hergeleitet:

$$
{}^{ik}D_1 = \frac{1}{3}\int_s t^3\,{}^i\!f\,{}^k\!f\,\mathrm{d}s \ .
$$

$$(7.9)$$

Auch hier wird das Integral mit den Hilfsfunktionen Φ_i gelöst.

$$\int_0^1 {}^i\dot{f}\,{}^k\dot{f}\,\mathrm{d}s = \int_0^1 \left({}^if_\vartheta\,{}^kf_\vartheta\dot{\Phi}_2^2\frac{1}{4} + {}^i\bar{m}\,{}^k\bar{m}\dot{\Phi}_3^2\frac{b^2}{4K^2} + {}^i\hat{m}\,{}^k\hat{m}\dot{\Phi}_4^2\frac{b^2}{36K^2} \right) b\,\mathrm{d}\eta \ . \quad (7.10)$$

Nach Integration über η mit Hilfe der Koppeltafel (Tab. 7.2) erhält man für die gemischten Drillwiderstände

$$^{ik}D_1 = \sum_{r=1}^n \left(\frac{bt^3}{3}\,{}^if_\vartheta\,{}^kf_\vartheta + \frac{1}{G}\frac{b^3(1-\mu)}{6K}({}^i\bar{m}\,{}^k\bar{m} + \frac{{}^i\hat{m}\,{}^k\hat{m}}{15}) \right) \ . \quad (7.11)$$

Da sich der Ausdruck für die Hauptdiagonalglieder nicht mehr wesentlich vereinfacht, wird auf seine Angabe verzichtet.

3. Der Anteil D_2 aus der Verkopplung der Plattenmomente m_x und m_s:
Ein weiterer Querschnittswert, der in der Differentialgleichung wie der Drillwiderstand behandelt wird, enthält das Produkt der Verschiebung f mit der Querkrümmung $\ddot{f}$:

$$^{ik}D_2 = \int_s \frac{K}{E}\,{}^i\ddot{f}\,{}^k f\,\mathrm{d}s$$

$$= \sum_{r=1}^n \int_0^1 \frac{K}{E} \left({}^i\bar{m}\ddot{\Phi}_3\frac{1}{2K}\Phi_1\,{}^kf_{\bar{s}} + {}^i\bar{m}\ddot{\Phi}_3\frac{1}{2K}\,{}^k\bar{m}\Phi_3\frac{b^2}{2K} \right. \qquad\qquad (7.12)$$

$$\left. - {}^i\hat{m}\ddot{\Phi}_4\frac{1}{6K}\,{}^kf_\vartheta\Phi_2\frac{b}{2} + {}^i\hat{m}\ddot{\Phi}_4\frac{1}{6K}\,{}^k\hat{m}\Phi_4\frac{b^2}{6K} \right) b\,\mathrm{d}\eta \ .$$

Mit den Koppelwerten aus Tabelle 7.1 wird daraus

$$^{ik}D_2 = \sum_{r=1}^n \frac{b}{E} \left(-{}^i\bar{m}\,{}^kf_{\bar{s}} - \frac{1}{12}{}^i\bar{m}\,{}^k\bar{m}\frac{b^2}{K} - \frac{1}{6}{}^i\hat{m}\,{}^kf_\vartheta b - \frac{1}{180}{}^i\hat{m}\,{}^k\hat{m}\frac{b^2}{K} \right) \ . \quad (7.13)$$

Tabelle 7.1 Koppelwerte für Φ und $\ddot{\Phi}$

	Φ_1	Φ_2	Φ_3	Φ_4	$\ddot{\Phi}_3$	$\ddot{\Phi}_4$
Φ_1	1	0	$\frac{1}{6}$	0	-2	0
Φ_2	0	$\frac{1}{3}$	0	$-\frac{1}{30}$	0	2
Φ_3	$\frac{1}{6}$	0	$\frac{1}{30}$	0	$-\frac{1}{3}$	0
Φ_4	0	$-\frac{1}{30}$	0	$\frac{1}{210}$	0	$-\frac{1}{5}$

Tabelle 7.2 Koppelwerte für $\dot{\Phi}$

	$\dot{\Phi}_2$	$\dot{\Phi}_3$	$\dot{\Phi}_4$
$\dot{\Phi}_2$	4	0	0
$\dot{\Phi}_3$	0	$\frac{1}{3}$	0
$\dot{\Phi}_4$	0	0	$\frac{1}{5}$

7.3 Integration der Schubkräfte aus der Wölbfunktion

Die verallgemeinerte Dübelformel (1.9) liefert bei verschwindendem Randschubfluß als Zusammenhang zwischen Schubfluß $\tau \cdot t$ und Längsnormalspannung die Gleichung

$$\tau(s) \cdot t(s) = - \int_0^s \sigma'_x(s) \cdot t(s)\, \mathrm{d}s \ . \tag{7.14}$$

Daraus wollen wir nun eine einfach programmierbare Formel für die Schubkräfte S_r im Einheitsverformungszustand k herleiten.

Mit dem Elastizitätsgesetz (2.4) und der Produktdarstellung für die Verwölbung wird aus (7.14)

$$\tau(s) \cdot t(s) = -E\,{}^{k}V''' \int_0^s {}^{k}u(s) \cdot t(s)\, \mathrm{d}s \ . \tag{7.15}$$

Ersetzen wir $E\,{}^{k}V'''$ gemäß (2.88) durch $-{}^{k}W'/{}^{k}C$ und beziehen die Formel auf ${}^{k}W' = 1$ so erhalten wir als Darstellung für den Einheitsschubfluß

$$^{k}\tau(s) \cdot t(s) = \frac{1}{{}^{k}C} \int_0^s {}^{k}u(s) \cdot t(s)\, \mathrm{d}s \qquad \text{für } {}^{k}W' = 1 \ . \tag{7.16}$$

Zur Ermittlung der Einheitsschubkräfte $^{k}S_r$ ist (7.16) für jede Scheibe r zu integrieren. Die Einheitsverwölbung ^{k}u verläuft über die Scheiben linear, woraus sich ein parabelförmiger Verlauf des Schubflusses ergibt (Bild 7.3).

Die Knotenwerte $(\tau \cdot t)_r$ hängen lediglich von den Mittelwerten $\bar{u}_r$ der Verwölbungen ab und berechnen sich zu

$$(\tau \cdot t)_r = \frac{1}{{}^{k}C} \sum_{i=1}^{r-1} \bar{u}_i b_i t_i \qquad \text{mit } \bar{u}_i = \frac{u_{i+1} + u_i}{2} \ . \tag{7.17}$$

Die Integration der linear antimetrischen Anteile der Wölbfunktion ergibt den parabelförmigen Anteil des Schubflusses mit dem Stich $\tau_{P,r}$, welcher die Größe

$$(\tau_P \cdot t)_r = -\frac{1}{4\,{}^{k}C} \hat{u}_r b_r t_r \qquad \text{mit } \hat{u}_r = \frac{u_{r+1} - u_r}{2} \ . \tag{7.18}$$

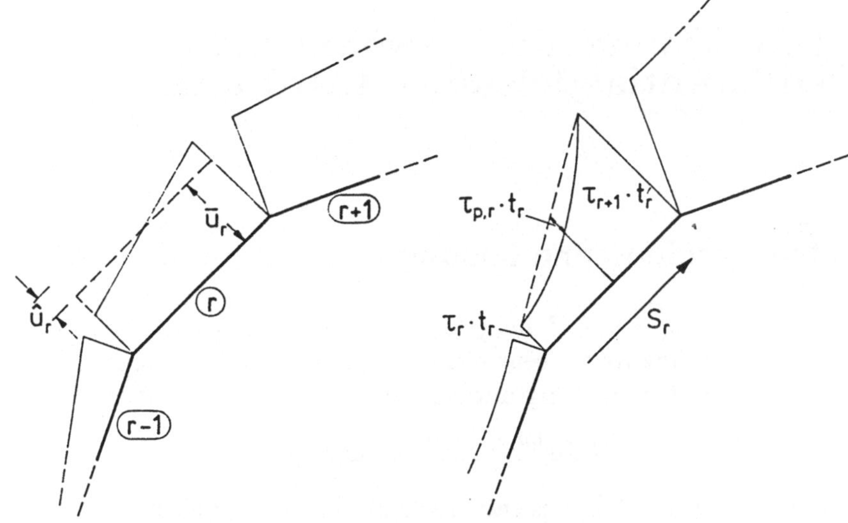

Bild 7.3   Verwölbung, Schubfluß und Schubkraft

besitzt. Integration der beiden Anteile und Addition ergibt schließlich als
Einheitsschubkraft der Scheibe r

$$
\begin{aligned}
{}^kS_r &= \int_r^{r+1} \tau(s) \cdot t \cdot \mathrm{d}s \\
&= \left(\frac{(\tau \cdot t)_{r+1} + (\tau \cdot t)_r}{2} + \frac{2}{3}(\tau_P \cdot t)_r \right) b_r \\
&= b_r \left((\tau \cdot t)_r + \frac{b_r t_r}{6\,{}^kC}(2u_r + u_{r+1}) \right) .
\end{aligned}
\tag{7.19}
$$

Eine rekursive Darstellung, bei der die Zwischenwerte $(\tau \cdot t)_r$ und $(\tau_P \cdot t)_r$
nicht benötigt werden, erhält man durch geeignetes Umformen von (7.19) unter
Verwendung von (7.17) und (7.18) oder auch über Gleichung (2.50)

$$
{}^kS_1 = \frac{b_1^2 t_1}{{}^kC} \frac{2u_1 + u_2}{6}
$$

$$
{}^kS_r = \left(\frac{{}^kS_{r-1}}{b_{r-1}}\,{}^kC + \frac{b_{r-1}t_{r-1}}{6}u_{r-1} + \frac{b_{r-1}t_{r-1} + b_r t_r}{3}u_r + \frac{b_r t_r}{6}u_{r+1} \right) \frac{b_r}{{}^kC} .
\tag{7.20}
$$

8. Die Lösung der gewöhnlichen Differentialgleichung 4.Ordnung

8.1 Die geschlossene Lösung

Der in den Kap. 2, 4 und 6 hergeleitete Typ der gewöhnlichen Differentialgleichung 4. Ordnung findet sein bisher bekanntestes Anwendungsgebiet beim Balken auf elastischer Bettung mit Zugnormalkraft. Dort hat er die Form

$$EIw'''' - Nw'' + kw = q(x) \; . \tag{8.1}$$

Der Bedeutung dieses Gebietes entsprechend sind Ausarbeitungen der geschlossenen Lösung für viele Last- und Lagerungsfälle bereitgestellt worden. Eine umfangreiche Sammlung findet sich z.B. in [19]. Für die Anwendung in der VTB können sie unmittelbar übernommen werden, wenn man die mechanische Bedeutung der Koeffizienten austauscht. An die Stelle der Biegesteifigkeit EI tritt die Wölbsteifigkeit EC, der Anteil II. Ordnung mit der Normalkraft N wird durch die Drillsteifigkeit GD und die elastische Bettung k durch die Querbiegesteifigkeit B ersetzt.

Wenn der Verlauf der Steifigkeiten EC, GD und B innerhalb eines Feldes konstant, die Randbedingungen gegeben und für die Lastanordnung eine Partikularlösung angegeben werden kann, ist eine geschlossene Lösung der Differentialgleichung möglich. Sind die Randbedingungen nicht explizit gegeben, so kann eine Feldmatrix angegeben werden, die sich je nach Zusammenstellung der Randzustandsgrößen in Zustandsvektoren als Steifigkeits-, Nachgiebigkeits- oder Übertragungsmatrix darstellt.

Die allgemeine Lösung der homogenen Differentialgleichung erhält man durch den Exponentialansatz

$$V(x) = e^{mx} \; . \tag{8.2}$$

Nach Einsetzen in die Differentialgleichung ergibt sich die charakteristische Gleichung

$$ECm^4 - GDm^2 + B = 0 \tag{8.3}$$

mit den vier Wurzeln

$$m_{1,2,3,4} = \pm\sqrt{\frac{GD}{2EC} \pm i\sqrt{\frac{B}{EC} - \left(\frac{GD}{2EC}\right)^2}} \; . \tag{8.4}$$

Durch Umformen kann man die vier Wurzeln als zwei Paare konjugiert komplexer Werte darstellen.

$$m_{1,2,3,4} = \pm(\alpha \pm i\beta) \tag{8.5}$$

mit

$$\alpha = \sqrt{\sqrt{\frac{B}{4EC}} + \frac{GD}{4EC}} \,,$$

$$\beta = \sqrt{\sqrt{\frac{B}{4EC}} - \frac{GD}{4EC}} \,.$$

$$(8.6)$$

Vorausgesetzt $4ECB$ ist größer als $(GD)^2$ (dann ist β reell), schreibt sich die Lösung mit den vier Integrationskonstanten C_i

$$V(x) = e^{\alpha x}(C_1 \sin \beta x + C_2 \cos \beta x) + e^{-\alpha x}(C_3 \sin \beta x + C_4 \cos \beta x) \,. \qquad (8.7)$$

In dieser Form mit einem aufsteigenden und einem abklingenden Anteil ist die Lösung für ein "langes" Feld geeignet, bei dem die Zustandsgrößen des einen Randes nicht mehr von denen des anderen Randes abhängen. Der aufsteigende Teil der Lösung verschwindet dann mit $C_1 = C_2 = 0$. Für das Randwertproblem eher geeignet ist die Form mit $x' = l - x$

$$V(x) = K_1 \cosh \alpha x \cdot \cos \beta x' + K_2 \cosh \alpha x' \cdot \cos \beta x$$
$$+ K_3 \sinh \alpha x \cdot \sin \beta x' + K_4 \sinh \alpha x' \cdot \sin \beta x \,, \qquad (8.8)$$

woraus sich für "gelenkige Lagerung" $(V(0) = V(l) = W(0) = W(l) = 0)$ und konstante Gleichstreckenlast q (Bild 8.1) die Lösungen

$$V(x) = \frac{q}{B}\left(1 - \frac{1}{\cosh \alpha l + \cos \beta l}\left(\left(\cosh \alpha x \cos \beta x' + \cosh \alpha x' \cos \beta x\right)\right.\right.$$
$$\left.\left. + \frac{\alpha^2 - \beta^2}{2\alpha}\left(\sinh \alpha x \frac{\sin \beta x'}{\beta} + \sinh \alpha x' \frac{\sin \beta x}{\beta}\right)\right)\right) \,, \qquad (8.9)$$

$$W(x) = \frac{q(\alpha^2 + \beta^2)^2}{8\lambda^4 \alpha} \cdot \frac{\sinh \alpha x \frac{\sin \beta x'}{\beta} + \sinh \alpha x' \frac{\sin \beta x}{\beta}}{\cosh \alpha l + \cos \beta l}$$

für Verformung und Schnittgröße ergeben. Dabei ist zur Abkürzung die Kenngröße

$$\lambda = \sqrt[4]{\frac{B}{4EC}} \qquad (8.10)$$

eingeführt worden.

Die Formel ist unbrauchbar für $B=0$. Der Sonderfall $D = 0$ macht keine Schwierigkeiten. Auch der Fall $\beta = 0$ kann numerisch gut angenähert werden. Für $\beta^2 < 0$ werden die trigonometrischen Funktionen durch die hyperbolischen ersetzt.

Es kann noch darauf hingewiesen werden, daß Rubin in [21] ein Verfahren dargestellt hat, das die allgemeine Lösung in gut konvergenten Reihen darstellt, die die lästigen Fallunterscheidungen vermeiden.

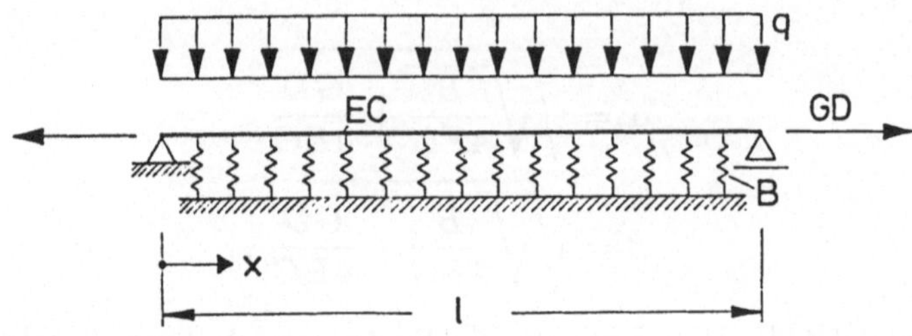

Bild 8.1   Balken auf elastischer Bettung, gelenkig gelagert mit Gleichstreckenlast

8.2   Das zweistufige Differenzenverfahren

Für den allgemeinen Fall, bei dem Lagerung, Steifigkeitsverteilung und Lastanordnung die geschlossene Lösung erschweren, wird das Differenzenverfahren
empfohlen. Die Fallunterscheidungen zur Vermeidung komplexer Zahlendarstel-
lung, wie sie die geschlossene Lösung verlangt, entfallen hier. Üblicherweise
werden beim Differenzenverfahren die Verformungsordinaten an vorgegebenen Stellen des Stabes als Unbekannte gewählt und die Ableitungen des
Verformungsverlaufes (und damit auch die Schnittgrößen) durch Differenzenausdrücke ersetzt. Die Zahl dieser Stützstellen legt der Anwender des Verfahrens fest und hat somit die Möglichkeit, die Genauigkeit der Ergebnisse zu
steuern.

Hier soll das Verfahren in einer Form aufbereitet werden, in der neben der
Verformungsfunktion $V(x)$ auch die Schnittgröße $W(x)$ an den Stützstellen als
Unbekannte mitgeführt wird. Dies bedeutet zunächst eine Verdoppelung der
Unbekanntenzahl, dem stehen jedoch folgende Vorteile gegenüber:

1. Da jeweils nur die erste Ableitung von V und W, nämlich V' und W'
   über Differenzenausdrücke formuliert werden müssen, beschränken sich die
   Formeln auf jeweils drei Stützstellen $i-1$, i und $i+1$. Dadurch vereinfachen
   sich die Randausdrücke.
2. Die statischen Randbedingungen können direkt formuliert werden, die
   sonst notwendige mehrfache Differentiation ist überflüssig.
3. Durch Einzellasten erzeugte Unstetigkeiten im Verlauf der Schnittgröße
   $W(x)$ können genau erfaßt werden.
4. Die "aufrauhende" Rückrechnung der Schnittgröße aus den Verformungen
   entfällt.

Wegen der Anschaulichkeit wird auch die Schreibweise für den Balken auf
elastischer Bettung zunächst beibehalten. Die Differentialgleichung 4. Ordnung

$$EIw'''' - Nw'' + kw = q(x) \qquad (8.11)$$

wird in zwei Differentialgleichungen 2. Ordnung zurückgeführt, nämlich die Elastizitätsbeziehung

$$EIw'' = -M \qquad (8.12)$$

und die Gleichgewichtsbedingung

$$M'' + Nw'' - kw + q(x) = 0 \qquad (8.13)$$

mit den unbekannten Funktionen w und M. Diese beiden Differentialgleichungen werden im folgenden durch diskrete Formulierungen, die sogenannten Differenzenausdrücke ersetzt.

Die Differenzenausdrücke erhalten dann eine einfache Form, wenn die Stützstellen in gleichem Abstand zueinander liegen. Andererseits ist es zur Erfassung eines stark variierenden Verformungs– und Schnittgrößenverlaufs oft notwendig, daß in bestimmten Bereichen des Tragwerks ein engerer Abstand gewählt wird.

Um einen Kompromiß zwischen diesen beiden Forderungen zu finden, wird die Diskretisierung des Tragwerks auf folgende Art vorgenommen: Zunächst erfolgt eine Einteilung in Felder, innerhalb derer die Stützstellenabstände λ (nicht zu verwechseln mit der Kenngröße λ aus Abschn. 8.1) konstant sein müssen. Von Feld zu Feld kann die Stützstellenweite λ unterschiedlich sein. An den Feldgrenzen sind außerdem Steifigkeitssprünge möglich und es können Lagerungsbedingungen vorgegeben werden.

Die stetig verteilten Lasten q seien durch ihre Ordinaten q_i in den Stützstellen gegeben. Sie werden in der Art der "indirekten Belastung" zu Einzelkräften P_i an den Stützstellen zusammengezogen. In gleicher Weise werden die Rückstellkräfte, welche sich aus der Bettung k und der Normalkraft N ergeben, in den Differenzenausdruck eingearbeitet.

Eine Ausrechnung des bei der Diskretisierung entstehenden Fehlers zeigt, daß Streckenlasten q mit Verläufen bis zur quadratischen Parabel mit den verwendeteten Formeln noch genau erfaßt werden.

8.2.1 Differenzenausdrücke für die Innenpunkte eines Feldes

Zunächst soll die diskrete Form der Gleichgewichtsbedingung (8.13) an einem inneren Punkt i eines Feldes hergeleitet werden. Dazu müssen wir zuerst die kontinuierlich verteilten Größen (Streckenlast q und Rückstellkraft aus der Bettung k) zu Einzellasten an den Stützstellen zusammenfassen. Ebenfalls sind die aus der Normalkraft N resultierenden Umlenkkräfte in Knotenlasten umzusetzen. Danach kann die Gleichgewichtsbedingung mit dem Prinzip der virtuellen Verrückungen formuliert werden.

1. Stützstellenlasten P_i^q aus Streckenlasten:

Die Streckenlast q sei durch ihre Ordinaten q_i gegeben. Wir nähern den Verlauf durch eine quadratische Parabel an, die durch die Punkte q_{i-1}, q_i und q_{i+1} läuft (Bild 8.2). Als äquivalente Einzellast im Punkt i erhalten wir dann

$$P_i^q = \frac{\lambda}{12} \cdot (q_{i-1} + 10q_i + q_{i+1}) \, . \tag{8.14}$$

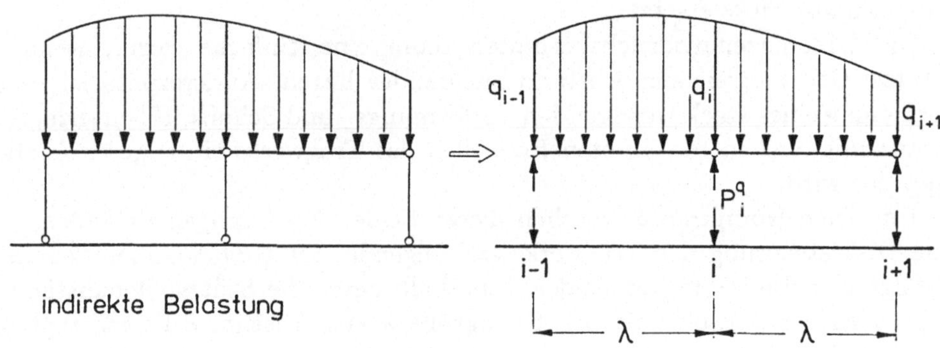

Bild 8.2   Stützstellenlast aus Streckenlasten

2. Stützstellenlasten P_i^E aus Einzellasten

Steht eine äußere Einzellast an einer Stützstelle i, so geht sie unmittelbar in die Gleichgewichtsbedingung ein. Steht sie dagegen zwischen zwei Stützstellen, muß sie nach dem Hebelgesetz auf die Abschnittsgrenzen verteilt werden. Dadurch erfährt allerdings die M–Linie eine Verfälschung: Während die wirkliche M–Linie einen Knick innerhalb des Abschnitts besitzt, ergeben sich nun zwei Knicke an den angrenzenden Stützstellen. Eine Korrektur erhält man, indem man der ausgerechneten M–Linie diejenige überlagert, die durch die Last innerhalb des Abschnitts erzeugt wird.

3. Stützstellenlast P_i^k aus elastischer Bettung

Der Verlauf der Durchbiegung zwischen den Stützstellen wird als quadratische Parabel angenähert (Bild 8.3). Da die Rückstellkraft proportional zur Durchbiegung ist, kann ihre Wirkung analog zum Vorgehen bei der äußeren Gleichstreckenlast q behandelt werden. Dann schreibt sich die Stützstellenlast aus elastischer Bettung:

$$P_i^k = \frac{k\lambda}{12} \cdot (w_{i-1} + 10w_i + w_{i+1}) \, . \tag{8.15}$$

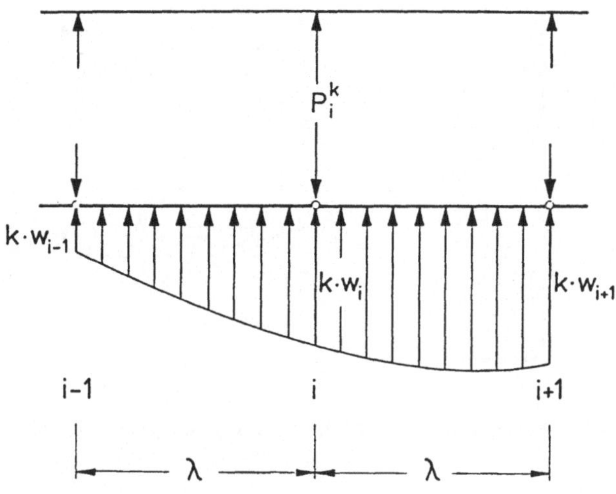

Bild 8.3   Stützstellenlast aus elastischer Bettung

<u>4. Stützstellenlast P_i^N aus der Umlenkwirkung der Normalkraft</u>

Aus dem Unterschied der Sehnenneigungen an der Stützstelle i ergibt sich gemäß Bild 8.4

$$P_i^N = N \cdot \frac{w_i - w_{i-1}}{\lambda} - N \cdot \frac{w_{i+1} - w_i}{\lambda}$$

$$= \frac{N}{\lambda} \cdot (-w_{i-1} + 2w_i - w_{i+1}) \, . \tag{8.16}$$

Dabei ist N als Zugkraft positiv definiert.

Nachdem die Stützstellenlasten bekannt sind, wird mit dem Prinzip der virtuellen Verrückungen das Gleichgewicht formuliert. An der Auslenkfigur nach Bild 8.5 leisten die Stützstellenlasten und die drei Stützstellenmomente virtuelle Arbeit:

$$M_{i-1} - 2M_i + M_{i+1} + \lambda \cdot (P_i^E + P_i^q - P_i^N - P_i^k) = 0 \, . \tag{8.17}$$

Für P_i^N und P_i^k werden die oben hergeleiteten Beziehungen eingesetzt. Nachdem die Ordinaten der Biegelinie und des Momentenverlaufs ausgeklammert sind, erhält man die erste Bestimmungsgleichung für die Unbekannten an der Stützstelle i:

$$\left(\frac{1}{12}k\lambda^2 - N\right) w_{i-1} + \left(\frac{5}{6}k\lambda^2 + 2N\right) w_i + \left(\frac{1}{12}k\lambda^2 - N\right) w_{i+1}$$

$$- M_{i-1} + 2M_i - M_{i+1} = \lambda(P_i^E + P_i^q) \, . \tag{8.18}$$

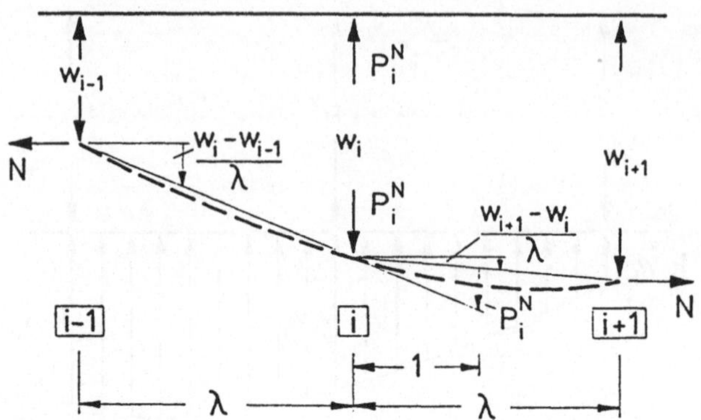

Bild 8.4   Stützstellenlast aus der Umlenkwirkung der Normalkraft

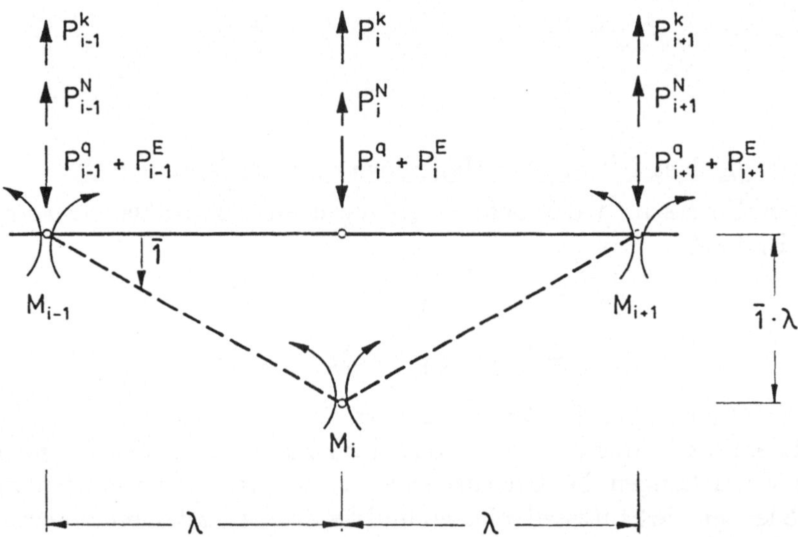

Bild 8.5   Gleichgewicht an den Abschnitten $i-1$ und i

Die Gleichung wird anschließend mit λ multipliziert und die Koeffizienten der Unbekannten mit den Bezeichnungen c_1, c_2, c_3 bzw. d_1, d_2 und d_3 gemäß den Definitionen in Tabelle 8.1b am Ende dieses Abschnitts abgekürzt. Damit ergibt sich schließlich als Diskretisierung der Gleichgewichtsbedingung (8.13)

$$c_1 w_{i-1} + c_2 w_i + c_3 w_{i+1} + d_1 M_{i-1} + d_2 M_i + d_3 M_{i+1} = \lambda^2 (P_i^E + P_i^q) \, . \quad (8.19)$$

Liegt der Punkt i an der Grenze zweier Felder, haben die benachbarten Abschnitte in der Regel unterschiedliche Längen. Aus diesem Grunde sind in Tabelle 8.1b auch die Koeffizienten für unterschiedliche Stützstellenabstände aufbereitet, sie sind analog zur aufgeführten Vorgehensweise hergeleitet, wobei die Bezeichnungen nach Bild 8.6 gelten.

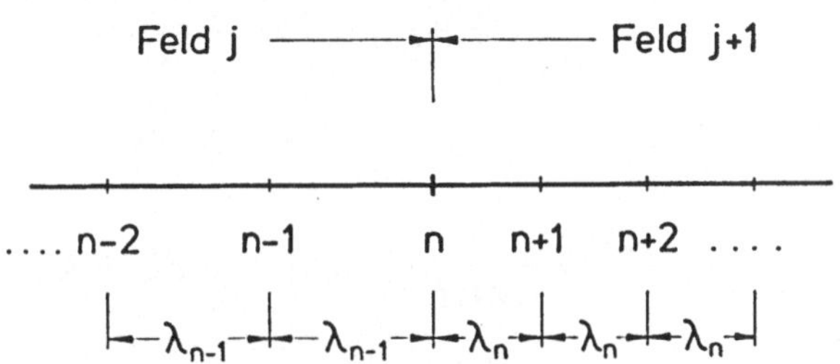

Bild 8.6   Bezeichnungen an den Feldgrenzen

Bei der Überführung der Elastizitätsbeziehung (8.12) in einen Differenzenausdruck kann die Tatsache ausgenutzt werden, daß sie mit der Beziehung zwischen Streckenlast und Moment in (8.13) formal identisch ist (Mohrsche Analogie). Es wird also in (8.12) die Größe $w(x)$ als Biegemoment aus der Belastung M/EI aufgefaßt (Bild 8.7). Das "Winkelgewicht" W_i ist die "indirekte" Auflagerkraft am Punkt i aus der gedachten Last.

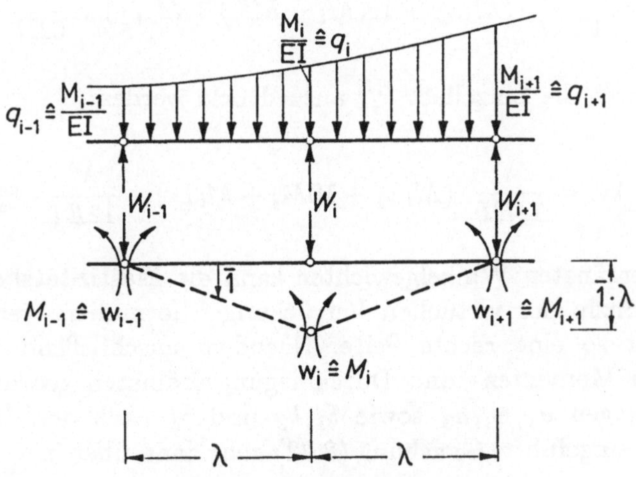

Bild 8.7   Gegenseitige Sehnenverdrehung als Winkelgewicht

Auch hier findet wieder die Parabelformel Anwendung:

$$W_i = \frac{\lambda}{12EI} \cdot (M_{i-1} + 10M_i + M_{i+1}) \; . \tag{8.20}$$

Mit dem Prinzip der virtuellen Verrückungen erhält man

$$w_{i-1} - 2w_i + w_{i+1} + W_i \cdot \lambda = 0 \; . \tag{8.21}$$

Setzt man (8.20) in (8.21) ein, so ergibt sich der gesuchte Ausdruck

$$\frac{-w_{i-1} + 2w_i - w_{i+1}}{\lambda} = \frac{\lambda}{12EI} \cdot (M_{i-1} + 10M_i + M_{i+1}) \; . \tag{8.22}$$

Formal gesehen stellt (8.22) einen Mehrstellenausdruck dar. Man kann zeigen, daß Verläufe der Biegelinie mit Ausdrücken sechster Ordnung noch genau erfaßt werden.

Für die Gleichungen (8.20) bis (8.22) wurde ein stetiger Momentenverlauf angenommen. Enthält die M-Linie aber definierte Knicke aus Einzellasten P^E oder Auflagerkräften an Innenstützen, so können diese auf folgende Weise genau erfaßt werden:
Die bei i durch die Last P_i^E unstetige M-Linie wird in einen zwischen $i-1$ und $i+1$ stetigen Anteil, für den die Parabelformel gilt, und eine ΔM-Linie zerlegt, die die Einzellast auf die Punkte $i-1$ und $i+1$ abträgt (Bild 8.8) und durch die Sehnenformel genau erfaßt wird. Aus (8.20) wird dann

$$W_i = \frac{\lambda}{12EI} \cdot (M_{i-1} + 10(M_i - M_i^F) + M_{i+1}) + \frac{\lambda}{6EI} \cdot 4M_i^F \; .$$

M_i^F kann durch die Einzellast P_i^E ausgedrückt werden:

$$W_i = \frac{\lambda}{12EI} \cdot (M_{i-1} + 10M_i + M_{i+1}) - \frac{\lambda^2}{12EI} \cdot P_i^E \; . \tag{8.23}$$

Mit diesen ergänzten Winkelgewichten kann die Elastizitätsbeziehung erneut über das Prinzip der virtuellen Verrückungen formuliert werden. Gleichung (8.21) erhält so eine rechte Seite. Nachdem anschließend noch nach den unbekannten Momenten- und Durchbiegungsordinaten geordnet ist, werden die Abkürzungen a_1, a_2, a_3 sowie b_1, b_2 und b_3 nach den Definitionen der Tabelle 8.1a eingeführt. Gleichung (8.22) geht dann über in

$$a_1 w_{i-1} + a_2 w_i + a_3 w_{i+1} + b_1 M_{i-1} + b_2 M_i + b_3 M_{i+1} = \lambda^2 P_i^E \; . \tag{8.24}$$

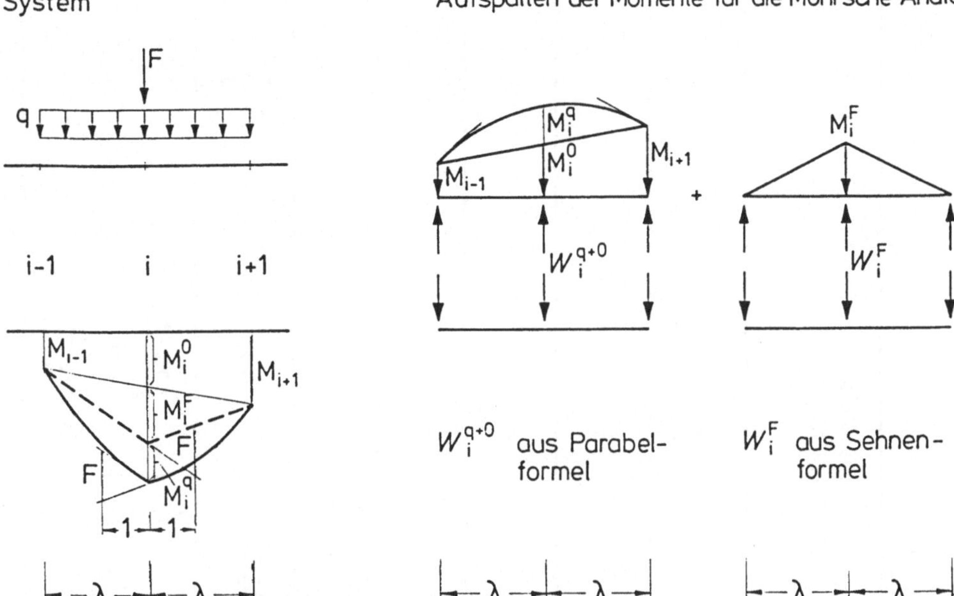

Bild 8.8   Berücksichtigung eines Knickes in der M-Linie

Damit stehen für jede Stützstelle zwei Gleichungen (8.19) und (8.24) für die Unbekannten M_i und w_i zur Verfügung, deren Koeffizienten in Tabelle 8.2 zusammengefaßt sind. Aus ihnen setzt sich das lineare Gleichungssystem des Tragwerks zusammen. Für Probleme der Theorie I. Ordnung sind in jeder Zeile der Matrix dieses Gleichungssystems nur jeweils sechs Elemente besetzt, alle anderen Koeffizienten sind null. Bei Anordnung der Unbekannten nach aufsteigendem Knotenindex i nimmt die Matrix eine Bandstruktur an, die bei der Programmierung zur Einsparung von Speicherplatz genutzt werden kann.

Tabelle 8.2   Regelausdrücke für die Stützstelle i

w_{i-1}	w_i	w_{i+1}	M_{i-1}	M_i	M_{i+1}	rechte Seite
a_1	a_2	a_3	b_1	b_2	b_3	$\lambda^2 P_i^E$
c_1	c_2	c_3	d_1	d_2	d_3	$\lambda^2(P_i^q + P_i^E)$

Tabelle 8.1a   Koeffizienten der diskretisierten Elastizitätsbeziehung

	gleicher Stützstellen-abstand	ungleicher Stützstellenabstand
a_1	$\dfrac{12EI}{\lambda}$	$\dfrac{12EI}{\lambda_{n-1}}$
a_2	$\dfrac{-24EI}{\lambda}$	$-12EI \cdot \left(\dfrac{1}{\lambda_{n-1}} + \dfrac{1}{\lambda_n} \right)$
a_3	$\dfrac{12EI}{\lambda}$	$\dfrac{12EI}{\lambda_n}$
b_1	λ	$\lambda_{n-1} \cdot \left(1 + \dfrac{1 - \left(\dfrac{\lambda_n}{\lambda_{n-1}} \right)^2}{1 + \dfrac{\lambda_{n-1}}{\lambda_n}} \right)$
b_2	$10 \cdot \lambda$	$\dfrac{\lambda_{n-1} \cdot \lambda_n}{\lambda_{n-1} + \lambda_n} \left(\left(\dfrac{\lambda_{n-1}}{\lambda_n} \right)^2 + 5 \dfrac{\lambda_{n-1}}{\lambda_n} + 8 + 5 \dfrac{\lambda_n}{\lambda_{n-1}} + \left(\dfrac{\lambda_n}{\lambda_{n-1}} \right)^2 \right)$
b_3	λ	$\lambda_n \cdot \left(1 + \dfrac{1 - \left(\dfrac{\lambda_{n-1}}{\lambda_n} \right)^2}{1 + \dfrac{\lambda_n}{\lambda_{n-1}}} \right)$

Tabelle 8.1b   Koeffizienten der diskretisierten Gleichbewichtsbedingung

	gleicher Stützstellenabstand	ungleicher Stützstellenabstand
c_1	$\left(-N + \dfrac{1}{12} \cdot k \cdot \lambda^2\right)\lambda$	$-N \cdot \dfrac{(\lambda_{n-1} + \lambda_n)^2}{4 \cdot \lambda_{n-1}} + \dfrac{1}{48} \cdot k \cdot \lambda_{n-1} \cdot (\lambda_{n-1} + \lambda_n)^2 \cdot \left(1 + \dfrac{1 - \left(\frac{\lambda_n}{\lambda_{n-1}}\right)^2}{1 + \frac{\lambda_{n-1}}{\lambda_n}}\right)$
c_2	$\left(2N + \dfrac{5}{6} \cdot k \cdot \lambda^2\right)\lambda$	$N \cdot \dfrac{(\lambda_{n-1} + \lambda_n)^3}{4 \cdot \lambda_n \cdot \lambda_{n-1}} + \dfrac{1}{48} \cdot k \cdot \lambda_{n-1} \cdot \lambda_n \cdot (\lambda_{n-1} + \lambda_n) \times$ $\times \left(\left(\dfrac{\lambda_{n-1}}{\lambda_n}\right)^2 + 5 \cdot \dfrac{\lambda_{n-1}}{\lambda_n} + 8 + 5 \cdot \dfrac{\lambda_n}{\lambda_{n-1}} + \left(\dfrac{\lambda_n}{\lambda_{n-1}}\right)^2\right)$
c_3	$\left(-N + \dfrac{1}{12} \cdot k \cdot \lambda^2\right)\lambda$	$-N \cdot \dfrac{(\lambda_{n-1} + \lambda_n)^2}{4 \cdot \lambda_n} + \dfrac{1}{48} \cdot k \cdot \lambda_n \cdot (\lambda_{n-1} + \lambda_n)^2 \cdot \left(1 + \dfrac{1 - \left(\frac{\lambda_{n-1}}{\lambda_n}\right)^2}{1 + \frac{\lambda_n}{\lambda_{n-1}}}\right)$
d_1	$-\lambda$	$-\dfrac{(\lambda_{n-1} + \lambda_n)^2}{4 \cdot \lambda_{n-1}}$
d_2	$2 \cdot \lambda$	$\dfrac{(\lambda_{n-1} + \lambda_n)^3}{4 \cdot \lambda_{n-1} \cdot \lambda_{n-1}}$
d_3	$-\lambda$	$-\dfrac{(\lambda_{n-1} + \lambda_n)^2}{4 \cdot \lambda_n}$

8.2.2 Differenzenausdrücke für die Randpunkte eines Feldes

Zur Einarbeitung der Randbedingungen gibt es verschiedene Möglichkeiten. Für gelenkige Lagerung z.B. kann man auf die beiden Gleichungen für die Stelle 1 verzichten, da M_1 und w_1 verschwinden. Im Beispiel des Abschn. 8.2.3 wird diese bequeme Möglichkeit benutzt. Um aber alle Lagerungsmöglichkeiten einheitlich zu behandeln, wird folgender Weg gewählt:

Im Abstand λ links vom Randpunkt 1 wird eine fiktive Stützstelle 2' eingeführt, damit die Gleichungen (8.19) und (8.24) auf den Punkt 1 angewandt werden können. Die M−Linie wird am Rand gespiegelt, woraus $M_{2'} = M_2$ folgt. Damit liegt auch der Krümmungsverlauf fest und $w_{2'}$ wird von M_2 und w_2 abhängig, so daß mit der neuen Stützstelle keine zusätzlichen Unbekannten eingeführt werden. Enthalten die Lager die Bedingungen $w_1 = 0$ oder $M_1 = 0$, so werden an deren Stelle die Auflagerkraft A oder die Verschiebung $w_{2'}$ eingesetzt. Mit

$$w_1' = \frac{w_2 - w_{2'}}{2\lambda} \tag{8.25}$$

ist dann auch die Tangentenverdrehung bei Punkt 1 bekannt. Entsprechend wird am rechten Rand vorgegangen.

1. Gelenkige Lagerung

M_1 und w_1 sind null oder sind vorgegeben. An ihrer Stelle werden die Auflagerkraft A und die Verschiebung $w_{2'}$ eingesetzt (Bild 8.9). Wegen der Spiegelung der M−Linie ist die Auflagerkraft gleich $2 \cdot A$. Sie wird als negative Einzellast behandelt. Die Koeffizienten der Differenzenausdrücke für die ersten beiden Stützstellen bei gelenkige Lagerung sind in Tabelle 8.3a zusammengestellt. Tabelle 8.3b enthält die entsprechenden Werte für die zwei letzten Stützstellen.

2. Starre unverschiebliche Einspannung

Hier wird neben der Momentenlinie auch die Biegelinie symmetrisch zum Randpunkt fortgesetzt (Bild 8.10), d.h. $w_{2'} = w_2$. Die Unbekannte M_1 bleibt, während w_1 durch A abgelöst wird. Die fertigen Randgleichungen stehen in Tabelle 8.4.

3. Verschiebliche Einspannung (querkraftfreie Lagerung)

Die beiden Randwerte w_1 und M_1 bleiben als Unbekannte erhalten. Deswegen kann für den ersten Innenpunkt bereits das normale Differenzenschema angewandt werden. Die Änderungen betreffen damit nur die ersten beiden Gleichungen. Die Biegelinie ist symmetrisch und damit $w_{2'} = w_2$ (Bild 8.11). Tabelle 8.5 enthält die Randgleichungen für diesen Lagerungsfall, der meist nur als Symmetriebedingung Bedeutung hat.

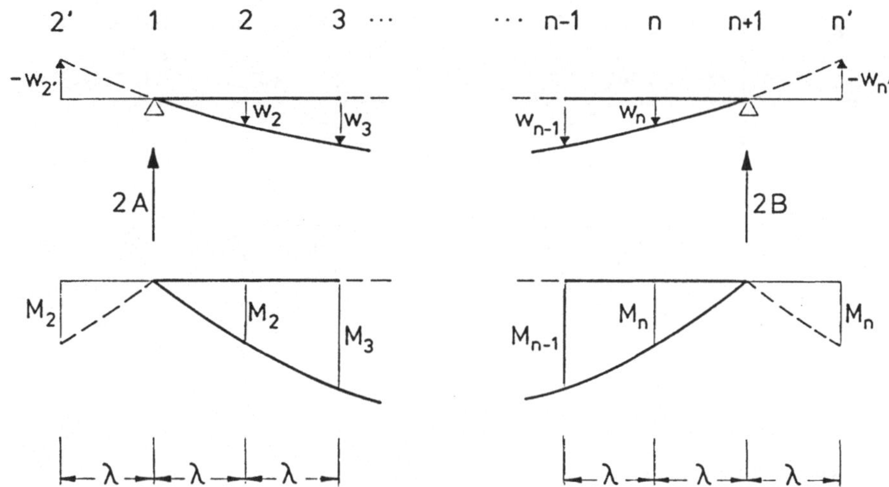

Bild 8.9   Randwerte bei gelenkiger Lagerung

Tabelle 8.3a   Gelenkige Lagerung am Anfang

$w_{2'}$	w_2	w_3	A	M_2	M_3	rechte Seite
$-a_1$	$-a_1$	0	$-2\lambda^2$	-2λ	0	$-2\lambda^2 P_1^E$
$c_1 + 2N\lambda$	$c_1 + 2N\lambda$	0	$2\lambda^2$	-2λ	0	$2\lambda^2(P_1^q + P_1^E)$
0	$2a_1$	$-a_1$	0	-10λ	$-\lambda$	$-\lambda^2 P_2^E$
0	c_2	c_1	0	2λ	$-\lambda$	$\lambda^2(P_2^q + P_2^E)$

Tabelle 8.3b   Gelenkige Lagerung am Ende

w_{n-1}	w_n	$w_{n'}$	M_{n-1}	M_n	B	rechte Seite
$-a_1$	$2a_1$	0	$-\lambda$	-10λ	0	$-\lambda^2 P_n^E$
c_1	c_2	0	$-\lambda$	2λ	0	$\lambda^2(P_n^q + P_n^E)$
0	$-a_1$	$-a_1$	0	-2λ	$-2\lambda^2$	$-2\lambda^2 P_{n+1}^E$
0	$c_1 + 2N\lambda$	$c_1 + 2N\lambda$	0	-2λ	$2\lambda^2$	$2\lambda^2(P_{n+1}^q + P_{n+1}^E)$

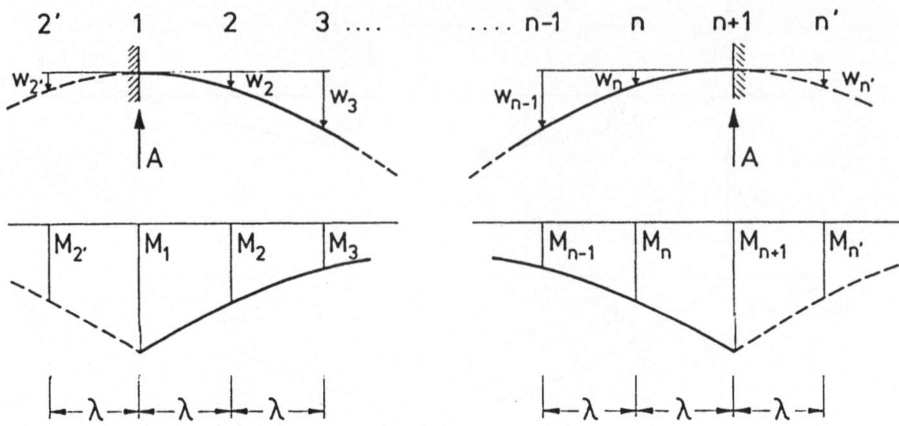

Bild 8.10   Randwerte bei starrer Einspannung

Tabelle 8.4a   Starre unverschiebliche Einspannung am Anfang

A	w_2	w_3	M_1	M_2	M_3	rechte Seite
$-2\lambda^2$	$-2a_1$	0	-10λ	-2λ	0	$-2\lambda^2 P_1^E$
$2\lambda^2$	$2c_1$	0	2λ	-2λ	0	$2\lambda^2(P_1^q + P_1^E)$
0	$2a_1$	$-a_1$	$-\lambda$	-10λ	$-\lambda$	$-\lambda^2 P_2^E$
0	c_2	c_1	$-\lambda$	2λ	$-\lambda$	$\lambda^2(P_2^q + P_2^E)$

Tabelle 8.4b   Starre unverschiebliche Einspannung am Ende

w_{n-1}	w_n	B	M_{n-1}	M_n	M_{n+1}	rechte Seite
$-a_1$	$2a_1$	0	$-\lambda$	-10λ	$-\lambda$	$-\lambda^2 P_n^E$
c_1	c_2	0	$-\lambda$	2λ	$-\lambda$	$\lambda^2(P_n^q + P_n^E)$
0	$-2a_1$	$-2\lambda^2$	0	-2λ	-10λ	$-2\lambda^2 P_{n+1}^E$
0	$2c_1$	$2\lambda^2$	0	-2λ	2λ	$2\lambda^2(P_{n+1}^q + P_{n+1}^E)$

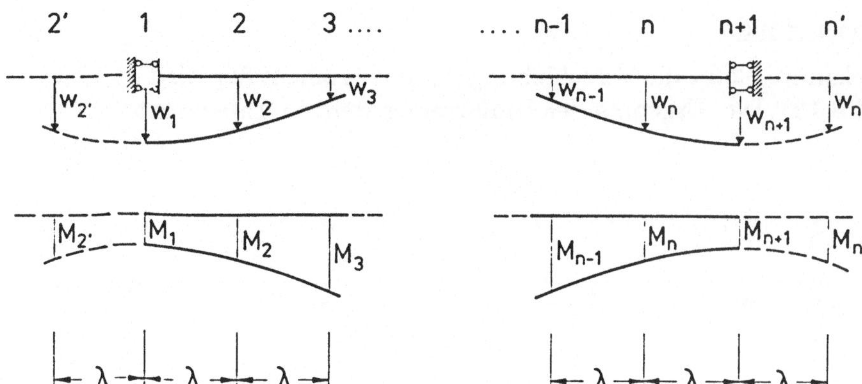

Bild 8.11   Randwerte bei verschieblicher Einspannung

Tabelle 8.5a   Verschiebliche Einspannung am Anfang

w_1	w_2	M_1	M_2	rechte Seite
$2a_1$	$-2a_1$	-10λ	-2λ	$-2\lambda^2 P_1^E$
c_2	$2c_1$	2λ	-2λ	$2\lambda^2(P_1^q + P_1^E)$

Tabelle 8.5b   Verschiebliche Einspannung am Ende

w_n	w_{n+1}	M_n	M_{n+1}	rechte Seite
$-2a_1$	$2a_1$	-2λ	-10λ	$-2\lambda^2 P_{n+1}^E$
$2c_1$	c_2	-2λ	2λ	$2\lambda^2(P_{n+1}^q + P_{n+1}^E)$

4. Freier Rand

Unbekannte bleibt die Verschiebung w_1, das Moment M_1 wird durch $w_{2'}$ ersetzt (Bild 8.12). Das Ergebnis der Umformung steht in Tabelle 8.6.

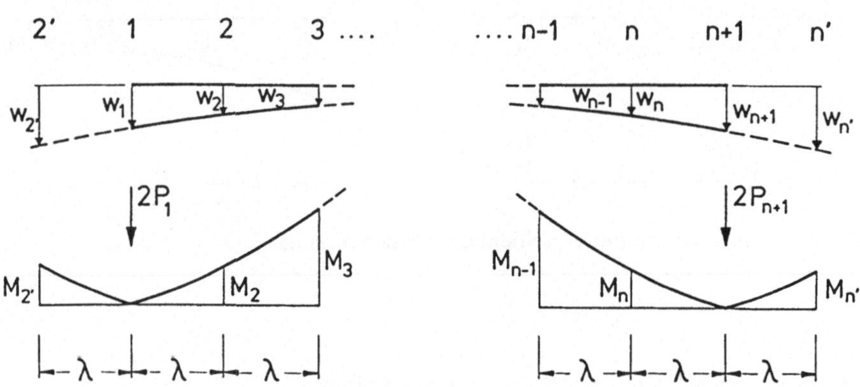

Bild 8.12 Randwerte bei freiem Rand

Tabelle 8.6a Freier Rand am Anfang. Es gilt $e_1 = \frac{1}{3}\lambda^3 k - 2N\lambda, e_2 = \frac{2}{3}\lambda^3 k + 2N\lambda$

w_1	w_2	w_3	w_2'	M_2	M_3	rechte Seite
$2a_1$	$-a_1 + N\lambda$	0	$-a_1 - N\lambda$	-2λ	0	$-2\lambda^2 P_1^E$
e_2	e_1	0	0	-2λ	0	$2\lambda^2(P_1^q + P_1^E)$
$-a_1$	$2a_1$	$-a_1$	0	-10λ	$-\lambda$	$-\lambda^2 P_2^E$
c_1	c_2	c_1	0	2λ	$-\lambda$	$\lambda^2(P_2^q + P_2^E)$

Tabelle 8.6b Freier Rand am Ende

w_{n-1}	w_n	w_{n+1}	M_{n-1}	M_n	w_n'	rechte Seite
$-a_1$	$2a_1$	$-a_1$	$-\lambda$	-10λ	0	$-\lambda^2 P_n^E$
c_1	c_2	c_1	$-\lambda$	2λ	0	$\lambda^2(P_n^q + P_n^E)$
0	$-a_1 + N\lambda$	$2a_1$	0	-2λ	$-a_1 - N\lambda$	$-2\lambda^2 P_{n+1}^E$
0	e_1	e_2	0	-2λ	0	$2\lambda^2(P_{n+1}^q + P_{n+1}^E)$

Zu den Randformeln für den freien Rand ist zu bemerken, daß sie für den gebetteten Biegebalken unter Normalkraft abgeleitet und in dieser Form auch nur dafür gültig sind. Näherungsweise dürfen sie auch auf die Differentialgleichungen der VTB übertragen werden, wenn die Lastabtragung vorwiegend über Verwölbung stattfindet. Daß dies eine Näherung ist, erkennt man unmittelbar an einem Vergleich der Randbedingungen des Balkens mit denen des Faltwerks (vgl. Abschn. 4.5): Zum einen verschwindet in der VTB am freien Rand nicht das Wölbmoment ^kW, sondern eine Kombination aus ^kW und der Verschiebung ^kV, was in der Balkenanalogie unter Vernachlässigung von Verkopplungen der Randbedingung

$$M + N^* = M_{\text{Rand}} \tag{8.26}$$

entspricht, wenn man den Term GD_2 mit N^* übersetzt. (Hier werden nur die Hauptdiagonalglieder der Drillsteifigkeitsmatrix beachtet.) Zum anderen tritt in der Randbedingung für die "Querkraft" $^kW'$ nicht der gesamte, sondern ein abgeminderter Drillwiderstand $GD_{ges} + GD_2$ auf, der mit $N - N^{**}$ übersetzt wird. Dies führt in der Balkenanalogie zur Randbedingung

$$Q + (N - N^{**}) \cdot w' = Q_{\text{Rand}} \quad \text{mit} \quad N^{**} = -GD_2 \ . \tag{8.27}$$

Berücksichtigt man beide Veränderungen in den Randformeln für das Differenzenverfahren, so ergeben sich die folgenden Schemata, die wir ohne Ableitung angeben. Es empfiehlt sich in der Anwendung, die Abschnitte im Randbereich nicht zu groß zu wählen, da man sonst mit größeren Fehlern rechnen muß.

Tabelle 8.6c   Freier Rand am Anfang bei Einarbeitung der veränderten Randbedingungen (8.26) und (8.27). Es gilt $e_1 = \frac{1}{3}\lambda^3 k + (N^{**} - 2N)\lambda$
$e_2 = \frac{2}{3}\lambda^3 k + 2(N - N^{**}\lambda$

w_1	w_2	w_3
$2a_1 + 10N^*$	$-a_1 + (N - N^{**})\lambda$	0
e_2	e_1	0
$-a_1 + N^*$	$2a_1$	$-a_1$
$c_1 + N^*$	c_2	c_1

w_2'	M_2	M_3	rechte Seite
$-a_1(N - N^{**})\lambda$	-2λ	0	$-2\lambda^2 P_1^E$
$-N^{**}$	-2λ	0	$2\lambda^2(P_1^q + P_1^E)$
0	-10λ	$-\lambda$	$-\lambda^2 P_2^E$
0	2λ	$-\lambda$	$\lambda^2(P_2^q + P_2^E)$

Tabelle 8.6d Freier Rand am Ende mit Randbedingungen (8.26) und (8.27).

w_{n-1}	w_n	w_{n+1}
$-a_1$	$2a_1$	$-a_1 + N^*$
c_1	c_2	$c_1 + N^*$
0	$-a_1 + (N - N^{**})\lambda$	$2a_1 + 10 * N^*$
0	e_1	e_2

M_{n-1}	M_n	w_n'	rechte Seite
$-\lambda$	-10λ	0	$-\lambda^2 P_n^E$
$-\lambda$	2λ	0	$\lambda^2(P_n^q + P_n^E)$
0	-2λ	$-a_1 - (N - N^{**})\lambda$	$-2\lambda^2 P_{n+1}^E$
0	-2λ	0	$2\lambda^2(P_{n+1}^q + P_{n+1}^E)$

5. Innenstütze am Punkt n

Die Verschiebung w_n ist Null. An ihre Stelle tritt die Auflagerkraft C_n als negative Einzellast (Tabelle 8.7).

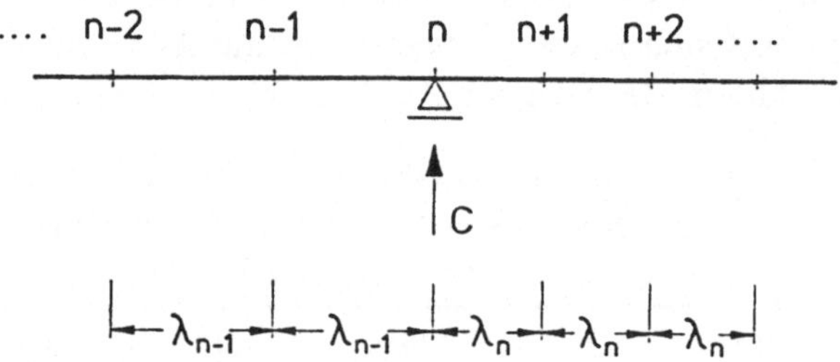

Bild 8.13 Innenstütze am Punkt n

Tabelle 8.7 Festes Lager an der Stützstelle n

w_{n-1}	C_n	w_{n+1}
a_1	$\dfrac{\lambda_{n-1}^4 + \lambda_{n-1}^3\lambda_n^4 + \lambda_{n-1}\lambda_n^3 + \lambda_n^4}{(\lambda_{n-1} + \lambda_n)^2}$	a_3
c_1	$(\lambda_{n-1} + \lambda_n)^2/4$	c_3

M_{n-1}	M_n	M_{n+1}	rechte Seite
b_1	b_2	b_3	$\lambda^2 P_n^E$
d_1	d_2	d_3	$\lambda^2(P_n^q + P_n^E)$

8.2.3 Zahlenbeispiel zum gelenkig gelagerten Balken

Ohne besondere Randformeln kann der Balken mit beidseitig gelenkiger
Lagerung behandelt werden. Als Lastfälle seien eine konstante Streckenlast
q über den ganzen Balken, eine Einzellast F in Feldmitte und eine Längskraft
H betrachtet. Für die Diskretisierung wird der Balken in zwei Abschnitte
eingeteilt. Als Stützstellen ergeben sich damit die Randpunkte $x_1 = 0$, $x_3 = l$
sowie die Feldmitte $x_2 = l/2$.

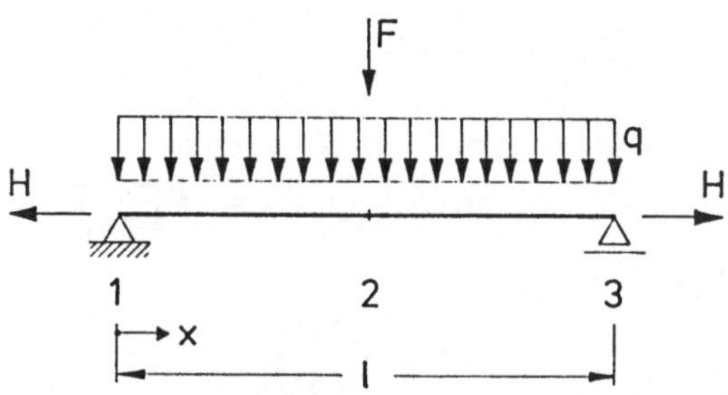

Bild 8.14   Bezeichnungen für das erste Beispiel

Die Abkürzungen in Tabelle 8.1 und Gleichung (8.14) ergeben sich mit den
Angaben in Bild 8.14 zu

$$\lambda = l/2 \; ,$$

$$P_2^q = \frac{ql}{2} \; ,$$

$$P_2^E = F \; ,$$

$$a_1 = \frac{48EI}{l^2} \; , \tag{8.28}$$

$$c_1 = -N = -H \; ,$$

$$c_2 = 2N = 2H \; .$$

Damit können die Gleichungen für den Punkt 2 geschrieben werden, in denen
die Spalten unter M_1, w_1, M_3 und w_3 schon weggelassen sind:

$$\frac{-24EI}{\lambda} w_2 + 10\lambda M_2 = \lambda^2 P^E$$

$$\left(2N + \frac{5}{6} k\lambda^2 \right) w_2 + 2\lambda M_2 = \lambda^2 (P^q + P^E) \; . \tag{8.29}$$

Nach Multiplikation der zweiten Gleichung mit dem Faktor 5 und Addition der beiden Gleichungen erhält man für die Verschiebung in Feldmitte

$$w_2 = \frac{\lambda(5P^q + 4P^E)}{2a_1 + 5c_2}$$
$$= \left(\frac{5ql^4}{384EI} + \frac{Fl^3}{48EI}\right)\frac{1}{1 - \frac{1}{\nu}}, \tag{8.30}$$

und nach Einsetzen von w_2 in die erste der beiden Gleichungen erhält man das Moment

$$M_2 = \frac{\lambda P^E}{10} + \frac{\lambda(5P^q + 4P^E)}{10(1 + \frac{5c_2}{2a_1})}$$
$$= \frac{Fl}{20} + \left(\frac{ql^2}{8} + \frac{Fl}{5}\right)\frac{1}{1 - \frac{1}{\nu}} \tag{8.31}$$

mit der "Knicksicherheit"

$$\nu = -\frac{5Hl^2}{48EI} . \tag{8.32}$$

Für $H = 0$ sind die beiden anderen Lastfälle nach Theorie erster Ordnung genau gelöst. Bei $H = -48EI/5l^2 = -P_{\text{Euler}}$ liegt die Polstelle der Lösung ($\nu = 1$). Die genäherte Knicklast unterscheidet sich nur um $2,7\%$ vom genauen Wert.

8.2.4 Zahlenbeispiel zur Rechteckplatte

Während im vorigen Beispiel das Differenzenverfahren auf ein einfaches Problem der Stabstatik angewandt wurde, soll nun dieses numerische Verfahren zur Lösung des Differentialgleichungssystems der VTB benutzt werden. Als System wird die bereits aus dem Abschn. 5.2 bekannte zweifeldrige Plattenaufgabe mit Gleichflächenlast auf dem auskragenden Teil betrachtet (Bilder 8.15 und 8.16). Dort wurden, um einen Vergleich für den erforderlichen Aufwand zu haben, die Ergebnisse bei mehreren Diskretisierungsstufen angegeben.

In diesem Beispiel wird nun für die gröbste verwendete Einteilung, die den Plattenquerschnitt in vier Scheiben teilt, exemplarisch die Lösung der Differentialgleichung für den ersten Nichtstarrkörperzustand vorgeführt. Die Zwischenergebnisse wurden mit einem BASIC-Programm berechnet und können dem interessierten Leser als Kontrollwerte beim Austesten seines eigenen Programms dienen. Der Vier-Scheiben-Querschnitt besitzt neben der Längung bei der vorhandenen Lagerung drei weitere Verformungszustände mit Querbiegung. Wir wählen für die Demonstration des Rechenablaufs den Zustand $k = 2$ aus, dessen Querschnittswerte in Tabelle 8.8 angegeben sind.

Für das Differenzenverfahren sind die Länge der Felder des Längssystems und die Zahl der Abschnitte pro Feld anzugeben. In unserem Beispiel ändert sich diese Abschnittslänge am Zwischenlager. Außerdem sind die Lagerungsbedingungen festzulegen. Die Angaben sind in der Tabelle 8.9 aufgeführt. Die gleichmäßig verteilte Flächenlast wird über indirekte Lasteinleitung in den Knotenlinien konzentriert. Damit ergeben sich die in der Tabelle aufgelisteten Linienlasten.

Im ersten Schritt des Differenzenverfahrens wird für jede Stützstelle des Längssystems einschließlich der Randpunkte das zweizeilige und sechsspaltige Grundschema für die Unbekannten ^kV und ^kW ($k = 2$) an den Stellen $i - 1$, i und $i + 1$ aufgestellt. Damit ergibt sich eine Bandmatrix der Bandbreite 6, die in platzsparender Weise als Rechteckmatrix der gleichen Breite abgespeichert wird. In die siebte Spalte schreibt man dann die rechte Seite. Im zweiten Schritt werden die Randbedingungen eingearbeitet. Danach kann das Gleichungssystem gelöst werden, wozu man sinnvollerweise einen speziell die Bandstruktur ausnutzenden Algorithmus verwendet. Dem Lösungsvektor kann man nun die Zustandsgrößen ^kV und ^kW entnehmen oder, bei einigen Lagerungsbedingungen, stattdessen die ausgetauschten Größen Lagerkraft bzw. V an der außerhalb gelegenen fiktiven Stützstelle. Die Matrix des Differenzenschemas hat ohne Berücksichtigung der Randbedingungen die in Tabelle 8.10 angegebene Belegung.

Nun werden die Randbedingungen eingearbeitet. Dabei ist besonders am freien Rand die Abweichung von der Balkenanalogie ($M = 0$ und $Q = 0$) zu beachten:
Statt des Plattenwölbmoments ^kW, das nur aus dem Längskrümmungsanteil gebildet wird, muß ein Wölbmoment verschwinden, das auch die Querkrümmung beinhaltet. Desgleichen ist die Randbedingung für die Randquerkraft so zu verändern, wie sie in Abschn. 5.2.2 angegeben ist.
Diese genauere Erfassung der Randbedingungen ist bei Querschnitten mit ausgeprägten Membranverwölbungen nicht mehr von Bedeutung, bei plattenartigen Querschnitten jedoch sehr wichtig. Nach Einarbeiten der Randbedingungen ergibt sich die Matrix des Differenzenschemas wie in Tabelle 8.10 dargestellt.

Aus dem Lösungsvektor entnimmt man die gesuchten Zustandsgrößen für den Zustand $k = 2$. Sie sind in Tabelle 8.11 eingetragen. Die Ableitungen der Zustandsgrößen sind dabei numerisch aus den Werten an den Nachbarstützstellen ermittelt worden. Abschließend wird in Tabelle 8.12 noch die Rückrechnung der Plattenmomente und Durchbiegungen unter Berücksichtigung *aller* Zustände angegeben.

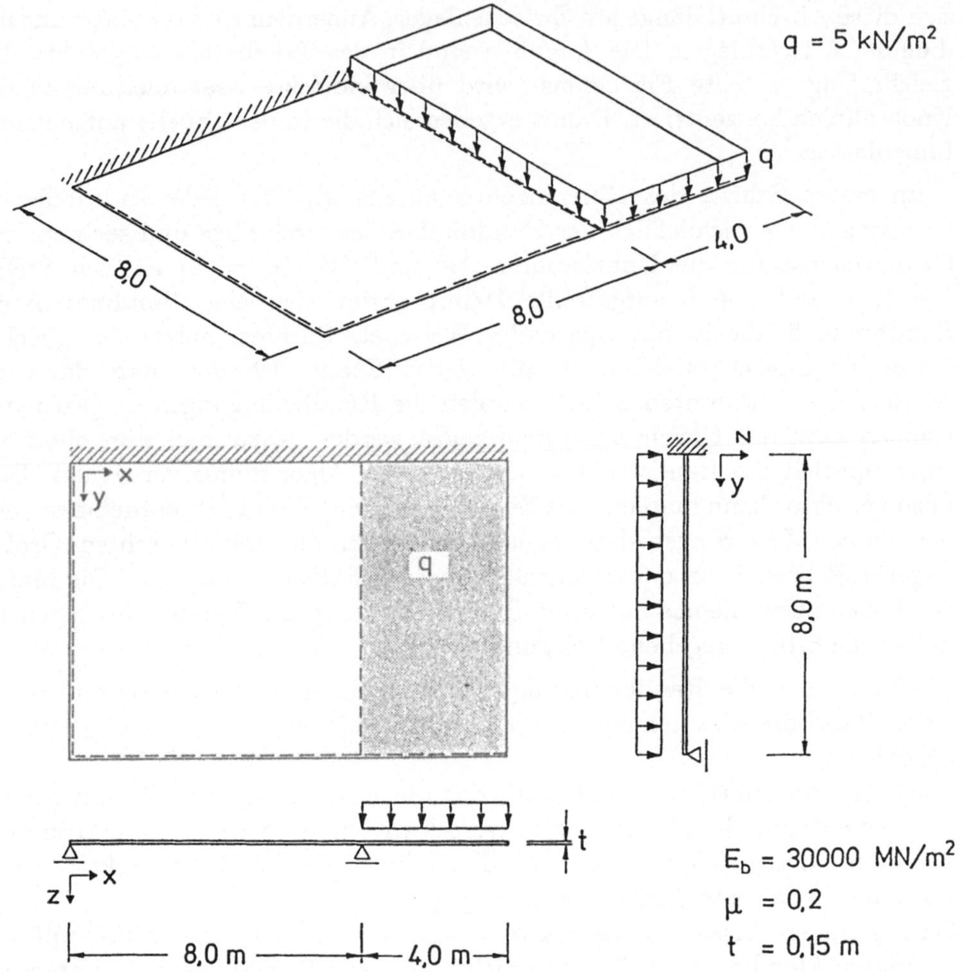

$q = 5 \ \text{kN/m}^2$

$E_b = 30000 \ \text{MN/m}^2$

$\mu = 0{,}2$

$t = 0{,}15 \ \text{m}$

Bild 8.15   Systembeschreibung

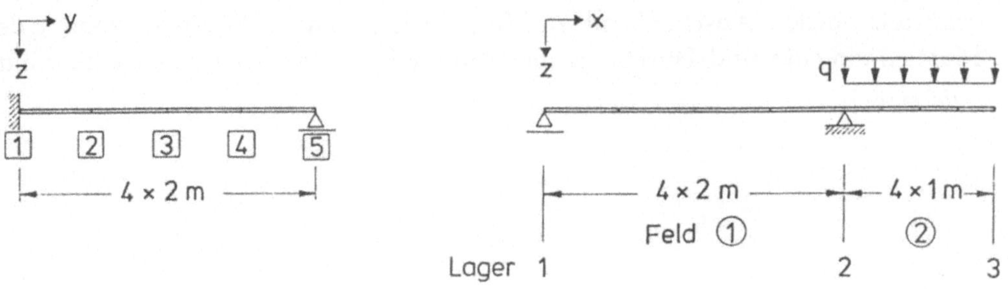

Bild 8.16   Querschnitt und Längssystem

Tabelle 8.8 Querschnittswerte der Platte für $k = 2$

				Zustand $k = 2$				
r	^2u_r	$^2f_{s,r}$	$^2f_{\bar{s},r}$	$^2f_{\vartheta,r}$	$^2m_{s,r}$	^2S_r	^2v_r	^2w_r
1	0,000	0,000	0,225	0,225	−2,932	0,000	0,000	0,000
2	0,000	0,000	0,725	0,275	−0,068	0,000	0,000	0,450
3	0,000	0,000	0,922	−0,077	1,888	0,000	0,000	1,000
4	0,000	0,000	0,422	−0,422	1,804	0,000	0,000	0,845
5	0,000	0,000	0,000	0,000	0,000	0,000	0,000	0,000

$$^2C = 0,0011193 \qquad ^2D = 0,000966 \qquad ^2B = 1,95175$$

Tabelle 8.9 Eingabewerte zum Differenzenverfahren.

Eingabeprotokoll für das Längssystem (Einheiten: MN und m)			
Feld	Länge	Zahl der Abschnitte	Abschnittslänge
1	8,00	4	2,00
2	4,00	4	1,00

Rand- und Übergangsbedingungen (0 = verhindert, 1 = zugelassen)			
Lager	^kV	$^kV'$	^kW	$^kW'$
	Zustand $k = 2$		
1	0	1	0	1
2	0	1	1	1
3	1	1	0	0

Eingabe der Lasten					
Streckenlasten					
Feld	Knoten	Anfangsabszisse	Lastordinate	Endabszisse	Lastordinate
2	2	0,000	0,010	0,000	0,010
2	3	0,000	0,010	0,000	0,010
2	4	0,000	0,010	0,000	0,010

Tabelle 8.10   Matrix des Differenzenschemas vor (A') und nach (A) Einarbeitung der Randbedingungen.

$$A' = \begin{pmatrix}
-100,73 & -1,00 & 201,47 & -10,00 & -100,73 & -1,00 & 0 \\
-11,43 & -1,00 & 30,66 & 2,00 & -11,43 & -1,00 & 0 \\
-100,73 & -1,00 & 201,47 & -10,00 & -100,73 & -1,00 & 0 \\
-11,43 & -1,00 & 30,66 & 2,00 & -11,43 & -1,00 & 0 \\
-100,73 & -1,00 & 201,47 & -10,00 & -100,73 & -1,00 & 0 \\
-11,43 & -1,00 & 30,66 & 2,00 & -11,43 & -1,00 & 0 \\
-100,73 & -1,00 & 201,47 & -10,00 & -100,73 & -1,00 & 0 \\
-11,43 & -1,00 & 30,66 & 2,00 & -11,43 & -1,00 & 0 \\
-402,93 & -1,00 & 805,86 & -10,00 & -402,93 & -1,00 & 0 \\
-11,91 & -1,00 & 25,78 & 2,00 & -11,91 & -1,00 & 0,01 \\
-402,93 & -1,00 & 805,86 & -10,00 & -402,93 & -1,00 & 0 \\
-11,91 & -1,00 & 25,78 & 2,00 & -11,91 & -1,00 & 0,02 \\
-402,93 & -1,00 & 805,86 & -10,00 & -402,93 & -1,00 & 0 \\
-11,91 & -1,00 & 25,78 & 2,00 & -11,91 & -1,00 & 0,02 \\
-402,93 & -1,00 & 805,86 & -10,00 & -402,93 & -1,00 & 0 \\
-11,91 & -1,00 & 25,78 & 2,00 & -11,91 & -1,00 & 0,02
\end{pmatrix}$$

$$A = \begin{pmatrix}
0 & 0 & -4,00 & -100,73 & -100,73 & -2,00 & 0 \\
0 & 0 & 4,00 & -11,43 & -11,43 & -2,00 & 0 \\
0 & 0 & 201,47 & -10,00 & -100,73 & -1,00 & 0 \\
0 & 0 & 30,66 & 2,00 & -11,43 & -1,00 & 0 \\
-100,73 & -1,00 & 201,47 & -10,00 & -100,73 & -1,00 & 0 \\
-11,43 & -1,00 & 30,66 & 2,00 & -11,43 & -1,00 & 0 \\
-100,73 & -1,00 & 201,47 & -10,00 & 0 & -1,00 & 0 \\
-11,43 & -1,00 & 30,66 & 2,00 & 0 & -1,00 & 0 \\
-100,73 & -2,00 & 0 & -6,00 & -201,47 & -1,00 & 0 \\
-11,26 & -1,00 & 2,00 & 3,00 & -24,48 & -2,00 & 0,01 \\
0 & -1,00 & 805,86 & -10,00 & -402,93 & -1,00 & 0 \\
0 & -1,00 & 25,78 & 2,00 & -11,91 & -1,00 & 0,02 \\
-402,93 & -1,00 & 805,86 & -10,00 & -402,93 & -1,00 & 0 \\
-11,91 & -1,00 & 25,78 & 2,00 & -11,91 & -1,00 & 0,02 \\
-402,93 & -1,00 & 805,86 & -10,00 & -401,72 & 0 & 0 \\
-11,91 & -1,00 & 25,78 & 2,00 & -10,71 & 0 & 0,02 \\
-392,06 & -2,00 & 817,94 & -413,80 & 0 & 0 & 0 \\
-22,29 & -2,00 & 23,04 & -1,21 & 0 & 0 & 0,02
\end{pmatrix}$$

Tabelle 8.11   Verformungsfunktionen und Schnittgrößen für den Zustand $k = 2$, mit dem Faktor 10^3 multipliziert.

		Ergebnisprotokoll		
		Verformungsfunktionen und Schnittgrößen		
x	^kV	$^kV'$	^kW	$^kW'$
		Zustand $k = 2$		
0,00	0,0000	$-0,1470$	0,00000	0,79532
2,00	$-0,3254$	$-0,1784$	0,67960	$-0,11571$
4,00	$-0,7137$	$-0,1630$	$-0,46286$	$-2,32001$
6,00	$-0,9774$	0,1784	$-8,60044$	$-9,52144$
8,00	0,0000	1,3274	$-38,54862$	17,39671
9,00	1,7468	1,8480	$-4,96651$	22,60389
10,00	3,6959	1,8671	6,65916	4,73286
11,00	5,4810	1,7317	4,49922	$-7,65255$
12,00	7,1593	1,6250	$-8,64594$	$-18,63776$

Tabelle 8.12   Rückrechnung der Durchbiegung w in cm und der Plattenmomente m_{xx}, m_{ss} und m_{xs} in kNm/m.

	Schnittkräfte und Verformungen			

$x = 0,00$	w	m_x	m_y	m_{xy}
$r = 1$	0,0000	0,0000	0,0000	0,0000
2	0,0000	0,0000	0,0000	$-0,0501$
3	0,0000	0,0000	0,0000	$-0,0199$
4	0,0000	0,0000	0,0000	0,0420
5	0,0000	0,0000	0,0000	0,0000

$x = 2,00$	w	m_x	m_y	m_{xy}
$r = 1$	0,0000	0,1923	0,9617	0,0000
2	$-0,0147$	0,0880	0,0339	$-0,0612$
3	$-0,0326$	0,0561	$-0,5808$	$-0,0232$
4	$-0,0274$	0,0300	$-0,5516$	0,0511
5	0,0000	0,0000	0,0000	0,0000

Tabelle 8.12 (Fortsetzung)

$x = 4,00$	w	m_x	m_y	m_{xy}
$r = 1$	0,0000	0,4267	2,1333	0,0000
2	−0,0325	−0,0329	0,0114	−0,0564
3	−0,0715	−0,3903	−1,3780	−0,0195
4	−0,0600	−0,3656	−1,2819	0,0466
5	0,0000	0,0000	0,0000	0,0000

$x = 6,00$	w	m_x	m_y	m_{xy}
$r = 1$	0,0000	0,6061	3,0303	0,0000
2	−0,0454	−1,0093	−0,2682	0,0612
3	−0,0979	−2,6402	−2,2810	0,0232
4	−0,0816	−2,2236	−2,0731	−0,0511
5	0,0000	0,0000	0,0000	0,0000

$x = 8,00$	w	m_x	m_y	m_{xy}
$r = 1$	0,0000	0,0000	0,0000	0,0000
2	0,0000	−5,4042	−1,0808	0,4595
3	0,0000	−9,9249	−1,9850	0,1393
4	0,0000	−8,2710	−1,6542	−0,3696
5	0,0000	0,0000	0,0000	0,0000

$x = 10,00$	w	m_x	m_y	m_{xy}
$r = 1$	0,0000	−2,5905	−12,9524	0,0000
2	0,1836	1,4203	1,9103	0,6470
3	0,3679	2,9086	6,4319	0,2139
4	0,3053	2,6753	6,7522	−0,5301
5	0,0000	0,0000	0,0000	0,0000

$x = 12,00$	w	m_x	m_y	m_{xy}
$r = 1$	0,0000	−4,8061	−24,0303	0,0000
2	0,3475	−0,9993	1,9534	0,5610
3	0,7149	0,3607	12,0241	0,1955
4	0,5932	0,6399	12,0575	−0,4629
5	0,0000	0,0000	0,0000	0,0000

8.3 Allgemeine Lagerungsbedingungen

Bisher sind Lagerungsbedingungen behandelt worden, die entweder die gesamte Tragwerkslänge betrafen und daher bei der Ermittlung der Querschnittswerte eingearbeitet werden konnten (Abschn. 3.3) oder sie waren eindeutig bestimmten Modalformen zugeordnet und bestimmten die Lösung der Differentialgleichungen (Abschn. 8.2). Häufig kommen auch Lagerungsbedingungen vor, die mit den vorgenannten Methoden nicht zu erfassen sind. In Bild 8.17 sind Beispiele dafür angegeben.

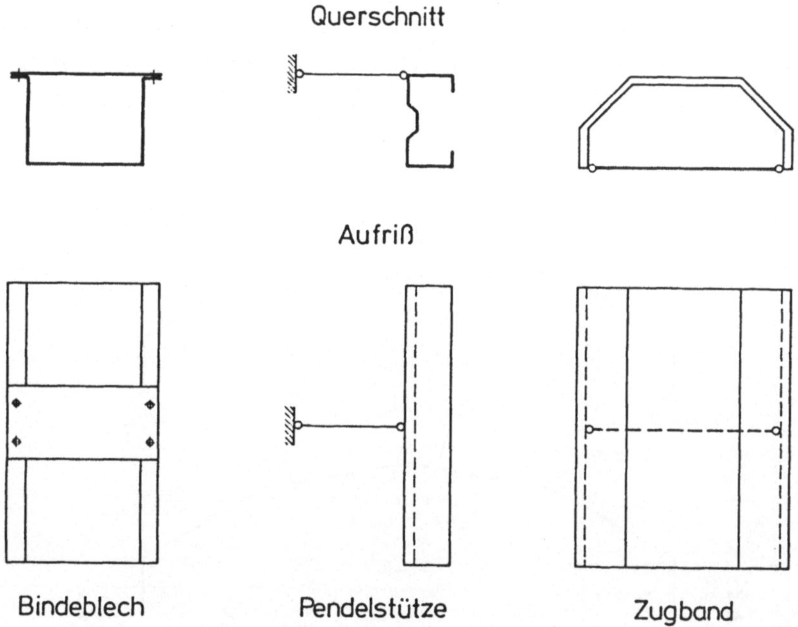

Bild 8.17   Beispiele für allgemeine Lagerungsbedingungen

Die Wirkung von einzelnen Stützen ohne Schotte im Querschnitt oder von Zugbändern legt für einzelne Querschnittspunkte absolute oder relative Verschiebungen fest. Sie sind nur durch eine zunächst noch unbekannte Kombination von mehreren Modalformen zu erfüllen. Dadurch werden die Differentialgleichungen über die Rand– oder Übergangsbedingungen miteinander verkoppelt.

Eine Möglichkeit, die bisher verwendeten Verfahren weiter zu nutzen und entkoppelt zu rechnen, bietet das Kraftgrößenverfahren. Im Hauptsystem werden die störenden Lagerungen zunächst entfernt. Anzahl und Art der notwendigen Schnitte legen die Einheitsbelastungszustände fest. Die an den

Schnittstellen aus der äußeren Last und den Überzähligen entstehenden Verformungen müssen verschwinden. Das liefert ein lineares Gleichungssystem für die Überzähligen.

Nach dessen Lösung erhält man die endgültigen Ergebnisse am einfachsten, indem man die nunmehr bekannten Überzähligen zusammen mit der Last nochmals am Hauptsystem ansetzt.

8.3.1 Stahlbetonfaltwerk mit Punktlagerung in Feldmitte

Als erstes Zahlenbeispiel wird der Stahlbetonquerschnitt unter Eigengewicht aus [17] gewählt, der bereits in den Abschn. 2.11 und 3.3.4 behandelt wurde. Die Gesamtlänge des Systems soll hier 40, 00 m betragen, ferner wird das statische System dahingehend geändert, daß nun in Stabmitte Anfangs- und Endknoten unverschieblich gelagert sind (Bild 8.18). Über der Mittelstütze sind demnach Querschnittsverformungen möglich.

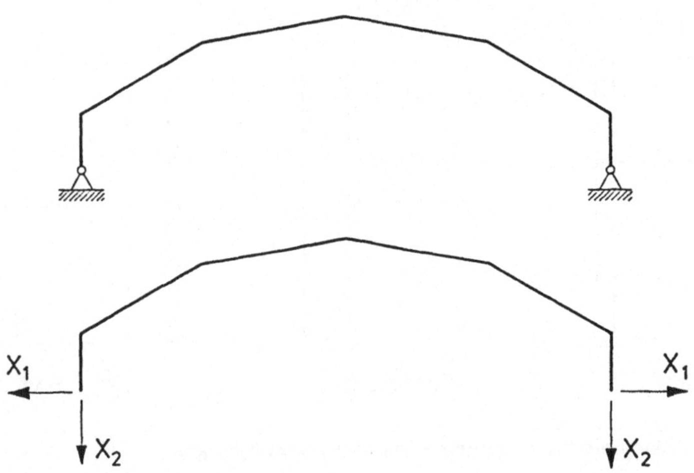

Bild 8.18   Querschnitt an der Stelle $x = 20$ m

Zur Lösung mit dem Kraftgrößenverfahren werden unter Ausnutzung der Symmetrie paarweise die Lagerkräfte in Feldmitte als statische Überzählige eingeführt.

Bei der Ermittlung der Querschnittswerte braucht nur der halbe Querschnitt berücksichtigt zu werden (Bild 8.19). Dazu wird in Anwendung von Abschn. 3.3 am Firstknoten ein Querkraftgelenk eingeführt. Die inneren Hauptscheiben werden durch jeweils zwei Nebenknoten in den Drittelspunkten unterteilt. Anfangs- und Endknoten des Querschnitts gelten ebenfalls als Nebenknoten.

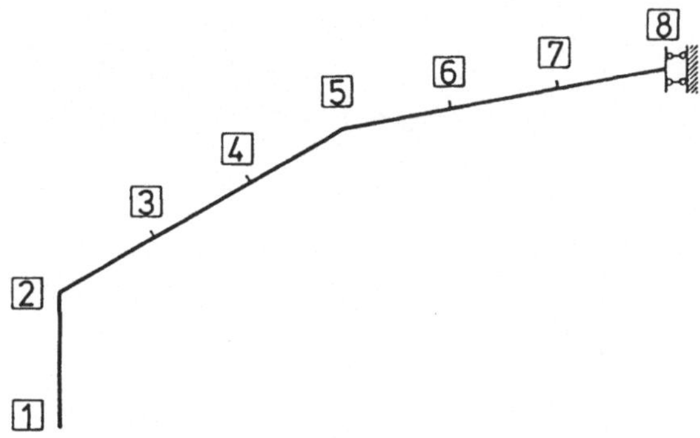

Bild 8.19   Durch Ausnutzung der Symmetrie reduzierter Querschnitt

Diese zusätzlichen Freiheitsgrade ermöglichen eine bessere Erfassung der Querbiegung des Systems. Die Plattenbiegung in Längsrichtung wird berücksichtigt.

Durch die erwähnte Ausnutzung der Symmetrie verringert sich die Anzahl der Zustände von siebzehn auf neun, wobei die Normalkraftverformung mitgezählt ist. Da diese hier keine Rolle spielt, sind im Anschluß an die Querschnittswerteermittlung acht Differentialgleichungen zu lösen.

Die Lagerkräfte wirken als Einzellasten auf das System, deshalb findet das Differenzenverfahren Anwendung. Die Zwischenergebnisse werden nicht angegeben, es sollen lediglich die Zahlenwerte aufgeführt werden, die als Ergebnisse der VTB-Rechnung für das Kraftgrößenverfahren benötigt werden.

Zur Ermittlung der Unverträglichkeiten δ_{i0} an den freigeschnittenen Lagern (Bild 8.20) wird das System unter dem Lastfall Eigengewicht gerechnet. Als Ergebnis interessieren die Verformungen in Feldmitte, speziell

$$\delta_{10} = v_1 = -5,1280 \cdot 10^{-2}\,\text{m}\,,$$
$$\delta_{20} = w_1 = 8,2075 \cdot 10^{-2}\,\text{m}\,. \tag{8.40}$$

Der nächste Schritt besteht in der Berechnung der Unverträglichkeiten infolge der Überzähligen. Auch in den höheren Zuständen wirken die Lastgruppen X_i als Einzellasten, analog zu dem in Bild 8.21 dargestellten System.

Als Ergebnis erhält man unter der Last $X_1 = 1$ die Horizontal- und Vertikalverschiebungen des Knotens 1 zu

$$v_1 = 0,8699\,\text{m/MN}\,,$$
$$w_1 = -0,4859\,\text{m/MN}\,. \tag{8.41}$$

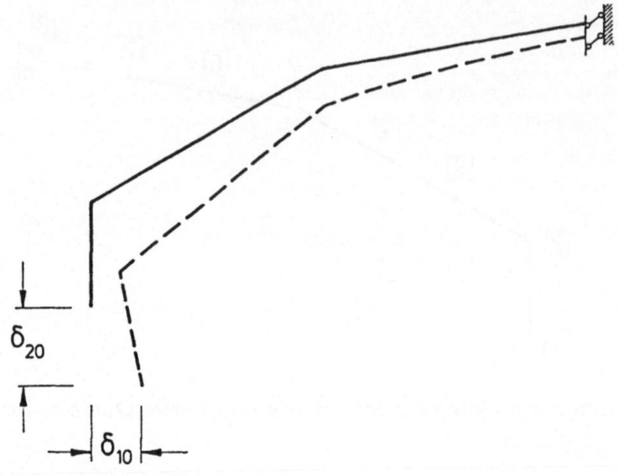

Bild 8.20   Unverträglichkeiten δ_{i0}

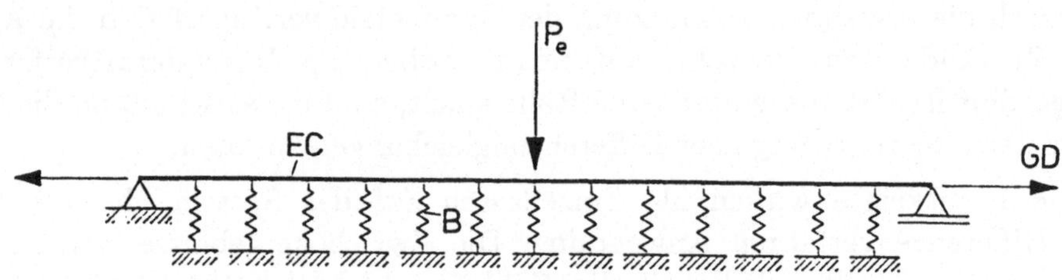

Bild 8.21   System mit Belastung zur Analogiebetrachtung

$X_2 = 1$ liefert

$$v_1 = -0,4859 \, \text{m/MN} \, ,$$
$$w_1 = 0,4375 \, \text{m/MN} \, . \tag{8.42}$$

Damit liegen auch die δ_{ik}-Werte fest:

$$\delta_{11} = 0,8699 \, \text{m/MN} \, ,$$
$$\delta_{12} = -0,4859 \, \text{m/MN} \, , \tag{8.43}$$
$$\delta_{22} = 0,4375 \, \text{m/MN} \, .$$

Die Unbekannten errechnen sich daraus zu

$$X_1 = -0,1207\,\text{MN}\,,$$
$$X_2 = -0,3217\,\text{MN}\,.$$

(8.44)

Als Alternative zur Superposition der Zustandslinien infolge Lasten und Unbekannten bietet sich bei Verwendung von Programmen eine abschließende Rechnung an, bei der die nun bekannten Lagerkräfte neben dem Eigengewicht als Einzellasten aufgebracht werden. In Bild 8.22 ist der endgültige Spannungsverlauf in Feldmitte angegeben.

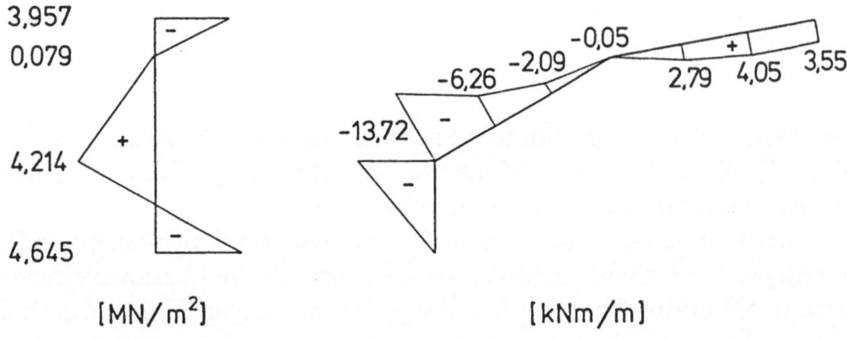

Bild 8.22 Endgültiger Verlauf der Längsspannungen σ_x und Querbiegemomente m_s in Feldmitte

8.3.2 Erhöhung der Drillsteifigkeit durch Bindebleche

Dünnwandige offene Querschnitte haben einen kleinen Drillwiderstand I_D. Die Wirkung des Wölbwiderstandes geht mit zunehmender Stabschlankheit stark zurück. Aus diesen Gründen sind Stäbe mit solchen Querschnitten biegedrillknickanfällig. Ein Mittel, die Torsionssteifigkeit zu erhöhen, ist die Wahl eines geschlossenen Querschnitts. Damit gehen aber konstruktive Vorteile, z.B. bei Anschlüssen und Stößen verloren. Eine wirksame Zwischenlösung bietet die Verschnallung des Querschnitts mit Bindeblechen. Damit wird in regelmäßigen Abständen über die Stablänge die Verwölbung behindert. An den Querschnittsformen Hut- und C-Profil soll die Wirkung untersucht werden. Dabei können die Näherungsformeln für die Querschnittswerte aus Abschn. 5.1 verwendet werden.

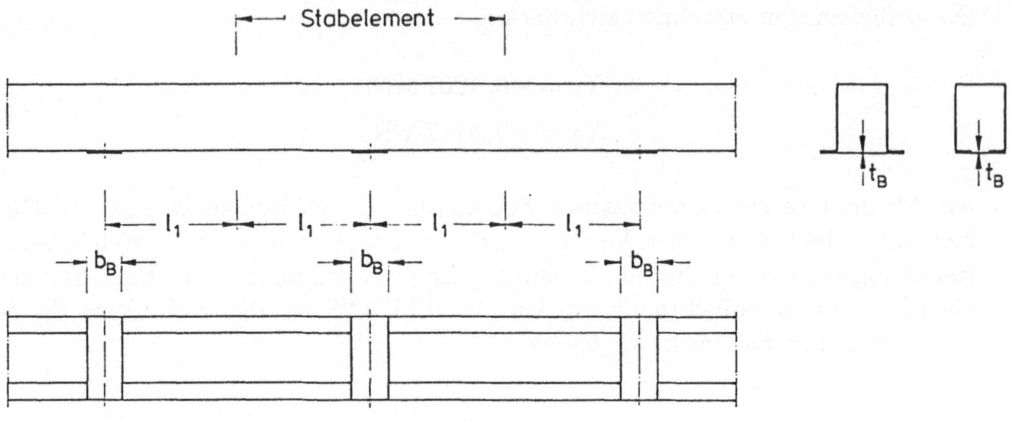

Bild 8.23   Querschnitt mit Bindeblechen

Der Achsabstand der Bindebleche soll konstant sein und $2l_1$ betragen
(Bild 8.23). Es sollten wenigstens vier Abschnitte im Stab vorhanden sein,
damit die "verschmierte" Rechnung möglich ist.

Unterwirft man den Stab einem konstanten Torsionsmoment, z.B. durch
gegenseitiges Verdrehen der Stabenden, so verläuft die Torsionsverformung periodisch mit Nulldurchgängen für die Wölbspannungen in den Abschnittsmit-
ten. Diese Übergangsbedingung wird als Gabellagerung zur Randbedingung
gemacht und als Einwirkung die Lagerverdrehung $\Delta\vartheta$ angesetzt. Das betrachtete Stabelement reicht also von einer Abschnittsmitte bis zur benachbarten
(Bild 8.23), wobei das Bindeblech bei $x = 0$ liegen soll. Auf die vollständige Ausnutzung der Antimetriebedingungen in der Bindeblechachse wird verzichtet. Sie
bringt keine Vorteile mehr und erschwert das Verständnis.

Als Erhöhung der Torsionssteifigkeit wird das Verhältnis der Torsionsmo-
mente angesehen, die nötig sind, um am verschnallten und unverschnallten
Stabelement die gleiche Verdrehung $2\Delta\vartheta$ zu erzeugen:

$$\frac{I_D^*}{I_D} = \frac{M_T^*}{M_{T0}} \, . \tag{8.45}$$

Hierin ist M_{T0} das Torsionsmoment des unverschnallten Querschnitts, das
sofort angegeben werden kann:

$$M_{T0} = GI_D \cdot \vartheta' = GI_D \cdot \frac{\Delta\vartheta}{l_1} \, . \tag{8.46}$$

Zur Ermittlung des Torsionsmomentes M_T^* am verschnallten Querschnitt
wird das Kraftgrößenverfahren gewählt und als Unbekannte die Querkraft

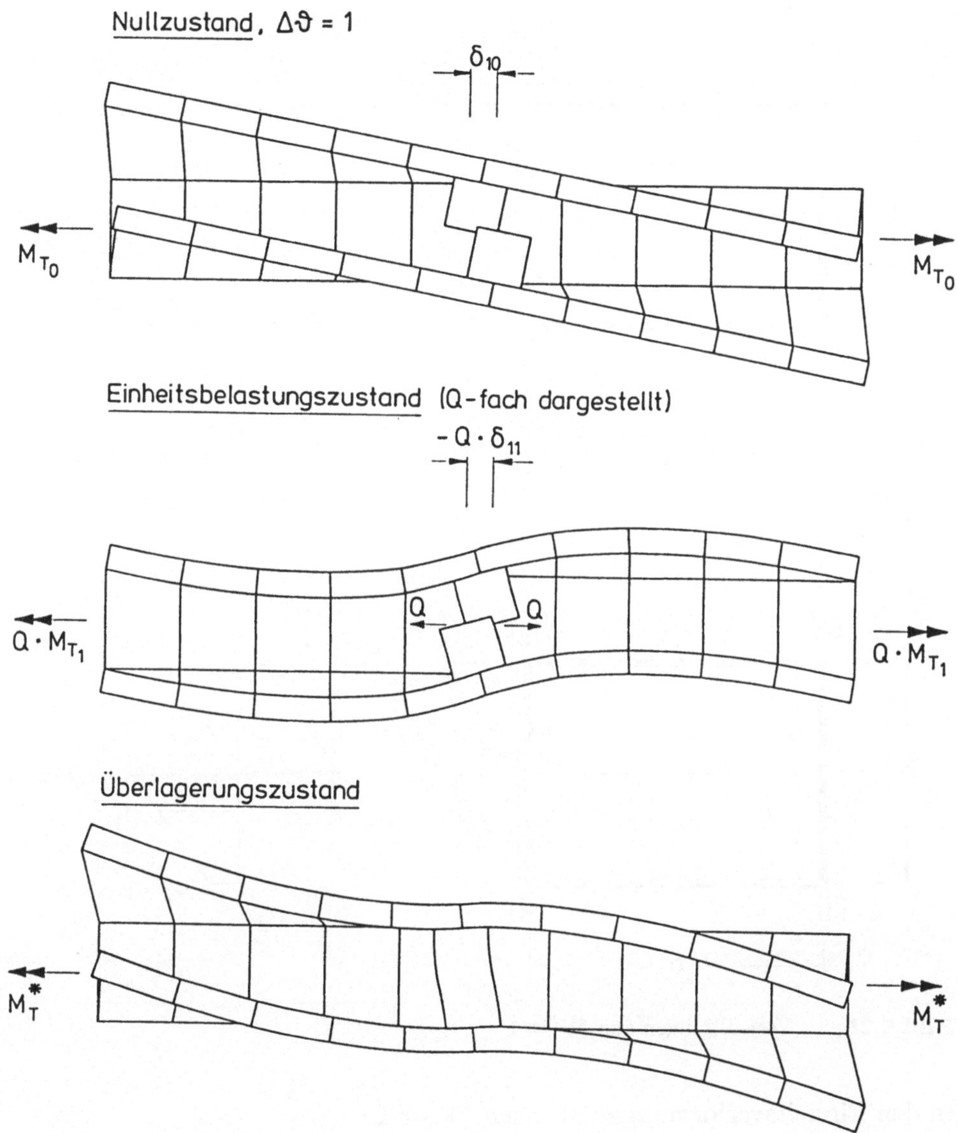

Bild 8.24 Anwendung des Kraftgrößenverfahrens zur Ermittlung des Torsionsmomentes M_T^* am Hutprofil mit Bindeblechen

Q des Bindebleches eingeführt. Das Nullsystem ist dann identisch mit dem unverschnallten Querschnitt (Bild 8.24).

Das Belastungsglied δ_{10} im Sinne des Kraftgrößenverfahrens ist die gegenseitige Verschiebung Δu_0, die sich aus den Wölbordinaten der Lippe extrapolieren läßt. Allgemein ist die gegenseitige Verschiebung am Schnitt des Bindebleches

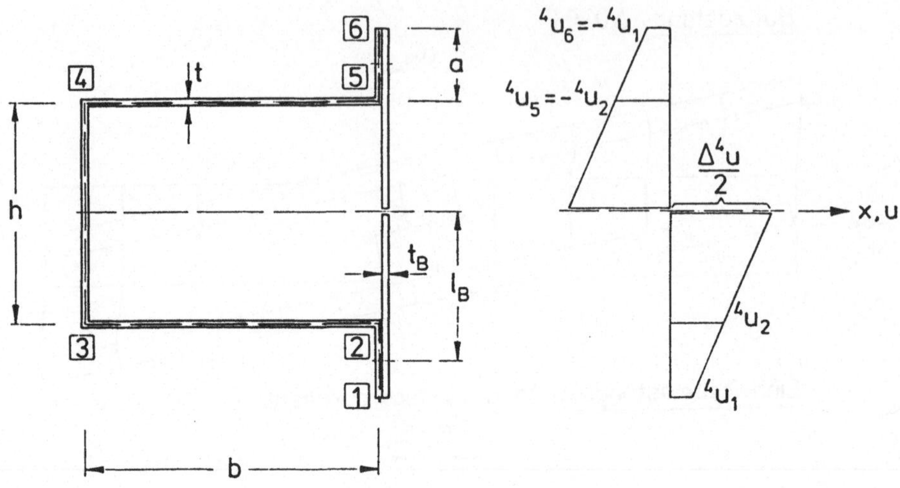

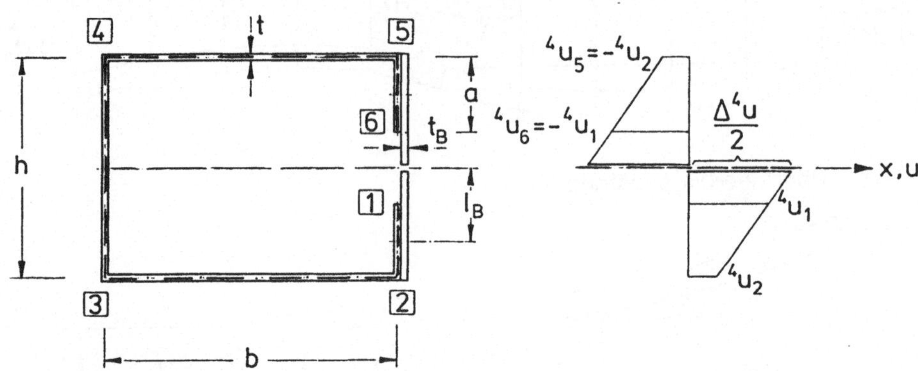

Bild 8.25   Verwölbungen aus $^4V' = 1$

in den Einheitsverformungszuständen $^kV' = 1$

$$\Delta^k u = 2 \left({}^k u_2 \mp \frac{{}^k u_2 - {}^k u_1}{a} \cdot \frac{h}{2} \right) , \tag{8.47}$$

wobei das obere Vorzeichen für das C–, das untere für das Hut–Profil gilt. Im Nullsystem beschränkt sich die Verformung auf den Zustand 4, so daß (8.47) nur für $k = 4$ ausgewertet werden muß. Mit $^4V' = \vartheta' = \Delta\vartheta/l_1$ wird daraus (Bild 8.25)

$$\delta_{10} = \Delta u_0 = \Delta^4 u \cdot \frac{\Delta\vartheta}{l_1} = 2 \left({}^4 u_2 \mp \frac{{}^4 u_2 - {}^4 u_1}{a} \cdot \frac{h}{2} \right) \frac{\Delta\vartheta}{l_1} . \tag{8.48}$$

Im Einheitsbelastungszustand $Q = 1$ wird eine gegenseitige Verschiebung der Enden des aufgeschnittenen Bindeblechs erzeugt, die sich aus drei Anteilen zusammensetzt:

a) Anteil Δu_S aus Stabverformung:
Während die Verformung im Nullzustand durch die St. Venantsche Torsion beschrieben werden kann, treten hier zusätzliche Verformungsanteile auf, so daß dieser Anteil mit den Mitteln der VTB berechnet werden muß.

Vorab kann die Zahl der zu berücksichtigenden Zustände beschränkt werden: Nach Abschn. 5.1 zerfallen die Einheitsverformungen in symmetrische und antimetrische. Die aufgebrachte Belastung ist antimetrisch, so daß nur die betreffenden Zustände zu betrachten sind ($k = 2, 4, 6$). Die Biegung ^2V findet wegen $\Delta^2 u = 0$ keine Belastung vor (die Enden des aufgeschnittenen Bindeblechs würden sich bei reiner Biegung des Stabes nicht gegeneinander verschieben), dieser Zustand kann daher ebenfalls außer acht gelassen werden. Es wird also durch den Einheitsbelastungszustand $Q = 1$ die Verdrehung ^4V (Wölbkrafttorsion) und die antimetrische Profilverformung ^6V angesprochen.

Als nächstes ist zu ermitteln, wie die Einheitsbelastung $Q = 1$ in die Differentialgleichungen für $k = 4$ und 6 eingeht. Die von der Querkraft Q geleistete virtuelle Arbeit ist proportional zu den Verwölbungen, sie wirkt also wie eine Längslast und erzeugt daher einen Sprung $\Delta^k W$ in der Schnittgröße. Die Lastglieder $^k q$ sind null, da Q keine Arbeit an den Verformungen $^k V$ leistet. Der Sprung $\Delta^k W$ in der Schnittgröße wirkt analog zu einem Einzelmoment in Feldmitte. Seine Größe ist die Arbeit, die die Querkraft an den Verwölbungen $\Delta^4 u$ und $\Delta^6 u$ leistet:

$$\Delta^k W = \Delta^k u \cdot Q \ . \tag{8.49}$$

Da der Wirkungspunkt von Q nicht im Querschnitt liegt, muß auch hier die Ordinate $\Delta^k u$ in Bindeblechmitte mit (8.47) aus denen der Lippe extrapoliert werden. Bei der Lösung der Differentialgleichung werden die Bindeblechbreite und die Anteile aus der St. Venant'schen Torsion vernachlässigt ($G^4 D = G^6 D = 0$). Letzteres ist genügend genau, wenn $l_1 \sqrt{G^4 D / E^4 C} \leq 0,3$ erfüllt ist. Damit sind die folgenden Differentialgleichungen zu lösen:

$$E^4 C\, {}^4V'''' = 0 \qquad \text{und} \qquad E^6 C\, {}^6V'''' + {}^6B\, {}^6V = 0 \tag{8.50}$$

Die statischen Systeme, die Belastung und die Zustandsgrößen für $k = 4$ und $k = 6$ sind in Bild 8.26 dargestellt.

Die bei $x = 0$ angreifenden Einzelmomente $\Delta^k W$ erzeugen antimetrische Verformungen. Deshalb kann in Feldmitte ein gelenkiges Lager eingeführt werden und die Lösung braucht nur für die rechte Hälfte ($0 \leq x \leq l_1$, beidseitig gelenkig gelagerter Balken unter Randmoment) gefunden zu werden. Für den elastisch gebetteten Balken ist sie z.B. in [19] zu finden. Hier interessiert nicht die komplette Lösung, sondern wegen

$$\Delta u_S = \Delta^4 u \cdot {}^4V'(0) + \Delta^6 u \cdot {}^6V'(0) \tag{8.51}$$

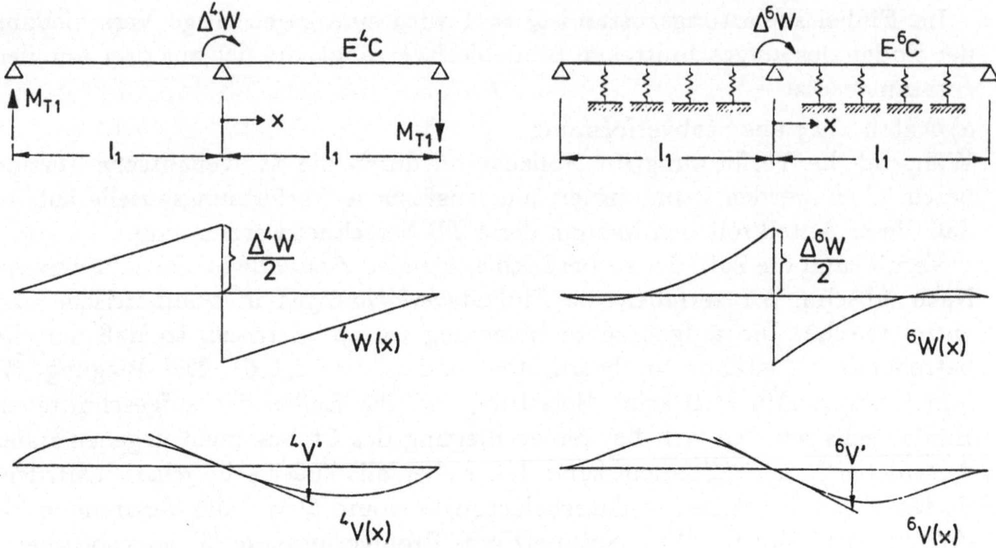

Bild 8.26   System, Belastung und Zustandsgrößen für $Q = 1$

lediglich die Ableitung $^kV'$ bei $x = 0$. Für sie gilt

$$^4V'(0) = \frac{1}{6} \cdot \Delta^4W \cdot \frac{l_1}{E^4C} \,,$$

$$^6V'(0) = \frac{1}{6} \cdot \Delta^6W \cdot \frac{l_1}{E^6C} \cdot F(\lambda l_1) \tag{8.52}$$

mit

$$F(\lambda l_1) = \frac{3}{2\lambda l_1} \cdot \frac{\cosh(\lambda l_1) \cdot \sinh(\lambda l_1) - \cos(\lambda l_1) \cdot \sin(\lambda l_1)}{\cosh^2(\lambda l_1) - \cos^2(\lambda l_1)} \,,$$

$$\lambda = \sqrt[4]{\frac{^6B}{4E^6C}} \,. \tag{8.53}$$

b) Anteil Δu_B aus Bindeblechverformung:
Beim Bindeblech wird die Torsionssteifigkeit und die Biegung um die schwache
Achse vernachlässigt. Aus der Biegesteifigkeit um die starke Achse

$$EI_B = E \cdot \frac{b_B^3 t_B}{12} \tag{8.54a}$$

und der Schubsteifigkeit

$$GA_s = G \cdot b_B \cdot t_B \tag{8.54b}$$

und der rechnerischen Bindeblechlänge

$$l_B = \frac{1}{2}(h \mp a) \tag{8.54c}$$

gibt es den Verschiebungsanteil Δu_B am Schnitt. Das obere Vorzeichen gilt wieder für das C–, das untere für das Hut–Profil:

$$\Delta u_B = 2 \left(\frac{1}{3} \frac{l_B^3}{EI_B} + \frac{l_B}{GA_s} \right) . \tag{8.55}$$

c) Anteil Δu_γ aus Schubverformung:
Dieser Anteil gehört eigentlich noch zu Δu_S, er kann dort aber nicht erfaßt werden, da Δu_S mit der VTB berechnet wird, die ja eine Schubverzerrung im Stab nicht berücksichtigt. Wird die Schubverformung weggelassen, so kann die Torsionssteifigkeit bei kleiner werdenden Bindeblechabständen diejenige des geschlossenen Querschnitts übersteigen, was natürlich ausgeschlossen werden muß.
Wir definieren Δu_γ als die Verschiebung, die durch einen konstanten Schubfluß $Q/2l_1 = 1/2l_1$ im Querschnitt erzeugt wird:

$$\Delta u_\gamma = \frac{1}{2l_1} \cdot \begin{cases} \dfrac{h + 2b}{Gt} & \text{für Hutprofil}\,, \\[2ex] \dfrac{h + 2(b + a)}{Gt} & \text{für C--Profil}\,. \end{cases} \tag{8.56}$$

Da nun die Anteile von Δu bekannt sind, kann die Querkraft ermittelt werden:

$$Q = -\frac{\delta_{10}}{\delta_{11}} = -\frac{\Delta u_0}{\Delta u_S + \Delta u_B + \Delta u_\gamma} . \tag{8.57}$$

Zur Auswertung der Gleichung (8.45) ist noch das Torsionsmoment M_T^* des verschnallten Querschnitts anzugeben. Es setzt sich aus M_{T0} nach (8.46) und M_{T1} im Einheitsbelastungszustand zusammen. Die "Auflagerkraft" M_{T1} (Bild 8.26) ist das Torsionsmoment, das als Lagerreaktion zu $Q = 1$ gehört. Es wird ermittelt gemäß

$$M_{T1} = -\frac{\Delta^4 W}{2l_1} = -\frac{\Delta^4 u}{2l_1} . \tag{8.58}$$

(Aus $\Delta^6 W$ gibt es kein Torsionsmoment, denn die "Auflagerkraft" ist eine Gleichgewichtsgruppe im Querschnitt.)
Die Überlagerung liefert das endgültige Torsionsmoment

$$M_T^* = M_{T0} + Q \cdot M_{T1} = M_{T0} - Q \cdot \frac{\Delta^4 W}{2l_1} . \tag{8.59}$$

Die Steifigkeitserhöhung wird mit Membranwölbspannungen erkauft. Sie sind am größten in den Lippen und zwar am Punkt 1 (Bild 8.25). Diese Längsspannung $\sigma_{x,1}$ läßt sich mit der allgemeinen Gleichung (2.89) aus den Wölbmomenten berechnen. Im vorliegenden Fall entstehen Wölbspannungen nur aus den Wölbmomenten ^4W und ^6W. Deren Maximalwerte sind (s. Bild 8.26)

$$^kW_{\max} = \frac{\Delta^kW}{2} \; .\tag{8.60}$$

Werden diese mit Gleichung (8.49) durch den Verwölbungssprung ausgedrückt, so ergibt sich

$$\sigma_{x,1} = -\frac{1}{2}\left(\frac{\Delta^4u \cdot {}^4u_r}{{}^4C} + \frac{\Delta^6u \cdot {}^6u_r}{{}^6C}\right) \cdot Q \; .\tag{8.61}$$

<u>Zahlenbeispiel:</u>

Für das Zahlenbeispiel greifen wir auf die Formeln für das Hut–Profil in Abschn. 5.1.1 zurück, mit denen alle erforderlichen Werte explizit ermittelt werden können. Diese Formeln verzichten allerdings auf den Längsbiegewiderstand, so daß die Rechnung bei relativ kleinen Lippenbreiten a zu kleine Werte liefert. Der Übergang zum U-Profil ist damit nicht möglich. In diesem Falle müssen die Querschnittswerte mit Berücksichtigung der Längsbiegesteifigkeit (vgl. Abschn. 3.1) ermittelt werden.

Gewählt wird ein Hut–Profil aus Makrolon. Der E–Modul beträgt $E = 260\,\mathrm{kN/cm}^2$, die Querdehnungszahl $\mu = 0,33$ und damit der Schub–Modul $G = 97,744\,\mathrm{kN/cm}^2$. Der Abstand der Bindebleche ist $2l_1 = 50\,\mathrm{cm}$. Die Breite der Bindebleche ist $b_B = 6\,\mathrm{cm}$ und die Bindeblechdicke ist $t_B = 0,3\,\mathrm{cm}$. Die Abmessungen des Querschnitts sind:

$$\begin{aligned}
h &= 8\,\mathrm{cm}\,, & a &= 2\,\mathrm{cm}\,, \\
b &= 12\,\mathrm{cm}\,, & t &= 0,25\,\mathrm{cm}\,.
\end{aligned}$$

Daraus ergeben sich die Verhältnisse

$$\alpha = \frac{a}{h} = 0,25 \qquad \text{und} \qquad \beta = \frac{b}{h} = 1,5 \; .$$

Mit (5.1) erhält man die Hilfswerte

$$\begin{aligned}
K_1 &= 4,50000\,, & K_2 &= 0,66667\,, & K_3 &= 1,03125\,, & K_4 &= 1,37500\,, \\
K_5 &= 0,71212\,, & K_6 &= 0,78788\,, & K_7 &= -0,31818\,, & K_8 &= 0,20360\,,
\end{aligned}$$

$$\Delta^5N = 10,125\,,$$
$$\Delta^6N = 17,8125\,.$$

<u>Für die Starrkörperanteile ($k = 1$ bis $k = 4$)</u>

erhält man mit (5.2) die Schwerpunkts- und Schubmittelpunktslage:

$$z_S = 5,33\,\text{cm} \qquad \text{und} \qquad z_M = 11,03\,\text{cm} \; ,$$

mit (5.3) die Wölbwiderstände:

$$\begin{aligned}
{}^1C = A &= 9,0\,\text{cm}^4 \; , \\
{}^2C = I_z &= 132,0\,\text{cm}^4 \; , \\
{}^3C = I_y &= 176,0\,\text{cm}^4 \; , \\
{}^4C = C_M &= 1667,9\,\text{cm}^4
\end{aligned}$$

und mit (5.4) den Drillwiderstand:

$$ {}^4D = I_D = 0,1875\,\text{cm}^2 \; .$$

Damit wird $l_1\sqrt{G\,{}^4D/E\,{}^4C} = 25 \cdot 0,0065 = 0,16 \leq 0,3$ und die Anteile aus der
St. Venant'schen Torsion können vernachlässigt werden.
Für $k = 4$ erhält man mit (5.5) folgende Wölbordinaten:

$$\begin{aligned}
{}^4u_1 = -\,{}^4u_6 &= -10,182\,\text{cm} \; , \\
{}^4u_2 = -\,{}^4u_5 &= 25,212\,\text{cm} \; , \\
{}^4u_3 = -\,{}^4u_4 &= -22,788\,\text{cm} \; .
\end{aligned}$$

<u>Für den antimetrischen Profilverformungszustand ($k = 6$)</u>

erhält man mit (5.10) die Wölbordinaten:

$$\begin{aligned}
{}^6u_1 = -\,{}^6u_6 &= 1\,\text{cm} \; , \\
{}^6u_2 = -\,{}^6u_5 &= -0,10526\,\text{cm} \; , \\
{}^6u_3 = -\,{}^6u_4 &= -0,07895\,\text{cm}
\end{aligned}$$

und mit (5.11) die Scheibenverdrehungen:

$$\begin{aligned}
{}^6f_{\vartheta,1} = {}^6f_{\vartheta,5} &= -0,065378/\text{cm} \; , \\
{}^6f_{\vartheta,2} = {}^6f_{\vartheta,4} &= -0,047697/\text{cm} \; , \\
{}^6f_{\vartheta,3} \phantom{= {}^6f_{\vartheta,4}} &= -0,000548/\text{cm} \; .
\end{aligned}$$

Mit der Plattensteifigkeit $K = 0,37991\,\text{kNcm}$ berechnet sich das Querbiegemoment nach (5.12) zu

$$ {}^6m_{s,3} = -3,359 \cdot 10^{-3}\,\text{kN/cm}$$

und schließlich erhält man den Wölb-, den Querbiege- und den Drillwiderstand
nach (5.13):

$$^6C = 3,573 \cdot 10^{-1}\,\text{cm}^4 \ ,$$

$$^6B = 3,167 \cdot 10^{-4}\,\text{kN/cm}^2 \ ,$$

$$^6D = 3,734 \cdot 10^{-4}\,\text{cm}^2 \ .$$

Damit sind alle Querschnittswerte und Wölbordinaten bekannt, die für die
statisch unbestimmte Berechnung des verschnallten Profils benötigt werden.

Im Nullsystem

erhält man mit (8.46) das Torsionsmoment

$$M_{T0} = 18,327 \cdot \vartheta' = 0,7331 \cdot \Delta\vartheta\,\text{kN/cm} \ .$$

Für die Ermittlung von δ_{10} berechnet man zunächst die gegenseitige Verschiebung $\Delta^4 u$ am Schnitt des Bindeblechs für $^4V' = 1$ mit (8.47):

$$\Delta^4 u = 192,0\,\text{cm}$$

und damit dann gemäß (8.48)

$$\delta_{10} = \Delta u_0 = 192 \cdot \vartheta' = 7,68 \cdot \Delta\vartheta \ .$$

Im Einheitsbelastungszustand $Q = 1$

setzt sich der Verwölbungssprung Δu aus mehreren Anteilen zusammen:

$$\Delta u = \Delta u_S + \Delta u_B + \Delta u_\gamma \ .$$

1. Anteil Δu_S aus der Stabverformung:

Für $k = 4$ ist bereits berechnet

$$\Delta^4 u = 192,0\,\text{cm} \ ,$$

und mit (8.49) ergibt sich

$$\Delta^4 W = \Delta^4 u = 192,0\,\text{cm} \ .$$

Für $l_1 = 25\,\text{cm}$ und $E\,^4C = 4,336 \cdot 10^5\,\text{kNcm}^2$ ergibt sich mit (8.52):

$$^4V' = 1,845 \cdot 10^{-3}\ /\text{kN}$$

und schließlich

$$\Delta^4 u \cdot {}^4V' = 0,3542\,\text{cm/kN} \ .$$

Entsprechend erhält man für $k = 6$:

$$\Delta^6 W = \Delta^6 u = -4,632\,\text{cm}\ .$$

Mit $E^6 C = 92,91\,\text{kNcm}^2$, $\lambda = 0,03038/\text{cm}$ und $F(\lambda l_1) = 0,9917$ ergibt sich

$$^6 V' = -0,2060\ /\text{kN}$$

und

$$\Delta^6 u \cdot {}^6 V' = 0,9540\,\text{cm/kN}\ .$$

Mit (8.51) erhält man

$$\Delta u_S = 0,3542 + 0,9540 = 1,3082\,\text{cm/kN}\ .$$

Man sieht hier, daß der Anteil aus $k = 6$ etwa dreimal größer als der aus der Wölbkrafttorsion ist. Die Beschränkung auf die Verformungsanteile aus der Wölbkrafttorsion würde viel zu große Ergebnisse für die Steifigkeit liefern.

2. Anteil Δu_B aus der Verformung des Bindeblechs:

Mit $b_B = 6\,\text{cm}$ und $t_B = 0,3\,\text{cm}$ erhält man aus (8.54) und (8.55):

$$\begin{aligned}
EI_B &= 1404\,\text{kNcm}^2\ ,\\
GA_s &= 175,94\,\text{kN}\ ,\\
l_B &= 5\,\text{cm}\ ,\\
\Delta u_B &= 2(0,0297 + 0,0284) = 0,1162\,\text{cm/kN}\ .
\end{aligned}$$

3. Anteil Δu_γ aus der Stab-Schubverformung:

Mit (8.56a) ergibt sich

$$\Delta u_\gamma = 0,0262\,\text{cm/kN}\ .$$

Der gesamte Verwölbungssprung Δu ist dann

$$\Delta u = \delta_{11} = 1,3082 + 0,1162 + 0,0262 = 1,451\,\text{cm/kN}\ .$$

Das Torsionsmoment im Einheitsbelastungszustand erhält man mit (8.58):

$$M_{T1} = -3,84\ .$$

Die Unbekannte Q ist nach (8.57):

$$Q = -\frac{7,68 \cdot \Delta\vartheta}{1,451} = -5,294 \cdot \Delta\vartheta\,\text{kN/cm}\ .$$

Mit (8.59) erhält man schließlich das Torsionsmoment am verschnallten Querschnitt:

$$M_T^* = 0,73 \cdot \Delta\vartheta + 20,33 \cdot \Delta\vartheta = 21,06 \cdot \Delta\vartheta \, \text{kN/cm}$$

und aus (8.45) ergibt sich für das vorliegende Beispiel eine Erhöhung der Torsionssteifigkeit um den Faktor

$$\frac{I_D^*}{I_D} = \frac{21,06}{0,7331} = 28,73 \; .$$

Dieser Verhältniswert hängt nur schwach von μ ab, so daß das Ergebnis für ein Stahlprofil ähnlich wäre, freilich bei sehr viel kleineren Verformungen.
Als größte Wölbspannung erhält man am Punkt 1 gemäß (8.61)

$$\sigma_{x,1} = -\frac{1}{2}\left(\frac{192 \cdot (-10,18)}{1668} + \frac{-4,632 \cdot 1}{0,3573}\right) \cdot Q$$

$$= 7,07 \cdot Q = -37,4 \cdot \Delta\vartheta = -1,78 \cdot M_T^* \, \text{kN/cm}^2 \; .$$

Parameterstudie:

Die einfachen Formeln erlauben Parameterstudien, die den Einfluß von Lippenbreite und Bindeblechabstand auf die Steifigkeitserhöhung zeigen. Der Erhöhungsfaktor ist in Bild 8.27 als Ordinate dargestellt. Abszisse ist die Lippenbreite a. Die linke Seite gilt für das C–, die rechte für das Hut–Profil[1]. Kurvenparameter ist der halbe Bindeblechabstand l_1. Für $a = 0$ geht der Faktor auf 1 zurück, weil ^4C wegen der vernachlässigten Längsbiegesteifigkeit null wird. Der theoretische Höchstwert für den Faktor ergibt sich mit dem Torsionswiderstand I_T des geschlossenen Querschnitts

$$I_T = \frac{4F^2 \cdot t}{U} = \frac{4 \cdot (12 \cdot 8)^2 \cdot 0,25}{2 \cdot (12 + 8)} = 230,4$$

zu

$$\frac{I_T}{I_D} = \frac{230,4}{0,1875} = 1229 \; .$$

---

[1] Der Anteil Δu_τ zum Verwölbungssprung wurde einheitlich nach Gleichung (8.56a) berechnet.

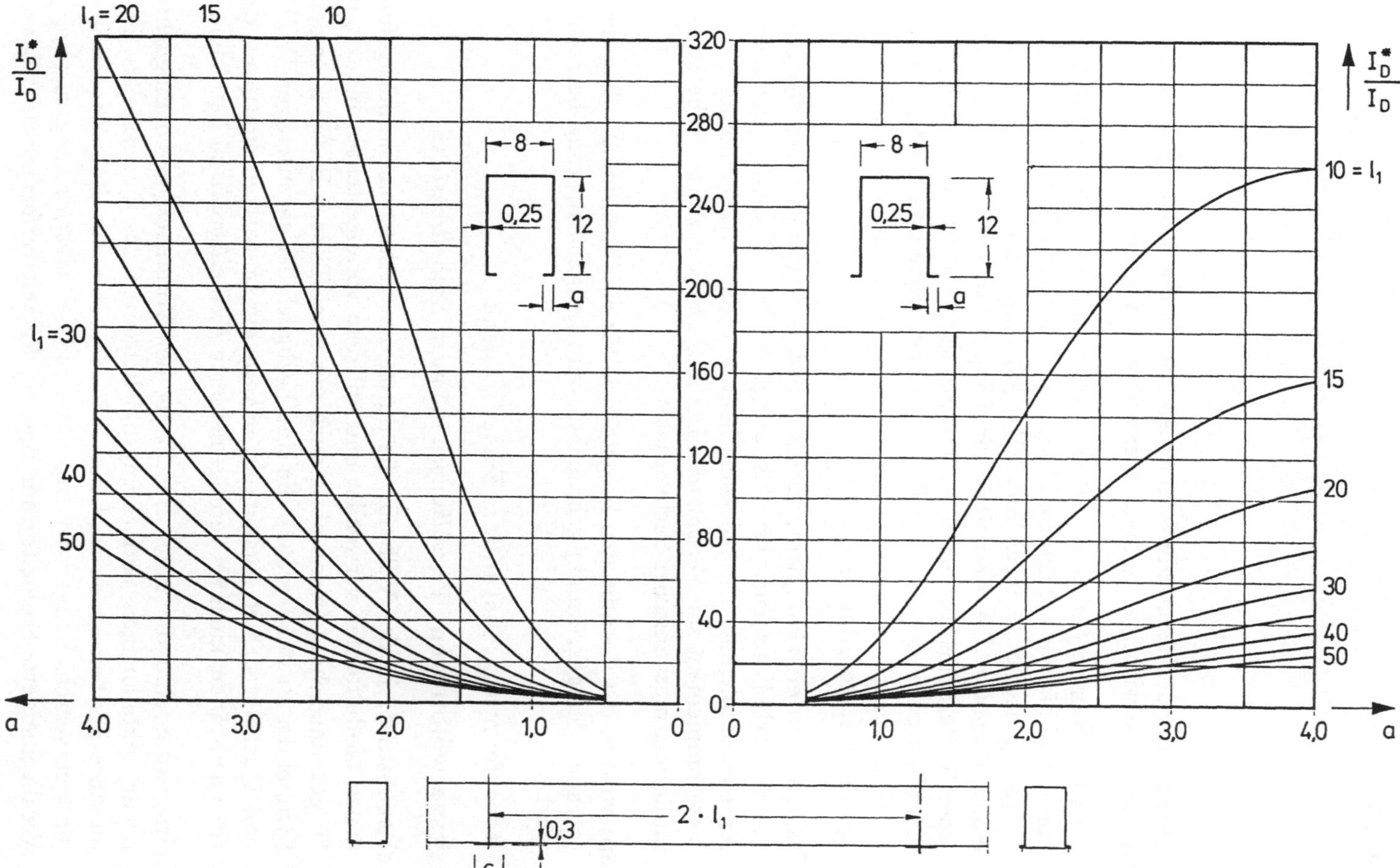

Bild 8.27 Abhängigkeit der Drillsteifigkeitserhöhung von der Lippenbreite a und dem Bindeblechabstand $2 \cdot l_1$. Alle Längen und Dicken in cm. Werkstoff Makrolon mit $E = 260\,\text{kN/cm}^2$ und $\mu = 0{,}33$.

Glossar

Zur Erleichterung des Verständnisses neuer bzw. in der VTB neu verwendeter
Begriffe sollen die wichtigsten davon hier erläutert werden.

affin: zwei Funktionen $f(s)$ und $g(s)$ sind affin, wenn sie sich nur durch einen
von s unabhängigen Faktor c (Amplitude) unterscheiden: $f(s) = c \cdot g(s)$.
Diese Eigenschaft kennzeichnet z.B. Spannungs– und Verformungsbilder
eines *Vorgangs*. Sie sind über die Längsachse affin, d.h. sie sind an
jeder Stelle x bis auf einen Faktor identisch. Durch Vertauschung der
Koordinaten findet der Begriff auch bei der Definition der Verläufe von
Lastfunktionen Verwendung. Die Lastamplitude ist eine Funktion der
Querschnittskoordinate s.

Arbeitskomplement: komplementäre *Zustandsgröße* (Kraft– oder Weggröße),
die den Arbeitausdruck vervollständigt. So ist z.B. die Krümmung das
Arbeitskomplement zum Biegemoment oder die Längsspannung das Arbeitskomplement zur *Verwölbung*. Der Begriff dient zur einfacheren Formulierung mechanischer Sachverhalte.

Balken: wird in der Technischen Biegetheorie für eindimensionale Tragwerke
(gerade oder gekrümmt) gebraucht, wenn lediglich Biegung betrachtet
wird.

Einheitsverformungszustand: s. *Einheitszustand*

Einheitsverwölbungen: *Verwölbungen* in einem *Einheitszustand*

Einheitszustand: in der VTB für die durch die Orthogonalisierung gefun-
denen Modalformen verwendet und mit dem vorangestellten Index z.B.
${}^{k}V$ gekennzeichnet (wenn nötig auch mit einer Tilde, z.B. ${}^{k}\tilde{V}$ über dem
Symbol der *Zustandsgröße*). Sie sind bezüglich der gegenseitigen Wölb-
und Querbiegearbeit zueinander *orthogonale* Linearkombinationen der
Grundzustände, auch als verallgemeinerte *Freiheitsgrade* zu bezeichnen.

Freiheitsgrade: sind die unter Beachtung der Voraussetzungen möglichen
linear unabhängigen Verformungsmöglichkeiten des Querschnitts. Elementare Freiheitsgrade sind die *Wölbordinaten* der *Hauptknoten* und
die Querverschiebungen der *Nebenknoten* (*Grundverformungszustände*).
Verallgemeinerte Freiheitsgrade sind die *Einheitsverformungszustände*.

Grundverformungszustand: s. *Grundzustand*

Grundzustand: ist der jeweils zu den Einheiten der elementaren *Freiheitsgrade* gehörende Spannungs– und Verformungszustand. Mit ihnen läßt sich ein verkoppeltes Differentialgleichungssystem formulieren. Durch *Orthogonalisierung* entsteht daraus das entkoppelte Differentialgleichungssystem der VTB mit den Begriffen der *Technischen Biegetheorie*.

Hauptknoten: sind die Polygonpunkte der Profilmittellinie (Kanten). An Hauptknoten ändert die Profilmittellinie ihre Richtung.

höhere Zustände: die *Einheitszustände* werden nach aufsteigendem Verhältnis von Querbiege– zu Wölbwiderstand geordnet, so daß die Zustände ohne Querbiegemomente (*Starrkörperzustände*) am Anfang dieser Reihe stehen. Die Profilverformungen bilden demnach die höheren Zustände, wobei diese wiederum – pauschal gesagt — sich nach der Wellenzahl des Verformungsbildes ordnen.

Kanten: s. *Hauptknoten*

Knoten: gemeinsame Bezeichnung für *Hauptknoten* und *Nebenknoten*.

Längung: s. *Starrkörperzustände*

Membrananteil: s. *Wölbwiderstand* und *Schnittgrößen*

Nebenknoten: sind alle Knoten, die einen Querverschiebungsfreiheitsgrad besitzen, nämlich die *Zwischenknoten* und — soweit der betreffende Freiheitsgrad eingeführt wurde — die Randknoten. Ihre Einführung setzt die Berücksichtigung der *Plattenanteile* voraus.

orthogonal: bezieht sich hier ausschließlich auf die gegenseitige Arbeit zweier *Zustände*, z.B. die Arbeit der Querbiegemomente des Zustandes i an den Querkrümmungen des Zustandes k. Da die *Verwölbung affin* zur Spannung ist, sind in diesem Falle auch die Verwölbungen zueinander orthogonal.

Plattenanteil: s. Wölbwiderstand und Schnittgrößen

prismatisch: Formeigenschaft einer Struktur, die durch Verschieben einer ebenen Kontur rechtwinklig zu ihrer Ebene erzeugt wird. Diese Eigenschaft von Tragwerken ist die Voraussetzung für die Anwendung der VTB.

Profilverformung: verengt für die bei Kastenquerschnitten mit vier Scheiben auftretende einzige Querschnittsverformung verwendet. In der VTB die Gesamtheit der über die *Starrkörperanteile* hinausgehenden *höheren Zustände*.

Querschnittswert: bezeichnet alle Größen, die allein durch die Querschnittsgeometrie festgelegt sind. Dazu gehören die Widerstände ${}^k\widetilde{C}$, ${}^k\widetilde{D}$ und ${}^k\widetilde{B}$ aber auch — in Erweiterung der herkömmlichen Verwendung des Begriffs — die Einheitsverformungs- und Spannungsbilder.

Resultante: Verallgemeinerung der Resultierenden durch Gewichtung mit einer Verteilungsfunktion. In diesem Sinne ist das *Wölbmoment* eine Spannungsresultante, das mit der Betonungsfunktion $V(x)$ multiplizierte Verformungsbild der *Einheitszustände* eine Verformungsresultante und die mit der Lastfunktion ${}^k q(x)$ multiplizierte *Zustandslast* eine Lastresultante.

Scheiben: sind die ebenen Querschnittsteile zwischen den Knoten, Hauptscheiben zwischen den Hauptknoten Teilscheiben zwischen den Nebenknoten, in ihrer Ebene als Balken-, aus ihrer Ebene heraus als Platten behandelt.

Schnittgröße: ist die resultierende Wirkung der Spannungen eines *Zustandes* im gesamten Querschnitt, d.h. die Arbeit der Spannungen an ihrem *Arbeitskomplement* im *Einheitszustand* integriert über den Querschnitt. Die wichtigste Schnittgröße ist das Wölbmoment, die Arbeit der Längsspannungen an den *Einheitsverwölbungen*.

Schnittkraft: bezeichnet die resultierende Wirkung der Spannungen über die Profildicke. Sie ist gleichbedeutend mit den in der Scheiben-, Platten- und Schalentheorie verwendeten Spannungsresultanten.

Spannungsresultante: s. *Schnittgröße*

Stab: wird in der Technischen Biegetheorie für die Tragelemente gebraucht, die nur Längung oder Torsion unterworfen sind. In der VTB bilden Stab- und Balkenanteile die vier *Starrkörperzustände*.

Starrkörperzustand: bezeichnet einen *Einheitszustand*, bei dem die Einheitsverformung eine Starrkörperverschiebung des Querschnitt ohne Profilverformung ist. In der VTB sind das die Zustände $k = 1$ bis 4, sie entsprechen den vier *Vorgängen* der Technischen Biegetheorie.

Technische Biegetheorie: verengt auf die Behandlung der Biegung beschränkt, umfaßt im erweiterten Sinne die Behandlung der vier *Vorgänge* Längung, Biegung um die Hauptachsen und Wölbkrafttorsion.

Umfangsverschiebung: Verschiebung der Punkte einer Scheibe in Richtung der Profilmittellinie (Koordinate s). Bei vernachlässigter Umfangsdehnung ist sie scheibenweise konstant.

Verformungsresultante: Amplitude eines Verformungsbildes.

Verwölbung: Verschiebung der Querschnittspunkte in x–Richtung (Axialverschiebung). Die Erweiterung besteht in der Einbeziehung der konstanten Verwölbung (aus der *Längung*) und den ebenen Verwölbungen zu den Biegevorgängen. Der Begriff der Verwölbung ermöglicht die systematische Erfassung der *Profilverformungen*.

Vorgang k: wird auch statt *Zustand* k gebraucht, wenn das Augenmerk weniger auf den *Querschnittswerten* als auf den durch die Einwirkung erzeugten Veränderungen liegt.

Wölbordinaten: sind die *Verwölbungen* an den Querschnittsknoten. Sie werden in einem Vektor zusammengestellt. Da der Verlauf über die Scheiben als linear vorausgesetzt wird, ist durch den Vektor die Wölbfunktion des Querschnitts vollständig beschrieben. Dabei sind die Wölbordinaten der *Nebenknoten* abhängige Größen und zur Beschreibung der Wölbfunktion nicht notwendig.

Wölbwiderstand: verengt als Widerstand gegen die *Verwölbung* in der Wölbkrafttorsion verwendet. In der VTB nach "oben" (Profilverformung) und "unten" (Biegung und Längung) erweitert. Er ist das Querschnittsintegral über das Quadrat der Einheitsverwölbung und hat einen Membran- und einen Plattenanteil. Der Membrananteil erfaßt die konstant über die Profildicke verteilten, der Plattenanteil die linear über die Profildicke verteilten Wölbanteile.

Zustand k: verkürzte Bezeichnung für den k–ten *Einheitszustand*. Umfaßt die Gesamtheit der mit dem betreffenden Index k gekennzeichneten Querschnittswerte, Resultanten, Verformungs- und Spannungsbilder. Gleichwertige Bezeichnungen sind: *Vorgang*, Modalform, mode.

Zustandsgrößen: bilden die Gesamtheit aller Kraft- und Weggrößen, die infolge einer Einwirkung am Tragwerk entstehen. Die Bezeichnung "Zustand" ist hier nicht als *Einheitszustand* sondern im allgemeinen Sinne zu verstehen.

Zustandslagerung: bezeichnet Lagerungsbedingungen, die durch die Verformungsresultante ${}^{k}V$ und ihre Ableitungen nach x ausgedrückt werden können. Sie betreffen stets den gesamten Querschnitt und ermöglichen die unabhängige Lösung der Differentialgleichungen. Punktlagerungen sind meist Kombinationen von Zustandslagerungen. Sie verkoppeln die Lösung der Differentialgleichungen.

Zustandslast: ist verallgemeinert definiert als Arbeit der äußeren Lasten an einem Einheitsverformungszustand (Belastungs*resultante*). Die Definition der Lastglieder in den Starrkörperzuständen ist als "Trivialfall" in dieser Definition enthalten.

Zwischenknoten: sind willkürlich gewählte Punkte auf der Profilmittellinie zwischen den Hauptknoten. Sie verfeinern die Darstellung der *Profilverformung*

Literaturverzeichnis

Allgemeine Literatur

1   Euler, L.: *De curvis elasticis. Methodus inveniendi lineas curvas maxime minimeve proprietate gaudentes.* (1744), deutsch: Ostwald's Klassiker 175, Leipzig 1910

2   Coulomb, C. A.: *Essay sur une application des regles de maximis minimis a quelques Problemes de Statique, relatifs a l'Arcitecture.* Memoires de Mathematiques et Physiques presentees a l'Academie Royal des Sciences, par divers Savans, Paris 1773

3   Szabo, I.: *Geschichte der mechanischen Prinzipien.* Basel 1979

4   Mohr, O.: *Über die Bestimmung und die graphische Darstellung von Trägheitsmomenten ebener Flächen.* Civilingenieur 1887 S. 43

5   Bach, C. v.: *Versuche über die tatsächliche Widerstandsfähigkeit von Balken mit U-förmigem Querschnitt.* VDI-Zeitschrift (1909) 1790

6   Bornscheuer, F. W.: *Systematische Darstellung des Biege- und Verdrehvorgangs unter besonderer Berücksichtigung der Wölbkrafttorsion.* Der Stahlbau 21 (1952) 1–9

7   Lindenberger, H.: *Vergleich und Analogiebetrachtungen der Lösungen für biegebeanspruchte und verdrehbeanspruchte Stabtragwerke.* Der Stahlbau 22 (1953) 14–19 64–67

8   Ehlers, G.: *Die Spannungsermittlung in Flächentragwerken.* Beton und Eisen 15 (1930) 281

9   Craemer, H.: *Allgemeine Theorie der Faltwerke.* Beton u. Eisen 15 (1930) 276

10   Grüning, G.: *Die Nebenspannungen der prismatischen Faltwerke.* Ing. Arch. 4 (1932) 319

11   Gruber, E.: *Berechnung prismatischer Scheibenwerke.* IVBH Abh. 1 (1932) 225–241

12   Cheung, M. S.: *Finite Strip Method in Structural Analysis.* Oxford: Pergamon Press 1976

13   Lundgreen, H.: *Cylindrical Shells, Bd.1.* Kopenhagen: The Danish Technical Press 1951

14 Wlassov, W. S.: *Allgemeine Schalentheorie und ihre Anwendung in der Technik*. Berlin: Akademie Verlag 1958

15 Lacher, G.: *Zur Berechnung des Einflusses der Querschnittsverformung auf die Spannungsverteilung bei durch elastische oder starre Querschotte versteiften Tragwerken mit prismatischem, offenem oder geschlossenem biegesteifem Querschnitt unter Querlast*. Der Stahlbau 31 (1962) 299–308 325–335

16 Maisel, B. I.: *Analysis of concrete box beams using small-computer capacity*. British Cement and Concrete Association, Development Report 5, 1982

17 Girkmann, K.: *Flächentragwerke*. Wien: Springer-Verlag 1963

18 Stüssi, F.: *Grundlagen des Stahlbaues*. Springer-Verlag Berlin, Heidelberg, New York 1972

19 Hetényi, M.: *Beams on Elastic Foundation*. Ann Arbor: The University of Michigan Press 1958

20 Schardt, R. und Okur, H.: *Hilfswerte für die Lösung der Differentialgleichung* $ay''''(x) - by''(x) + cy(x) = p(x)$. Der Stahlbau 40 (1971) 6–17

21 Rubin, H.: *Ein einfaches allgemeingültiges Lösungskonzept für lineare Differentialgleichungen beliebiger Ordnung mit konstanten Koeffizienten und mit analytischer Störfunktion*. ZAMM 68 (1988) 433–443

22 Axelrad, E.: *Schalentheorie*. Stuttgart 1983, Teubner-Verlag

23 Flügge, W.: *Statik und Dynamik der Schalen*. Springer-Verlag 1957, Berlin Göttingen Heidelberg

24 Schnell, W., Eschenauer : *Elastizitätstheorie II (Schalen)*. Bibliographisches Institut, Zürich 1984

25 Collatz, L.: *Eigenwertaufgaben mit technischen Anwendungen*. Akademische Verlagsgesellschaft Geest u. Portig, Leipzig 1963

26 Bathe, Klaus-Jürgen : *ADINA, A Finite Element Program for Automatic Dynamic Incremental Nonlinear Analysis*. Massachusetts Institute of Technology Cambridge, 1978

27 Falk, Langemeier: *Das Jacobiverfahren für reellsymmetrische Matrizenpaare I, II*. Elektronische Datenverarbeitung 1960, S. 30–43.

348

Literatur zur VTB

28 Schardt, R.: *Eine Erweiterung der Technischen Biegetheorie zur Berechnung prismatischer Faltwerke.* Der Stahlbau 35 (1966) 161–171

29 Schardt, R.: *Einfluß der Querschnittsverformung auf das Biegeknicken und das Biegedrillknicken.* 8. IVBH Kongress 1968, Schlußbericht 359–362

30 Sedlacek, G.: *Systematische Darstellung des Biege- und Verdrehvorganges für Stäbe mit dünnwandigem, prismatischem Querschnitt unter Berücksichtigung der Profilverformung.* Diss. TU Berlin: 1968, Fortschritt-Berichte. VDI-Zeitschrift Reihe 4, Nr. 8, September 1968

31 Schardt, R. und Steingaß, J.: *Eine Erweiterung der Technischen Biegelehre für die Berechnung dünnwandiger geschlossener Kreiszylinderschalen.* Der Stahlbau 39 (1970) 65–73 146–150

32 Schardt, R.: *Anwendung der Erweiterten Technischen Biegetheorie auf die Berechnung prismatischer Faltwerke und Zylinderschalen nach Theorie I. und II. Ordnung. IASS-Symposium on Folded Plates and prismatic Structures, Vol.* I, Wien 1970

33 Uhlmann, W.: *Die Berechnung von im Grundriß gekrümmten biegesteifen Faltwerken mit offenem in Längsrichtung unveränderlichem Querschnitt.* Der Stahlbau 39 (1970) 193–199 240–247 279–286

34 Sedlacek, G.: *Die Anwendung der erweiterten Biege- und Verdrehtheorie auf die Berechnung von Kastenträgern mit verformbarem Querschnitt.* Straße Brücke Tunnel 23 (1971) 241–244 329–335

35 Okur, H.: *Eine statische Methode zug Lösung von nichtlinearen Differentialgleichungssystemen 4. O. mit ihrer hauptsächlichen Anwendung auf die Untersuchung der Stabilität von prismatischen Faltwerken und Schalen.* Diss. D17 TH Darmstadt: 1971

36 Steingaß, J.: *Ein Beitrag zur Klärung des Tragverhaltens von geschlossenen isotropen Kreiszylinderschalen.* Diss. D17 1972

37 Saal, H.: *Ein Beitrag zur Berechnung dünnwandiger, eben gekrümmter Rohre.* Diss. D17 1972

38 Saal, G.: *Ein Beitrag zur Schwingungsberechnung von dünnwandigen, prismatischen Schalentragwerken mit unverzweigtem Querschnitt.* Diss. D17 1974

39 Jeschke, J.: *Eine Erweiterung der Techn. Biegelehre zur Berechnung dünnwandiger Rotationsschalen beliebiger Meridianform unter nichtrotationssymmetrischen Belastung.* Diss. D17 1975

40 Usuki, T.: *Torsion und Profilverformung des einzelligen Kastenträgers mit vier Wänden unter Berücksichtigung der Schubverformungen und der Drillsteifigkeit der Wände.* Diss. D17 1976

41 Miosga, G.: *Vorwiegend längsbeanspruchte dünnwandige prismatische Stäbe und Platten mit endlichen elastischen Verformungen.* Diss. D17 1976

42 Schardt, R. u. Strehl, Ch.: *Theoretische Grundlagen für die Bestimmung der Schubsteifigkeit von Trapezblechscheiben – Vergleich mit anderen Berechnungsansätzen und Versuchsergebnissen.* Der Stahlbau 45 (1976) 97–108

43 Strehl, Ch.: *Berechnung regelmäßig periodisch aufgebauter Faltwerksquerschnitte unter Schubbelastung am Beispiel des Trapezbleches.* Diss. D17 1976

44 Saal, G.: *Zur Berechnung offener Kreiszylinderschalen mit beliebigen Randbedingungen an den Längs- und Querrändern.* Der Stahlbau 49 (1980) 97–110

45 Kahmer, H.: *Zum Tragverhalten der Kreiszylinderschale mit endlichen, elastischen Formänderungen.* Diss. D17 1981

46 Schardt, R. und Schrade, W.: *Kaltprofil–Pfetten.* Bericht Nr. 1 des Instituts für Statik der TH Darmstadt 1982

47 Möller, R.: *Zur Berechnung prismatischer Strukturen mit beliebigem nicht formtreuem Querschnitt.* Diss. D17 1982, Bericht Nr.2 des Instituts für Statik der TH Darmstadt

48 Schardt, R.: *The Generalized Beam Theory.* in "Instability and Plastic Collapse of Steel Structures" S. 469–478 Granada London 1983

49 Greiner, R.: *Zur ingenieurmäßigen Berechnung und Konstruktion zylindrischer Behälter aus Stahl unter allgemeiner Belastung.* Wissenschaft und Praxis Bd.31 FH Biberach (1983) 5-51

50 Schrade, W.: *Ein Beitrag zum Stabilitätsnachweis dünnwandiger, durch Bindebleche versteifter Stäbe mit offenem Querschnitt.* Diss. D17 1984, Bericht Nr.4 des Instituts für Statik der TH Darmstadt

51 Girmscheid, G.: *Ein Beitrag zur Verallgemeinerten Technischen Biegetheorie unter Berücksichtigung der Umfangsdehnungen, Schubverzerrungen und großer Verformungen.* Diss. D17 1984

52 Schardt, C.: *Zur Berechnung des Kreiszylinders mit Ansätzen der Verallgemeinerten Technischen Biegetheorie.* Diplomarbeit TH Darmstadt, Institut für Mechanik 1985

350

53 Schardt, R., Issmer, H. und Mörschardt, S.: *Gesamtstabilität dünnwandiger Stäbe*. Bericht Nr. 5 des Instituts für Statik der TH Darmstadt 1986

54 Schardt, R., Hanf, M. und Schardt, C.: *Maßnahmen zur besseren Ausnutzung und zur Steigerung der Tragfähigkeit von Kaltprofilen*. Bericht Nr. 7 des Instituts für Statik der TH Darmstadt 1987

55 Schardt, R. und Zhang, X.: *Biegetragfähigkeit eines Balkens mit dünnwandigem U-Querschnitt*. Bd. 40 der THD Schriftenreihe Wissenschaft und Technik, Darmstadt 1988

56 Zhang, X.: *Ein Beitrag zur Traglastuntersuchung dünnwandiger, durch Beulen gefährdeter Stäbe mit U-Profil*. Diss. D17 1988

57 Hanf, M.: *Die geschlossene Lösung der linearen Differentialgleichungssysteme der Verallgemeinerten Technischen Biegetheorie mit einer Anwendung auf die Ermittlung plastischer Grenzlasten*. Diss. D17 1989

58 Mörschardt, S.: *Zur Abschätzung der Lösung von zusammengesetzten Verzweigungsproblemen aus der Kenntnis der Teillösungen*. Diss. D17 1989

59 Zhang, X.: *Local and overall Buckling Interaction of Columns with thin-walled Channel-Sections*. East Asia-Pacific Conference on Structural Engineering and Construction, Vol. 2, Chiang Mai 1989

60 Schardt, R. und Zhang, X.: *Die Anwendung der Verallgemeinerten Technischen Biegetheorie im nichtlinearen Beulbereich*. in: Nichtlineare Berechnungen im Konstruktiven Ingenieurbau, Springer-Verlag 1989

Symbolverzeichnis

Systemgrößen

b_r	Breite der Scheibe r
E	Elastizitätsmodul
G	Gleitmodul
k	Zustandsindex, Nummer der Modalform
$K_{(r)}$	Plattenmodul der Scheibe r
n	Zahl der Scheiben ($n+1$ ist die Anzahl der Knoten und Zustände beim offenen Querschnitt)
r	Knoten- und Scheibenindex, wird zur Unterscheidung in Bildern mit einem rechteckigen (für Knoten) oder runden (für Scheiben) Rahmen versehen.
$s_r, \bar{s}_r$	lokale Koordinate an der Scheibe r
t_r	Dicke der Scheibe r
x	globale Stabkoordinate
y, z	globale Querschnittskoordinaten
α_r	Winkel der Scheibe r gegen die y−Achse im globalen Koordinatensystem y, z
$\Delta\alpha_r$	Winkel zwischen den Scheiben $r-1$ und r
μ	Querdehnungszahl

Allgemeine Kennzeichen

δ_{ik}	Koeffizienten des Gleichungssystems beim Kraftgrößenverfahren
Π_i	Potential der inneren Kräfte
Π_a	Potential der äußeren Kräfte
$\dot{(..)}$	Ableitung nach s
$(..)'$	Ableitung nach x
$(..)^B$	Kennzeichen für den Biegeanteil
$(..)_D$	bezeichnet zur Verdrillung gehörende Größen
$(..)_M$	bezeichnet auf den Schubmittelpunkt M bezogene Größen
$(..)^M$	Kennzeichen für den Membrananteil
$(..)^T$	Transponierte einer Matrix

352

$\widetilde{(..)}$	Bezeichnet alle Größen, die sich auf die orthogonalen Einheitsverformungszustände(Modalformen) beziehen (wird nach Herleitung der orthogonalen Einheitsverwölbungen weggelassen, da der Index oben links als Kennzeichnung genügt)
$\bar{(..)}$	bezeichnet alle Größen, die sich auf die Grundverformungszustände beziehen, mit denen die virtuellen Verrückungen zur Herleitung des Eigenwertproblems vorgenommen werden. (Ausnahme: In Kap. 7 bezeichnet er den konstanten Anteil einer Funktion im Gegensatz zu $\hat{(..)}$.)
$\hat{(..)}$	bezeichnet den linear antimetrischen Anteil einer Funktion
$(\ldots)_{n \times m}$	Bezeichnet die links oben in einer Matrix liegende $(n \times m)$-Teilmatrix
$\bar{1}$	Virtuelle Größe 1
$\int_s \mathrm{d}s$	Integral über die Querschnittsmittellinie
$\int_A \mathrm{d}A$	Integral über den Querschnitt
$\int_0^l \mathrm{d}x$	Integral über die Stablänge
$\int_r^{r+1} \mathrm{d}s$	Integral über s vom Knoten r bis $r+1$

Spannungen, Schnittkräfte

m_x	Längsbiegemoment
m_s	Querbiegemoment
m_{xs}	Plattendrillmoment
$m_{D,r}$	Drillmoment der Scheibe r
n_s	Umfangsmembrankraft $(\sigma_s \cdot t)$
n_x	1. Membrankraft $(\sigma_x \cdot t)$
	2. kontinuierliche Längslast (vgl. ^1q_x)
n_{xs}	Membranschubkraft $(\tau_{xs} \cdot t)$
S_r	Membranschubkraft der Scheibe r
S_Θ	Membranschubkraft aus primärem Kreisschubfluß
σ_x	Längsspannung
σ_s	Umfangsspannung
τ_{sx}^M	Membranschubspannung in s–Richtung
τ_{sx}^B	Plattendrillspannung
$\tau_{s\bar{s}}$	Plattenschubspannung zur Querbiegung
$\tau_{x\bar{s}}$	Plattenschubspannung zur Längsbiegung

Lasten

$q_{s,r}$	Scheibenlast der Scheibe r
$q_x(s)$	Last in x–Richtung
$q_{y,r}$	Am Knoten r angreifende Lastkomponente in y–Richtung

$q_{z,r}$	Am Knoten r angreifende Lastkomponente in z–Richtung
$^k\widetilde{q}$	Zustandslast aus Querlasten
$^k\widetilde{q}_x$	Zustandslast aus Längslasten

Verzerrungen, Verschiebungen

$f_{b,r}$	Querverschiebung am Anfang der Scheibe r (Knoten r)
$f_{e,r}$	Querverschiebung am Ende der Scheibe r (Knoten $r+1$)
$f(s)$	Verschiebung der Querschnittsmittellinie in $\bar{s}$–Richtung
$f_{s,r}$	Verschiebung in s–Richtung (Umfangsverschiebung) für die Scheibe r
$f_{\bar{s},r}$	mittlere Sehnenverschiebung der Scheibe r (Querverschiebung)
$f_{\vartheta,r}$	Sehnenverdrehung der Scheibe r
$\Delta f_{\vartheta,r}$	gegenseitige Sehnenverdrehung der Scheiben am Knoten r
u	Verschiebung in x–Richtung (Verwölbung)
u_r	Wölbordinate des Knotens r
$^r\bar{u}$	r-te Grundverwölbung
$^k\widetilde{u}$	k–te Einheitsverwölbung
v	Verschiebung in y–Richtung
$^k\widetilde{v}$	Knotenverschiebung in y–Richtung im Zustand k
w	Verschiebung in z–Richtung
$^k\widetilde{w}$	Knotenverschiebung in z–Richtung im Zustand k
γ_{xs}	Schubverzerrung in der $x-s$–Ebene
ε_x	Dehnung in Längsrichtung
ε_s	Dehnung in Umfangsrichtung
ω_M	auf den Schubmittelpunkt bezogene Einheitsverwölbung bei der Wölbkrafttorsion
ϑ	(ohne Index) konstante Querschnittsverdrehung
Θ	Freiheitsgrad für Querschnittsverdrehung des geschlossenen Querschnitts infolge konstanten Kreisschubflusses

Querschnittsintegrale

A	Querschnittsfläche
^kB	Querbiegewiderstand
C_M	auf den Schubmittelpunkt bezogener Wölbwiderstand
^kC	Wölbwiderstand
^kD	Drillwiderstand
$I_{1,2}$	Hauptträgheitsmomente (Biegewiderstände)
M	Biegemoment
N	Normalkraft (Zug positiv)

354

$V(x)$	Verformungsresultante (Betonungsfunktion in x-Richtung)
$^r\bar{V}$	Verformung zur Grundverwölbung $^r\bar{u}$
$^k\widetilde{V}$	k-te Einheitsverformung
W	Wölbmoment
^kW	k-te Schnittgröße

Vektoren

In Klammern sind die Dimensionen angegeben. Dabei ist n_s =Anzahl der Scheiben, $n_k = n_s + 1$ =Anzahl der Knoten und n_z =Anzahl der Zustände.

f_b	(n_s)	Vektor der Querverschiebungen der Anfangsknoten jeder Scheibe (Obwohl f_b und f_e Knotenverschiebungen enthalten, sind seine Einträge den Scheiben zugeordnet)
f_e	(n_s)	Vektor der Querverschiebungen der Endknoten jeder Scheibe
f_s	(n_s)	Vektor der Längsverschiebungen der Scheibenschwerpunkte
$f_{\bar{s}}$	(n_s)	Vektor der Querverschiebungen der Scheiben
f_ϑ	(n_s)	Vektor der Sehnenverdrehungen
Δf_ϑ	(n_k)	Vektor der Differenzsehnenverdrehungen an den Knoten
u	(n_k)	allgemeiner Wölbordinatenvektor
$^k\widetilde{u}$	(n_k)	Vektor der k-ten Einheitsverwölbung
$^r\bar{u}$	(n_k)	Vektor der r-ten Grundverwölbung
V	(n_z)	allgemeiner Vektor der Verformungsresultanten
$\bar{V}$	(n_z)	Vektor der Verformungsresultanten zu den Grundzuständen
$\widetilde{V}$	(n_z)	Vektor der Verformungsresultanten zu den Einheitszuständen

Matrizen

B	(n_z, n_z)	Arbeiten der Querbiegemomente (Querbiegewiderstände)
C	(n_z, n_z)	Arbeiten der Schubkräfte, bzw. Arbeiten der Längsspannungen (Wölbwiderstände)
D	(n_z, n_z)	Arbeiten der Drillmomente
F_ϑ	(n_s, n_z)	Matrix der Sehnenverdrehungen
F_b	(n_s, n_z)	Matrix der Anfangsverschiebungen
F_e	(n_s, n_z)	Matrix der Endverschiebungen
F_s	(n_s, n_z)	Matrix der Scheibenumfangsverschiebungen
M	(n_k, n_z)	Matrix der Querbiegemomente
Δ_{ik}	(n_k, n_z)	Koeffizientenmatrix zum Kraftgrößenverfahren
ΔF_ϑ	(n_k, n_z)	Matrix der gegenseitigen Sehnenverdrehungen

Physikalische Dimensionen

Kraft: F, Länge: L

---

k_V	$[L]$	k_m	$[F/L]$	K	$[F \cdot L]$
k_u	$[L]$	k_C	$[L^4]$	E	$[F/L^2]$
k_v	$[1]$	k_D	$[L^2]$	G	$[F/L^2]$
k_w	$[1]$	k_B	$[F/L^2]$		
k_f	$[1]$	k_W	$[F \cdot L]$		
k_{f_s}	$[1]$	k_q	$[F/L]$		
$k_{f_{\bar{s}}}$	$[1]$				
k_{f_ϑ}	$[1/L]$				

HÜTTE
Taschenbücher der Technik

Herausgeber:
Wissenschaftlicher Ausschuß des Akademischen Vereins Hütte e. V.

29. Auflage

Bautechnik IV

Bandherausgeber:
E. Cziesielski, Technische Universität Berlin

Konstruktiver Ingenieurbau 1: Statik

1988. 320 Abb. XVI, 406 S. Geb. DM 198,–
ISBN 3-540-18352-3

Inhaltsübersicht:
Planungsablauf: Planung von Bauwerken.
Gesetzliche Regelungen für die Bauplanung.
Planungsablauf. – Baustatik: Einleitung.
Stabtragwerke, lineare Theorie. Stabtrag-
werke unter erzwungenen ungedämpften
Schwingungen mit harmonischer Anregung.
Stabtragwerke bei nichtlinearem Material-
verhalten. Theorie II. Ordnung. Lineare
Plattentheorie. Lineare Scheibentheorie.
Lineare Schalentheorie. Faltwerke. Torsion
von Stäben. Allgemeine Spannungszustände
und Profilverformung von Stäben mit poly-
gonalen dünnwandigen Querschnitten. –
Die Methode der Finiten Elemente in der
Baustatik: Einführung. Elementformulierun-
gen. Elementierung und Wahl der
Elemente. Kontrollen. Nichtlineare
Probleme. – Modellstatik: Einführung.
Modellgesetze. Erweiterte und angenäherte
Ähnlichkeit. Modellgesetze für spezielle
Fälle. Modellwerkstoffe. Analogietechnik.
Meßtechnik. – Sachverzeichnis.

Bautechnik V

Bandherausgeber:
E. Cziesielski, Technische Universität Berlin

Konstruktiver Ingenieurbau 2: Bauphysik

1988. 186 Abbildungen. XI, 270 S.
Geb. DM 198,–
ISBN 3-540-18351-5

Inhaltsübersicht:
Bauphysik: Wechselwirkungen zwischen
Bauphysik und Baukonstruktion. Wärme-
schutz. Feuchteschutz. Abdichtung von
Bauwerken. – Schallschutz. Baulicher Brand-
schutz. – Zur Geschichte der Bauingenieurkunst: Baukunst und Bautechnik. Aufgabe
des Ingenieurs. – Das Geburtsjahr des
modernen Bauingenieurwesens: 1743. Die
Vorgeschichte der Bauingenieurkunst. –
Sachverzeichnis.

Die vier HÜTTE-Bände BAUTECHNIK IV
– VII (Bände VI und VII noch nicht liefer-
bar) haben zum Ziel, das Grundlagenwissen
im konstruktiven Ingenieurbau zusammenfassend und gestrafft darzustellen.

Dieses Wissen ist erforderlich, um sowohl
aktuell baupraktische Aufgaben zu lösen, als
auch um bautechnische Neuentwicklungen
sachkundig und kritisch beurteilen zu
können.

Springer-Verlag Berlin Heidelberg New York London Paris Tokyo Hong Kong